북한산 · 1
―역사지리잡고(歷史地理雜考)―

민경길 저

집문당

서 문

 북한산은 세계에서 인구밀도가 가장 높은 초대형 도시인 서울의 병풍이며 조형미가 지구상에서 제일인 아름다운 산이다. 거칠고 삭막한 도시생활에 지친 많은 서울시민들은 북한산을 직접 찾거나 사정이 여의치 못할 때는 멀리서 쳐다보기만 하면서도 삶의 활력을 얻고 있다. "삼각산(북한산)이 있어 서울 사람들은 **행복하다**"는 말은 시인의 입에 자주 오르내리는 북한산 예찬이고 서울 예찬이다. 서울을 찾는 외국인들은 이와 같은 '도시와 산의 절묘한 조화'에 감탄을 금하지 못한다. 도시와 강의 조화는 외국의 어느 도시에서나 찾아볼 수 있지만, 도시와 산의 조화는 풍수지리(風水地理)를 신봉하던 우리 조상들의 지혜의 산물인 것이다.
 한편, 북한산은 아름다운 자연경관 못지않게 유구한 역사를 간직하고 있는 산이다. 북한산과 그 일대 서울지역은 오랜 세월 한반도 내지 동북아 역사의 중심지였다. 백제, 고구려 및 신라의 삼국 중 처음으로 이 지역을 차지하였던 백제는 이곳을 도읍으로 한 이후 해동강국(海東强國)으로 성장했다. 백제에 이어 이 지역을 정복한 고구려 역시 그 이후 한반도는 물론이고 동북아 일대의 맹주(盟主)가 되었다. 삼국 가운데 마지막으로 이 지역을 차지한 신라는 백제와 고구려를 멸망시키고 중국과 활발한 교류를 통해 찬란한 문화를 꽃피울 수 있었다. 산이 많아서 육로교통이 원활치 못했던 고대 한반도에서는 북한산의 장악이 한강의 장악을 의미했고, 한강을 장악하면 한반도 일대 수상교통로를 장악할 수 있었을 뿐 아니라 한강 하구를 통해 중국과 교통할 수 있는 가깝고도 편리한 해상교통로를 장악할 수가 있었기 때문이다.

북한산은 한반도 내지 동북아의 한 중앙에서 그 유구한 역사를 지켜본 증인인 것이다. 북한산의 이런 역사적 의미를 알고 있는 사람은 얼마나 될까?『삼국사기』첫머리에 백제 건국설화의 발상지로 기록된 '부아악'이 북한산의 옛 이름인 것으로 흔히 해석되고 있는 사실을 알고 있는 사람은 그리 많지 않다. 북한산성의 기능을 제대로 이해하고 있는 사람도 역시 흔하지가 않다. 북한산성에서 마주치는 사람들 중에는 곳곳에 설치된 안내판을 보고 "이 산성이 삼국시대의 격전장이었다는데 도대체 여기서 무슨 전투가 있었지?" 하며 의아한 표정을 짓는 모습을 흔히 볼 수가 있다.

　나에게도 역시 북한산성 성벽을 눈으로 보고도 산성의 안과 바깥을 구분하지 못하였던 시절이 있었다. 또 용암문 아래에 있는 북한산장 약수터 부근에서는 높고 가파른 능선 정상에 어찌 이리 평평하고 너른 곳이 있을까 하는 의문도 지녔었다. 이 너른 터가 북한산성을 지키는 승군(僧軍)들이 주둔하던 용암사 터였다는 사실을 몰랐으니 당연한 일이었다. 심지어 어느 추운 겨울날에는 동장대라 부르는 곳에서 엉뚱하게도 동장군(冬將軍)을 연상하며 높고 매섭게 추운 곳이라서 그런 이름으로 부르나 보다고 생각한 적도 있었다.

　그러나 이런저런 의문에 답을 찾기 위해 역사서적들을 뒤적이던 나에게는 오히려 새로운 의문만 쌓이게 되었다. 북한산의 역사지리 문제에 집중하여 이를 체계적으로 심도 깊게 다룬 문헌을 발견할 수 없었기 때문이다. 나는 이 새로운 의문들에 대한 답을 스스로 찾아보기 위해서 잠시 전공분야인 법학을 떠나 북한산의 역사지리 문제를 연구하게 되었으며, 이제 그간의 연구결과를 세 권의 책으로 묶어서 세상에 내놓을 수 있게 되었다.

　제1권은 이 책의 중심이다. '역사지리잡고(歷史地理雜考)'라는 부제(副題)하에, 북한산 역사지리와 관련된 필자의 논문 일곱 편을 수록하였다. 이 연구를 통해 필자는 다산 정약용을 다시 발견할 수 있었다. 종래 그의 대표적 저술인『목민심서』를 통해 개혁사상가로만 알고 있었던 그가 탁월한 역사지리학자였다는 사실을 발견한 것이다. 그의 『아방강역고(我邦疆域考)』는 우리 민족의 역사무대가 어떻게 변하여 왔는지에 관한, 진정한 의미에서 최초의 학술 논저(論著)라 할 수 있다. 일제시대에 일본인 학자들은 조선의 역사지리에 관한 많은 연구문헌들을 남겼으나 그 바탕은 『아방강역고』를 벗어나지 못한 것이었다. 이는 해방 이후 우리의 역사지리학 역시 크게 다를 것이 없다. 제1권의 제1편 및 제2편은 다산의 탁월한 연구성과들에 대한 재조명이라고도 할 수 있을 것이다.

하지만 필자는 북한산의 역사지리에 관한 한, 다산의 견해에도 몇 가지 문제점이 있음을 발견할 수 있었다. 첫째는 『삼국사기』에 기록된 북한산성(北漢山城)의 위치 내지는 초기백제의 도읍인 한성(漢城)의 구성에 관한 부분이었다. 제1권의 제2편에서는 이 부분에 관한 『아방강역고』의 문제점을 해결해 보려고 노력했다. 둘째는 한사군(漢四郡)의 위치에 관한 부분이다. 이 부분에 관한 한 다산의 연구는 오늘날 큰 도전에 직면해 있다. 필자가 이 문제에 관심을 갖게 된 것은 백제 건국 이전에 북한산 지역을 관할하던 정치세력이 누구인지와 직결된 문제이기 때문이었다. 허나 아직 역사학 지식이 천박한 나로서는 이에 대한 본격적인 연구에 착수할 수가 없었다. 제1권은 이런 의미에서 미완성의 글이다.

그럼에도 불구하고 필자는 이 연구를 통하여 적어도 북한산 역사지리에 관한 한 과거 일제시대에 이루어진 일본인 학자들의 연구는 극복하였다고 자부한다. 일본인 학자 가운데 북한산의 역사지리에 관해 가장 큰 관심을 가졌던 사람은 경성제국대학의 이마니시류(今西龍) 교수였다. 『삼국사기』에 기록된 북한산성의 위치나 『북한지』에 기록된 북한산성 성문(城門) 이름의 유래 등 그가 관심을 지니고는 있었으나 제대로 밝혀내지 못한 문제들이 이 책 제1권의 제1편 내지 제6편을 통해 상당 부분 규명되었을 것으로 생각한다. 특히 이 가운데 제3편은 종래 누구도 해결을 시도해 보지 못한 문제

(중흥동고석성의 구체적 위치와 형태)를 해결하기 위한 최초의 시도일 것으로 생각한다.

　또한 필자는 『북한지』에 기록된 삼각산 각 봉우리들의 옛 이름이 제1부의 제7편을 통해서 거의 복원되었다고 본다. 이 문제는 과거 저명한 국문학자이자 등산가로서 한국산악연맹 고문을 역임하기도 한 고(故) 이숭녕(李崇寧) 교수가 연구에 착수한 이래 아직까지도 만족할 만한 성과가 없었던 문제였다. 이숭녕 교수는 이 문제에 대한 규명을 시도한 그의 논문에서 "(이 논문의) 의도는 이러한 조사 연구에 동조자를 얻으려 함인데, 만일 동조자가 나선다면 다행한 일이라고 하겠다"는 말과 함께 그의 고증이 대개는 "틀림없으리라고는 믿으나 다소의 숙제를 남긴 셈이 된다"는 말을 남겼다. 필자는 이 연구를 통해 이숭녕 교수의 동조자가 되어서 그가 남긴 숙제의 상당부분을 해결하였다고 생각한다.

　한편, 제1권에 수록한 일곱 편의 글에서는 수없이 많은 역사학자들이 쓴 사소한 글귀들이 비판의 대상이 되었다. 전문적인 역사학자도 아닌 필자가 그렇게 한 것은 그분들의 명예에 흠집을 내기 위한 것이 아니었음을 이 자리를 빌려 밝혀두고자 한다. 나는 그분들의 선행 연구로부터 많은 도움을 얻어 이 책을 쓴 것이며, 그분들의 선행 연구가 없었다면 이 책 역시 탄생하지 못하였을 것이다. 다만 필자의 천박한 소견에 그분들과 필자의 견해 차이를 밝혀둘 필요가 있을 것 같아 일일이 그분들의 이름과 글귀를 기록하여 둔 것뿐이다. 필자는 그분들로부터의 질정(叱正)이 있기를 기대하고 있으며, 그러한 질정이 있어야만 북한산 역사지리 연구가 발전할 수 있을 것으로 생각하고 있다.

　제2권에는 '북한실록(北漢實錄)'이라는 부제(副題)하에, 조선조 초기에 북한산성 축성문제가 거론되었을 때부터 시작하여 완공되고 폐기되기까지의 역사기록들을 『조선왕조실록』과 『비변사등록』 등에서 발췌해서 시대순으로 수록하였다. 이 기록들은 제1권에 수록한 논문들을 작성할 때 참고자료가 되었던 것이지만, 그 내용의 대부분은 임금과 신하 간의 대화체로 되어 있어 마치 한 편의 대하소설과도 같다. 비록 번역문이기는 하지만 역사기록을 직접 읽어봄으로써 독자들이 북한산성의 역사에 보다 가까이 접근할 수 있을 것으로 기대되기 때문에 별도의 책으로 엮은 것이다. 제2권의 권말(卷末)에는 제1권 및 제2권 본문의 참고자료로서 『삼국사기』『삼국유사』『고려사』 및 『만기요람』 중 북한산과 북한산성에 관련된 기사를 발췌해 원문과 함께 부록으로 수록하였다.

제3권에는 '시문집(詩文集)'이란 부제(副題)하에, 북한산 어느 곳을 주제로 한 문학작품들을 최대한 수집해서 주제별로 분류한 후 주석(註釋)을 붙여 수록하였다. 그 대부분을 차지하는 한문 문장은 이를 번역하여 원문과 함께 수록하였다. 이런 문학작품들 속에는 역사문헌에 기록되지 않은 많은 역사적 사실들이 숨겨져 있을 수 있기 때문에 제1권을 작성하면서 참고자료로서 수집한 것이지만, 이들 역시 주제별로 정리하여 놓으면 그 자체로서 문학사적 가치를 지닐 수도 있는 것으로 생각되어 별도의 책으로 엮은 것이다.

이 책의 집필에 착수하여 탈고하기까지 북한산 탐사등반에 늘 동행하며 내가 쏟아내는, 밑도 끝도 없는 역사지리 이야기들을 참을성 있게 들어준 아내와 첫째 순홍이, 둘째 원경이에게 사랑하는 마음을 전한다. 또 그 사이 인터넷과 등산잡지 등에 게재하였던 나의 난해한 글들을 읽고 분에 넘치는 관심과 격려를 보내주었던 작가 심산(沈山)님을 비롯한 한국산서회(韓國山書會) 회원 여러분들, 이 연구의 진행 중 많은 조언을 아끼지 않으신 육군사관학교 역사학과 및 전사학과의 여러 교수님들, 그리고 특히 오랜 세월에 걸쳐 어렵게 수집 소장하고 있는 수천 권의 역사문헌들을 내것처럼 활용할 수 있도록 허락하여 주었을 뿐 아니라, 야전지휘관으로 격무를 수행하는 중에도 나의 끝없는 의문과 질문에 조언과 격려를 아끼지 않은 군인역사가 윤일영(尹日寧) 장군님과 그 부인인 역사지리학자

양옥희(梁玉姬) 박사님께 감사의 말을 전한다.
  마지막으로, 방대한 분량의 이 책의 간행을 흔쾌히 맡아주신 집문당 출판사의 임경환(林京煥) 사장님을 비롯한 직원 여러분께 경의를 표한다.

계미년 가을 화랑대에서
북한산을 물들인 저녁노을을 바라보며
저자 민경길

차 례

제 1 편 백제의 건국설화

  I. 머리말 ·· 3
  II. 북한산의 옛 이름들과 그 유래 ··· 4
      1. 북한산의 옛 이름들 / 6
      2. 삼각산 및 부아악 이름의 유래 / 13
  III. 백제의 시조 ·· 16
      1. 졸본부여 왕 차녀 소생 온조 설 / 16
      2. 월군여자 소생 온조 설 / 18
      3. 소서노 소생 비류 설 / 18
      4. 동명 후손 구태 설 / 20
      5. 백제의 시조에 대한 현대의 해석 / 21
  IV. 백제의 최초 도읍지 ·· 23
      1. 한강 이남인가? 한강 이북인가? / 23
      2. 하북위례성은 어느 곳인가? / 34
      3. 하남위례성은 어느 곳인가? / 36
  V. 맺음말 ·· 44

제 2 편 삼각산 중흥동고석성

  I. 머리말 ·· 49
  II. 백제시대의 중흥동고석성 ··· 51
      1. 한성백제 시대 / 51
      2. 웅진백제와 사비백제 시대 / 97
  III. 신라시대의 중흥동고석성 ·· 121
      1. 북한산 진흥왕순수비의 건립 / 121
      2. 고구려 고승 장군의 북한산성 공격 / 122

        3. 고구려·말갈 연합군의 북한산성 공격 / 124
        4. 문무왕의 북한산성 주둔 / 127
    IV. 고려시대의 중흥동고석성 ··· 128
        1. 고려 현종 때 거란의 침공과 삼각산 / 128
        2. 고려 고종 때 몽고의 침입과 중흥동고석성 / 134
        3. 고려 말 중흥동고석성의 수축 / 137
    V. 맺음말 ··· 147

제 3 편 중흥동고석성의 구체적 위치와 형태

    I. 머리말 ··· 153
    II. 조선조 중후기 역사지리서에 기록된 중흥동고석성 ················ 156
    III. 병조판서 이덕형의「중흥산성간심서계」································ 158
        1. 서계의 작성 경위 / 158
        2. 서계의 내용 / 160
    IV. 중흥동고석성의 위치 및 형태 ··· 164
        1. 중흥동고석성의 외성 / 164
        2. 중흥동고석성의 내성 / 179
    V. 이덕형의 서계 이후 ··· 183
    VI. 맺음말 ··· 184

제 4 편 진흥왕순수비의 건립과 재발견

    I. 머리말 ··· 189
    II. 4개의 진흥왕순수비 ··· 190
        1. 삼각산 비봉의 북한산비 / 190
        2. 경상남도 화왕산의 창녕비 / 203
        3. 함경남도의 황초령비 및 마운령비 / 206
    III. 제5의 진흥왕순수비(경기도 감악산비) ···································· 227
    IV. 맺음말 ··· 231

제 5 편   조선조의 북한산성 축성사

- I. 머리말 237
- II. 북한산성과 탕춘대성 축성 경위 239
    - 1. 문종(文宗) 및 선조(宣祖) 때의 축성 발의 / 239
    - 2. 효종(孝宗) 때의 축성 발의 / 242
    - 3. 숙종(肅宗) 때의 축성 논쟁과 축성 / 245
    - 4. 영조(英祖) 때의 북한산성과 탕춘대성 / 259
    - 5. 정조(正祖) 때 이후의 북한산성과 탕춘대성 / 262
- III. 축성 논쟁과 국가방어전략 265
    - 1. 축성 찬성론의 요지 / 266
    - 2. 축성 반대론의 요지 / 266
    - 3. 축성 논쟁과 국가방어전략 / 267
- IV. 맺음말 271

제 6 편   북한산성 성문 이름의 변천

- I. 머리말 277
- II. 역사 기록(시대순) 278
    - 1. 선조 때의 기록 / 278
    - 2. 숙종 때의 기록 / 279
    - 3. 영조 때의 기록 / 282
    - 4. 정조 때 이후의 기록 / 288
    - 5. 일제 때의 기록 / 290
- III. 역사 기록과 현 성문 이름 비교 290
    - 1. 역사 기록과 현 위치가 일관된 경우(도합 7개소) / 290
    - 2. 현재의 대동문, 대성문 및 보국문 / 293
    - 3. 현재의 대남문 / 297
    - 4. 현재의 청수동암문과 가사당암문 / 299
    - 5. 현재의 부왕동암문 / 304
- IV. 맺음말(성문이름 변천과정 요약) 311

제 7 편   삼각산 봉우리들의 옛 이름

   I. 머리말 ··· 317
   II. 백운대, 인수봉 및 만경대 이름의 유래 ································ 320
   III. 비봉능선 봉우리들과 향림사 및 신혈사 ······························ 325
      1. 비봉의 옛 이름과 향림사의 위치 / 335
      2. 신혈사의 위치 / 350
      3. 수리봉(족두리봉)의 옛 이름 / 354
   IV. 의상능선 여덟 봉우리들의 옛 이름 ······································ 359
   V. 동쪽 주능선 봉우리들의 옛 이름 ·· 373
      1. 관련된 역사기록 / 374
      2. 주능선 지형답사 / 375
      3. 『북한지』에 기록된 봉우리들의 현 위치 / 380
   VI. 북쪽 능선과 산성 내부 봉우리들의 옛 이름 ······················· 394
      1. 북쪽 능선 봉우리들의 옛 이름 / 394
      2. 산성 내부 봉우리들의 옛 이름 / 397
      3. 산성 내부의 여타 유적 / 404
   VII. 맺음말 ·· 415

부록: 삼각산 주요지점의 지구중심 좌표 ···································· 417
후   기 ·· 421
찾아보기 ·· 425

≪삽입 사진 목록≫

사진 1. 남쪽에서 본 북악산 ··· 146
사진 2. 노적봉 부근의 중흥동고석성 성벽(추정) ····················· 181
사진 3. 중흥동고석성 성벽(추정)에서 바라본 노적봉 ··············· 182
사진 4. 비봉 정상에 서 있던 진흥왕순수비 ··························· 195
사진 4-1. 비봉 진흥왕순수비 표지석 ······································ 195
사진 4-2. 국립박물관에 보관된 북한산 진흥왕순수비 ··············· 197
사진 5. 창녕의 진흥왕 척경비 ··· 204
사진 6. 함흥본궁에 보관된 황초령 진흥왕순수비 ··················· 206
사진 7. 함흥본궁에 보관된 마운령 진흥왕순수비 ··················· 206
사진 8. 감악산 정상에 서 있는 진흥왕순수비 ······················· 227
사진 8-1. 감악산비의 촉(髑) ··· 228
사진 8-2. 감악산비의 좌대 ·· 228
사진 9. '鍊戎臺(연융대)' 암각바위 ······································· 261
사진 10. 금위영이건기비 ··· 282
사진 11. 부왕동암문 상단 석재 ·· 305
사진 12. 승가봉에서 본 비봉능선 ··· 335
사진 13. 보도각 백불 ·· 338
사진 14. '香林洞(향림동)' 암각바위 ······································ 341
사진 14-1. '香林洞' 부분 ·· 341
사진 15. 저서봉 ··· 356
사진 16. 현 나월봉과 현 나한봉 ··· 367
사진 17. 가까이에서 본 현 나월봉의 모습 ····························· 368
사진 18. 용암봉, 만경대, 백운대 및 인수봉 ·························· 380
사진 19. 일출봉·월출봉 및 기룡봉 ······································· 383
사진 20. 반룡봉과 기룡봉 ·· 385
사진 21. 시단봉의 동장대 ·· 386
사진 22. 덕장봉과 기룡봉 ·· 388
사진 23. 석가봉과 복덕봉 ·· 389
사진 24. 석가봉 ··· 391

사진 25. 잠룡봉, 화룡봉, 성덕봉 및 석가봉 ·· 392
사진 26. 시자봉 ·· 395
사진 27. 기린봉과 노적봉 ·· 399
사진 28. 장군봉과 등안봉 ·· 400
사진 29. 구암봉 ·· 401
사진 30. 상원봉, 남장대 터 및 716m 고지 ·· 403
사진 31. 나월봉, 나한봉, 716m 무명고지 및 문수봉 ······································ 403
사진 32. 휴암봉 ·· 404
사진 33. 산영루(『경성부사』) ·· 408
사진 34. 산영루(『산서』) ·· 409
사진 35. 대동사와 상운사 ·· 411

≪요도 목록≫

요도 1. 백제의 도읍 이동 ·· 33
요도 2. 하남위례성으로 거론되는 지역 ·· 39
요도 2-1. 풍납토성 ·· 43
요도 3. 백제 한성의 구성도 ·· 96
요도 4. 중흥동고석성의 서북쪽 외성, 남쪽 외성 및 서문 ···················· 170
요도 5. 중흥동고석성의 동쪽 외성, 동문 및 동남문 ······························ 176
요도 6. 중흥동고석성의 전체 모습 ·· 182
요도 7. 삼국시대 주요 비석의 위치 ·· 190
요도 8. 의상능선 봉우리들의 현재 이름 ·· 359
요도 9. 의상능선 봉우리들의 옛 이름 ·· 362
요도 10. 이숭녕 교수의 의상능선도 ·· 371
요도 11. 주능선 지형답사 기록 ·· 376
요도 12. 이숭녕 교수의 주능선도 ·· 381
요도 12-1. 이숭녕 교수의 용암봉 및 일출봉 ·· 382
요도 13. 이숭녕 교수의 주능선도 ·· 383
요도 14. 주능선 봉우리들의 옛 이름 복원 ·· 394
요도 15. 이숭녕 교수의 산영루 ·· 406

차 례 xv

≪지도 목록≫

지도 1.　『동여비고』의「신라백제고구려조조구역도」 ················· 24
지도 1-1.　「신라백제고구려조조구역도」중 백제도읍 부분 확대도 ········ 25
지도 2.　『동여비고』의「경기도주군도」중 서산 ····················· 167
지도 3.　『동여비고』의「함경도주군도」중 황초령 ··················· 209
지도 4.　『동여비고』의「함경도주군도」중 마운령 ··················· 216
지도 5.　『동여비고』의「함경도남북주군총도」 ······················· 220
지도 5-1.　『동여비고』의「함경도주군도」중 선춘령 공험진 ··········· 221
지도 5-2.　『동여비고』의「함경도주군도」중 경성 북병영 ············· 222
지도 5-3.　『동여비고』의「함경도주군도」중 북청 남병영 ············· 223
지도 6.　『동여비고』의「경기도주군도」중 극암, 성등암 및 현릉 ······ 333
지도 7.　『동여비고』중「자도성지삼강도」의 비봉능선 부분 ··········· 336
지도 8.　『해동지도』의「경도5부-북한산성부」중 비봉능선 ··········· 339
지도 8-1.　「경도5부-북한상성부」중 비봉능선 부분 확대도 ············ 339
지도 9.　「북한성도」 ·· 347
지도 10.　「탕춘대성도」 ··· 347
지도 11.　『청구도』의 신혈면 ··· 351
지도 12.　『대동여지도』의「경조5부」중 신혈사고지 ····················· 351
지도 13.　「사산금표도」 ··· 357
지도 14.　「북한도」의 나한봉과 나월봉 ······································ 360
지도 15.　「북한도」의 '곡성(曲城)' ··· 377
지도 16.　「북한도」의 원효암과 염초봉 ······································ 396

≪그림 목록≫

그림 1.　김문식의 인수봉 ·· 13
그림 2.　겸재 정선의 박연폭포 ·· 240
그림 3.　임득명의 평양도 ·· 342
그림 3-1.　임득명의 예서 및 전서 ··· 342
그림 4.　백범영의 칼바위 정상 ·· 390

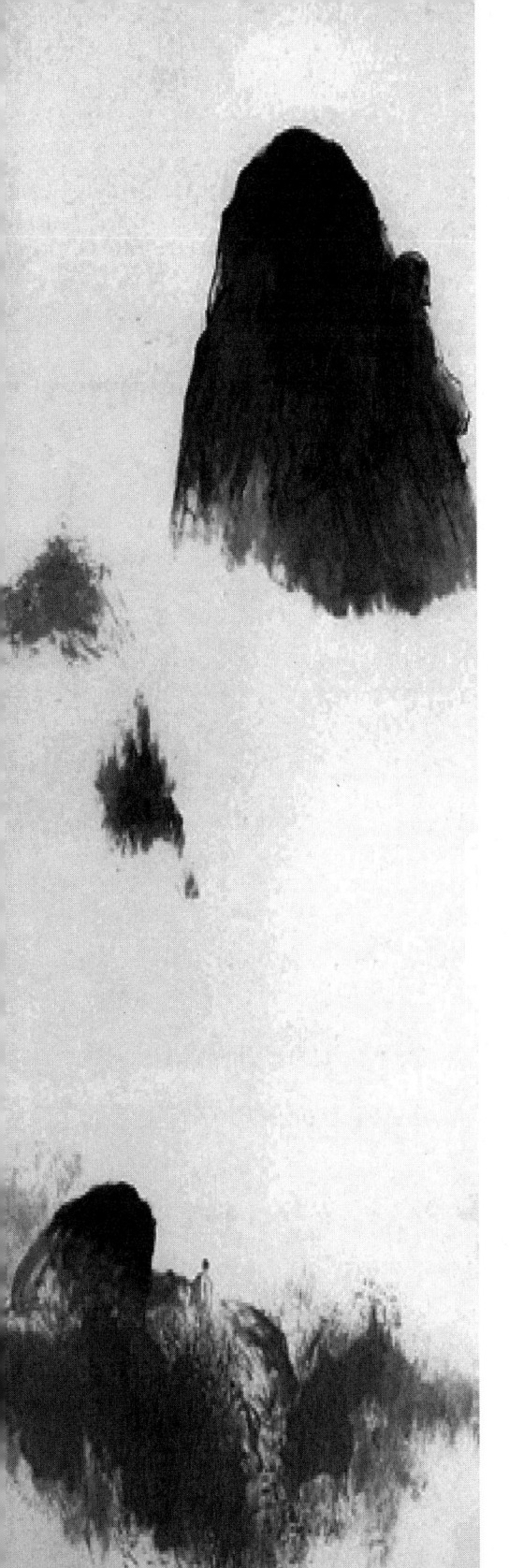

제1편
백제의 건국설화

I. 머리말
II. 북한산의 옛 이름들과 그 유래
III. 백제의 시조
IV. 백제의 최초 도읍지
V. 맺음말

제 1 편   백제의 건국설화

I. 머리말

북한산과 관련된 가장 오래된 역사기록은 『삼국사기』[1] 「백제본기」

---

[1] 『삼국사기』는 고려 인종 23년(1145) 김부식 등이 왕명에 따라 편찬한 삼국시대 역사서이다. 전한(前漢)의 사마천이 쓴 『사기(史記)』의 예에 따라 본기(本紀:「신라본기」,「고구려본기」및 「백제본기」)・열전(列傳)・지(志) 등으로 구성되어 있다. 원본은 없어지고 현재 남아 있는 가장 오래된 것은 서울 성암고서박물관 소장의 성암본(誠庵本: 고려 13세기 후반 간행, 보물 제722호)이지만 결락이 있다. 가장 오래된 완질본은 서울 이병익 씨 소장의 정덕본[正德本: 중종 7년(1512) 간행, 보물 제723호]인데, 고려 목각판과 태조 3년(1394) 목각판에서 찍어낸 것이 섞여 있다. 경주 옥산서원 소장의 만력본[萬曆本: 선조 6년(1573) 간행, 보물 제525호]도 있으나 이는 정덕본과 같은 목각판에서 찍어낸 것이며 인쇄상태가 정덕본보다는 못하다.

의 머리에 수록된 백제 건국설화이다. 이 설화에 의하면, 고구려 시조 주몽의 아들인 비류와 온조는 기원전 18년에 고구려로부터 독립하기 위해 그들을 따르는 무리들과 함께 남쪽으로 내려가다 "한산에 이르렀을 때 부아악에 올라가서(至漢山登負兒嶽)" 살기에 적합한 땅을 찾아보았는데 동생 온조가 하남(河南)에 적당한 곳을 발견하고 그곳에 도읍했다 하며, 이 설화에 등장하는 '부아악'은 북한산의 백운대 아니면 인수봉인 것으로 흔히 해석되고 있다. 그러나 「백제본기」는 그외에도 백제 건국에 관한 여러 설화들을 동시에 기록하고 있다. 이제 이런 여러 설화들에 대한 해석을 출발점으로 하여 북한산에 얽힌 역사지리 이야기들을 소개하려고 한다.

II. 북한산의 옛 이름들과 그 유래

『삼국사기』「백제본기」 서두의 백제 건국설화에 기록된 '부아악(負兒嶽)'을 현 북한산으로 해석하는 것이 전통적인 견해이기는 하지만, 이는 우리 고대사의 해석에 있어 최근 큰 논쟁의 대상이 되고 있는 여러 문제들 중의 하나이다. 비류와 온조가 나라를 세울 만할 터를 살펴보기 위해 올라갔다는 부아악이 어디에 있는지에 관하여 『고려사』「지리지」,[2] 『세종실록』「지리지」,[3] 『신증동국여지승람』[4]

---

[2] 『고려사』는 김종서·정인지 등이 세종의 교지를 받아 만든 고려시대의 역사책이며, 그 가운데 「지리지」는 정인지가 편찬하였다.

[3] 세종 때 8도의 지리지들을 모아 만들었던 『신찬 팔도지리지』를 기초로 하여 단종 2년(1454)에 『세종실록』의 일부로 편찬한 조선 전역의 역사지리서. 『세종실록』은 문종 때 황보인·김종서·정인지 등이 참여하여 편찬에 착수했지만 수양대군의 계유정란으로 황보인과 김종서가 피살된 후에는 정인지가 최종 감수를 담당하였다.

[4] 성종 14년(1479) 서거정·양성지 등이 왕명에 따라 『세종실록』「지리지」 등을 바탕으로 최초 저술하고 5년 후 김종직의 수정을 거쳐 최초 편찬한 『동국여지승람』을 연산군 당시 성현·임사홍 등이 일부 수정 보충하고 중종 25년(1530) 이행·홍언필 등이 다시 수정 증보하여 출간한 조선 전역의 역사지리서.

『증보문헌비고』5) 등 조선시대에 간행된 모든 관찬(官撰) 역사지리서는 물론이고,『북한지(北漢誌)』6)『대동지지(大東地志)』7) 등 사찬(私撰) 역사지리서들도 한결같이 이를 현 북한산으로 해석하여 왔으나, 최근에는 경기도 광주에 있는 남한산의 한 봉우리라는 견해,8) 경기도 용인읍과 이동면 경계에 있는 부아산(負兒山, 해발 404m)이라는 견해9) 등 유력한 새로운 해석들이 제기되고 있다. 이는 비류

---

5) 조선조 말(순종 2년, 1908)에 간행된, 조선의 전통문화에 관한 백과사전으로 조선시대의 제도·문물 연구에 귀중한 자료이다. 최초 편찬은 영조 46년(1770) 홍봉한 등이 「여지고(輿地考)」, 「예고(禮考)」 등 모두 13개 '고(考)'를 만들어『동국문헌비고』라 했다. 그 후 사실과 어긋난 곳을 바로잡고 변경된 법령과 제도를 반영하기 위해 정조 6년(1782)에 이만운 등으로 하여금 이를 보완토록 한 것이 제2차 편찬이며, 책이름도『증보동국문헌비고』로 바꾸었다. 그러나 이 책은 간행되지 못하고 100여 년 뒤인 고종 때에 이르러 박용대 등을 시켜 제3차 보완에 착수하여 순종 2년에 완성하였으며, 이때 이름을『증보문헌비고』로 바꾸어 간행하였다.『증보문헌비고』가운데 조선 전역의 역사지리서인「여지고」의 본문 기사는 영조 때 여암 신경준이 집필한 것으로 흔히 알려져 있다. 그러나「여지고」를 비롯하여『증보문헌비고』에는 전편에 걸쳐서 원문의 특정기사에 대한 주석인 "속(續)" 기사와 "보(補)" 기사가 있는데 이것을 누가 쓴 것인지는 분명하지 않다.
6) 조선조 숙종 당시 북한산성 축성공사 때부터 시작해서 30여 년 동안 북한산성의 승군을 지휘하는 승대장 겸 팔도도총섭으로 있던 성능(聖能) 스님이 영조 21년(1745) 자리에서 물러나면서 후임자에게 북한산성의 역사지리를 알려주기 위해 작성한 글.
7)『대동여지도』를 만든 고산자 김정호가 쓴 책으로, 완성 시기는 고종 원년(1864)인 것으로 흔히 알려져 있다. 김정호는 불과 1백여 년 전 사람이지만 그의 생애에 대해서는 몇 줄 안 되는 기사와 약간의 구전이 있을 뿐 그의 가계나 내력은 알려진 것이 없고 심지어는 태어난 해와 죽은 해까지도 분명하지가 않다.
8) 김용국, "하남위례성고",『향토서울』제41호, 서울특별시사편찬위원회, 1983년 12월, 12쪽.
9) 김성호,『비류백제와 일본의 국가기원』, 지문사, 1982. 김성호 씨의

와 온조가 "한산에 이르렀을 때 부아악에 올라가서(至漢山登負兒嶽)"라고 한 「백제본기」의 기록에서 '한산(漢山)'을 현 서울의 한강 이북지역이 아닌 한강 이남지역으로 보았기 때문이다. 그러나 『삼국사기』에서 사용된 '한산(漢山)'이란 이름은 한강 이북지역을 말하는 경우도 있고 한강 이남지역을 말하는 경우도 있다. 『삼국사기』에 기록된 '한산'이 구체적으로 어느 곳을 지칭하는지는 당해 구절마다 상세히 검토해 보아야 결론을 내릴 수 있을 것이다. 여하간, 이 문제에 관한 상세한 논증은 뒤로 미루어두고,10) 지금은 현 북한산이 백제 건국설화에 기록된 부아악이라는 일반적 해석을 전제로 하여 북한산의 옛 이름들과 그 유래에 대해 정리해 보기로 하겠다.

1. 북한산의 옛 이름들

지금은 '북한산(北漢山)'이라는 이름이 이 산의 이름으로 자연스럽게 사용되고 있으나 비교적 최근까지도 '삼각산(三角山)'이라는

  이 저서는 우리의 고대사를 복원하기 위하여 우리의 사서들은 물론 중국과 일본의 사서들을 폭넓게 비교 검토한 매우 흥미있는 저서로 세간에 큰 반향을 불러일으키고 있다. 그러나 김성호 씨의 부아악 위치 비정에 대하여 용인의 '부아산'은 조선후기 이후의 지리기록에서나 그 이름을 찾아볼 수 있는 산이라면서, 이를 "문헌고증이 미흡한" 또는 "일고의 가치도 없는" 것으로 혹평하는 사람도 있다. 김윤우, 『북한산 역사지리』, 범우사, 1995, 21쪽 참고.
10) 김정호는 『대동지지』에서 부아악을 현 북한산으로 보는 전통적 해석에 따르면서도, 『삼국사기』에 기록된 한산(漢山)은 경기도 광주의 검단산으로 보면서, "우리말에 '크다'는 것을 '한'이라 한다(方言稱大曰漢)"고 했다. 그러나 김정호와 같이 '한산'이 '큰산'을 의미하는 것으로 본다고 해도, 그로서 『삼국사기』에 기록된 '한산'을 경기도 광주의 검단산으로 볼 수 있는 충분한 근거는 될 수가 없을 것이다. 필자의 우둔한 생각으로는 『삼국사기』에 기록된 '한산'은 한강의 남북을 포함한 매우 넓은 지역에 대한 일반적 명칭이었을 것으로 본다. 이 문제에 관하여는, 뒤의 제2편 삼각산 중흥동고석성, II. 백제시대의 중흥동고석성에서 다시 논하게 될 것이다.

이름이 주로 사용되어 왔으며, 옛 문헌을 보면, '부아악'이나 '삼각산' 이외에도 '화산(華山)' '화악(華岳)' '복정산(覆鼎山)' '복종산(覆鍾山)' 등이 이 산의 별칭(別稱)으로 사용되었다.

'부아악'이란 이름은 삼국시대의 이름으로서,『삼국사기』에는 앞서 소개한 「백제본기」의 머리기사 이외에도, 「제사지」에서도 신라시대에 소사(小祀)를 지내던 명산 가운데 하나로 '부아악'을 기록하고 '북한산주(北漢山州: 현 한강이북 서울지역)'에 있다고 하였다.

한편, 『삼국사기』의 「본기」에는 '횡악(橫岳)'이라는 이름이 백제 다루왕(多婁王) 4년 기사를 시작으로 최소한 5차례 이상 백제의 산 이름으로 등장하는데, 「지리지」에서는 이 '횡악'을 이름은 남아 있으나 그 위치는 모른다는 '삼국유명미상지분(三國有名未詳地分)'조에 포함시켜 놓았다. 그러나 조선조 말기에 이르러 고산자 김정호는 이 '횡악'이 삼각산의 또다른 이름이라고 하였다.[11]

김정호는 '횡악'을 삼각산으로 본 이유를 설명하고 있지 않지만, 「백제본기」의 무령왕 7년 기사 및 「고구려본기」의 문자명왕 16년 기사 때문이었을 것으로 보인다. 이 기사들에 의하면 고구려와 말갈의 연합군이 백제의 한성(漢城: 현 서울지역)을 공격하기 위해 '횡악' 아래 진을 쳤다 한다. 그러나 과연 이러한 기록으로부터 '횡악'을 삼각산의 다른 이름으로 볼 수 있을지는 매우 의문이다. 『삼국사기』는 현 삼각산에 대하여 '부아악'이라는 이름을 이미 반복 사용하고 있는데, 같은 기록에서 별다른 설명도 없이 같은 산에 대해 다른 이름을 사용한다는 것은 납득이 되지 않는 일이다.[12]

---

11) 김정호,『대동지지』「한성부」편 참고.
12) 다만, 서울의 동쪽에서 삼각산을 보면 백운대로부터 시작해서 보현봉을 거쳐 형제봉까지 이어지는 삼각산의 주능선이, 그리고 서울의 서쪽에서 보아도 백운대로부터 시작해서 문수봉을 거쳐 비봉능선으로 이어지는 능선이 길게 횡으로 펼쳐져 있기에 '횡악'이라는 이름이 삼각산의 아주 자연스러운 별칭이 될 수는 있을 것으로도 보인다. 김정호와 같이 '횡악'을 삼각산의 다른 이름으로 보면서 이

'삼각산'이란 이름은 고려 초기부터[13] 최근에 이르기까지 사용되어 온 이름이다. 『고려사』의 「세가(世家)」에는 제8대 왕 현종 원년 기사를 시작으로 '삼각산'이라는 이름이 모두 14차례나 등장한다. 「열전(列傳)」에도 '삼각산'이라는 이름이 "임군보전(任君輔傳)"을 시작으로 모두 8차례나 등장한다.[14] 「지리지」의 '남경유수관양주(南京留守官楊州)'조에서도 그 관내(管內)의 산 가운데 하나로 '삼각산(三角山)'을 기록하면서 "신라 때의 이름은 부아악(新羅稱負兒嶽)"이라는 주(註)를 달아놓았다.

'화산' 또는 '화악'이란 이름은 고려 후기부터 조선조 후기에 이르

는 '엇(於斯)뫼'의 한자 차훈표기(借訓表記)로서 '큰 산'이란 의미를 지닌 고구려 계통의 산 이름이라고 설명하는 경우도 있다. 김윤우, "북한산국립공원—역사이야기", 『월간 산』 2001년 6월호, 153쪽.

13) 『고려사』 「열전(列傳)」의 "김위제전(金謂磾傳)"에 의하면, 신라 말의 도선대사(道詵大師)가 지었다는 「삼각산명당기(三角山明堂記)」라는 도참서(圖讖書)가 있었다 한다. 이로 보면, 신라 말기부터 삼각산이라는 이름이 사용되었을 가능성도 배제할 수는 없다.

14) 특히, "서희전(徐熙傳)"에 의하면, 발해를 무너뜨리고 만주지방에 요(遼)나라를 세운 거란족이 교류를 요구하였으나 불응하자 993년 쳐들어왔을 때 고려는 사신을 적진으로 보내 그들의 요구 조건을 알아오게 했는데, 적장 소손령(『요사』에는 소항덕으로 되어 있으나 '손령'은 字이고 '항덕'은 名으로서 동일인이다)은 고려가 차지하고 있는 자비령 이북 지역은 본래 고구려 땅이니 내놓으라고 하였다. 이에 고려에서는 자비령 북쪽을 내주자는 의견도 나왔지만, 서희는 그렇게 말한다면 "삼각산(三角山) 이북이 모두 옛 고구려 땅이니" 지금 저들의 요구를 들어주면 나중에는 고구려 옛 땅을 모두 내달라 할 것이라며, 나가 싸울 것을 주장하였다. 거란이 청천강을 건너자 서희는 적진으로 들어가 우리가 고구려 옛 땅에서 일어났음은 나라 이름을 '고려'라고 한 것을 보아도 알 수 있지 않느냐며, 압록강 이남과 이북도 우리 땅이지만 여진족이 차지하고 있어 요나라에 오가지 못하고 있으니 여진족을 내쫓고 우리 옛 땅을 찾게 된다면 요 나라와 교류를 하게 될 것이라면서 소손령을 설득하여 군사를 철수하게 하였다 한다. 세 치 혀로 적을 물리친 유명한 일화이다.

기까지 주로 문학작품에서 삼각산의 미칭(美稱)으로 사용되어 온 이름이다. 고려 후기의 문신인 이장용이나 고려 말~조선 초의 문신인 변계량, 조선 후기의 서민시인 유찬홍 등은 그들이 지은 시(詩) 등에서 '화산'이라는 이름을 사용하고 있다.15) 그러나 조선조 이후에 편찬된 『고려사』「지리지」, 『세종실록』「지리지」, 『신증동국여지승람』, 『증보문헌비고』 『북한지』 『대동지지』 『동국여지지(東國輿地志)』16) 『여지도서(輿地圖書)』17) 등 대부분의 역사지리서와 역대 『조선왕조실록』에 의하면, 한결같이 '삼각산'을 본명으로 기록하였고, '화산'이나 '화악'은 그 별칭이라고 명시하고 있다.

한편 '솥을 엎어놓은 모양의 산'이란 뜻의 '복정(覆鼎)' 또는 '복정산(覆鼎山)'이라는 이름은 역사서적에서는 찾아볼 수 없으나, 조선조의 문인 홍유손이 쓴 「중흥사중창기(中興寺重創記)」,18) 김수온이 쓴 「도성암기(道成庵記)」,19) 홍언필이 쓴 한시(漢詩)인 「복정현애(覆鼎懸崖)」,20) 홍양호가 쓴 「겸산루기(兼山樓記)」21) 등에서는 삼각

---

15) 이장용의 시 「문수사(文殊寺)」, 변계량의 시 「화산별곡(華山別曲)」, 유찬홍의 글 「제화산기흥후(題華山記興後)」 등. 이 글들은 이 책의 제3권 시문집에 번역 수록하였다.
16) 실학의 비조(鼻祖)로 일컬어지고 있는 반계 유형원(1622~1673)이 각 군현의 형세를 파악하기 위해 1656년 편찬한 역사지리서.
17) 영조 33년(1757) 홍양한의 건의로 왕명에 따라 홍문관에서 각 읍의 읍지를 수집하여 편찬한 전국읍지(全國邑誌)로서, 『신증동국여지승람』을 보완하기 위해 편찬된 책.
18) 홍유손의 문집인 『소총유고(篠䕺遺稿)』권·上에 수록되어 있다. 이 글 역시 이 책의 제3권 시문집에 번역 수록하였다.
19) 김수온의 문집인 『식우집(拭疣集)』권2에 수록되어 있다. 이 글 역시 이 책의 제3권 시문집에 번역 수록하였다.
20) 홍언필의 문집인 『묵재집(默齋集)』권2에 수록되어 있다. 이 글 역시 이 책의 제3권 『시문집』에 번역 수록하였다.
21) 홍양호의 문집인 『이계집(耳溪集)』권13에 수록되어 있다. 이 글 역시 이 책의 제3권 시문집에 번역 수록하였다. 이 기문(記文)은 풍산자(豐山子)란 가공의 인물과 나뭇꾼의 대화를 통해 풍수지리의

산을 그렇게 부르고 있다. 이와는 달리 성해응이 쓴 「산수기(山水記)」22) 중 '인왕산'조에서는 '종을 엎어놓은 모양의 산'이란 뜻의 '복종(覆鍾)'이라는 이름을 삼각산의 별칭으로 사용하고 있다. '복정(覆鼎)'의 오기(誤記)일 수도 있으나 인수봉의 모습을 종을 엎어놓은 모습으로 볼 수도 있기 때문에 당시에 그렇게 표기하는 경우도 종종 있었을 것으로도 추정된다.

이상 살펴본 바와 같이, 북한산은 삼국시대에는 '부아악'이라고 불리다가, 고려 초기부터는 '삼각산'으로 불리었으며, '화산' 또는 '화악'이라는 이름은 고려 후기부터, '복정산' 또는 '복종산'이라는 이름은 조선조 이후에 그 별칭으로 각각 사용되었음을 알 수 있다.

한편, '북한산(北漢山)'이라는 이름은 본래 산 이름이 아니라 '한강 이북의 서울지역'을 가리키는 이름이었다. 신라 진흥왕은 한강

　　허실을 논한 글인데, "삼각산은 그 형상이 솥의 다리와 같아서 배는 두둑하고 아래는 가늘기 때문에 복정산이라고도 하며 주발을 뒤집어놓은 형상이다(形如鼎足 豐腹而下殺 故一名曰覆鼎 是覆椀之象也)"라고 묘사한 구절이 있다. 그러나 1934년 경성부(京城府)가 편찬한 『경성부사(京城府史)』 제1권, 330쪽에서는 "솥은 다리(脚)가 셋이니 이를 엎어놓으면 삼각산의 형상과 같기에 그와 같이 부른 것이다"라고 하였다. 이 책은 권두의 '일러두기(例言)'항에서 편집위원의 명단을 기록하여 놓았으나 내용 각 부분의 편집자는 별도로 기록하지 않았다. 다만 편집위원회 고문인 경성제대 교수 오다세이고(小田省吾)가 최종 감수를 한 것으로만 기록하고 있다.
22) 성해응의 문집인 『연경재전집(研經齋全集)』 권51에 수록되어 있다. 이 글 역시 이 책의 제3권 시문집에 번역 수록하였다. 이 「산수기(山水記)」는 전국의 산수(山水)를 호중산수(湖中山水), 상류강행(上流江行), 동음산수(洞陰山水), 경도산수(京都山水), 기로산수(畿路山水), 해서산수(海西山水), 관서산수(關西山水), 호중산수(湖中山水), 호남산수(湖南山水), 영남산수(嶺南山水), 관동산수(關東山水), 관북산수(關北山水) 등 12편으로 나누어 개략적으로 기술하고 있다. 이를 『동국명산기(東國名山記)』라고도 하는데, 성해응의 「산수기」를 융희 3년(1909) 서유구(徐有榘)가 교사(校寫)한 것을 경성외국어학교 교우회에서 간행한 책이다.

이북의 서울지역을 백제로부터 빼앗은 후에 이 지역을 관할하는 행정기구로 '북한산주(北漢山州)'를 설치하였다. 매우 드문 일이기는 하지만 '북한산'이라는 이름이 삼각산의 또 다른 이름으로 사용되기 시작한 것은 조선조 말기부터인 것으로 보인다. 추사 김정희는 「진흥이비고(眞興二碑攷)」에서 진흥왕순수비의 위치를 "북한산 승가사 옆에 있는 비봉 꼭대기(北漢山僧伽寺傍 碑峰之上)"라 하여 '북한산'을 산 이름으로 사용하였다.

'북한산'이 산 이름으로 일반화된 시기를 숙종 때부터인 것으로 보는 견해도 있다. 경성제국대학의 교수였던 일본인 이마니시류(今西龍)는 1916년(大正 5년) 조선총독부 고적조사위원으로 위촉되어 동년 8월 29일부터 30일까지 이틀 동안 삼각산의 유적과 유물을 현지 조사한 후 1917년(大正 6년) 7월 최종보고서를 작성하여 조선총독부에 제출하였는데, 그는 보고서의 제목에서도 삼각산을 '북한산'으로 칭하였을 뿐 아니라 본문의 "제1장 북한산개설"에서는 "이 산은 삼각산이라고도 하며 달리 화산이란 이름도 있는데 신라시대에는 부아악이라고 하였다"고 하여 '북한산'을 주된 이름으로 소개하고 있고, 이어서 "제2장 옛 북한산성(『삼국사기』에 기록된 '북한산성')"에서는 "이 산을 북한산으로 칭하기에 이른 것은 조선조 숙종 당시 '옛 북한산성'이 이 산에 있었을 것으로 단정하고 이러한 단정을 기초로 이 산에 다시 산성을 만드는 일의 타당성 여부를 논의하다가 산성이 완성된 후 그 이름을 '북한산성'으로 명명하였기 때문에 그 이후 이 산의 일반적 이름이 '북한산'으로 된 것 같다"고 추정하였다.[23]

---

23) 今西龍(이마니시류), 「京畿道高陽郡北漢山遺蹟調査報告書」, 朝鮮總督府編, 『朝鮮古蹟調査報告-大正五年度朝鮮古蹟調査報告』, 소화(昭和) 49년, 31~33쪽. 이 책은 조선총독부가 대정(大正) 5년(1916)의 조선고적조사보고서들을 함께 묶어 이듬해(1917년) 12월 최초 발행한 것을 소화 49년(1974) 일본 국서간행회가 재간한 책이다.

조선조 숙종 당시에 '삼국시대의 북한산성'이 삼각산에 있었던 것으로 본 것은 사실이다. 그러나 그 당시에도 '삼각산' 또는 '북한산성'을 '북한(北漢)'이라고 부르기는 하였어도, 삼각산을 '북한산'이라고 부른 예는 없다. 삼각산을 '북한산'으로 부른 것은 추사 김정희의 경우를 제외하면 거의 찾아볼 수가 없다.24) 뿐만 아니라 일제시대에도 일본인들은 '북한산'이라는 이름을 주로 사용하였지만 조선인들은 여전히 '삼각산'이라는 이름을 일반적으로 사용하였다 한다.

---

24) 이서구(李書九, 1754~1825)의 "유북한산중(遊北漢山中)"이라는 시제를 두고 '북한산'을 산 이름으로 사용한 것이라고 보는 견해도 있으나[김윤우, 앞의 책(앞의 각주 9), 39쪽], 이 역시 '북한'이 삼각산 또는 북한산성을 지칭하는 이름이고 따라서 '북한산중'은 '삼각산 산중' 또는 '북한산성 산중'을 의미한 것으로 보아야 한다. 순암 안정복이 정조 9년(1785)에 쓴 도사공(都事公) 권고(權估)의 묘지명(墓地銘)에도 '北漢山寺'라는 구절이 보이는데 이 역시 같은 용법이라 할 수 있다. 영국인 아처(Cliff Hugh Archer)가 1929년 인수봉을 등정한 기록이 최근 발견되어 공개되었는데, 이 기록에서조차도 "북한(北漢)은… 서울 북쪽 5마일 지점에 둥그런 능선을 따라서 돌로 성벽을 쌓은 분지로서 조선 옛 왕들이 유사시 피병처가 될 수 있도록 만든 것(PUKHAN, the 'Northern Fortress'… an amphitheatre of mountains five miles to the north of the city with stone walls built along the crests, designed as a refuge in times of trouble by the old kings of Korea)"이라고 정확하게 표현하고 있다. 아처의 인수봉 등정기는 1919~1934년에 주일 영국대사관 외교관으로 조선과 일본에 근무하였던 그가 1936년에 영국산악회에 제출한 「일본과 조선에서의 등산(Climes in Japan and Korea)」이라는 글 가운데 포함되어 있는 것을 『월간 사람과 산』지의 김우선 씨가 영국 산악회 고문서실을 직접 방문하여 사진촬영 후에 이를 다시 활자화한 것이라 한다. 『월간 사람과 산』 1995년 5월호에는 이 인수봉 등정기에 대한 소개 기사가 수록되었다. 코오롱등산학교 교장 이용대 씨는 그 원문을 『월간 사람과 산』 발행사인 Mountain Korea사로부터 입수하여 한국산서회 발행 연보인 『山書』지 2002년호에 간략한 요약번역문과 함께 최초로 공개하였다. 본서의 제3권 시문집에는 그 전문을 번역 수록하였다.

제1편 백제의 건국설화 13

　한국정부는 1983년 4월 2일에 도봉산을 포함한 삼각산 지역을 국립공원으로 지정하면서 그 명칭을 '북한산국립공원'이라고 하였다. 그 이유를 정확히 알 수는 없으나 아마도 '북한산'을 '한강 이북지역'을 의미하는 말로 사용하면서 그 안에 있는 국립공원이라는 의미로 그와 같은 이름을 붙였거나, '북한산'을 산 이름으로 사용하면서 공원 내의 대표적 산인 이 산의 이름을 따서 그같은 이름을 붙인 것이 아닌가 생각된다. 만약 후자가 사실이라면 이는 역사적 고증을 도외시한 경솔한 작명(作名)이었다고 하지 않을 수 없다.

2. 삼각산 및 부아악 이름의 유래

그림 1. 김문식의 인수봉
(출처: http://www.kcaf.or.kr/
art500/kimmoonsik)

'부아악' 및 '삼각산'이란 이름의 유래에 대하여 『북한지』에서는 전자는 인수봉이 "등뒤에 바위 하나가 덧붙어 있는(一巖贅於峰背)" 형상이라 생긴 이름이고, 후자는 인수봉, 백운봉, 만경봉의 세 봉우리가 우뚝 서 있는 것이 깎아세운 듯한 '3개의 뿔(三角)'과 같아서 생긴 이름이라고 했다.25) 『북한지』에서는 '부아(負兒)'의 의미를 "아이(兒)를 업은(負)" 형상이란 뜻으로 본 것이다. 여암 신경준 역시 '부아'의 의미를 '아이를 업은' 형상을 의미하는 것으로 보았다.

그러나 일제시대에 발간된 『경성부사』에서는 '부아(負兒)'를 '뿔'의 향찰표기(鄕札表記)로 해석하였으며,26) 후일 저명한 국문학자로서 산악인이기도 했던 고 이숭녕 교수는 '부아(負兒)'를 남성의 음랑(陰囊)인 '불'의 향찰표기로 재해석하면서 불→화(火)→화(華)로 변하여 '화산(華山)'이란 이름이 생긴 것으로 보았다.27) 이숭녕 교수는 인수봉 중간에 붙어 있는 속칭 '귀바위'28)를 '불', 즉 남성의 음

---

25) 아주 드물기는 하지만, 이덕무의 「기유북한(記遊北漢)」(『청장관전서』 권3에 수록)과 같이 인수봉을 빼고 대신 노적봉을 포함시킨 경우도 있다. 이는 삼각산을 서쪽에서 보면 인수봉은 안 보이고, 대신 노적봉이 우뚝한 모습으로 보이기 때문이었을 것이다.
26) 경성부 편, 앞의 책(앞의 각주 20), 331쪽. 1955년도에 백남신(白南信) 씨가 쓴 『서울 대관(大觀)』(정치신문사), 323쪽에서는 이러한 두 가지 해석을 모두 소개하고 있다.
27) 이숭녕, "북한산성 연구/위용 갖춘 서울의 진산", 『월간 산』, 1984년 1월호, 78쪽. 이 글은 원래 "북한산의 지리적 고찰"이라는 제목으로 작성하여 인하대학교논문집(1974년)에 수록하였던 것이며, 1978년에는 본인의 산행수필 및 다른 논문 1편과 함께 묶어 『산 좋아 산을 타니』(박영문고 제170권)란 단행본으로 발행되었다.
28) 인수봉 상단에 옆으로 튀어나와 있는 바위를 '귀바위'라고 부르게 된 것은 앞의 각주 24에서 소개한 바 있는 영국인 아쳐(Archer)로부터 시작된 것이 아닌가 추정된다. 그의 인수봉 등정기에서는 인수봉을 가까이에서 쳐다본 인상을 "어느 동물학자들에게도 알려져 있지 않을 특이종 개구리, 즉 정수리 조금 밑에는 커다란 외 귀 하나가 불룩 튀어나오고 장갑판으로 무장한 개구리 한 마리가 쭈그려

랑(陰囊)으로 본 것이다. 최근 국사편찬위원회의 이상태 박사는 이러한 해석들을 일괄 정리하여 '불뫼'나 '뿔뫼'를 한자의 소리를 빌려 표기한 것이 '부아악'인데 '불뫼(火山)'로부터 후일 발전된 이름이 '화산(華山)'이고 '뿔뫼(角山)'에서 후일 더욱 구체적으로 발전한 이름이 '삼각산(三角山)'이라고 설명하고 있다.29)

그러나 필자의 우둔한 생각으로는, '負兒'는 『경성부사』의 해석과 같이 '뿔(角)'의 향찰표기이고, '삼각(三角)'은 '쇠뿔(牛角)'의 변형된 향찰표기가 아닌가 싶다. 다시 말하자면 '쇠뿔'은 삼각산 제1봉인 인수봉의 형상을 말하는 것으로,30) '쇠'가 발음이 비슷한 '세'로 변하여 이를 향찰로 표기한 것이 '三'이고, '뿔'은 그 뜻에 따라 '角'으

앉아 있는 모습이 연상되었다"고 표현하면서, 인수봉 상단에 옆으로 불룩 튀어나와 있는 바위를 '개구리 귀(ear of the flog)'라고 부르고 있다.
29) 이상태, "도성의 진산 북악산", http.//www.kcf.or.kr/kcf/wzine/2000. 이상태 박사는 '화산'이라는 이름은 중국의 다섯 개 명산 중 하나인 '화산'을 우리나라 삼각산에 견주어 빌려다 쓴 것일 수도 있다고 첨언하고 있다. '화산'이란 이름의 유래를 중국의 '화산' 또는 '연화산(蓮華山)'에서 따온 것으로 본 것은 위 글의 발표시기로 볼 때 김윤우 씨의 견해[앞의 책(앞의 각주 9), 32쪽]를 참고한 것으로 보인다.
30) 『북한지』에서도 인수봉을 삼각산의 제1봉이라고 하였는데, 한 가지 흥미로운 것은 앞서 각주 24에서 소개한 영국인 아처(Archer) 역시 "백운대보다 높이는 약간 낮지만 백운대보다는 훨씬 뛰어난 모습을 지니고 있는 것이 인수봉이다(A little lower than Paik-Un-Tai and far finer in aspct is INSUBONG)"라고 표현하고 있는 점이다. 이런 측면에서 볼 때, '부아악'이란 이름은 물론이지만 '삼각산'이란 이름 역시 인수봉의 형상으로부터 유래된 것일 가능성이 매우 높다. 흔히 '삼각산'이란 이름을 백운봉, 만경봉 및 인수봉(때로는 인수봉 대신에 노적봉)이 세 개의 뿔과 같아서 생긴 이름이라고 하지만 그 가운데 누구에게나 뿔 모양으로 보이는 봉우리는 오로지 인수봉 하나뿐이다. 만경봉의 경우는 서쪽에서 보면 뿔같이 보이는 지점이 있기는 하지만, 동쪽에서 보면 여러 개의 암봉들로 구성된 봉우리로서 도저히 하나의 뿔로는 볼 수 없는 모습이다.

로 표기함으로써 결국 '쇠뿔뫼'가 '三角山'으로 표기된 것이 아닌가 싶다. 조선 후기의 문인 홍양호(洪良浩)는 우이동에 3대째 내려 살며 그 일대의 역사와 지리에 매우 밝았던 사람이었다. 그는 「우이동장기(牛耳洞庄記)」31)라는 글에서 삼각산과 그 동쪽 아래 골짜기인 우이동의 이름을 풀이하면서, 산 이름에 뿔(角)이라는 글자가 쓰였으니 뿔이 있으면 그 밑에 귀가 없을 수 없기에 골짜기의 이름에는 '耳(귀)'라는 글자가 쓰인 것으로 풀이하였다. 다시 말해서 삼각산을 '쇠뿔'로 보고 그 밑 골짜기를 '쇠귀'로 본 것이다. 필자는 이러한 지명풀이가 가장 타당한 것으로 본다.32)

III. 백제의 시조

1. 졸본부여 왕 차녀 소생 온조 설

『삼국사기』「백제본기」의 서문에 의하면, 고구려 시조 주몽은 북부여33)에서 살다 난을 피해 졸본부여34)로 갔는데 졸본부여 왕은 주몽이 보통 사람이 아님을 알고는 둘째 딸의 사위로 삼았고, 왕이 죽자 주몽이 뒤를 이었다. 주몽은 비류와 온조를 낳았으나 북부여에 살 때 다른 부인에게서 낳은 아들 유류(孺留)35)가 찾아오자 그

---

31) 『이계집(耳溪集)』 권13에 수록.
32) 우이동 계곡에서 대동문으로 접근하는 계곡을 '소귀천'이라 하고 한자로는 '素歸川' 등으로 표기하기도 하는데, 이 골짜기도 '쇠귀천(牛耳川)'으로 불리던 것이 변하여 '소귀천'이 되었으리라 생각된다. 도봉산에서 우이동 방향으로 내려오는 능선 상에 있는 한 바위가 쇠귀와 같이 생겨서 이를 '우이암(牛耳岩)'으로 부르는데 이 바위 때문에 '우이동'이란 이름이 생겼다는 말도 있으나(서울특별시사편찬위원회, 『동명연혁고』 IX권, 1984, 69쪽) '우이암'이란 이름은 최근에 생긴 이름일 것으로 보인다. 옛 문헌 어디에도 그런 이름은 없다.
33) 만주 송화강(松花江) 유역이라 함.
34) 만주 동가강(佟佳江) 유역이라 함.
35) 유리(儒利)라고도 한다. 『삼국사기』「고구려본기」에서는 주몽이 부

를 태자로 삼았다. 비류와 온조는 태자에게 용납되지 못할까 두려워 마침내 그들을 따르는 신하들과 더불어 남쪽으로 갔는데 따라간 백성들도 많았다. 그들은 한산에 이르렀을 때 부아악에 올라가 살만한 곳을 찾아보았다. 비류가 바닷가로 가서 살자고 하니 신하들이 "하남(河南)의 땅은 북에는 한수(漢水)가 가로막고 있고, 동에는 높은 산을 의지하였으며, 남으로는 비옥한 벌판을 바라보고, 서에는 큰 바다에 막혔으니 이렇게 하늘이 내려준 험준함과 지세의 이점은 다른 곳에서는 얻기 어려운 형세입니다. 그곳에 도읍을 세우는 것이 좋지 않겠습니까?"하고 간하였다. 그러나 비류는 듣지 않고 백성을 나누어 미추홀로 가서 살았고, 온조는 '하남위례성'에 도읍을 정하고 열 명의 신하를 보좌로 삼아 국호를 십제(十濟)라 하였다. 비류는 미추홀이 땅은 습하고 물은 짜서 살기에 불편하여 온조가 있는 '위례'로 가보니 백성들이 평안하므로 마침내 부끄러워하고 후회하다 죽었다. 비류를 따라갔던 신하와 백성들은 모두 위례로 귀부하였다. 그 후 국호도 백제(百濟)로 고쳤다.36)

이 기록에 의하면, 백제의 시조는 주몽과 졸본부여 왕의 둘째 딸 사이에서 태어난 온조이고 최초 도읍지는 하남위례성이다.

여에 있을 때 예씨녀(禮氏女)를 부인으로 얻어 아이를 갖게 했는데 주몽이 망명 후에 부여에 남은 예씨녀가 출산한 아들이 유리라 한다.
36) 원문: 始祖溫祚王, 其父鄒牟, 或云朱蒙. 自北扶餘逃難, 至卒本扶餘. 扶餘王無子, 只有三女子, 見朱蒙, 知非常人, 以第二女妻之. 未幾, 扶餘王薨, 朱蒙嗣位. 生二子, 長曰沸流, 次曰溫祚. 及朱蒙在北扶餘所生子來爲太子, 沸流溫祚恐爲太子所不容, 遂與烏干馬黎等十臣南行, 百姓從之者多. 遂至漢山, 登負兒嶽, 望可居之地, 沸流欲居於海濱. 十臣諫曰 惟此河南之地, 北帶漢水, 東據高岳, 南望沃澤, 西阻大海. 其天險地利, 難得之勢, 作都於斯, 不亦宜乎. 沸流不聽, 分其民, 歸彌鄒忽以居之. 溫祚都河南慰禮城, 以十臣爲輔翼, 國號十濟, 是前漢成帝鴻嘉三年也. 沸流以彌鄒土濕水鹹, 不得安居. 歸見慰禮, 都邑鼎定, 人民安泰, 遂慙悔而死, 其臣民皆歸於慰禮. 後以來時百姓樂從, 改號百濟. 其世系與高句麗同出扶餘, 故以扶餘爲氏.

2. 월군여자 소생 온조 설

『삼국사기』「백제본기」의 서문에는 비류와 온조의 출생과 관련하여 "혹은 주몽이 졸본에 도착하여 '월군여자[越郡女]'를 아내로 맞아들여 두 아들을 낳았다고도 한다"는 주석(註釋)이 붙어 있다.37)

이 주석에 의하면 백제 시조는 주몽과 월군여자 사이에 출생한 온조이고 최초 도읍지는 역시 하남위례성이다.

3. 소서노 소생 비류 설

『삼국사기』「백제본기」서문의 이설(異說) 기사에서는 백제의 시조를 비류로 보고 있다. 이 기사에 의하면, 백제의 시조는 비류왕이고 그 아버지는 우태(優台)로서 우태는 북부여왕 해부루(解扶婁)의 서손이었다. 비류왕의 어머니는 소서노(小西奴)로서, 졸본(졸본부여를 지칭하는 듯함) 사람 연타발(延拖勃)의 딸이었다. 소서노는 처음에 우태에게 시집가서 아들 둘을 낳았는데 맏이는 비류라 하였고, 둘째는 온조라 하였다. 우태가 죽자 소서노는 졸본으로 돌아와서 과부로 지냈다. 뒤에 주몽이 부여(북부여를 지칭하는 듯 함)에서 용납되지 못하자 BC 37년 2월에 남쪽으로 도망하여 졸본에 이르러 도읍을 세우고 국호를 고구려라 하고, 소서노를 맞아들여 왕비로 삼았다. 주몽은 그녀가 나라를 창업하는 데 잘 도와주었기 때문에 그녀를 총애하고 대접하는 것이 특히 후하였고, 비류와 온조를 자기 자식처럼 대하였다. 그러나 주몽이 부여에 있을 때 예씨 부인에게서 낳은 아들 유류가 찾아오자 그를 태자로 삼았다. 이에 비류가 동생 온조에게 "처음 대왕이 부여에서의 난을 피하여 이곳으로 도망하여 오자 우리 어머니께서 재산을 기울여 나라 세우는 것을 도와 애쓰고 노력함이 많았다. 대왕이 세상을 떠나시고 나라가 유류에게 속하게 되었으니, 우리들이 군더더기 살처럼 답답하게 여기

---

37) 원문: 一云 朱蒙到卒本 娶越郡女 生二子.

남아 있는 것은 어머니를 모시고 남으로 가서 따로 도읍을 세우는 것만 같지 못하다"하고는 드디어 동생 온조와 함께 그를 따르는 무리를 거느리고 패수와 대수 두 강을 건너 미추홀에서 살았다.38)

이 기록에 의하면 백제의 시조는 '우태와 소서노 사이에 출생한 비류'이고 최초 도읍지는 '미추홀'이다.39)

---

38) 원문: 一云 始祖沸流王, 其父優台, 北扶餘王解扶婁庶孫, 母召西奴, 卒本人延拖勃之女, 始歸于優台, 生子二人, 長曰沸流, 次曰溫祚. 優台死, 寡居于卒本. 後, 朱蒙不容於扶餘, 以前漢建昭二年春二月, 南奔至卒本, 立都號高句麗, 娶召西奴爲妃. 其於開基創業, 頗有內助, 故朱蒙寵接之特厚, 待沸流等如己子. 及朱蒙在扶餘所生, 禮氏子孺留來, 立之爲太子, 以至嗣位焉. 於是沸流謂弟溫祚曰 始大王避扶餘之難, 逃歸至此, 我母氏傾家財, 助成邦業, 其勤勞多矣. 及大王厭世, 國家屬於孺留, 吾等徒在此, 鬱鬱如疣贅, 不如奉母氏, 南遊卜地, 別立國都. 遂與弟率黨類, 渡浿帶二水, 至彌鄒忽以居之.

39) 순암 안정복은 『동사강목』, 계묘년(BC 18)조에서 "백제가 고구려의 '高'씨 성을 따르지 않고 '夫餘'씨라고 했고 또 개로왕이 위 나라에 보낸 표문(表文)에서는 '신(臣)과 고구려는 근원이 부여에서 나왔다'고 했으니 백제의 시조는 우태(優台)의 자식임이 분명하다"고 하였다. 한편, 김성호 씨(앞의 각주 9 참고)는 미추홀의 위치를 충남 직산 부근인 아산군 인주(仁州)의 바닷가에 있는 밀두리로 보았으며, 비류가 미추홀에 세운 백제(비류백제)는 후일 웅진(현 공주)으로 도읍을 옮긴 후 지방분권형 담로제도를 통해 한반도 상당한 부분과 중국 동해안 지방과 일본까지 지배한 강력한 해상왕조로 400년간 존속하다가 AD 396년 광개토대왕의 기습공격으로 멸망하였으며, '백제'란 국호는 원래 비류백제의 국호였고, 광개토대왕비문에 기록된 '이잔(利殘)'이 비류백제에 대한 고구려의 호칭이었다 한다. 그에 의하면 광개토대왕비에 기록된 '백잔(百殘)'은 온조가 경기도 천원군 입장면 호당리 위례산에 세운 백제(온조백제)에 대한 고구려의 호칭이었으며, 온조백제는 후일 경기도 광주지역으로 도읍을 옮기고 살다 광개토대왕의 남침시 남녀 1,000명과 세포 1,000필을 바치고 항복함으로써 국가를 보전하였을 뿐 아니라, 이때 멸망한 비류백제의 잔존 담로들을 수용하고 '백제'라는 국호까지 계승하였으나, 고구려 장수왕의 남진시 비류백제 옛 도읍지인 웅진으로 남천하였다가 후일 또다시 사비(현 부여)로 옮겨 AD 660년 나당

4. 동명 후손 구태 설

동명 후손으로 '대방 옛 땅(帶方故地)'에서 건국한 후 요동태수 공손탁(公孫度)의 사위가 된 구태(仇台)가 백제의 시조라는 중국역사서 『북사(北史)』 및 『수서(隨書)』의 기록이다.[40]

이 기록에 의하면 백제의 시조는 동명의 후손이자 공손탁의 사위인 구태이고, 최초의 도읍지는 대방 옛 땅이다.

(羅唐) 연합군에게 멸망할 때까지 비류백제보다 264년을 더 존속하였다고 한다. 위례성과 미추홀의 위치에 관한 김성호 씨의 견해는 『삼국유사(三國遺事)』에 따른 것이다. 최근에는 경기도 천원군 입장면 호당리 위례산 지역을 웅진백제 시대의 『삼국사기』에 기록된 '한산성'으로 보는 견해가 등장하였다(오순제, 『한성백제사』, 집문당, 1995, 19~20쪽 및 279~283쪽). 그는 백제 최초의 도읍지인 위례성이 도봉구 방학동에 있었던 것으로 보면서 이 위례성의 곁을 흐르는 중랑천의 또 다른 이름이 '한내'였고 충남 천원군 입장면 호당리에도 위례성이라는 토성이 있고 그 곁에 또 다른 '한내'가 흐르고 있음을 이유로 위례성과 한내라는 이름이 짝을 이루어 남쪽으로 옮겨간 것으로 보고 있다. 충남 천원군 입장면 호당리에 있는 토성인 위례성을 『삼국유사』는 백제 최초의 도읍지로, 김성호 씨는 온조백제 최초의 도읍지로, 그리고 오순제 씨는 웅진백제 시대의 최북단 변경요새로 본 것이다. 김성호 씨의 견해는 나름대로 치밀한 논리를 갖추고 있으나 오순제 씨의 견해는 아무리 생각해 보아도 무리가 있는 것으로 보인다. 한성백제 시대 도읍성의 이름을 웅진백제 시대에 변경요새의 이름으로 사용하였다는 것은 좀처럼 이해가 되지 않기 때문이다.

40) 『北史』, 「周書」, 百濟傳: "仇台… 遂爲東夷強國 初以百家濟 因號百濟"; 『隨書』, 百濟傳: "仇台… 爲東夷強國 初以百家濟海 因號百濟." 그러나 「백제본기」 서문의 이설 기사에 딸린 주석에서는 "구태가 어질고 믿음이 가는 사람으로 처음 대방 옛 땅에 나라를 세웠고 한(漢)나라 요동태수 공손탁의 사위가 되었으며 나중 동이(東夷)의 강국이 되었다 하나 이 말이 옳은 말인지 알지 못하겠다"고 했다. 원문: "北史及隨書皆云 東明之後, 有仇台, 篤於仁信, 初立國于帶方故地, 漢遼東太守公孫度以女妻之, 遂爲東夷強國 未知孰是."

5. 백제의 시조에 대한 현대의 해석

　이병도 교수는 백제 시조와 관련된 『삼국사기』 및 중국역사서의 여러 기록들을 모두 이유가 있는 것으로 보면서, 이에 대한 체계적 해석을 시도하였다. 그는 비류와 온조가 동모이부(同母異父)의 형제로서, 그들의 생모는 졸본 사람 연타발의 딸 '소서노(召西奴)'이지만 비류의 생부는 '우태(優台)'이고 온조의 생부는 '주몽(朱夢)'일 것으로 보았다. 연타발은 졸본부여의 수장이었기 때문에 '졸본부여왕'이라고도 했고 그 딸을 '졸본부여왕의 차녀'라고도 하였다는 것이다. 한편, 이병도 교수는 비류와 온조는 같이 남하하였지만 온조는 위례에 정착하고 비류는 미추홀에 정착하였다가 후일 온조계의 후손이 비류계의 후손이 이끄는 집단을 흡수하고 진한(辰韓)의 중심지인 백제(伯濟: 경기도 광주)를 빼앗아 그곳으로 도읍을 옮긴 후에 국호를 위례에서 백제(百濟)로 바꾼 것으로 보았다.

　그러나 이병도 교수는 백제의 시조에 대해서는, 동명의 후손인 구태(仇台; 비류의 생부인 優台보다는 한참 후대의 사람)가 백제의 시조로서 대방 옛 땅에서 나라를 세웠다는 『북사』 및 『수서』의 기록대로 구태가 백제의 실질적 시조인데, 다만 그가 공손탁의 사위가 되었다는 『북사』 및 『수서』의 기록은 『삼국지』 「위지」, "부여전"에 기록된 '부여 왕 위구태(慰仇台)'의 일을 혼동하여 잘못 기록한 것이라고 하였다. 또한 이병도 교수는 '태(台)'의 고대 발음이 '이(以)'와 통함을 근거로 '仇台'를 '구이'로 읽을 수가 있고 또 '구(仇)'와 '고(古)'의 발음이 유사함을 이유로 『삼국사기』에 백제 제8대 왕으로 기록된 고이왕(古爾王 또는 古尒王)이 바로 백제의 실질적 시조인 '구태'(그의 발음에 의하면 '구이' 또는 '고이')라 하고, 비류와 비류를 비롯한 고이왕 이전 왕들을 부족시대 수장들에 불과하다고 하였다.

　이병도 교수는 그러한 추론의 근거로서, 비류와 온조 등을 수장으로 하는 부여계 이주집단이 남하한 즉시 아무런 역사적 배경이나 기반도 없이 나라를 세웠다는 것은 불합리한 구상이라는 점과 「백제본기」의 초기 기록은 소략하고 또 신빙성도 적은 반면 고이왕 27~29년(260~262)의 기록에는 관제와 직계를 설치하고 복색(服色)을 정하고 법령을 공포하는 등 한 국가의 개국에 관한 것으로 볼 만한 기록이 등장하는 점을 강조하고 있다.41)

그러나 고이왕 때의 그와 같은 기록과 관련하여, 이를 백제의 개국에 관한 기록이 아니라 중앙집권적 통치체제의 정비에 관한 기록으로 보는 견해도 있다.42) 특히 재야사학자들은 제8대 고이왕을 백제의 실질적 시조로 보는 이병도 교수의 견해는 일본사학계의 영향 때문이며, 일본의 사학계에서는 만약 기원전부터 한반도 남부에 이미 백제와 같은 국가체제를 갖춘 정치집단이 있었다면 4~6세기에 왜(倭)가 한반도 남부에 '임나일본부(任那日本府)'란 기관을 두고 한반도를 지배했다는 『일본서기(日本書紀)』의 기록이 허구임이 입증되기 때문에 『삼국사기』 초기 기록을 불신하고 백제의 건국을 제8대 고이왕 때로 보는 것이라고 비판하고 있다. 일본 사학계에서는 중국역사서인 『삼국지』 「위지」 "동이전"이나 『후한서』 등을 근거로 3세기 이전 백제나 신라는 한반도 중남부 일대의 삼한(三韓) 78개 국가 중 하나에 불과한 것으로 보고 있다 한다.

---

41) 이병도, "백제와 위례성", 『한강사』, 서울특별시사편찬위원회, 1985, 284~286쪽.
42) 나각순, "백제의 한강유역 경략", 『한강사』, 서울시사편찬위원회, 1985; 이종욱, "백제왕국의 성장", 『대구사학』 12·13합집, 1977, 75쪽. 필자 역시 이러한 견해에 공감한다. 만약 제8대 고이왕 때에 이르러 관제와 직계를 설치하고 복색을 정하고 법령을 공포하는 등 국가체제를 갖추었다 하여 그를 백제시조로 본다면 고려시조 역시 태조가 아니라 제4대 광종으로 보아야 하는 모순이 생길 것이다. 광종은 호족세력을 억제하기 위해 공신들은 물론 심지어 골육(骨肉)에 이르기까지 무자비한 숙청을 단행하여 중앙집권체제를 만들었을 뿐 아니라 과거제도를 실시하여 인재를 등용하고 백관의 복제(服制)를 제정했으며 수도 개경(開京)을 황도(皇都)로 개칭한 임금이다.

IV. 백제의 최초 도읍지
1. 한강 이남인가? 한강 이북인가?

앞에 소개한 여러 백제건국설화 가운데 『삼국사기』가 정설로 취급하고 있는 것은 물론 주몽과 졸본부여 왕의 둘째 딸 사이에서 출생한 온조가 '하남위례성'에 도읍을 정하고 나라를 세운 것이 백제라는 첫 번째 설화이다. 『삼국사기』 「백제본기」의 서두에 수록된 이 설화에 의하면 백제의 최초 도읍지는 '하남위례성'이다.

그러나 온조왕 13년(BC 6) 기사를 보면 '한수(漢水) 남쪽' 한산(漢山) 밑에 성책을 세워 '위례성'의 백성을 나누어 살게 한 후에 14년(BC 5) 1월에 도읍을 옮겼다는 기록이 나온다. 조선조 후기에 이르기까지는 이런 두 기록을 두고 해석하기를, 백제는 최초 13년간 충남 '직산'의 위례성에 도읍했다가 온조 14년에 경기도 광주의 '하남위례성'으로 도읍을 옮긴 것으로 보았다. 최초 13년간 도읍지인 '위례성'의 위치를 충남 '직산'으로 보는 견해의 기원은 고려 때의 저작인 『삼국유사』에 있다.[43] 이러한 '직산설'은 조선시대로 이어졌고 세종 11년(1429) 7월 직산에 온조왕묘가 세워졌을 뿐만 아니라,[44] 『고려사』 「지리지」, 『세종실록』 「지리지」, 『신증동국여지승람』 『여지도서』 『문헌비고』 및 관련 『읍지(邑誌)』 등 조선시대의 모든 관찬 역사지리서 역시 위례성을 충청도 '직산현'으로 비정하였다.[45]

---

43) 『삼국사기 지리지』에서는 삼국시대에 사용한 이름이지만 어느 곳을 지칭하는지 알 수 없다는 지명을 모아놓은 기록인 '삼국유명미상지' 조에 '위례성'이 있는 반면, 『삼국유사』는 위례성이 '지금의 직산(今稷山)'이라고 명시하고 있다(권1, 王歷 1, 「百濟편」). 『삼국유사』는 고려 충렬왕 때 보각국사 일연(一然)이 신라·고구려·백제 3국의 유사(遺事)를 모아서 지은 사찬(私撰)의 역사서이다.

44) 『세종실록』 권45, 세종 11년 7월 무신 조. 그러나 『세종실록』 「지리지」나 『신증동국여지승람』 등에서는 이를 세조 11년으로 오기하고 있다. 직산의 온조왕묘는 임진왜란 당시 소실되었다.

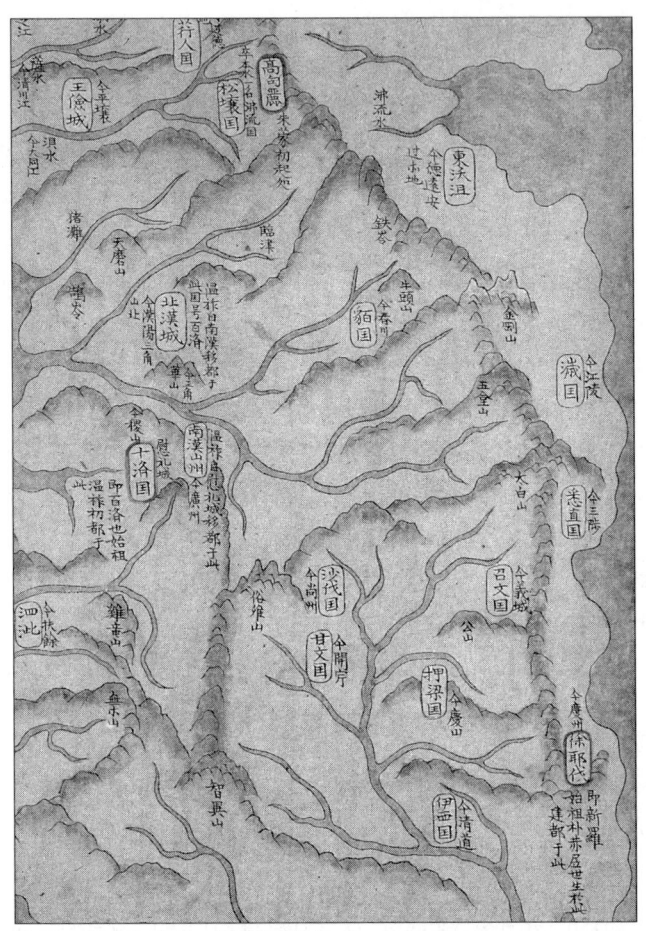

지도 1. 『동여비고(東輿備攷)』의
「신라백제고구려조조구역도(新羅百濟高句麗肇造區域圖)」

---

45) 『신증동국여지승람』은 위례성의 구체적 위치가 직산현 성거산 북쪽 5리쯤에 있고, 토축(土築)으로 된 성인데 둘레 1,690척, 높이 8척이고, 성내에 우물이 1개이며 지금은 반 이상이 무너졌다고 기록하고 있다. 또한 직산현의 지명이 본래 위례성이었으며, 온조가 남하하여 이곳에 도읍하였다고 설명하고 있다.

제1편 백제의 건국설화 25

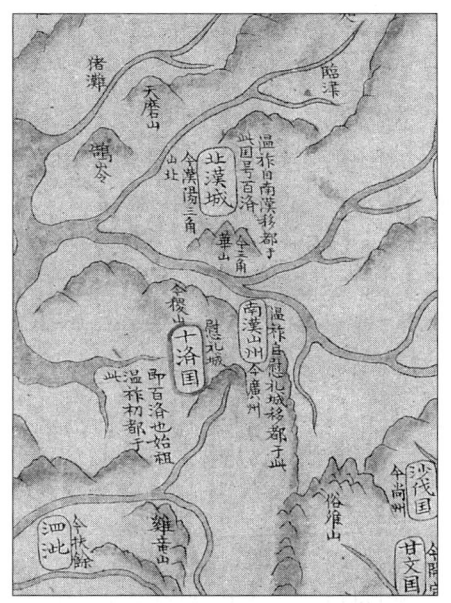

지도 1-1. 「신라백제고구려조조구역도」 중 백제도읍 부분 확대도

그러나 조선 후기에 가면 그러한 '직산설'은 부인되고 위례성은 한강 이북에 있었다는 '한강이북설'이 등장한다. 이만승의 『빈일쇄록(賓日鎖錄)』과 이영의 『목옹지지(木翁地志)』 등이 그 기원이라고 한다.46) 하지만 이때의 '한강이북설'은 '직산설'을 바꾸어 놓지는 못

---

46) 신경준이 그의 「강계고」(표지가 「강계지」로 되어 있으나, 서문에서 제목을 「강계고」로 하고 있어 통상 「강계고」라 부른다)에서 '한강이북설'을 주장하는 저서들로 비판하고 있는 책들이지만, 저자들에 관한 구체적 기술이 없으며, 이 책들을 구해 볼 수도 없다. '직산설'에 대해 의문을 제기한 가장 초기의 글로는 조선 초에 서거정이 직산의 '제원루(濟源樓)'라는 누각에 대해서 쓴 시의 서문을 들수가 있다. 서거정은 '**濟源**'의 뜻을 "百**濟**의 根**源**"으로 풀이하면서 "온조가 부아악(삼각산)에 올라가서 살 만한 곳을 찾아보다가 하남 위례성에 도읍했는데 이곳을 세상에서 직산이라고 했으나, 내 일찍 생각하기를 부아악이란 여기서 이백 리나 떨어진 곳이니 어찌 그곳

하였다. 당대의 역사지리학자인 신경준 등은 이 설을 크게 비판하고 여전히 '직산설'에 따랐다. '직산설'이 퇴조하고 '한강이북설'이 위례성 위치에 관한 학설을 지배하게 된 것은 다산 정약용의 『아방강역고(我邦疆域考)』47)가 저술된 이후의 일이다.

『삼국사기』「백제본기」의 온조왕 13년(BC 6) 기사를 보면 그 해 "5월에 왕이 신하에게 이르기를 '국가의 동에는 낙랑이 있고 북에는 말갈이 있어 강역을 침범하여 조금도 편할 날이 없으니 형세가 절로 편안치 못하다.48) 하물며 이즈음 요망한 징조가 자주 나타나고 국모가 돌아가시니49) 형세가 스스로 편안할 수 없도다. 장차 꼭 도읍을 옮겨야 하겠다. 내가 어제 순행을 나가 한수(漢水) 남쪽을 보니 땅이 기름지므로 마땅히 그곳에 도읍을 정하여 오래 편안할 수

에서 보고 이곳을 살 만한 곳이라 잡을 수 있을까… 또 이곳은 지세가 협소해서 도읍을 세울 만한 곳이 못 되어 깊이 의심하였다"고 하였다(『신증동국여지승람』 권16, 직산현, 누정 조). 앞서 소개한 김성호 씨(앞의 각주 9)는 이를 '직산설'에 대한 최초의 의문제기로 보고 있다. 하지만 서거정은 앞의 말에 이어 "그러나 지난해에 『삼국사절요』를 편찬하며 여러 책을 상고해 보니 직산이 백제의 첫 도읍임에는 의심이 없었다"라고 하여 여전히 '직산설'을 취하였다.

47) 정약용, 『여유당전서(與猶堂全書)』 제6집, 권3 「강역고」. 이 「강역고」를 정약용 자신이 그의 다른 글에서 『아방강역고』로 부른 적이 있기 때문에(『여유당전서』 제1집, 시문집, 권20에 수록된 「仲氏에게 보낸 서신」 참고), 현재는 『아방강역고』라는 이름이 일반적으로 사용된다. 정약용은 『아방강역고』의 대부분을 전남 강진에 유배중 저술하여 순조 11년(1811) 초고를 완성했으나, 후일 이를 보완하여 순조 33년(1833) 72세에 탈고한 것으로 알려져 있다.

48) 『삼국사기』「백제본기」의 온조왕 기사 가운데 즉위 13년 가을에 도읍을 한수 이남으로 옮기기 전 말갈 및 낙랑과의 대립과 교류에 관한 내용이 아홉 차례나 기록되어 있다(2년 정월, 3년 9월, 4년 8월, 8년 2월과 7월, 10년 10월, 11년 4월과 7월, 13년 2월).

49) 동년 2월 기사에는 "왕도(王都)에서 늙은 할멈(老嫗)이 남자로 변하였고, 다섯 마리의 범이 성 안으로 들어왔다. 왕의 어머니가 죽었는데 나이가 61세였다"는 기록이 있다.

있는 계책을 도모하리라' 하고, 7월에는 한산(漢山) 아래에 책(柵)을 세워 위례성의 백성들을 옮기고 사신을 마한에 보내 천도한 것을 고하고 강역을 정하니 북은 패하(浿河)에 이르고 남은 웅천(熊川)을 끝으로 하고, 서는 큰 바다에 막혀 있고 동은 주양(走壤)에서 끝났다. 9월에는 성궐을 세웠다"라고 기록되어 있다.50)

이 기록과 관련하여 정약용은 서한(西漢)의 제도가 열수(洌水: 현재의 한강)51) 이북은 본래 조선(朝鮮)52) 땅이기 때문에, 낙랑의 남부에 소속시켰으나, 열수 이남은 본래부터 한국(韓國: 三韓)의 땅이기 때문에 마한에 속했다고 하면서, 그러므로 중국 역사서인 『북

---

50) 원문: 夏五月 王謂臣下曰 國家東有樂浪 北有靺鞨 侵疆境 少有寧日 況今妖祥屢見 國母棄養 勢不自安 必將遷國 予昨出巡 觀漢水之南 土壤膏 宜都於彼 以圖久安之計 秋七月 就漢山下 立柵 移慰禮城民戶 八月 遣使馬韓 告遷都 遂定疆 北至浿河 南限熊川 西窮大海 東極走壤 九月 立城闕.
51) 흔히 한강은 "한가람"에서 비롯된 말로서 '한'은 '크다', '넓다' 또는 '길다'는 뜻의 우리 옛 말이고, '가람'은 강의 우리 옛 말로서 한강은 "크고 넓고 긴 강"이란 의미가 있다고 한다. "우리말에 크다는 것을 '한'이라 한다"는 김정호의 말(앞의 각주 10)은 이와 같은 맥락인 것이다. 그러나 한강은 광범위한 지역에 걸쳐 흐르는 강으로서 시대별, 지역별로 다른 이름으로 불리었다. 백제 때는 한수(漢水) 또는 욱리하(郁里河), 고구려 때는 아리수(阿利水), 신라 때는 상류지역을 이하(泥河), 하류지역을 왕봉하(王逢河), 한강 전체를 북독(北瀆)이라 하였다. 고려 때는 큰 물줄기가 맑게 뻗어내린다는 의미로 열수(洌水)라 하였다. 조선시대에는 현 광장동 앞은 광나루(廣津)나 두미강(斗尾江) 혹은 도미진(渡迷津), 송파 부근은 삼전도(三田渡), 옥수동(옛 이름은 두뭇개 혹은 豆毛浦) 앞은 동호(東湖), 한남동 앞은 한강, 용산 앞을 용산강, 마포 앞을 마포강, 양평동 부근은 서강이나 서호(西湖) 또는 양화진(楊花津), 가양동 앞은 공암진(孔巖津), 행주산성 부근은 왕봉하(王逢河), 김포 북쪽은 조강(祖江)이라고 하였다.
52) 고조선(古朝鮮)을 말하며, 『아방강역고』 제1편 「조선고(朝鮮考)」에서 그 영역을 상세히 논하고 있다.

사』에서 백제가 낙랑의 속현인 대방의 옛 땅에 나라를 세웠다 한 것은 한수 이북에 나라를 세웠다는 것이고 한수 남쪽으로 도읍을 옮기면서는 필히 마한에 이를 알린 것이라고 해석하고 있다.53) 정약용은 또한 『삼국사기』 「백제본기」의 서문 가운데 부아악에 올라가 살 만한 땅을 살핀 대목 이하는 모두 온조 13년 일인데, 이를 건국의 근본이라 하여 원년에 기재한 것으로 보고 있다.

정약용은 위례란 곳이 처음에 한강 이북에 있었다는 '한강이북설'의 구체적 논거로서, 첫째) '하남위례성'이란 이름 자체가 한강 이북에 있던 위례의 백성들을 하남으로 옮기면서 옛 이름인 '위례성'을 그대로 눌러쓰고 고치지 않았기 때문에 생긴 것이며, 둘째) 온조와 비류 형제가 한강을 건너 그 남쪽으로 옮긴 것은 본시 한수 이북의 위례가 낙랑 및 말갈과 육지로 연해 있는 까닭에 두 적의 공격을 피하기 위한 것이었으며, 셋째) 온조가 원년에 이미 한강 남쪽에 도

---

53) 한강을 한수(漢水)라고 한 유래에 관하여 정약용은 한무제(漢武帝)가 압록강 이남 한강 이북의 땅에 한사군(漢四郡)을 설치한 이래 늘 한(漢)나라의 땅이었던 관계로 한강은 한(漢)나라와 삼한(三韓: 마한, 진한 및 변한)의 경계였기 때문에 삼한 사람들이 이를 한수(漢水)라 했던 것이라고 하였다(『여유당전서』 제1집, 시문집, 「題彊域考卷耑」). 그러나 단재 신채호의 『조선상고사』 이후 한반도 내의 한사군 존재설은 흔들리고 있다. 신채호는 한사군의 위치를 요동지역으로 보았다. 현재 북한 학계에서는 한사군의 하나인 낙랑군(樂浪郡)은 중국의 요동 지역에 있었던 것으로 보고 이를 고조선의 후예로서 평양지역에 있었던 낙랑국(樂浪國)과 구분하고 있다. 한편, 태조 이성계는 창업 당시 '조선(朝鮮)'과 '화령(和寧)' 둘 가운데 하나를 국호로 정하여 주기를 명(明)나라에 청하였고 명은 '조선'을 국호로 정하여 주었다. 반면, '한(韓)'이란 삼한을 말하는 것으로서 조선조 말에 '조선'이라는 이름을 버리고 '大韓帝國'으로 국호를 바꾸었고, 일제강점기의 임시정부도 이를 계승하여 '大韓民國'을 국호로 한 후 오늘날까지 이어지고 있다. 조선조 말에 국호를 바꿀 당시에도 한반도 내의 한사군을 부인하고 삼한의 영역을 한반도 전체로 본 것인지는 불분명하다.

읍을 정했다면 13년이 지난 후에 다시 "내가 어제 한수 남쪽을 둘러보니 땅이 도읍 할 만하다"는 말을 할 수는 없는 것이며, 넷째) 부아악54)에 올라가 주변을 살펴보고 최초의 위례성을 도읍지로 잡은 것이라면 그 위례성은 부아악 아래 있어야 말이 된다는 점 등을 지적하였다. 정약용은 특히 온조가 부아악(삼각산)에 올라가 주위를 살펴보고 충청도 '직산'을 도읍지로 정했다는 것에 대해 의문을 품기도 했지만 '제원루'의 이름 풀이를 통해 그대로 '직산설'을 답습하고 말았던 서거정의 견해55)에 대해 아래와 같이 비판하였다.

> 우초(虞初)가 촌사람들의 말을 듣고 이를 취한 일은 옛날에도 있었으나, 서거정의 이 시서(詩序)와 같이 심한 일은 없었다.56) 객관의 동북쪽 한 구석에 있는 작은 누각이라 본래 이름이 없는 것이 마땅하고 당시 편액도 없었을 것이며 '제원(濟源)'이란 두 글자도 길에서 들은 말인 것이다. 설령 오래된 금석문이 있어서 이 두 글자를 취하여 직산을 백제 옛 도읍으로 본 것이라 해도 이는 지나친 억설인 것이다. 만약 그와 같이 본다면 금산(錦山)에 있는 제원역(濟源驛)은 어찌 백제 옛 도읍이 되지 못하겠는가? 200리 밖의 산천과 토양(土壤)은 쳐다보고 알 수 있는 게 아니니 부아악에 올라서 직산을 살펴보았다는 것은 또 무슨 말인가? 그곳이 위례라는 증거는 없다. 오로지 『삼국사기』만을 근거로 하여야 되는데, 지금 『삼국사기』를 다시 보면 한북(漢北)에서 한남(漢南)으로 옮겼다는 것은 분명하다. 서거정이 꿈에라도 『삼국사기』를 제대로 보았다면 어찌 그런 말을 할 수 있겠는가? 그러나 생각해 보면, 정인지57)와 서거정의 기록은 참으로 오류가

---

54) 정약용 역시 삼각산을 부아악으로 생각한 것이다.
55) 앞의 각주 45 참고.
56) 원문: "虞初諾皐野人之說古亦有之未有甚於徐公之此序也." 우초(虞初)는 전한 무제 때의 사람으로 그가 지은 「주설(周說)」은 주대(周代)의 전설을 모아 놓은 책으로 소설(小說)의 원조이다. 이 때문에 소설을 우초(虞初)라고도 한다.

있으나, 이 옛날 늙은 재상들의 말에도 어떤 이유가 필히 있을 것이니, 일언지하에 허망한 말이라고 돌려버릴 수는 없을 것이다. 「백제본기」에 의하면, 개로왕은 고구려의 침입 사실을 알고 먼저 태자 문주를 남쪽으로 피하게 하고 자신은 해를 당했는데 그 후 문주는 도읍을 웅진으로 옮겼다. 직산은 대략 한성과 웅진의 중간쯤이 되니 이때 문주가 잠시 이 고을에 머물면서 북쪽 옛 도읍의 소식도 탐지하며 남쪽 새 도읍의 일도 관장했다고 보는 것이 사리에 근접할 것이다."58)

정약용의 이러한 견해는 홍경모,59) 김정호,60) 장지연61) 등에게 이어졌으며, 후일 거의 모든 학자들이 '한강이북설'을 정설로 수용하게 되었다.

한편, 정약용은 '위례'란 명칭의 유래에 대하여, 방언(方言)에 울타리 사방을 '위리(圍哩)'라고 하는데, '위례'와 '위리'는 그 소리가 비슷하며, 또 흙으로 쌓은 후에 나무로 책(柵)을 만들어 울타리를 하였기 때문에 이를 '위례'라고 한 것이라고 풀이하였다.62)

---

57) 정인지의 『고려사』 「지리지」 역시 위례성을 직산으로 비정하였다.
58) 정약용, 『아방강역고』 「위례고(慰禮考)」.
59) 홍경모, 『중정 남한지』, 1846년. 홍경모(정조 16~헌종 12)는 남한산성 수어사 서명응(연대 미상)이 엮은 『남한지』를 보완하여 헌종 12년(1846) 『중정 남한지』를 편찬하였다. 이 책은 1980년 경기도 광주군에 의해 번역 출간되어 있다. 그러나 이 번역본에는 원문이 수록되어 있지 않으며, 오히려 서울시사편찬위원회가 1994년 간행한 『국역 북한지』에는 이 책 원문이 부록으로 수록되어 있다.
60) 김정호, 『대동지지』, 1864년, 「한성부」편 및 「광주부」편.
61) 장지연, 『대한강역고』, 1903년. 이 책은 다산 정약용의 『아방강역고』를 장지연이 증보한 것으로, 구한말에 새로 알려진 『일본서기』를 참고하여 원본 일부에 주석을 붙이고, 자신이 저술한 「임나고(任那考)」와 「백두산정계비고(白頭山定界碑考)」를 덧붙여 간행한 책이다.
62) '慰禮'의 어원에 대해서는, 울타리를 뜻하는 '圍哩'로 보는 정약용의 견해(정약용이 이를 우리말로 '우리'로 읽었는지 '위리'로 읽었는지

요약하자면, 백제는 최초 13년간은 한강 이북의 위례성을 도읍으로 하다가 온조왕 13년 한강 이남에 새로 성을 쌓고 이듬해에 도읍을 한강 이남으로 옮겼으나 '위례성'이란 이름은 그대로 사용했다는 것이 오늘날의 일반적 견해로서,63) 한강이북의 위례성을 '하북위례성'이라 하고, 한강이남의 위례성은 '하남위례성'이라고 한다.

한편, 백제의 최초 도읍지를 넓은 의미에서 한강 이북으로 보는 견해에 포함시킬 수 있는 또 다른 하나의 예가 앞서 소개한 김성호 씨의 견해64)이다. 김성호 씨는 중국 역사서에 기록된 '구태(仇台)'와

는 알 수가 없다) 이외에도, 한강을 뜻하는 '阿利'나 '郁里'가 그 어원이라는 견해도 있고, 왕을 뜻하는 '於羅瑕'(『周書』, 「百濟傳」)의 '於羅'가 그 어원이라는 견해도 있다 한다. 김기섭, "백제 전기도성에 관한 일고찰", 『청계사학』 제7호, 1990, 26~28쪽. 그러나 최근에는 '위례'의 음운학적 유래를 달리 해석하여 '위례성'은 서울 광진구 워커힐 뒷산인 아차산에 있는 '아차성'이라고 주장하는 매우 특이한 견해가 한 향토사학자에 의해 등장하였다(김민수, 『한강유역에서의 삼국사의 제문제』, 구리문화원, 1994). 이 견해는 『삼국지』 「위지(魏志)」의 "진한전(辰韓傳)"에 기록된 "동방인들은 나(我)를 부를 때 아(阿)라고 한다(東方人名我爲阿)"는 구절을 근거로 하여, '阿且城'에서 '且'는 소유격 조사이므로 결국 '아차성'은 '나의 성'과 같은 말인데 백제의 개국은 한강 유역의 여러 부족들을 규합하는 집단화과정이므로 '나의 성'을 타 부족들에게 거부감을 주지 않는 이름으로 바꾼 것이 '우리들의 성'이란 의미의 '우리 성'이고 '우리'가 umlaut 현상으로 인해 '위리'가 되고 이에 소유격 조사인 '예'가 합하여지면서 동음생략 과정을 거쳐 '리'에서 'ㅣ' 모음이 탈락하여 '위례'가 되었다는 것이다. 그는 이런 추론을 통해 현 워커힐 뒷산인 아차산에 있는 '아차성'을 '위례성'으로 보고 있다.

63) 그러나 실질적인 백제 시조를 8대 고이왕으로 보는 이병도 교수는 하남위례성으로의 천도한 시기에 대해서도 이를 제11대 왕인 비류왕 초년(304년)경으로 추정하면서, 그 앞에 9대 책계왕은 낙랑의 침입 때 전사하였고(298년) 그 다음인 10대 분서왕은 낙랑태수가 보낸 자객에게 암살되어(304년) 백제왕실이 위기감을 느꼈기 때문일 것으로 보고 있다. 이병도, 앞의 글(앞의 각주 40), 289쪽.

64) 『비류백제와 일본의 국가기원』(앞의 각주 9).

「백제본기」 서문의 이설 기사의 별단에 기록된 '우태(優台)'를 모두 '비류'와 동일인으로 보고, 최초에 비류가 주장이 되어 온조와 함께 도읍한 곳을 중국 역사서의 기록대로 대방 옛 땅인 황해도 어느 곳으로 보고 있다. 또한 『삼국사기』에 기록된 온조 원년(BC 18)도 비류가 온조와 함께 대방고지에서 건국한 해로 보고 있다. 그 후 말갈과 낙랑의 압박에 의해 남하하여 부아악에 올라가 지세를 살핀 후에 비류는 미추홀로 가고 온조는 하남위례성으로 분립해 나간 것을 BC 7년의 일로 보고 있다. 그러나 그가 말하는 부아악은 삼각산이 아니라 경기도 용인 부근의 부아산을 말하며, 또한 『삼국유사』의 기록대로 이때 비류가 도읍한 미추홀을 충남 아산군 인주면 바닷가에 있는 밀두리, 온조가 도읍한 위례성은 충남 직산(구체적 위치는 충남 천원군 입장면 호당리의 위례산)으로 각각 비정하고 있다.

앞서 소개한 정약용의 견해와 관련하여 김성호 씨의 견해를 다시 생각해 보면, 김성호 씨는 부아악을 삼각산 부아악이 아닌 용인의 부아악으로 보았기 때문에 그의 견해에서는 부아악과 위례성 사이의 거리는 별로 문제가 될 것은 없다. 다만 직산 땅이 한 국가의 도읍이 될 만한 곳이 아니라는 정약용의 비판은 그의 견해에 대해서도 역시 적용될 수 있을 것이다. 김성호 씨는 '제원루'의 이름 풀이 고사에 대해서는 아무런 언급이 없다.[65]

---

65) 그러나 재야사학자 임승국 씨는 BC 108~107년 사이 한무제가 설치하였다는 한사군에 관한 역사기록을 허구로 보고 따라서 한사군 가운데 하나인 낙랑군의 속현이었던 대방이 황해도 땅이라는 김성호 씨의 대방고지 백제건국설 부분에 대해서 문제를 제기하고 있다 [임승국, 『사림(史林)』 제2권, 진영출판사, 1986, 1쪽]. 『삼국사기』 「지리지」, 『삼국유사』 『세종실록』 「지리지」 등을 보면 예로부터 미추홀의 위치를 일관되게 지금의 인천으로 인식하고 있었으며, 순암 안정복의 『동사강목』은 미추홀의 구체적 위치를 현재 맥아더 동상이 서 있는 인천 해안가 문학산(文鶴山)으로 보았다. 다른 한편, 단재 신채호는 백제의 시조를 소서노 여왕으로 보았으며, 백제는 13년간 위례(한양)에 도읍하였는데 소서노가 죽은 후 새 도읍지를 물

제 1 편 백제의 건국설화 33

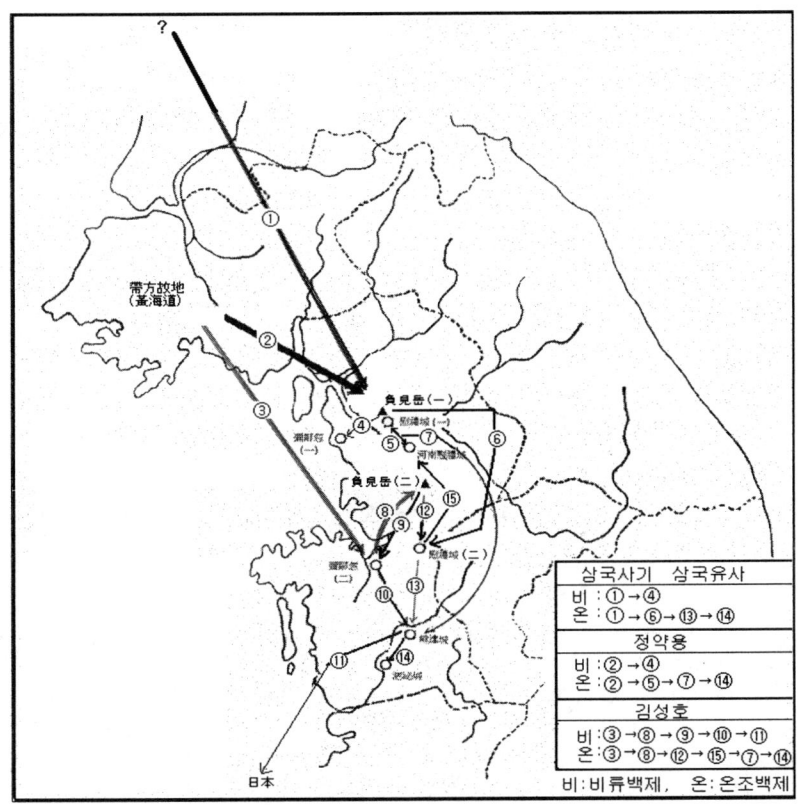

요도 1. 백제의 도읍 이동

색하던 중 두 아들이 분열되어 온조는 하남위례성으로 가고 비류는 미추홀(인천)로 간 것이라고 보면서 소서노 여왕 당시의 최초 도읍지인 '위례(慰禮)'는 '위례홀(慰禮忽)'의 약칭으로서 '위례홀'은 '오리골(본래는 ᄋ리골)'의 한문 표기이고, 비류와 온조가 새 도읍지를 찾으러 올라갔던 '부아악'은 한양의 '북악(北岳)'을 말하며, 온조와 분립한 비류의 도읍지인 '미추홀(彌鄒忽)'은 '메주골'의 한문 표기라고 보았다. 신채호, 『조선상고사』「열국쟁웅시대(列國爭雄時代)」편.

2. 하북위례성은 어느 곳인가?

앞서 소개한 조선조 말의 정약용, 홍경모, 김정호 및 장지연, 그리고 현대에 들어와 김용국 교수66) 등은 하북위례성의 위치를 혜화문 밖 10리 지점에 있는 삼각산 동록 어느 곳으로 보았다. 이는 모두 정약용의 견해에 따른 것으로서, 정약용은 한양 도성 혜화문(동소문) 밖 10리 못 미친 곳에 고성(古城)의 흔적이 있어 당시 그곳 사람들이 한양고현(漢陽古縣)이라고 부르던 곳이 바로 위례성 터며, 백제 때 위례성은 토성에 목책으로 성을 만들었을 것이기 때문에 그 흔적은 있되 돌은 없는 것이라고 말하고 있다.67)

그러나 현대 사학자들은 하북위례성 위치에 대한 새로운 견해들을 다양하게 제시하고 있다. 이병도 교수는 삼각산 남록 세검정 부근을,68) 차용걸, 성주탁, 최몽룡·권오영 교수 등은 중랑천 일대(중

---

66) 김용국, 앞의 글(앞의 각주 8), 16쪽.
67) 그러나 그 구체적 위치가 현재 어디인지에 대하여 정약용의 글을 보아서는 알 수가 없다. 현재는 그곳으로 추정해 볼 수 있는 지역들이 모두 도심지로 개발되어 정약용이 말한 토성의 흔적을 찾아본다는 것은 불가능하다. 참으로 아쉬운 일이 아닐 수 없다. 한편, 도성의 동북쪽 소문인 혜화문(또는 동소문)의 원래 이름은 홍화문(弘化門)이었으나 성종 당시 창경궁 정문에 같은 이름을 붙인 후 혼동이 생기자 중종 6년(1511) 혜화문으로 이름을 바꾸었다.
68) 이병도, 앞의 글(앞의 각주 40), 286~289쪽; 동인, 『한국고대사연구』, 박영사, 1976, 495쪽. 한편, 이병도 교수는 『삼국사기』에 기록된 북한산성 역시 세검정 일대에 있었을 것으로 보았다. 진단학회, 『한국사』, 고대편, 을유문화사, 1961년, 514쪽. 그러나 그가 『삼국사기』에 기록된 북한산성과 (하북)위례성을 같은 성의 다른 이름으로 본 것인지는 분명하지가 않다. 이병도 교수가 하북위례성에 대하여 '세검정 일대 설'('삼각산 남록 설'이라고도 함)을 주장한 것은 정약용이 말한 삼각산 동록을 정릉 계곡이나 삼양동 계곡으로 보고 자신이 일제 때부터 여러 차례 답사해 보았으나 그 일대에서 토성 흔적을 발견할 수 없었음은 물론 아무런 고대유물도 발견되지 않았던 반면, 세검정 일대에는 진흥왕순수비나 장의사 터 등 많은 유적이

곡동이나 면목동)를 하북위례성 터로 보았다.69) 최근에는 향토사학자들에 의해 새로운 주장들이 제기되기도 하는데, 구민회 씨는 성북구 우이동 일대를,70) 한종섭 씨와 오순제 씨는 도봉구 방학동 일대를71) 하북위례성 터로 각각 비정하고 있다.

있음을 근거로 한 것이다. 그러나 그가 말하는 세검정 일대 유적들은 모두가 신라시대 유적인 점, 정약용이 말한 삼각산 동록을 정릉계곡이나 삼양동 계곡으로 한정할 수만은 없다는 점 등으로 볼 때 이 교수의 결론은 다소 성급한 결론이었던 것으로 보인다.

69) 차용걸, "위례성과 한성에 대하여", 『향토서울』 제39호, 1981; 성주탁, "한강유역 백제초기 성지 연구," 『백제연구』 제14집, 1983, 107~142쪽; 최몽룡·권오영, "고고학적 자료를 통해 본 백제 초기의 영역 고찰", 『천관우선생 환력기념 한국사학논총』, 정음문화사, 1985, 83~119쪽. 이러한 견해가 생기기 이전에도 조선총독부가 발행한 『조선보물유적조사보고자료』(1942)에서는 중곡동과 면목동 일대에서 크고 작은 토루(土壘)가 남아 있다고 했다.

70) 구민회, 『남한비사(南漢秘史)』, 광주문화협회설립준비위원회, 1956. 구민회 씨는 우이동에 옛 성터와 왕궁터가 남아 있다고 하는데 어느 곳을 말하는지는 모르겠으나 구민회 씨의 견해 역시 정약용과 같이 삼각산 동록설에 포함되는 것으로 보아도 무방할 것이다.

71) 한종섭, 『위례성백제사』, 집문당, 1994, 105~121쪽; 오순제, 『한성백제사』, 집문당, 1995, 15~25쪽. 이 두 향토사학자는 도봉구 방학동에 있는 시루봉(해발 175m) 동북쪽에서 '㬌'(해 다니는 길 '엄')이라는 글자가 암각되어 있는 바위를, 또 시루봉 주변 분지에서는 연질토기편과 주초석으로 보이는 돌들을 발견하고는 이 부근을 하북위례성 터로 추정하고 있다. 그들은 삼각산과 하북위례성 터(방학동) 그리고 불암산은 동서(東西)로 일직선을 이루고 있는 점과 관련하여, 불암산 정상 남쪽에 있는 둘레 200m의 불암산성은 포천과 남양주 쪽에서 위례성으로 들어오는 적을 감시하고 막는 전초기지였으며, 불암산의 옛 이름인 검암산(儉岩山)은 "신성한 바위가 있는 산"이란 뜻을 지닌 산으로서 불암산 정상 북쪽에 있는 해발 488m의 석장봉이 최초의 동명묘 제단 터였는데 위례성을 하남으로 옮길 때 동명묘의 제단도 하남으로 옮기면서 검암산(儉岩山)의 이름도 옮겨가서 오늘날 검단산(儉丹山)으로 변한 것으로 보고 있다. 그들은 또한 불암산 석장봉 정상에는 일렬로 돌이 박혀 있고 그 중 동

그러나 필자는 하북위례성 위치를 중랑천 일대(중곡동이나 면목동)로 보고 있다. 그러나 이러한 결론은 약간 복잡한 추론을 거쳐 얻은 것이기에 뒤에서 다시 상세히 설명하기로 하겠다.72)

3. 하남위례성은 어느 곳인가?

온조왕 13년(BC 6)에 한강 이북으로부터 한강 이남으로 옮긴 백제의 도읍인 하남위례성의 위치가 구체적으로 어느 곳인지에 대하여도 역시 견해가 일치되지 않고 있다.73) 종래 조선시대의 관찬 역

서 방향으로 박혀 있는 돌들의 방향이 도봉산을 향하고 있는 점과 방학동의 위례성 터 부근에서 발견된 '曬'이라는 글자가 암각된 바위도 도봉산을 가리키고 있는 것으로 보아 '도봉(道峰)'이라는 이름 역시 "해가 다니는 길"이라는 "天道"에서 유래된 것으로 추정하고 있다.
72) 뒤의 제2편. 삼각산 중흥동고석성, II. 백제시대의 중흥동고석성, 1. 한성백제시대, 바. 고구려 장수왕의 왕도한성 공략 참고.
73) 정약용 이전의 전통적인 견해와 앞서 소개한 김성호 씨의 해석(앞의 각주 9)에 의하면, 백제가 온조 14년에 현 경기도 광주지역의 하남위례성으로 천도한 것은 한강 이북으로부터의 남천이 아니라 충남 직산으로부터의 북천이다. 특히 김성호 씨의 견해에 의하면, 이는 또한 말갈과 낙랑의 압력 때문이 아니라 온조에 대한 비류의 공격 때문이라 한다. 온조 13년 3월 기사에는 "왕도에 늙은 할멈이 남자로 변하고 다섯 호랑이가 입성하고 왕모가 죽었다"는 기록이 있는데, 이는 그보다 앞서 낙랑과 말갈의 압력에 의해 비류와 온조가 황해도의 대방고지로부터 충남의 미추홀과 직산으로 각기 분립한 이후 상호 갈등이 생겨서 온조와 같이 살던 모후 소서노가 비류와 공모하여 온조를 제압하려다가 발각되어 살해된 사건에 대한 기록이라는 것이다. 즉, 소서노가 바로 이 기사에 등장하는 '늙은 할멈'이며 비류와 공모해 온조를 공격한 것을 '늙은 할멈이 남자로 변하고 다섯 호랑이가 입성하고'라고 암시적으로 기록했다는 것이다. 그리고 이에 대항하는 온조에 의해 소서노는 살해된 것이라 한다. 김성호 씨에 의하면 온조가 이때 경기도 광주로 북천한 이후 비류 역시 후일 웅진(현 충남 공주)으로 도읍을 옮겨 근 400년을 백제라는 국호를 사용하면서 지방분권적인 담로제 하에 중국 요서 지방과

사지리서들은 하남위례성의 위치를 경기도 광주라고만 하였던 반면, 앞서 소개한 조선조의 정약용과 김정호와 홍경모 그리고 현대에 들어와서도 이병도,74) 김용국,75) 천관우76) 교수 등은 경기도 광

일본 규슈 지방까지 지배하는 해동강국으로 군림하다가(김성호 씨는 이러한 해석의 근거로서, 『북사』와 『수서』의 "백제전"에서 "처음 백가(百家)로 바다를 건너 다스렸기 때문에 백제(百濟)라는 이름을 사용했다"라고 한 기록을 강조한다), AD 396년 고구려 광개토대왕의 남정 당시 그 마지막 왕이 일본으로 망명하여 일본의 실질적 초대 천황인 오우징(應神)이 되었다고 한다[김성호 씨는 『일본서기』에 기록된 초대 천황 진무(神武)와 후일의 오우징(應神)을 동일인으로 보고 천황의 가계에 관한 『일본서기』의 기록은 조작된 것이라고 한다]. 그는 또한 온조의 백제는 BC 5년에 경기도 광주로 옮겼다가 근초고왕 26년(371)에 다시 한강 이북으로 도읍을 옮겼으며, 광개토대왕의 남정 때는 항복하여 나라를 보존한 후에 비류백제의 잔존 담로들을 흡수하고 '백제'라는 국호도 이어받아 사용하다가 후일 장수왕의 남정 때 비류백제의 도읍지였던 웅진(공주)으로 또 남천하였다고 한다. 결국 백제의 역사는 비류의 백제와 온조의 백제로 이원화되어 있다가 광개토대왕에 의해 비류의 백제가 일본으로 망명한 이후에 온조의 백제로 일원화된 것인데, 일원화되기 이전의 백제 역사에는 두 백제의 역사가 교묘히 뒤얽혀 기술되어 있다는 것이다. 김성호 씨는 백제가 장수왕 남진 당시 웅진으로 도읍을 옮겼으나 새 도성 축성에 관한 기록이 없는 점, 백제가 웅진에 도읍한 것은 불과 63년에 불과한데 공주 부근에는 수백 기의 고분군이 집중되어 있는 것은 바로 광개토왕에 의해 멸망할 당시까지 비류백제의 도읍이 웅진에 있었던 증거로 보면서, 온조왕 36년(AD 18) 축성한 것으로 기록된 고사부리성은 거발성과 같은 이름으로서 오늘날의 공산성이며 이 기록이 바로 비류백제의 천도 및 새 도읍 축성 기사인데 삼국사기가 그 내막을 숨기고 축성 사실만 기록한 것으로 보았다. 최근 박순발 교수는 백제가 웅진으로 천도하기 전에 이 지역에 군사적 거점이 마련되어 있었기 때문에 축성 기록이 없는 것으로 설명하고 있으나(박순발, "웅진 천도 배경과 사비도성 조성 과정", 『백제도성의 변천과 연구상의 문제점』, 국립부여문화재연구소 제3회 문화재연구학술대회 발표논문집, 2000년 5월, 59쪽), 김성호 씨의 설명에 비해 옹색한 감이 있다.

주고읍 춘궁리77) 일대로 보았다. 이러한 견해는 모두가 정약용의 견해를 따른 것인데 정약용에 의하면, 온조가 말갈과 낙랑의 압력을 피해 남하하다가 부아악에 올라가서 지형을 살펴본 후 관방의 견고함을 보고 선택한 한강이남 지역은 지금의 광주고읍이며, 최초 도읍지 한강이북 위례의 백성을 옮겨 한강 이남에 새로운 성을 세웠던 까닭에 하남위례성이라 불렸으며 그 위치는 정약용 당시 그곳 사람들이 '궁촌(宮村)'이라 부르던 지역이라 한다.

근래에는, 윤무병 교수가 하남시 남쪽 이성산성(二聖山城)을 하남위례성으로 보기도 했지만, 그 동쪽으로 한강변에 있는 몽촌토성(夢村土城)을 하남위례성 터로 보는 견해가 다수이다.78) 그러나 이성산성의 경우에는 지금까지 발굴결과 백제의 흔적은 나오지 않았고, 몽촌토성 역시 83~87년까지 대대적 발굴조사가 끝난 뒤 많은 학자들이 이곳을 백제왕성으로 지목했음에도 백제왕성이었다는 증거는 빈약하였다. 그러나 몽촌토성에서 북쪽으로 약 2.5km 떨어져 위치한 풍납토성(風納土城)은 지난 97년 이후 계속된 발굴결과 백제왕성으로 추정할 만한 증거들이 발견되어 주목을 받고 있다.79)

---

74) 이병도, "광주몽촌토성지", 『진단학보』 제11호, 1939.
75) 김용국, "몽촌토성에 대하여", 『향토서울』 제39호, 1981.
76) 천관우, "삼한의 국가형성(下)", 『한국학보』 제3집, 1976.
77) 경기도 광주(廣州)의 '고읍(古邑)'을 '고골'이라고도 한다. '춘궁리(春宮里)'는 '고골'의 중심지이며 현 지명은 하남시 '춘궁동'이다.
78) 김원룡, "삼국시대의 개시에 관한 일고찰", 『동서문화』 제7권, 1967; 이기백, "백제문화학술회의록", 『백제문화』 7·8합집, 공주사범대학교 백제문화연구소, 1974; 성주탁, 앞의 글(앞의 각주 68); 최몽룡·권오영, 앞의 글(앞의 각주 68); 한편, 한종섭 씨는 이성산성 동쪽으로 덕풍천 건너에 있는 교산동 토성을 하남위례성으로 보기도 한다. 한종섭, 『위례성 백제사』, 집문당, 1994, 304쪽.
79) 한국정신문화연구원이 1991년 발간한 『한국민족문화대백과사전』에는 '풍납토성' 항목은 없으나 성주탁 교수가 집필한 '몽촌토성' 항목에서는 "풍납동 토성은 서기 1세기경의 유적으로 추정되고 있으

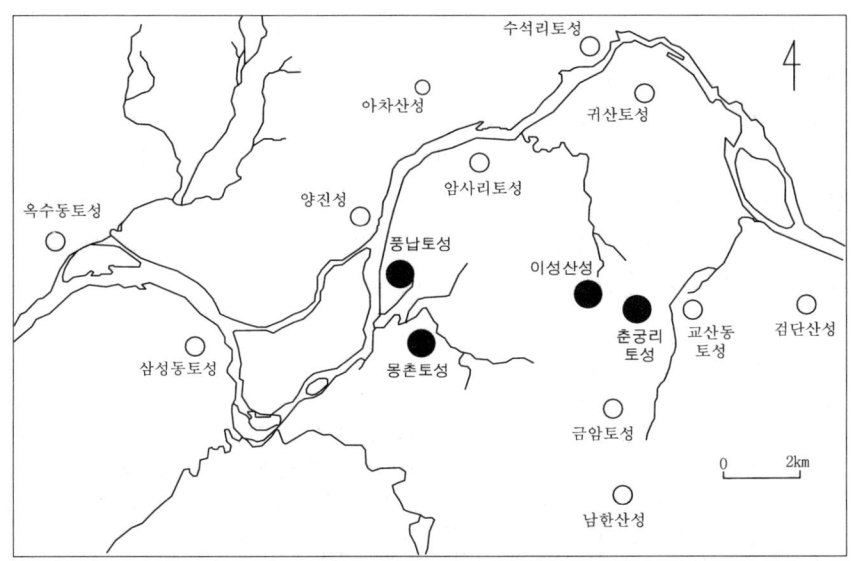

요도 2. 하남위례성으로 거론되는 지역
바탕그림: 김병모 외, 『경기도백제문화유적』, 한양대학교
　　　　　박물관총서 제3집, 1986, 18쪽 참고.

　풍납토성이 세상에 알려진 것은 1925년 대홍수가 지나간 후로서, 그 남쪽 성벽 가까운 곳에서 발견된 한 항아리 속에는 청동제 초두(鐎斗)80) 2개가 나란히 들어 있었다. 뿐만 아니라 과대금구(銙帶金

　　며… 성을 축조할 당시 지표면에서 주로 회백색연질토기 등 삼국시
　　대 전기의 유물이 출토될 뿐 삼국시대 후기나 고려시대의 것은 거
　　의 보이지 않는다. 따라서 이 토성은 백제시대 초기의 건국지로 알
　　려져 있는 위례성으로 주목되는 성지"라고 했다. 또한 종래 몽촌토
　　성 설을 지지하던 최몽룡 교수 역시 최근 한 TV 인터뷰에서 몽촌
　　토성 등 여타의 장소에서는 백제 초기의 유물이 없었던 반면, 풍납
　　토성에 대한 최근의 조사 결과를 보면 이제는 풍납토성을 하남위례
　　성으로 보아야 하지 않을까 하는 생각도 든다고 하였다. 2002년 5
　　월 18일 <KBS 역사스페셜>, 「한성백제의 왕성편」편.
　80) 발과 손잡이가 있는 그릇으로 제사용기로 추정되는 물건.

具),81) 유리구슬 등의 유물이 함께 확인되자 1930년 오하라 도시다게(大原利武),82) 1934년 아유가이 후사노신(鮎貝房之進)83)은 이곳을 하남위례성으로 지목했고, 1936년 풍납토성은 고적으로 지정되었다. 그러나 1939년 이병도 교수는『진단학보』에서 풍납토성이 하남위례성이라는 주장을 반박하면서 백제 초기에 쌓은 사성(蛇城)이라고 주장하였다. 풍납(風納)을 우리말로 풀면 '바람드리'가 되고 사성(蛇城)의 우리말인 '배암드리'와 비슷하다는 것이 그 근거였다.84)

---

81) 금으로 장식된 허리 띠.
82) 오하라 도시다게(大原利武), "기준(箕準)과 그 후예 마한국(馬韓國)", 조선총독부 발행,『조선(朝鮮)』, 1930년 1월호(통권 176호); 동인, "고려 이전의 경성(京城)", 같은 책, 1930년 10월호(통권 185호).
83) 아유가이 후사노신(鮎貝房之進), "백제고도안내기(百濟古都案內記)", 위의 책, 1934년 11월호(통권 234호).
84) 풍납토성이 '사성'이라면 이는 책계왕 원년(286) 백제가 고구려 침입에 대비해 '아차성'과 함께 수축하였다는 성을 말한다.『삼국사기』에는 '아차성'이나 '사성' 모두 축성에 관한 기록은 없지만, 아차성은 정약용의『아방강역고』이후 온조 14년에 쌓은 것으로 보는 견해가 지배적인 반면, 사성에 관해서는 정설이 없다. 한편,『삼국사기』는 책계왕 원년에 사성과 함께 수축한 성을 아차성(阿且城)으로 기록하였으나 조선조 전기에 서거정이 저술한『삼국사절요』는 이를 아단성(阿旦城)으로 표기하고 있다. 이런 차이와 관련하여, 혹자는 원래 이름은 아단성이나 조선조 들어『삼국사기』를 인쇄 간행할 때, 태조의 이름이 단(旦)이므로 이를 피해 차(且)로 표기한 것이라고도 한다. 그러나 같은 책의「열전」, "온달전"에도 '阿旦城'이라는 표기가 등장하고『삼국사절요』에도 '阿旦城'이라는 표기가 등장하는 것으로 볼 때, 그러한 해석은 합리성이 없으며 아차성과 아단성은 별개의 곳으로서 "온달전"에 등장하는 '阿旦城'은 충북 단양에 있는 속칭 온달산성을 의미하는 것으로 보이며,『삼국사절요』의 '阿旦城'은 '阿且城'의 오기일 것으로 보인다. 한편, 책계왕 원년 기사에 고구려의 침입에 대비하여 아차성을 수리한 기록을 당시의 백제 도읍이 한강 이남에 있던 증거로 보는 견해도 있다(이도학, "백제 한성도읍기 도성제에 관한 몇 가지 검토",『백제도성의 변천과 연구상의 문제점』, 국립부여문화재연구소 제3회 문화재연구학술대회 발표

풍납토성이 하남위례성일 것이란 견해가 다시 등장하게 된 것은 1997년 이후 발굴 결과 대규모 건물 터를 비롯한 수많은 초기 백제 유물들이 발견되었고 출토 유물들에 대한 탄소연대측정 결과 축조 시기가 기원 전후로 추정되면서부터이다. 특히 성벽을 잘라 파내려 가 보니 폭 40m 이상, 높이 10m 이상, 길이 3.5㎞ 정도에 달하는 거대한 성벽임이 밝혀졌다. 이런 거대한 성벽을 쌓기 위해서는 많은 노동력을 지속적으로 동원할 수 있는 실체가 있어야 하고,[85] 또 기원 전후에 축조된 왕성 규모의 성이기 때문에 혹시 이 풍납토성이 하남위례성이 아닐까 하는 조심스런 견해들이 생긴 것이다. 올림픽대교 남단에서 천호대교 남단 사이의 올림픽대로와 연접한 풍납토성은 유실된 서쪽(강안 쪽) 성벽까지도 그 지하기층은 지하에

논문집, 2000년 5월, 44쪽). 그러나 당시 백제의 도읍이 한강 이북에 있었다면 고구려의 침입에 대비해 아차성을 수리할 필요가 없었을 것이라는 그의 평가는 사리에 맞지 않는다. 고구려가 수로를 이용해 백제도성에 침입할 가능성이 있고 후일 광개토대왕은 실제 한강수로를 따라 백제도성을 습격하였기 때문이다. 당시의 백제는 하남위례성을 주도읍지로 하고 있었으나 하북위례성도 동시에 사용하고 있었기에 고구려의 침입에 대비하려면 아차성의 수리가 필요하였을 것이다.

[85] 앞의 TV 인터뷰(앞의 각주 79)에서, 토목공학 전공의 김영욱 교수는 자연지형을 이용한 몽촌토성과는 달리 전구간이 인공적인 판축(版築) 구조로 되어 있는 풍납토성을 쌓는 데 소요된 흙의 양을 70~80만 평방미터(무게로는 140~150만 톤)로 계산하고 이러한 토성을 쌓으려면 연인원 100만 명 이상이 소요될 것으로 보았다. 한편, 최근 개최된 한 세미나에서 신희권 씨는 풍납토성이 "3세기를 전후한 시기에 이미 축조 완료되었다"고 보았으나 토론자로 나선 김기섭 교수는 「백제본기」의 개로왕(455~475) 말년기사에 등장하는 '증토축성(蒸土築城)'을 '판축'과 같은 기법으로 보고 5세기 중엽에 어느 정도의 보축이 있었을 것으로 보기도 하였다. 신희권, "백제 한성기 도성제에 대한 고고학적 고찰", 『백제도성의 변천과 연구상의 문제점』, 국립부여문화재연구소 제3회 문화재연구학술대회 발표논문집, 2000년 5월, 22쪽 및 38쪽(김기섭 교수 토론).

그대로 보존되어 있는 것으로 확인되고 있다.86)

혹자는 개로왕 당시의 제방축조 기사에 대한 분석을 통해 풍납토성이 사성이라는 이병도 교수 견해의 허구성을 말하고 있다. 「백제본기」의 개로왕 말년 기사에 의하면, 고구려 첩자 도림이 "선왕의 해골은 맨 땅에 임시로 매장되어 있고, 백성의 집은 자주 강물에 허물어지고 있다"고 하니 개로왕이 이 말을 따라 "나라 사람들을 모두 징발하여… 강을 따라 둑을 쌓았는데 사성 동쪽에서 숭산(崇山) 북쪽에까지 이르렀다"고 하였다. 이 기록에서 숭산을 경기도 검단산으로 보면서, 만약 풍납토성을 사성으로 보고 풍납토성에서 검단산을 연결하는 선에 제방을 쌓았다면 그러한 제방으로는 석촌동 고분군 일대가 홍수로부터 보호되지 못하기 때문에 풍납토성보다 서쪽에 있는 삼성동토성(현 강남구 삼성동 봉은사 동북쪽의 뒷산)을 사성으로 보아야 하며, '사성(蛇城)'이란 이름의 유래는 「신라본기」의 탈해니사금 8년 기사에 등장하는 '와산성(蛙山城)'이나 '마두성(馬頭城)', 「백제본기」의 동성왕 12년 기사에 등장하는 '우두성(牛頭城)'처럼 성의 모습 때문에 생긴 이름이라는 것이다.87) 그는 "(고구려군이) 7일간 주야로 대성을 공격하여 왕성이 함락되어 드디어 위례성을 잃게 되었다"는 『일본서기』의 류랴꾸(雄略) 20년 기사를 근거로 풍납토성을 (하남)위례성으로 보았다.88)

---

86) 『조선일보』, 2000년 5월 6일자 보도;『한국일보』, 2000년 5월 9일자 보도.
87) 이도학, 앞의 글(앞의 각주 83), 46~49쪽. 이 교수는 삼성동토성의 형태를 유추할 수 있는 근거로 풍납토성 도면을 인용하면서 그 형태가 구불거리는 뱀 모습을 연상시킨다 했는데, 삼성동토성 역시 풍납토성과 형태가 같았을 것으로 보는 듯하다.
88) 같은 글, 52쪽. 이 교수는 과거 남쪽의 몽촌토성을 백제왕궁 또는 남성으로, 북쪽의 풍납토성을 별궁 또는 북성으로 보면서 장수왕 당시 개로왕이 항전하다 잡힌 남성을 몽촌토성으로 본 적이 있었다 ("백제 한성시기의 도성제에 관한 검토", 『한국상고사학보』 9호, 1992). 『일본서기』를 인용하며 풍납토성을 하남위례성으로 본 것이 과거 견해를 수정한 것인지 분명하지 않다. 그는 또한 "북성인 풍

제1편 백제의 건국설화 43

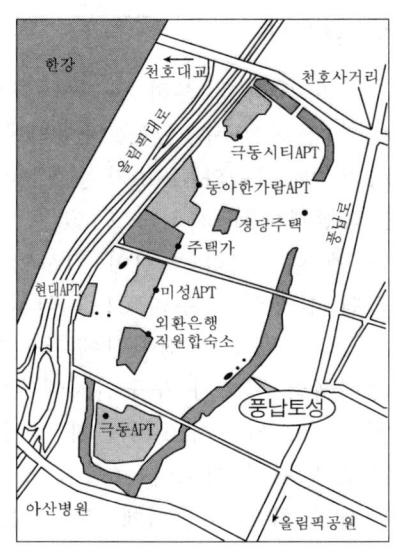

요도 2-1. 풍납토성
(출처: 조선일보 2003년 1월 29일자)

하지만 진정으로 『삼국사기』 초기 기록을 신뢰한다면, 풍납토성은 오히려 온조 13년 축성된 하남위례성 후보지에서 배제되어야 할 것이다. 온조 13년 기사에는 5월에 왕이 처음 천도를 거론하여 7월에 한산 아래에 책을 세우고 위례성 민호를 옮겼으며 9월에 성궐을 세웠다 했는데, 풍납토성이 그렇게 거대한 성이라면 불과 몇 개월의 기간에 완성될 수 있는 성이 아니기 때문이다. 특히 여름 우기(雨期)에는 빈번하게 물에 잠겼을 이곳으로 도읍을 옮기려면 최소한 외부 성곽 공사는 끝낸 후에야 가능하였을 것이다. 온조 13년에는 홍수로부터 안전한 어느 곳으로 도읍을 옮겼다가 후일 현재의 풍납토성 자리에 성벽을 완성하고 도읍을 옮겼을 가능성은 있지만, 온조왕 13년에는 이곳으로 옮기지 않았을 것이다.89)

───────────────

납토성이 하남위례성임이 분명해졌다"고 하면서도, 장수왕 남정 기록 중의 북성과 남성이 한강을 사이에 둔 하북위례성과 하남위례성일 가능성도 배제할 수 없다는 유보적 태도를 취하고 있다.

V. 맺음말

우리 역사를 흔히 반만년 역사라고 하나 지금 남아 있는, 체계적이고 신뢰할 수 있는 역사기록은 『삼국사기』에서 시작하며, 『삼국사기』는 비류와 온조가 '부아악'에 올라가 최초 도읍지를 정했다는 건국설화에서 시작하고 있다. 이 설화에 기록된 '부아악'은 삼각산의 옛 이름이라는 것이 역사학계의 일반적 견해이며, 이 견해에 의하면 삼각산은 우리 고유 역사 기록의 출발점 가운데 하나인 것이다. 백제 시조는 삼각산에 올라가 최초 도읍지를 결정한 것이다.

백제의 시조가 누구인지에 관해서는 여러 견해가 있지만 『삼국사기』는 고구려 시조 주몽과 졸본부여 왕의 둘째 딸 사이에서 출생한 온조가 백제 시조라는 설을 정설(正說)로 소개하고 있다.

백제 최초 도읍지에 관해서는, 조선 중기까지만 해도 『삼국유사』 기록에 따라 '충청남도 직산설'이 지배하고 있다가 조선조 후기의 정약용 이후에는 '한강 이북설'이 정설로 확립되었다. 그 후 백제 최초 도읍지를 (하북)위례성으로 부르게 된 것이다. 그러나 (하북)위례성의 구체적 위치에 관해서는 '삼각산 동록설' '삼각산 남록설' '중랑천 일대설' '방학동설' 등 아직 확립된 견해는 없으나, '중랑천 일대설'이 가장 신빙성이 있어 보인다. 그 이유는 편을 바꾸어 다음 글에서 상세히 밝힐 것이다.

백제의 두 번째 도읍지인 하남위례성에 대하여는 조선조 초기부터 경기도 광주 어느 곳으로 생각해 왔으나, 정약용 이후로는 광주

---

89) 그러나 일부에서는 만약 풍납토성이 하남위례성이라면 『삼국사기』의 초기기록은 그 신빙성이 더해질 것으로 보고 있다. 만약 풍납토성이 백제 초기의 하남위례성이라면 『삼국사기』말고는 이 거대한 성을 만든 백제의 힘을 설명할 자료가 없다고 보기 때문이다. 이런 이유로 풍납토성을 한국 고대사의 '폼페이'(한신대 권오영 교수) 또는 '트로이목마'(한양대 배기동 교수)로 부르기도 한다. 김태식, "풍납토성," http:// my.netian.com/~greatkan/history2에서 재인용.

고읍의 중심지인 궁촌 또는 춘궁리를 그 구체적 위치로 생각하게 되었다. 그러나 근래에 들어와서는 하남시 부근의 이성산성이나 그 부근의 몽촌토성 또는 풍납토성 등을 하남위례성으로 보는 견해들이 생겨 아직까지 정설이 없는 실정이다. 한편, 백제 도읍지 문제와 관련하여 또 다른 설화가 있다. 삼각산 북한산성 터가 백제도읍 터라는 설화이다. 이 문제 역시 편을 바꾸어 중흥동고석성의 역사문제에 포함시켜 검토해 보기로 하겠다.

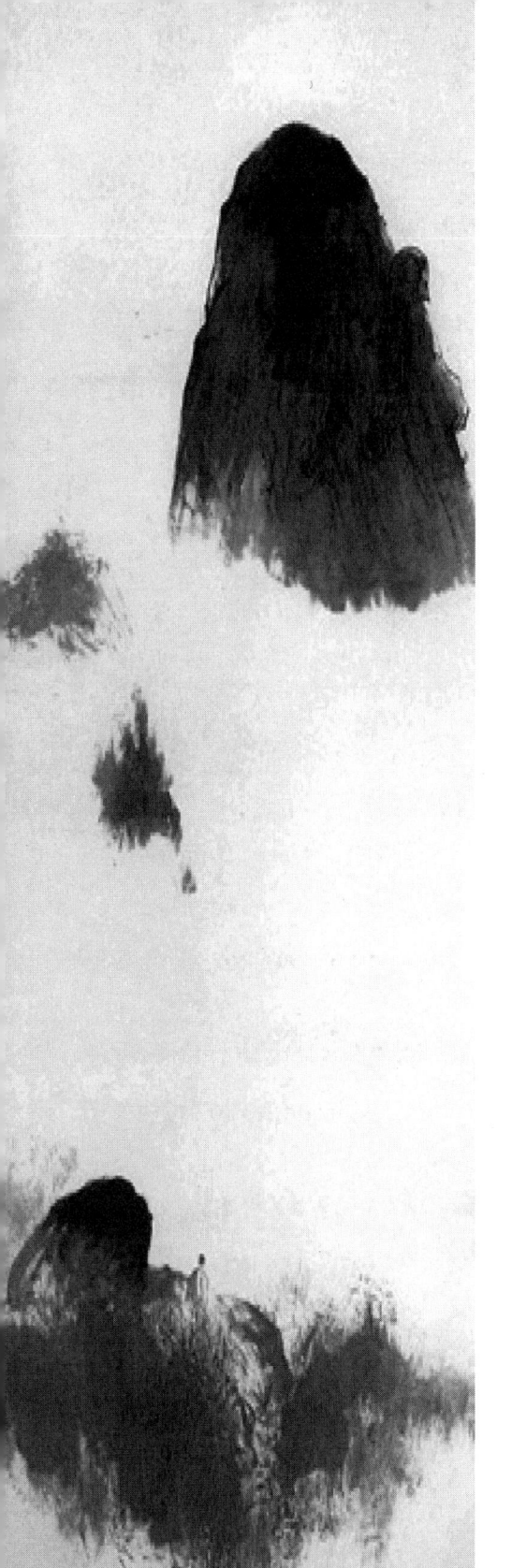

|제 2 편|
삼각산 중흥동고석성

I. 머리말
II. 백제시대의 중흥동고석성
III. 신라시대의 중흥동고석성
IV. 고려시대의 중흥동고석성
V. 맺음말

제 2 편 삼각산 중흥동고석성

I. 머리말

조선조 숙종 때 현 북한산성을 쌓은 서울 삼각산에는 백제 때 처음 만든 것으로 알려진 옛 산성이 있었다.[1] 이 글은 북한산성의 전신인 이 옛 산성의 역사를 시대별로 정리 검토한 글이다.

---

1) 이 옛 산성은 『고려사』「열전」의 "신우전(辛禑傳)"에는 '한양중흥성(漢陽重興城)'으로, 『선조실록』 29년(1596) 3월 3일 기사에는 '중흥산성(中興山城)'으로, 『북한지』에는 '중흥사 북쪽에 있는 고석성'으로, 『대동지지』에는 '중흥동고성(重興洞古城)'으로, 그리고 『동국여지비고』에는 '중흥동중성(重興洞中城)'으로 각각 기록되어 있다. 『동국여지비고』는 조선조 말 간행된 것으로 알려진 한양 주변 역사지리서이나 저자에 대해서는 알려진 것이 없다.

중흥동고석성(重興洞古石城)2)을 두고 한때 백제 도성이었다는 말도 있고, 삼국이 한강유역에서 한반도 패권을 다투던 시절에는 삼국 간 치열한 접전의 현장이었다는 말도 있으며, 고려 초 거란(遼)이 침입하였을 당시에는 현종이 이곳으로 피신한 적이 있었다는 말도 있고, 고려 중엽 몽고(元)의 침입으로 고종이 강화도로 천도할 무렵에는 이곳에서도 몽고군과의 전투가 있었다는 말도 있다.

그러나 이런 유구한 역사를 간직하였다는 중흥동고석성이 언제 누구에 의해서 축성된 성이고, 이곳에서 언제 어떤 사건들이 발생하였었는지를 체계적으로 검토한 문헌이 아직은 없다. 이 글에서는 중흥동고석성과 관련이 있는 것으로 알려져 있거나 또는 그렇게 추정해 볼 수도 있는 사건들로는 어떤 것들이 있고 또 그러한 사건들이 과연 이곳에서 발생한 사건들인지를 검토하게 될 것이다.

---

2) 북한산성의 중심을 관통하는 계곡의 이름을 중흥동(重興洞 또는 中興洞)으로 부르기 시작한 것은 고려 때 이 계곡 상단에 중흥사(重興寺 또는 中興寺)란 절을 창건한 이후로 추정된다. 중흥사가 구체적으로 언제 창건된 절인지는 모르나, 현재 호암미술관에는 「삼각산중흥사」라는 명문이 새겨진 금고(金鼓)가 보관되어 있는데 금고의 제작연대가 건통(乾統) 33년, 즉 고려 숙종 8년(1103)이라고 새겨져 있는 것을 보면 적어도 그 이전에 중흥사가 창건된 것임을 알 수 있다. 여하간, 이 계곡에 있던 옛 산성의 이름에 '중흥'이라는 말을 쓴 것도 그 이후의 일로 보인다. 이 글에서는 이 옛 산성을 편의상 시대 구분 없이 모두 '중흥동고석성(重興洞古石城)'으로 부르기로 한다. 현재 북한산성에 설치해 놓은 안내판은 이곳에 최초로 쌓은 산성은 토축성(土築城)이었다고 소개하고 있다. 그러나 돌은 흔하고 흙은 귀한 이곳에 토축성을 쌓았다는 것은 이치에 맞지 않는다. 이 산성을 처음에는 목책으로 만들었다가 후일 석성(石城)으로 개조했을 가능성도 부인할 수는 없지만, 애초부터 석성이었을 가능성이 높다. 설령 이병도 교수와 같이 삼국시대 북한산성이 세검정 부근에 있었다고 하더라도 그곳 역시 돌은 많고 흙은 귀한 곳이다. 북한산성이 처음 토축성이었다는 말은 삼국시대 북한산성이 세검정 일대에 있었던 것으로 보고 그곳에서 성의 흔적을 찾아내지 못하자 억지로 꾸며낸 말일 가능성이 높다.

II. 백제시대의 중흥동고석성

1. 한성백제[3] 시대

가. 중흥동고석성의 축성 시기

(1) 백제 시조 온조왕 14년 축성 설

삼각산에 북한산성을 만든 조선조 숙종 당시의 역사기록에는 중흥동고석성이 백제 시조 온조의 도읍지라는 말이 수록되어 있다. 또한 『북한지』의 「연혁」편에서도 중흥동고석성을 백제 온조왕 14년에 쌓았다고 기록하고 있고, 세종대왕기념사업회에서 1978년 발간한 『국역 증보문헌비고』에도 온조왕 14년에 '북한산성'을 쌓았다는 구절이 있다.[4] 그러나 1차 사료들을 상세히 검토해 보면 중흥동고석성이 온조왕 때 축성되었다는 근거는 찾아보기 어렵다.

(가) 조선조 숙종 당시의 역사기록

『비변사등록』숙종 36년(1710) 10월 6일 기사에는 병조판서 민진후가 중흥동고석성을 온조의 도읍지라고 말한 기록이 수록되어 있고, 『숙종실록』36년(1710) 12월 28일 기사에는 판부사 이유가 그와 같이 말한 기록이 수록되어 있다. 『숙종실록』37년(1711) 2월 5일 (숙종이 신하들과 오랜 세월 논쟁 끝에 북한산성 축성을 최종 결정한 날) 기사 및 나흘 후의 『비변사등록』기사에서는 숙종 자신이 그와 같이 말한 기록이 있다. 그러나 『숙종실록』이나 『비변사등록』

---

3) 백제는 현 서울지역에 도읍을 정하였다가 고구려 장수왕의 남진 때 웅진성(현 공주)으로 도읍을 옮겼으며 후일 다시 또 사비성(현 부여)으로 옮긴다. 지금의 서울지역에 도읍하고 있을 당시의 도성을 한성(漢城)이라고 했으며 이 무렵의 백제를 '한성백제'라고 한다.
4) 『국역 증보문헌비고』「여지고(輿地考) 2」, 「백제국」편.

에서는 당시 임금과 신하들이 중흥동고석성을 온조의 도읍지로 본 근거를 밝히고 있지 않기 때문에 무슨 근거로 그렇게 말한 것인지를 판단할 수 없다. 숙종 당시 판부사 좌의정 등을 역임하면서 북한산성의 축성에 참여한 이이명(李頤命)이 저술한 『강역관방도설(疆域關防圖說)』에서도 "온조왕은 산성 축성을 좋아하던 왕이니 「백제본기」에 온조왕 14년 쌓은 것으로 기록한 성이 이 성일 것 같으나 자세히 상고할 수는 없다"고 하였다.

(나) 『북한지』의 기록

『북한지』의 "연혁"편에서는 중흥동고석성 지역에 대해 "본래는 고구려의 북한산군이며 남평양이라고도 불렀다. 백제 온조왕이 이를 빼앗아서 재위 14년에 이 곳에 성을 쌓았다"[5]고 하면서, 그 근거의 하나로 "남평양성은 지금의 경도에 있는 북한산성이다"[6]라고 기록한 『동국역대총목』[7]을 인용하고 있다.

『북한지』의 이러한 기록은 "온조왕 14년 7월에 한강 서북쪽에 성을 쌓고 한성 백성을 나누어 살게 하였다"[8]는 『삼국사기』「백제본기」의 기록, "한양군은 본래 고구려의 북한산군이며 일명 평양인데 양주 옛터가 그곳이다"[9]는 『삼국사기』「지리지」의 기록 및 "남경유수관이 있는 양주는 본래 고구려의 북한산군으로 일명 남평양성이다"[10]는 『고려사』「지리지」의 기록, 그리고 "한성부는 본래 고구려

---

5) 원문: 本高句麗北漢山郡一云南平壤 百濟溫祚王取之 十四年丙申漢哀帝建平二年築城.
6) 원문: 南平壤城今京都之北漢山城.
7) 『동국역대총목(東國歷代總目)』은 홍만종(洪萬宗)이 숙종 31년(1705) 저술한 것으로서 간단히 『역대총목』 또는 『총목』이라고 하며, 단군시대로부터 조선조까지의 역사를 간략하게 정리한 책이다.
8) 원문: 秋七月 築城漢江西北 分漢城民.
9) 원문: 漢陽郡本高句麗北漢山郡 一云平壤… 本楊州舊墟.

북한산군인데 백제 온조왕이 이를 빼앗아서 성을 쌓았다"11)는 『신증동국여지승람』의 기록과 더불어 고구려의 "남평양성은 지금의 경도(京都)에 있는 북한산성이다"는 『동국역대총목』의 기록 등을 근거로 한 것으로 보인다.

그러나 이러한 기록들은 서울 강북 지역의 역사에 관한 기록이지 중흥동고석성의 역사에 관한 기록이 아닐 뿐 아니라, 서울 강북지역의 역사에 대한 그와 같은 기록은 후일 다산 정약용에 의해 혹독한 비판을 받게 된다. 정약용은 "백제 온조왕 14년에 고구려 유리왕은 아직 졸본을 떠나지 않았으니 압록강 이남으로는 일보도 밟아보지 않았을 때인데 어찌 그 당시에 고구려가 북한산군을 설치했다가 온조에게 빼앗겼다고 할 수 있는가? 한양이 비록 본래는 한사군(漢四郡)의 땅이라 해도 이를 개척한 것은 백제이다. 장수왕 때에야 비로소 고구려가 쳐들어와 불태운 것이다. 그럼에도 김부식 이래로 번번히 한양을 고구려의 옛 땅으로 억지로 만들었으니 이 어찌 잘못이 아닌가? 온조왕 14년에 쌓은 한강 서북쪽 성은 아차성(阿且城)이며 지금의 아차산 위에 있다"고 하였다. 정약용은 또한 "장한성이 한강 위에 있다. 신라 때 중진을 설치하였는데 후일 고구려가 이를 점거하였으나 신라가 다시 회복하였으며 장한성노래[長恨城歌]를 지어서 그 공적을 기념하였다"고 한 『신증동국여지승람』의 기록에 대해서도, 온조 14년에 쌓은 아차성의 신라 때 이름이 바로 장한성이며 『동국여지승람』에서 장한성을 신라 고성(古城)이라 한 것은 잘못이라고 비판하였다.12)

이러한 정약용의 견해는 홍경모(『중정 남한지』), 김정호(『대동지

---

10) 원문: 南京留守官楊州 本高句麗北漢山郡 一云南平壤城.
11) 원문: 漢城府 本高句麗北漢山郡 百濟溫祖王取之 築城.
12) 정약용, 『아방강역고』「한성고」(『여유당전서』제6집, 권3). 장한성에 관한 『신증동국여지승람』의 기록은 『고려사』권71, 「악지」편 '장한성가(長漢城歌)'조의 기사를 옮겨놓은 것이다.

지』) 등에 계승되었으며, 특히 김정호는 아차산 동쪽 기슭에 있던 양진성(楊津城)이 바로 온조 14년 한강 서북쪽에 쌓은 성이라고 하였다(『대동지지』 제3권 "양주"편 '성지(城池)'조).13)

정약용, 홍경모 및 김정호의 이러한 견해에 의하면, 삼각산을 포함한 서울 강북지역은 백제가 건국할 무렵 고구려로부터 빼앗은 땅은 아니었다. 『삼국사기 지리지』를 비롯한 종래의 역사지리서들은 백제의 건국과정에서 백제가 서울의 강북지역을 고구려로부터 빼앗아 이곳을 도읍으로 건국한 것으로 본 반면, 정약용·홍경모 및 김정호는 이 지역은 그 당시 고구려로부터 빼앗은 땅이 아니라고 한 것이다. 정약용은 백제가 건국할 당시 최초 도읍지인 현 서울 강북지역은 BC 108~107년 한무제(漢武帝)가 위만조선을 멸망시키고 한반도 중북부를 포함하는 그 고지에 설치하였다는 한사군(낙랑, 임둔, 현도, 진번)의 하나인 낙랑의 속현(屬縣)인 조선(朝鮮)에 속해 있었고, 십여 년 후 도읍을 옮긴 한강 이남지역은 삼한 가운데 하나인 마한이 관할하던 땅으로 생각했던 것이다.14)

중국 역사서인 『한서(漢書)』에 의하면, 낙랑군은 한무제 다음의 소제(召帝) 때인 BC 82년에 진번군을 병합하였고, BC 75년에는 앞서 BC 82년 현도군에 폐합되었던 임둔군의 고지(故地)까지 병합하여 광대한 관할구역을 지니게 되었다 하며, 『후한서(後漢書)』에 의하면, 후한의 말기인 AD 184년 요동태수 공손탁은 현도군과 더불어 낙랑군을 그의 지배하에 넣게 되었는데, 그의 아들 공손강은 후한 마지막 왕인 헌제(獻帝: 196~220) 때에 낙랑군 남쪽의 땅을 분

---

13) 원문: "楊津城 在峨嵯山東崖廣津上 俯臨漢水 與廣州坪古城隔江相對 百濟始祖十四年 自慰禮城遷都漢山 築城漢江西北分漢城民." 최근 한국정신문화연구원 발간의 『역주삼국사기』(동국전산, 1997) 역시 '아차성'을 광진구 중곡동의 아차산에 있는 산성으로 보고 있다(제3권, 685쪽).
14) 『아방강역고』의 「위례고」 「한성고」 「조선고」 「사군총고」 「낙랑고」 「대방고」 「삼한고」 및 「마한고」 참고.

할해서 대방군을 설치했다고 한다. 그리고 『삼국지』 「위지(魏志)」에 의하면, AD 238년 공손 씨가 위나라에 멸망당하게 되자 낙랑군은 현도군·대방군과 더불어 위나라의 유주자사에 속하게 되었다 하고, 『진서(晉書)』에 의하면, 위나라가 서진(西晉)에 멸망하자 낙랑군은 서진의 유주자사에 속하게 되었다 한다. 그리고 『진서』 「지리지」에 의하면, 낙랑이 서진으로 귀속된 당시에 그 영토는 11개 현에서 북쪽의 다섯 현이 없어지고, 남쪽의 여섯 현(朝鮮·屯有·渾彌·遂成·鏤方·駟望)만이 남게 되었으며, 현도군 역시 7개 현에서 3개 현만 남게 되었다 하고, 『연사(燕史)』에 의하면, 현도군은 AD 319년 모용 씨의 연나라 치하로 들어갔다 한다.

한편 우리나라의 역사서인 『삼국사기』 「고구려본기」에서는 고구려가 AD 313~314년(미천왕 14~15년) 낙랑군과 대방군을 공략했다는 기록과 AD 402~404년(광개토대왕 11~13년) 연나라를 공략하였다는 기록을 발견할 수 있다. 이와 관련하여, 종래 역사학자들은 진나라 말기에 낙랑과 현도의 영토가 축소된 사실과 미천왕 및 광개토대왕 당시의 『삼국사기』 기록들을 한반도 중북부를 관할하던 한사군의 마지막 잔재가 고구려에 의해 멸망하는 과정으로 해석하였다. 한나라가 한반도에 설치한 한사군은 처음 설치된 지 반세기만에 고구려에 의해 멸망되었다는 것이었다.[15]

그러나 소위 한사군과 관련된 종래의 전통적인 해석은 구한말의 단재 신채호 이후 크게 흔들리고 있는 실정이다. 한사군은 한반도에 설치된 적이 없었고, 「고구려본기」에 기록된 낙랑과 대방도 중국 내에 있었다는 것이 새로운 역사 해석인 것이다. 이러한 새 해석에 의하면, 백제가 한사군의 낙랑 땅에서 최초로 건국하였다는

---

15) 이러한 해석은 정약용 역시 마찬가지다. 그는 중국 역사서들을 부분적으로 비판하고 있기는 하지만, 우리 민족 역사를 해석함에 있어서 중국 역사서의 큰 골격을 벗어나지는 못하였다. 그의 『아방강역고』에는 「사군총고」 등 한사군 관련 논문 7편이 수록되어 있다.

정약용의 해석 역시 잘못된 해석일 것이다.16) 백제의 건국을 전후한 시기에 한강 이북의 서울지역이 누구의 관할하에 있었는지에 관한 문제는 한사군의 위치에 대한 규명과 더불어 고구려의 역사와 강역에 대한 규명이 이루어져야 해결될 수 있는 문제일 것이다. 북한(北韓)의 역사학계에서도 한사군의 하나인 낙랑군(樂浪郡)은 요동지방에 있었던 것으로 보면서 한반도 내에 있던 것은 낙랑군이 아니라 고조선의 후신인 낙랑국(樂浪國)이었다고 주장하고 있다.17)

(다) 『국역증보문헌비고』의 기록

온조왕 14년에 '북한산성'을 쌓았다는 『국역증보문헌비고』의 구절은 그 원문을 찾아보면 "온조왕 14년(BC 5)에 '북한성'을 쌓았다"18)고 되어 있을 뿐이다. 이 기록 중 '북한성(北漢城)'이 북한산성(北漢

---

16) 추사 김정희 역시 「진흥이비고(眞興二碑考)」(『완당선생전집』 권1에 수록)에서 "함흥부(咸興府)는… 한무제가 이곳에 현도군을 설치하였고"라고 한 것을 보면 한반도 내의 한사군 설치에 대해 의심이 없었던 것으로 보인다.
17) 한편, 백제도성 문제를 주제로 열린 어느 세미나에서 서울대학교의 최몽룡 교수는 기조연설을 통하여, 백제도성 문제를 규명함에 있어 "마한과 백제의 독립적인 시대구분과 연구의 이분법적 사고의 확립"과 "마한의 영역을 밝히는 데 힘써야 할 것"을 강조하면서, "그러한 결과로 앞으로 한성백제 이전부터 존재했던 마한과 그 이후 마한의 땅을 할양받아 성립한 한성시대 백제와의 문화적 차이를 구분 지을 수 있는 더욱 확실한 고고학 증거들이 나타날 것으로 믿는다"고 하였다. 최몽룡, "백제도성의 변천과 연구상의 문제점", 『백제도성의 변천과 연구상의 문제점』, 국립부여문화재연구소 제3회 문화재연구학술대회 발표논문집, 2000년 5월, 7~8쪽. 최 교수의 이 견해가 한강 이북의 서울지역 역시 한사군(漢四郡)의 땅이 아니라 삼한(三韓) 가운데 하나인 마한의 땅이었을 것으로 본 것인지, 아니면 한성백제가 처음부터 한강 이남에서 건국한 것으로 본 것인지는 역시 분명하지가 않다.
18) 원문: 溫祚王十四年築北漢城 『증보문헌비고』, 「여지고 2」, 「백제국」편 본문 기사.

山城)'으로 번역된 것이다. 결국 『삼국사기』「백제본기」의 온조 14년 기사에서 한강 서북쪽에 성을 쌓았다고 기록한 것을 『증보문헌비고』에서는 '북한성'을 쌓았다고 하였고 『국역증보문헌비고』는 이 '북한성'을 다시 '북한산성'으로 번역한 것임을 우리는 알 수 있다. 그러나 『삼국사기』에 '북한성'이라는 이름이 처음 등장하는 것은 비류왕 24년(327) 기사이며, 온조왕 14년(BC 5)에 쌓은 성을 '북한성'이라고 한 것은 『증보문헌비고』를 쓴 사람의 해석일 뿐이다.

『증보문헌비고』는 조선조 말 순종 2년(1908)에 인쇄 간행된 역사지리서이지만 그 모체인 『동국문헌비고』는 조선조 영조 때 편찬된 것으로서 그 가운데 「여지고」의 본문 기사는 영조 때 여암 신경준이 집필한 것으로 알려져 있다. 여암 신경준이 '북한성'이라고 한 것을 '북한산성'으로 번역하였다면 이는 중흥동고석성을 의미하는 것인데 여암 신경준이 말한 '북한성'이 현재의 '북한산성', 즉 중흥동고석성을 의미했던 것이라고 볼 만한 근거를 필자는 아직 발견하지 못하였다.

한편, 『삼국사기』「백제본기」에는 개루왕 5년의 '북한산성' 축성 사건이나 백제 비류왕 24년의 '북한성' 점거 반란사건 등 '북한산성'이나 '북한성'에 관한 기록들이 등장하는데, 이제 우리는 이 '북한산성'과 '북한성'이 과연 어느 성을 말하는 것인지에 대해서 항을 바꾸어 차례대로 분석해 보기로 하겠다.

(2) 백제 개루왕 5년 축성 설

『삼국사기』「백제본기」의 제4대 왕 개루왕(蓋婁王) 5년(132) 기사에는 "봄 2월에 북한산성을 쌓았다(春二月 築北漢山城)"는 기록이 있는데 이 기록을 지금은 흔히 중흥동고석성의 최초 축성 기록으로 해석하고 있다.[19] 이러한 해석은 '북한산성'의 의미를 '삼각산을 뜻

---

19) 그 대표적인 예로는 문화공보부 문화재관리국, 『문화유적총람』 상

하는 북한(北漢)'에 쌓은 산성(山城)으로 보았거나, 아니면 '북한산'을 삼각산의 다른 이름으로 여기면서 '북한산성'의 의미를 '북한산, 즉 삼각산'에 쌓은 성(城)으로 본 것이다. 그러나 삼각산을 '북한(北漢)'으로 부른 것은 조선시대의 관행일 뿐만 아니라 삼국시대에는 '북한산'이란 용어가 삼각산을 일컫는 말이 아니라 한강 이북지역을 일컫는 말로서 사용되어 온 점 등을 고려한다면, 개루왕 5년 기사에 기록된 '북한산성'을 우리가 검토하고 있는 중흥동고석성으로 단정할 수는 없다. '북한산성'은 '한강 이북지역에 쌓은 성'이라는 의미일 수 있기 때문이다.

이 문제에 대한 체계적 분석을 처음 시도한 사람은 다산 정약용이었다. 정약용이 저술한 『아방강역고』 중 「위례고」에서는 개루왕 5년에 쌓은 북한산성을 북성(北城)과 남성(南城)으로 되어 있던 한성(漢城) 가운데 남성으로 보고 있다. 정약용에 의하면, 백제는 온조왕 14년에 한강 북쪽 하북위례성으로부터 한강 남쪽 하남위례성으로 도읍을 옮겼으나 하북위례성도 여전히 도읍의 하나로 유지하여 한강 남북으로 이경(二京)을 유지하고 있었는데, 개루왕 5년에 하북위례성의 남쪽이지만 한강 이북에 있는 어느 지점에 '북한산성'을 쌓아 한강 이북에 두 성이 있게 되었고 이 두 성을 합하여 '한성'으로 부른 것이라 한다. 정약용은 북성과 남성의 위치에 대하여 북성은 경성 동북쪽 십리 지점의 '삼각산 동록(三角山 東麓)'에 있고 당시 주민들이 이를 한양고현(漢陽古縣)으로 잘못 부르고 있는 곳으로서 경성 북방(京城北坊)의 한양동(漢陽洞)을 말한다고 하였고, 남성 역시 '경성 북방(京城北坊)'이라고만 하였다.

정약용이 말하는 '북성', 즉 백제 최초의 도읍지라는 하북위례성의 구체적 위치가 어느 곳을 말하는지가 불분명하여 그에 대한 여

권, 1977, 226쪽; 성주탁, "한강유역 백제초기 성지연구", 『백제연구』 제14집, 1983, 118쪽; 서울특별시사편찬위원회, 『서울 육백년사』, 문화사적편, 1987, 477쪽(원영환 교수 집필).

러 가지의 해석이 현재 병존함을 제1편에서 이미 소개한 바 있지만, '남성'의 경우에는 그 구체적 위치가 더욱 불분명하다. 다만 정약용의 「위례고」에서는 '북한산성'이란 명칭과 관련하여 "북한산성이라는 이름은 한강 이북의 산에 의지해 만든 성이기 때문에 생긴 것이지 산 위에 만든 성이기 때문에 생긴 것은 아니다"고 하였으며, 그의 또 다른 논문인 「한성고」(역시 『아방강역고』에 수록)에서는 "이 북한산성이 혹시 높은 산 위에 있었던 것이 아닐까 하는 사람도 있으나, 북한산성은 '한강 이북지역을 말하는 북한산(北漢山)'에 있는 성(城)이란 말이지, '삼각산을 말하는 북한(北漢)'에 있는 산성(山城)이 아니다"고 하였으며, 신라 태종무열왕 당시 고구려가 '북한산성'을 공격하였던 사건과 관련하여 이 문제를 더욱 세밀하게 논증하고 있다. 여하간 이렇게 남북 두 성으로 된 한강 이북의 '한성'을 정약용은 '북한성'과 같은 이름으로 보았는데, 이는 하남위례성을 '남한성'으로 부르는 것과 구분하기 위함이었던 것이다.

그러나 정약용의 견해에서는 두 가지 의문점이 발견되는데, 첫째는 '한성'이란 이름이 언제부터 생겼는지에 관한 것이다. 정약용의 「한성고」에서는 "한성이란 백제 개루왕이 처음으로 개척한 곳"이라 하여 개루왕 5년에 쌓은 북한산성을 '한성'의 시초라고 하였다. 그러나 『삼국사기』「백제본기」의 온조 13년과 14년 기사를 보면, 온조 13년에 한강 남쪽(漢水之南)에 새 도읍을 정하고 9월에 성곽과 궁궐을 세운 후 14년 정월에 도읍을 옮기고 7월에 한강 서북쪽에 성을 쌓아서 '한성'의 백성을 나누어 살게 했다고 하였다고 하여 이미 '한성'이란 이름이 등장한다.[20]

정약용의 견해대로 백제 최초 도읍지인 위례성이 한강 이북에 있었던 것으로 본다면, 온조왕 14년 정월에 하북위례성의 백성들을

---

20) 그외에도, 온조왕 25년 기사에도 '한성'의 인가에서 머리는 하나인데 몸뚱이가 둘인 송아지를 말이 낳았다는 기록이 있다.

모두 하남위례성으로 옮겨놓고 같은 해 9월 한강 서북쪽에 쌓은 성으로 하남위례성의 백성을 다시 나누어 옮기지는 않았을 것이니, 온조 14년 기사에 나오는 '한성'은 하남위례성이 아니라 하북위례성의 또 다른 이름이었을 것이고, 한강 서북쪽에 쌓은 성으로 나누어 보낸 백성은 하북위례성에 남겨두었던 백성 중 일부일 것이며, 따라서 '한성'의 시작은 백제 건국 초기로 보아야 옳을 것이다.21)

한편, 성주탁 교수는 '위례(慰禮)'의 어원을 우리나라 말의 '위리(圍哩)'로 본 정약용의 말과 "우리말에서는 큰 것을 '한'이라고 한다

---

21) 『신증동국여지승람』의 「한성부」편, '건치연혁'조에는 "『삼국사기』에 의하면 온조왕 14년에 '위례성'에서 '한성'으로 도읍을 옮겼으며, 한강 이북에 성을 쌓고 '한성' 백성을 나누어 살게 하였다"는 간주(間注)가 있는데, 정약용은 이를 잘못 비판하고 있다. 그 하나는, 『신증동국여지승람』은 온조 14년을 '한성'의 시초로 보고 있는데 '한성'의 시초는 개루왕 5년이라는 것이고, 다른 하나는, 온조 13년에 도읍을 하북위례성에서 하남위례성으로 옮겼는데 어찌 또 다시 이듬해에 한성, 즉 하북위례성으로 옮겼다고 할 수 있냐는 것이다. 첫 번째의 비판은 본문에서 언급한 바와 같이 온조왕 14년 기사에 이미 '한성'이 등장함을 간과한 것일 뿐만 아니라 『신증동국여지승람』의 문언을 정약용이 잘못 해석함으로 인해 생긴 결과일 것으로 생각된다. 『신증동국여지승람』은 위례성을 충남 직산의 위례성으로, 한성을 하남위례성으로 보기 때문에, 한성의 시작을 온조 14년으로 볼 수밖에는 없는 것이다. 정약용의 두 번째 비판 역시 마찬가지이다. 정약용은 『신증동국여지승람』에서 말하는 위례성이나 한성을 모두 하북위례성을 의미하는 것으로 잘못 해석한 것으로서 자신의 견해와 『신증동국여지승람』의 견해 사이의 근본적인 차이점을 잠시 혼동하였던 것으로 보인다. 『신증동국여지승람』은 위례성을 충남 직산으로 보았기 때문에 하남위례성을 한성으로 볼 수밖에는 없고, 따라서 한강 서북쪽 성으로 백성을 나눈 한성 역시 하남위례성일 수밖에는 없는 것이다. 뿐만 아니라, 온조 13년에 하남위례성으로 도읍을 옮겼다고 한 것 역시 정약용이 『삼국사기』를 잘못 해석한 것이다. 『삼국사기』는 온조왕 13년에 한강 남쪽에 새 도읍을 정하고 9월에 성곽과 궁궐을 세운 후 14년 정월에 도읍을 옮기고 7월에 한강 서북쪽에 성을 쌓고 한성 백성을 나누어 살게 했다고 했다.

(方言稱大爲漢)"는 김정호의 말에 착안하여 '위례성'은 백제 초기의 작은 성이었을 때의 이름이고 후일 대형화된 도성의 이름이 '한성'이고 이것이 한자화(漢字化)된 것이 '漢城'이라고 보았다.22) 그러나 성주탁 교수는 온조왕 14년 기사에 이미 '한성'이란 이름이 기록된 것을 간과하고 있다. '한성'은 처음부터 '위례성', 즉 하북위례성의 또 다른 이름으로 사용되었던 것이라고 보아야 할 것이다.

개루왕 5년의 북한산성 축성 기사에 대한 정약용의 해석으로부터 생기는 둘째의 의문은, 한성을 '북성'과 '남성'으로 설명하면서 왜 개루왕이 만든 '북한산성'을 '남성'으로 보았을까 하는 점이다. 이는 정약용이 백제 최초 도읍지를 삼각산 동록에 있었던 것으로 보았기에 그리 된 것이 아닌가 생각된다. 삼각산 동록이란 '북한산' 지역에서도 동북쪽인 관계로 개루왕은 그보다 더 북쪽에 별성을 만들수는 없었을 것으로 보았을 것이다. 따라서 정약용은 개루왕이 만든 '북한산성'을 '한성'의 '남성'으로 볼 수밖에는 없었을 것이다.

그러나 만약 백제 최초 도읍지를 북한산 지역(한강 이북지역)의 남쪽에 있었던 것으로 볼 수만 있다면, 개루왕이 '북한산성'을 그보다 북쪽에 쌓은 것으로 볼 수도 있고, 이에 따라 '북한산성'을 '북성'으로 보고, 백제 최초의 도읍지로서 후일 또 다시 근초고왕의 도읍지가 된 곳을 '남성'으로 보는 것이 가능하게 될 것이다. 이는 '한성'의 완성을 개루왕 때로 보건 근초고왕 때로 보건 관계 없는 일이다. 이 문제는 차후 장수왕의 백제 정벌 기사의 해석과도 관련이 있는 문제이기 때문에 그때 가서 다시 논하기로 한다.23) 이 문제에

---

22) 성주탁, 앞의 글(앞의 각주 19), 127쪽. 성주탁 교수는 이 글에서 '위례'의 어원을 우리나라 말의 '위리'로 본 것을 김정호의 말로 인용하고 있으나 이는 본래 정약용의 말이다. 그리고 성주탁 교수는 온조 14년에 하남으로 도읍을 옮긴 후 웅진성으로 또 옮길 때까지 하북으로 돌아오지 않은 것으로 보기 때문에 그가 말하는 '한성'은 하남위례성의 후일의 이름을 의미한다.

23) 뒤의 바. 고구려 장수왕의 왕도한성 공략 참고.

대한 결론은 백제 최초의 도읍지를 비정함에 있어서뿐 아니라, 중흥동고석성 축성 연대를 추론함에 있어서도 중요한 단서가 될 것이다. 다만 한 가지만 미리 언급하자면, 필자는 개루왕 5년(132)에 만든 것으로『삼국사기』에 기록된 '북한산성'을 중흥동고석성으로 볼 수는 없지만 중흥동고석성과 밀접한 관련이 있을 것으로 본다.

한편, 김정호는 정약용의 견해를 일부 계승하여 '중흥동고성'을 설명하면서 "백제 개루왕 5년에 쌓은 북한산성은 이 성을 말하는 것이 아니다"라고 하였다.24) 그러나 '중흥동고성'의 유래에 대하여는 "이 성은 **백제 때 처음 만든 것**이지만 백제의 도성은 아니었다"25)고만 하였고 백제 어느 때 만든 것인지에 대한 언급은 없다. 다만 "고려 우왕 14년에 최영에게 명하여 한양중흥산성을 고치도록 하여 장차 왜적을 피하려고 하였다"26)고만 하였다. 이 점에 있어서, 정약용의 견해는 김정호와 약간 달랐다.「한성고」에서 정약용은 "북한산성(중흥동고석성 자리에 새로 쌓은 성)은 조선조 숙종 때 삼각산 위에 쌓은 것이며 **백제고성은 아니다**"라고 하였는데, 정약용이 중흥동고성을 몰랐을 리 없고, 그렇다면 이는 중흥동고석성도 백제 때 쌓은 것이 아니라는 의미로 해석될 수 있는 표현이다.

---

24) 원문: 百濟蓋婁王五年築北漢山城云者非是.『대동지지』권3,「양주목」,「성지」편, '중흥동고성'조. 한편,『대동지지』는 이와 별도로 권1,「한성부」,「성지」편에 북한산성에 관한 기록을 두고 있다. 삼각산 지역은 조선조 초기에는 양주목에 속해 있었으나, 숙종 때 북한산성을 축성한 후 한성부 소속으로 바뀌었다. 이 때문에 북한산성에 관한 기록은「한성부」,「성지」편에 두었으나「양주목」,「성지」편에서도 역사적인 이유로 중흥동고성에 관한 기록을 둔 것으로 보인다.
25) 원문: 此城始於百濟時而非百濟之都城.
26) 원문: 高麗禑十四年命崔瑩修漢陽重興山城將欲避倭也.

나. 우복의 북한성 점거 반란

『삼국사기』「백제본기」의 비류왕(比流王) 24년(327) 9월 기사에는 "내신좌평 우복(優福)이 북한성(北漢城)을 점거하고 반란하자 왕이 군사를 일으켜 토벌했다"27)는 기록이 있는데 이를 중흥동고석성에서의 일로 보는 견해도 있다.28)

그러나 앞서 설명한 바와 같이 정약용은 '북한성'은 '한성'의 또 다른 이름이며, 이 '북한성'(즉, '한성')은 '북성'(즉, 하북위례성)과 '남성'(즉, 개루왕 5년에 만든 '북한산성')을 모두 포함하는 이름으로 보고 있었는데, 비류왕 24년에 우복이 점거하고 반란을 일으킨 곳에 대해서는 이를 '남성'이라고 하였다. 우복이 점거하고 반란을 일으킨 곳을 '북성'과 '남성' 가운데 '남성'으로 본 이유를 정약용은 제시하지 않고 있지만, 그는 '북성'에 본궁이 있고 '남성'에 별궁이 있는 것으로 보고 만약 본궁이 있는 '북성'을 우복의 반란군이 점거하였다면 백제 왕조의 운명이 이때 바뀌었을 가능성이 있기 때문에 우복이 점거한 곳을 '남성'으로 보았을 것이다.

그러나 만약 앞 항에서 말한 바와 같이 '북한성'(즉, '한성')의 '북성'을 개루왕 5년에 만든 '북한산성', 즉 별궁으로 보고 '남성'을 하북위례성, 즉 본궁으로 볼 수 있다면, 우복이 점거하고 반란을 일으켰던 '북한성'을 그 '북성', 즉 개루왕 5년에 만든 '북한산성'으로 해석하는 것이 용이해지게 된다. 이 문제 역시 차후 장수왕의 백제 정벌 기사의 해석과도 관련된 문제이기 때문에 그때 가서 다시 논하기로 한다.29)

---

27) 원문: 內臣佐平優福 據北漢城反 王發兵討之.
28) 성호 이익,「유북한기(遊北漢記)」,『성호문집』권35; 한국정신문화연구원,『역주 삼국사기』3권, 동국전산, 1997, 619쪽; 김윤우,『북한산 역사지리』, 범우사, 1995, 52쪽.
29) 뒤의 바. 고구려 장수왕의 왕도한성 공략 참고.

다. 근초고왕의 이도한산(移都漢山)

『삼국사기』「백제본기」의 근초고왕(近肖古王) 26년(371) 기사에는 왕이 정예군사 3만 명을 거느리고 고구려 '평양성'을 공격하여 고구려왕 사유(斯由: 고국원왕)를 살해하고 '한산(漢山)'으로 도읍을 옮겼다고 했으며, 『삼국사기』「지리지」에서는 근초고왕이 고구려로부터 남평양을 빼앗았다는 『고기(古記)』의 기록을 원용하면서 온조가 졸본을 떠나서 위례성에 이르러 도읍을 세우고 왕을 칭한 이후 389년이 지나 근초고왕 때에 이르러 백제는 고구려 남평양을 빼앗아 도읍을 '한성(漢城)'으로 옮긴 것으로 설명하고 있다.

『삼국유사』 역시 이 사건에 대해 고구려의 '남평양'을 빼앗아 '북한성(北漢城)'으로 도읍을 옮겼으며 '북한성'은 고려 당시의 '양주'(지금의 서울 강북)라고 더 구체적으로 설명하고 있다.30) 한편, 『삼국사기 지리지』나 『삼국유사』는 백제의 위례성이 직산으로부터 경기도 광주로 옮겨온 이후 근초고왕 때에 처음으로 백제가 한강 이북으로 진출한 것으로 보았기 때문에 이때 백제는 고구려 남평양을 빼앗아 도읍을 한성(漢城)으로 옮겼다고 한 것이다.

그런데 이러한 기록들과 관련하여, 근초고왕 당시 백제가 도읍을 중흥동고석성으로 옮겼다고 말하는 경우도 있다. 영조 당시의 기록인 『북한지』의 「연혁」편에서도 그렇고, 특히 조선조 말의 기록인 『동국여지비고』의 「한성부」, 「관방(關防)」편에서도 우리가 검토하고 있는 중흥동고석성과 관련하여 "세간에는 백제 중엽에 이곳을 도읍으로 하였다는 말도 있다(俗傳百濟中葉都于此)"고 하였다. 조선조 숙종 당시 임금과 신하들이 중흥동고석성을 온조의 도읍지로 보았던 것과 달리 백제 중엽에 이곳을 도읍으로 하였다는 말은 바로 근

---

30) 『삼국유사』 권2, '남부여·전백제·북부여'조. 여기서 말하는 '전백제'란 신라에 흡수되기 전의 백제를 지칭하는 것으로서 견훤의 '후백제'와 구별하기 위한 말이다.

초고왕 26년에 도읍을 옮긴 기록을 두고 하는 말인 것이다.31)

그러나 『고려사』 「지리지」, 『세종실록』 「지리지」 및 『신증동국여지승람』 등 조선시대의 관찬 역사지리서들은 모두가 『삼국사기』 「지리지」와 『삼국유사』의 기록을 수용하여 근초고왕의 새 도읍지를 한양 땅32)으로 보았으며,33) 정약용의 「한성고」 역시 근초고왕의 새 도읍지를 『삼국사기』와 『삼국유사』의 기록과 같이 '북한성'으로 보았다.34) 그러나 정약용의 견해는 『삼국사기』와 『삼국유사』의 기록 모두를 그대로 수용한 것은 아니었다. 두 기록에서는 근초고왕의 새 도읍지인 '한산' '한성' 또는 '북한성'이 본래는 고구려 남평양이었던 것 같이 기술되어 있으나 정약용은, 백제는 온조 때부터 이미 대동강 남쪽을 얻어 영역을 정하였으며, 한양 땅은 백제의 출발지이고 중심지인데 이를 고구려 남평양이었다고 하는 것은 말이 되지

---

31) 숙종 당시 판부사 좌의정 등의 지위에서 북한산성 축성에 깊이 관여하였던 이이명(李頤命)이 저술한 『강역관방도설』에서는 "중흥사 남쪽에는 돌로 만든 작은 문이 있고 돌문짝(石扉)도 아직 남아 있는데 세간에서는 백제 중엽에 이 성을 도읍으로 한 일이 있고 이 돌문이 바로 궁궐의 문이었다고 하나 이에 관한 역사기록은 없다. 어찌 근초고왕이 한성을 도읍으로 하고 또 다시 이 성을 쌓고 궁궐을 만들어서 때때로 입보(入保)하며 말갈과의 충돌을 피했다 할 수 있겠는가? 온조왕은 산성 축성을 좋아하던 왕이니 「백제본기」에는 온조왕 14년에 쌓은 것으로 기록한 성이 이 성일 것 같으나 두 가지 모두 자세히 상고할 수는 없다"고 한 것을 보면 숙종 당시에도 중흥동고석성을 근초고왕의 도읍지로 보는 견해가 있었음을 알 수 있다.
32) 『삼국사기』 「백제본기」는 '한산'이라 하였으나, 『삼국사기』 「지리지」는 '한성'이라고 하였고, 『삼국유사』는 '북한성'이라고 하였는데, 모두가 현 서울의 강북지역, 즉 조선시대의 한양 땅을 일컫는 말이다.
33) 『고려사』 「지리지」, '남경유수관양주'조 ; 『세종실록』 「지리지」, 「한성부」편, '광주목'조 ; 『신증동국여지승람』, 「한성부」편 '광주목'조.
34) 유형원의 『동국여지지』와 안정복의 『동사강목』 역시 근초고왕의 새 도읍지를 한강 이북으로 보았다. 『동사강목』은 정조 12년(1788)에 저술된 역사지리서이다.

않는다면서, 평양에는 원래 동쪽에 동황성이 있었고 남쪽에는 장안성이 있었는데 고기(古記)에 언급되었다는 '남평양'은 평양의 남성, 즉 장안성을 말하는 것이라 하였다. 정약용은 그러한 해석의 근거로, 백제 근초고왕 시대는 고구려 고국원왕 시대와 같은 시대로 고구려는 고국원왕 12년에 평양으로부터 환도로 옮겨 살면서 환도를 북경으로 하고 평양은 남경으로 하였던 것인데 먼 남쪽의 한양 땅이 당시에 고구려의 영역이었다면 환도에 새 도읍을 설치하지는 않았을 것으로 보았다. 결국, 백제는 근초고왕 26년에 먼저 고구려 남경 평양에 있던 두 개의 성 가운데 남성인 남평양성, 즉 장안성을 공격하고 돌아와 도읍을 한양 땅으로 옮긴 것인데 이 두 사건을 김부식이 하나의 사건으로 보이도록 글을 써서 마침내 한양 땅이 당시에 고구려의 평양성이나 남평양 같이 보이도록 하였다는 것이다.35)

정약용의 견해는 또한 김정호 홍경모 등에게 그대로 계승되었다. 김정호의 『대동지지』 제1권의 「한성부」편, '연혁'조에서는 "백제시조 원년에 이곳(한성부 지역)에 도읍하여 위례성이라 불렀는데 그 고지(古址)가 혜화문 밖에 있다. 14년에 한산으로 도읍을 옮겼는데 지금의 광주고읍(廣州古邑)이다. 근초고왕 26년 다시 이곳(한성부 지역)으로 옮기고 북한산(北漢山)이라 하였으며 광주를 남한산(南漢山)이라는 별칭으로 불렀으니 남북경(南北京) 체제였다 할 수 있다. 9대 105년을 지나 문주왕 원년에 다시 웅진으로 도읍을 옮겼는데 현 공주이며 고구려의 공격 때문이었다"고 하였다.36) 뿐만 아니라

---

35) 최근에는 최몽룡 교수 역시 근초고왕은 평양으로 가서 고국원왕을 죽인 후에 평양에 머물지 않고 한성으로 돌아온 것으로 보고 있다. 최몽룡(편저), 『백제를 다시 본다』, 도서출판 주류성, 1998, 48쪽. 한편, 정약용은 『삼국사기』 「지리지」에서 백제가 위례성에 389년 동안 도읍했다고 한 것도 온조가 13년간 한강 이북에 있다가 하남위례성으로 도읍을 옮겼으나 옛부터 전해진 기록이 하남과 하북을 구분하지 않고 모두 위례성이라고 통칭해 왔기 때문에 김부식도 따라서 그렇게 썼을 것이라고 하였다.

『대동지지』 제3권의 「양주목(楊州牧)」, 「성지(城池)」편에서도 '중흥동고성'과 관련하여, "이 성은 백제 때 시작하였으나 백제의 도성은 아니다"고 하였다. 이러한 김정호의 견해는 근초고왕 26년에 새 도읍으로 한 곳이 '중흥동고성'이 아니라 온조가 최초 13년 동안 도읍으로 했던 '북한성'이라는 것이다.

『증보문헌비고』의 「여지고」에서도 역시 백제 근초고왕의 새 도읍지를 '중흥동고석성'이 아니라 '북한성'이라고 하였다. 우선 「여지고 2」(「역대국계 2」), 「백제국」편의 기사인데 그 본문에서는 근초고왕 26년(371)에 도읍을 '북한성'으로 옮기고 104년간 그곳에 도읍했다고 하였다. 이 본문 기사에는 두 개의 "속(續)" 기사가 딸려 있는데, 첫 번째의 "속(續)" 기사에서는 「백제본기」에서 '한산'이라고 쓴 것을 '북한성'이라고 한 것은 '한산(漢山)'을 '북한(北漢)', 즉 삼각산과 같은 의미로 해석한 것인데 그렇다면 의당 그에 대한 설명이 필요함에도 그러한 설명이 누락되어 있다고 지적하고 있으나, 또 다른 "속(續)" 기사에서는 백제가 근초고왕 당시 새 도읍으로 한 '북한성'은 조선시대의 '황성'이라고 부연하여 설명하고 있다.[37] 이 기사에

---

36) 그러나 김정호는 이어서 "고구려 장수왕 63년 이후에, 즉 문주왕이 남천하던 해 이후에 비로소 남평양이라 불렀다"고 했는데 이 부분은 『삼국사기 지리지』『삼국유사』『고려사』「지리지」, 『세종실록』「지리지」 및 『신증동국여지승람』 등 역대 관찬 역사지리서들과도 다르지만 정약용과도 다른 점이다. 정약용은 문주왕 이후 비록 도읍을 남쪽으로 옮기기는 하였으나 한성지역은 백제 멸망 전까지 여전히 백제의 관할에 있었던 것으로 보았다. 이 문제는 뒤의 "바. 고구려 장수왕의 왕도한성 공략" 항에서 다시 상세히 분석하게 될 것이다.

37) 그러나 이 두 번째의 "속(續)" 기사는 이어서, "과거 고구려 때는 이곳이 남경 혹은 남평양이었다"고 하였는데 이 부분은 『삼국사기』「지리지」, 『삼국유사』『고려사』「지리지」, 『세종실록』「지리지」 및 『신증동국여지승람』 등 역대 관찬(官撰) 역사지리서들을 그대로 답습한 것으로서 정약용의 견해와는 다른 것이다.

서 '황성'이라고 한 것은 정확히 조선시대 4대문 안의 '황성'을 말하는 것은 아니고, 한강 이북의 서울 어느 곳이라는 의미일 것이다. 「여지고 25」("補", 궁실 1, 역대궁실), 「백제」편 기사의 '북한산궁실'조에서도 '북한산궁실'은 '지금의 한성(今漢城)'이며, 근초고왕 26년 (371) 이곳으로 도읍을 옮겼다고 설명하고 있다.38) 그리고 한산궁실조에서는 '한산궁실'은 '현 광주치소(今廣州治)'로서 온조왕 13년에 성과 궁궐을 지었고 다음해 정월에 이곳으로 도읍을 옮겼다고 설명하고 있다.

그러나 조선조 말기에 출간된 저자 미상의 『동국여지비고』를 인용하며 중흥동고석성을 근초고왕 때 도읍을 옮긴 자리로 보는 사람이 있다.39) 아직도 근초고왕 당시 옮긴 도읍지를 중흥동고석성으로

---

38) 보다 정확히 인용하자면, "북한산궁실은 '지금의 한성(今漢城)'이며, 북한산궁실이 백제에 있을 때는 '북한산성(北漢山城)'이었는데 고구려에서 이를 빼앗아서 '남평양'이라 하였으며 근초고왕 26년 (371) 이곳으로 도읍을 옮겼다"고 하였다. 앞서 필자는 『증보문헌비고』의 「여지고 2」에서 "온조왕 14년에 북한성을 쌓았다"고 한 원문 기사 가운데 '북한성'을 『국역 증보문헌비고』에서 '북한산성'으로 잘못 번역하였음을 지적한 바 있다[앞의 1. 한성백제 시대, 가. 중흥동고석성의 축성 시기, (1) 백제 시조 온조왕 14년 축성 설, (다) 『국역 증보문헌비고』의 기록]. 이제 「여지고 2」와 「여지고 25」를 비교해 보면 조선시대의 황성 자리를 전자는 백제 때 '북한성'이었다고 하고, 후자는 백제 때 '북한산성'이었다고 하여 '북한성'과 '북한산성'을 동일한 곳으로 보고 있음을 알 수 있다. 『국역 증보문헌비고』에서 「여지고 2」 원문의 '북한성'을 '북한산성'으로 번역한 것이 이 때문인지 모르겠으나, 현재에 있어 '북한산성'으로 번역할 수 있는 곳은 '중흥동고석성' 자리 하나뿐이므로 '북한성'을 '북한산성'으로 번역한 것은 여전히 잘못된 번역이라 할 수 있다.

39) 이도학, 『다시 쓰는 백제사』, 도서출판 푸른역사, 1997, 380~387쪽. 그러나 이도학 씨는 『동국여지비고』의 관련 구절에서 "세간에는… 말도 있다(俗傳…)"라는 부분을 생략한 채 "백제중엽에 이곳에 도읍했다"라는 부분만을 인용하고 있으며, 그가 근초고왕 때 도읍을 옮긴 자리를 중흥동고석성으로 보는 또 다른 근거로서『성호

보는 경우는 이밖에는 없으며, 오히려 근초고왕의 새 도읍지를 하남위례성 부근의 어느 산성으로 보는 견해가 일반적이다. 즉, 조선시대 모든 관찬 역사지리서들이 수용하였던 『삼국사기 지리지』와 『삼국유사』의 기록을 배척하고 『삼국사기』 「백제본기」에 기록된 '한산'을 한강 이남의 '한산'으로 보면서 백제는 근초고왕 당시 고구려를 공격하여 고국원왕까지 죽인 후 그 보복이 두려워 한강 남쪽의 평지성인 하남위례성에서 부근의 산성으로 도읍을 옮긴 것일 뿐이라는 것이다.40) 이러한 해석의 출발은 구한말로 소급된다. 을사보호조약이 체결되자 당시 <황성신문>에 "시일야방송대곡"이라는 유명한 사설을 실었던 위암 장지연(張志淵)은 광무(光武) 7년(1903)에 정약용의 『아방강역고』를 일부 보충하여 『대한강역고』라는 제목으

문집』에 수록되어 있는 「유삼각산기」를 원용하고 있다. 성호 이익은 「유삼각산기」에서 중흥동고석성 자리를 '옛북한성지(古北漢城址)'라고 하였고, 「유북한기」에서도 비류왕 때 우복이 점거하고 반란을 일으켰던 '북한성(北漢城)'을 북한(北漢), 즉 중흥동고석성으로 보고 있다. 그러나 성호 이익은 어떤 이유로 『삼국사기』에 기록된 북한성을 중흥동고석성으로 보았는지에 대해서 아무런 설명도 하지 않고 있다.

40) 이병도, 『국역 삼국사기』, 을유문화사, 1977, 375쪽; 방동인, "삼국시대의 서울", 『서울육백년사』 제1권, 서울특별시사편찬위원회, 1977, 96쪽 등. 한편, 당시에 일시적으로 도읍을 같은 한강 이남에서 산성으로 옮기기는 했지만 곧 하남위례성으로 돌아온 것으로 보는 견해도 있다. 이호영, "고구려의 한강유역 진출", 『한강사』, 서울특별시사편찬위원회, 1985, 315쪽; 김용국, "하남위례성고", 『향토서울』 제41호, 서울특별시사편찬위원회, 1983년 12월, 21~30쪽; 성주탁, 앞의 글(앞의 각주 19), 132쪽; 한국정신문화연구원, 『역주 삼국사기』 제3권, 동국전산, 1997, 651쪽 등. 반면, 근초고왕에 관한 「백제본기」의 기록 가운데 흔히 "王引軍退 移都漢山"으로 끊어 읽는 구절을 "王引軍 退移都漢山"으로 끊어서 "왕이 군사를 이끌고 도읍인 한산으로 물러갔다"고 해석하여 아예 이때 도읍을 옮기지도 않은 것으로 보는 견해도 있다. 천관우, "삼한의 국가형성 <하>", 『한국학보』 제3권, 일지사, 1976.

로 출간하였다. 이때 장지연은「한성고」의 근초고왕의 도읍 이동 이후의 대목에서 정약용의 견해에 대해서 일부 의문을 제기하는 창강 김택영(金澤榮)의 말을 삽입 전재하였다.

정약용의「한성고」는 근초고왕의 새 도읍지를 서울 강북지역이라고 하였으나,「백제본기」에는 그렇게 볼 경우 문제가 발생하는 기사가 있다. 근초고왕 이후 진사왕(辰斯王)까지 도읍을 다시 한강 남쪽으로 옮긴 일이 없음에도, 진사왕 8년에 고구려 광개토대왕이 쳐들어오자 진사왕이 나가 싸우지 못하여 한수 북쪽 여러 부락이 함락되었다 하였고, 특히 아신왕(阿莘王) 4년 기사에서는 고구려를 공격하려고 한수를 건넜다고 한 기록이다. 정약용은 이를 설명하기 위하여, 근초고왕 때 한수 북쪽으로 도읍을 옮기기는 했지만 그 후 백제왕은 한강 북쪽과 남쪽을 오가며 머물었으며, 진사왕 8년이나 아신왕 4년에는 한수 남쪽에 있었을 것이라면서『삼국사기 지리지』에서 백제가 근초고왕 때 '한성'으로 도읍을 옮긴 후 105년을 지냈다고 한 것은 너무 허술한 기록이라고 하였다. 온조 14년 하남위례성으로 도읍을 옮긴 후 한강 남북으로 이경(二京) 체제를 유지해오던 백제는 근초고왕 때 한강 이북으로 천도하고도 사실상 한강 남북의 이경 체제를 계속 유지하였다는 것이 정약용의 견해이다.

이 대목과 관련하여,『대한강역고』에 소개된 글에서 김택영은 "정약용의『아방강역고』는 근초고왕이 도읍을 옮긴 한산을 지금의 황경 땅이라고 한다. …정약용은 또 근초고왕이 비록 한성을 도읍으로 한 후에 한남에 머무르기도 하고 한북에 머무르기도 하여 일정치 않았다고 했는데 어찌 그럴 수가 있단 말인가? 대체로「백제본기」에 나오는 한산이니 한성이니 하는 것은 모두가 지금의 남한(南漢)이고, 북한산성이니 북한산주니 하는 것은 모두가 지금의 황경 땅이다. 용도가 서로 달라서 일찍부터 혼동된 일이 없었다"고 하였다. 현대에 들어와서 근초고왕의 새 도읍지를 하남위례성 부근의 어느 산성으로 보는 견해가 등장하기 시작한 것은 바로 김택영의 위와 같은 의문에서 연유된 것이 틀림없다.

특히 김용국 교수는 근초고왕의 새 도읍지를 하남위례성 부근의 어느 산성으로 보면서, 정약용의 해석은 앞과 뒤의 논리적 모순을 메우기 위한 "미봉(彌縫)의 설"이며 일찍이 김택영은 이를 정면으로 반박한 바 있다고 하였다.41) 그러나 김용국 교수는 적어도 김택영의 글에 대해서는 그 취지를 곡해하고 있었던 것이다. 김택영은 위와 같은 의문을 제기하고는 있으나 그 뒤를 이어 "참으로 정약용의 설과 같다면, 차라리 정약용은 먼저 '移都漢山'이란 구절에서 '漢山' 앞에 '北'이란 글자 하나가 누락되었다는 것이 옳지 않겠는가?"하고 그의 의견을 첨부하였을 뿐 아니라, 김택영은 차후 그의 의견을 보완하여 정약용의 견해를 그대로 따르고 있다.

장지연이 인용한 김택영의 말의 출처가 정확히 어디인지는 조사해 보지는 못하였으나, 『대한강역고』의 출판년도(1903년)로 볼 때 김택영이 1899년에 학부(學部: 지금의 교육부에 해당)에서 발행한 『동국역대사략』일 것이 거의 분명하다. 그러나 김택영은 중국 망명시절인 1922년 이를 대폭 정정·보완하여 『한국역대소사(韓國歷代小史)』라는 이름으로 중국의 한묵림서국에서 출판하였다.42) 최초 저작 『동국역대사략』은 구해 읽어보지 못했으나 『한국역대소사』에서 김택영은 근초고왕의 도읍 이전에 대해서 정약용의 견해를 그대로 수용하면서, "백제가 도읍을 옮긴 한산은 북한산으로 보인다. 백제는 남한과 북한의 두 도읍을 두고 이를 왕래하면서 한 곳에 머문 것이 아님을 보면, '한산'이란 바로 '북한산'인 것이다. 이를 어떻게 알 수 있느냐 하면, 치양 전투43) 이후 백제가 새로 개척한 영토가 서북쪽

---

41) 김용국, 앞의 글(앞의 각주 40), 19~21쪽.
42) 백순재, "김택영전집 해제(解題)", 한국학문헌연구소 편(編), 『김택영전집』 제1권, 아시아문화사, 1978, 10쪽(p. x) 참고. 『한국역대소사』는 편년체(編年體)로 기술되어 있다.
43) 「백제본기」에 의하면, 도읍을 옮기기 2년 전인 근초고왕 24년(369)

으로 심히 넓었기 때문에 도읍을 한수 이북으로 옮겨서 한수를 지켜 의지함으로써 고구려에 대한 방비를 튼튼히 하려 했을 것이기 때문이다"라고 하였다.44)

뿐만 아니라 이때 도읍을 옮긴 한강 이북 땅은 고구려의 평양성이나 남평양이 아니었다는 정약용의 견해와 관련하여, 정약용 자신은 평양을 공격한 일과 도읍을 옮긴 일이 별개의 사건인데 김부식이 이를 하나의 사건으로 오인하게 글을 썼다고 한 데 비하여, 김택영은 "고기(古記)에 '남평양을 취해서 한성에 도읍했다(取南平壤都漢城)'는 기록이 있다고 하지만, 이는 근초고왕이 평양의 남성을 공격해서 고구려왕을 죽이고 난 이후에 도읍을 옮긴 것을 가지고 '공(攻)'으로 써야 할 글자를 '취(取)'라고 잘못 쓴 것이다"라고 했다. 이는 김택영이 정약용의 견해를 수용하였을 뿐 아니라 더욱 발전시키고 있다는 증거인 것이다. 어찌 김택영이 정약용을 정면으로 반박했다고 말할 수 있겠는가?45)

물론 현대 사학자들이 근초고왕의 새 도읍지를 한강 이남으로

에 고구려 고국원왕이 보기(步騎) 2만을 거느리고 '치양(稚壤)'으로 침입하니 근초고왕은 태자를 파견하여 이를 물리치고 5천여 명을 죽이거나 포획하였으며, 근초고왕 26년에는 도읍을 옮기기에 앞서 고구려가 다시 군사를 일으키자 근초고왕은 태자와 함께 패하(浿河: 大洞江) 위에서 복병하고 있다가 고구려군을 물리쳤으며, 그 후 정병 3만명을 거느리고 평양성을 공격하여 고구려 고국원왕을 죽이고 돌아왔다. 도읍을 옮긴 것은 그 직후의 일이다. '치양'을 지금의 강원도 원주(原州)로 보는 경우도 있으나 김용국 교수는 이를 황해도 '白川'이라고 하였다. '白川'은 '백천'이 아니라 '배천'으로 흔히 읽는다.

44) 「한국역대소사」, 권5, 신미(辛未)조, 한국학문헌연구소 편, 앞의 책 (앞의 각주 42) 제3권, 185쪽.
45) 김택영이 정약용과 의견을 달리 한 것은 근초고왕의 새 도읍지에 관한 부분이 아니라, 고구려 장수왕 이후의 서울 강북지역의 영유권 변동에 관한 부분이다. 이는 장지연 역시 마찬가지인데, 이 문제는 잠시 후에 상세히 언급하기로 하겠다.

보는 데에는 또 다른 이유들이 있지만, 아직은 어느 누구도 크게 설득력 있는 근거를 제시하고 있지는 못하다. 당시는 백제와 고구려가 상호 각축을 벌이던 시기이기 때문에 고구려의 왕을 살해한 후 보복공격에 대비하여 한강 이남 평지성에서 가까운 산성으로 옮긴 것이라는 견해도 있지만,46) 당시 백제는 최전성기로서 고구려에 연전연승하던 시기였고47) 고구려의 평양성을 공격하여 고국원왕을 죽이고 돌아온 때임을 생각하면 이 견해에 수긍이 가지 않는다.48)

김용국 교수는 "한산 밑으로 나가서 성책을 세워 위례성의 백성들을 옮겼다"는 온조왕 14년 7월 기사로 볼 때 '한산'은 새 도읍인 하남위례성 근처의 큰산임을 알 수 있다 하였고, 따라서 근초고왕

---

46) 앞의 각주 41 참고.
47) 『삼국사기』에는 관련 기록이 남아 있지 않으나 백제는 고구려를 공격하기 2년 전인 근초고왕 24년(369)에 현재의 전라남도 지방을 공략하여 마한의 잔존세력을 평정한 것으로 볼 만한 기록들이 『일본서기』에 나와 있다. 『일본서기』에 대한 넓은 상식이 없는 필자로서는 이 기록을 어디까지 믿을 수 있는 것인지 모르겠으나 여하간 근초고왕대는 백제의 역사상 가장 국력이 강대했던 시기임에는 분명한 것으로 보인다. 마한을 평정한 근초고왕은 곧 이어 고구려를 정벌하고 돌아와서 도읍을 옮겼으며, 그 이듬해인 근초고왕 27년 (371)에는 저 유명한 칠지도(七枝刀)를 일본에 하사한 것으로 보인다.
48) 이도학 교수(앞의 각주 39)는 고구려의 보복이 두려워 하남의 평지성에서 하남의 산성으로 옮겼다는 견해들의 모순점을 지적함에 있어서는 필자와 같은 생각을 가지고 있다. 그러나 앞서 소개한 바와 같이 그는 근초고왕의 새 도읍지를 중흥동고석성으로 보는 점에서는 필자와 견해를 달리하고 있다. 중흥동고석성 터를 실제로 가본 사람이라면 아무리 고대 국가라 하여도 수만 명을 동원하여 전쟁을 수행할 정도의 국력을 지닌 국가의 도읍지가 될 수 없는 곳임은 곧 알 수 있게 된다. 조선조 숙종 때 단순한 피병처(避兵處)로 북한산성을 만들려 할 때조차도 많은 신하들이 이에 반대한 이유 가운데 하나가 이곳에는 사람이 발을 붙이고 살 만한 땅이 매우 좁다는 것이었다.

의 새 도읍지인 '한산'을 북한산으로 보는 것은 억측이 아닐 수 없다 하였다. 또한 고구려를 공격하기 위해 한수를 건넜다는 아신왕 4년 기사 역시 근초고왕 이후에도 백제의 도읍이 한강 이남에 있었다는 증거로 보았다.49) 그러나 이러한 문제들은 정약용에 의해 이미 충분히 검토된 것으로서 정약용의 견해를 뒤엎을 만한 증거가 될 수 없을 것으로 생각된다.

그러나 아직은 근초고왕의 새 도읍지가 한강 이북이었는지 이남이었는지 단정적으로 말할 수 있는 단계는 아니다. 필자의 생각으로는 이 문제에 대한 해답을 밝혀낼 수 있는 결정적 근거가 중국 길림성 집안현 통구에서 발견된 광개토대왕비에 숨어 있는 것으로 보았다. 광개토대왕비에는 문서로 된 역사기록에서는 찾아볼 수 없는 여러 가지의 역사적 사실들이 기록되어 있기 때문이다. 광개토대왕 당시의 역사에 관해서는 항을 바꾸어 논하기로 한다.

라. 광개토대왕의 관미성 격파

근초고왕이 도읍을 옮긴 지 21년 후인 진사왕 8년(392)의 『삼국사기』「백제본기」 기사에 의하면, 7월에 고구려왕 담덕(談德: 광개토대왕)이 군사 4만을 거느리고 백제의 북쪽 변경을 침공해서 석현성 등 10여 성이 함락되었으나 진사왕은 고구려왕이 용병에 능하다는 말을 듣고 맞아 싸우지를 못하니 한수 북쪽 여러 부락들이 다수 함락되었고, 10월에는 관미성(關彌城)까지 함락되었다는 기록이 있다. 「고구려본기」에서 이에 해당하는 기사는 광개토대왕 원년(392) 기사로서, 7월에 남으로 백제를 정벌하여 10성을 함락시키고 10월에는 백제의 관미성을 공격했는데 군사를 일곱 길로 나누어 20일 동안 공격하여 함락시켰다고 하였다. 이 기록이 바로 그 유명한 광개

---

49) 김용국, 앞의 글(앞의 각주 40), 18쪽 및 28쪽.

토대왕의 남정(南征) 기사로서, 그 내용은 중국 길림성 집안현 통구에서 발견된 광개토대왕의 능비에도 유사한 내용이 기록되어 있으며,50) 비문에서 '각미성(閣彌城)'으로 판독되는 곳이 바로 『삼국사기』에 기록된 '관미성'일 것으로 일반적으로 추정하고 있다.

백제의 관미성에 대한 이러한 역사기록과 관련하여 한백겸(韓百謙: 1552-1615)이 저술한 『동국지리지』에는 "관미성은 고구려와 백제 양국의 사이에 있어서 서로 뺏고 빼앗기고 했는데 경치가 뛰어난 곳으로 생각된다. 혹자는 중흥동폐성(重興洞廢城)이 바로 관미성 터라고 하지만 옳고 그름을 알 수 없다"고 하였다.51) 당시 중흥동폐성을 관미성으로 추정한 사람들은 『삼국사기』에서 관미성에 대해 "사면이 가파른 절벽(四面峭絶)"으로 되어 있다고 한 구절 때문인 것으로 보인다. 이는 경치가 뛰어난 곳임을 의미하는 것이다. 그러나 그 뒤에 이어진 "바닷물이 둘러있었다(海水環繞)"는 구절로 볼

---

50) 『삼국사기』「고구려본기」에서는 광개토대왕 원년(392) 7월과 10월, 그리고 『삼국사기』「백제본기」에서도 같은 해인 진사왕 8년(말년) 7월과 10월의 일로 기록된 광개토대왕 남정(南征)이 비문에는 광개토대왕 6년(397)인 병신년 7월 시작된 일로 기록되어 있는데, 비문을 기준으로 보면 이는 백제로는 다음 왕인 아신왕 6년의 일이 된다. 『삼국사기』는 후대에 기록된 것이지만 비문은 당대에 기록된 것인 만큼 비문에 기록된 연대가 옳은 것으로 보아야 할 것이다.

51) 원문: 關彌城―在高句麗百濟兩國之間 互相奪據 盖形勝之地也 或云 今重興洞廢城卽關彌城 未知是否(『동국지리지』「삼국」, 「고구려」, 「형세관방」, '관미성'조). 이 책은 임진왜란(1592~1598) 이후 1615년에 쓴 책이다. 임진왜란 말기인 1596년(선조 29)에는 남부 해안에 머무르며 철수하지 않고 있던 왜군이 다시 북상할 것을 대비하여 중흥동고석성 자리에 산성을 쌓으려고 병조판서 이덕형을 보내 지형을 살펴보게 했던 일이 있지만 당시의 기록에는 중흥동고석성을 백제고성이라 했을 뿐 관미성에 관한 언급은 발견되지 않는다. 당시 기록에 대하여는 뒤의 제3편 중흥동고석성의 위치 및 형태, III. 병조판서 이덕형의 「중흥산성간심서계」에서 상세히 소개할 것이다.

때는 중흥동폐성을 관미성으로 볼 수가 없기 때문에 한백겸은 그러한 말의 옳고 그름을 알 수 없다고 하였을 것이다. 한백겸 자신은 그러한 말을 신뢰도 부정도 않은 것이다.

진사왕은 관미성을 고구려에게 잃은 후 곧 죽고, 뒤를 이어 왕위에 오른 아신왕은 즉위 다음해에 진무 장군에게 "관미성은 '우리나라 북쪽 변경의 요해처(我北鄙之襟要)'인데 이제 고구려의 차지가 되어 있으니 원통하다. 이제 경은 정성을 다하여 설욕하여야만 한다" 하고는 군사 1만을 주어 관미성을 공격한 일이 있을 정도로 관미성은 고구려와 백제 모두에게 중요한 관방이었다.[52]

이렇게 중요한 관미성의 위치를 언급한 사람은 조선시대까지만 해도 한백겸 이외에는 김정호가 유일하였다. 그는 임진강과 한강의 합류처인 현 경기도 파주군 교하면의 속칭 오두성(烏頭城)을 관미성으로 보았다.[53] 그러나 현대에 와서는 여러 갈래로 견해가 나뉘어 있다. 일본인 학자 중에는 김정호와 같이 오두성으로 본 경우도 있었지만, 황해도 해안의 연안 또는 고미포로 보기도 하였고, 해방 후 우리 학자들은 강화도 어느 지점으로 보기도 하였었다.

---

52) 이 문제와 관련하여, 한 가지 의아한 부분이 있다. 『삼국사기』에는 이때의 관미성 탈환작전이 실패한 것으로 기록되어 있는데, 김정호는 "전지왕 16년에 고구려는 다시 관미성을 함락시켰는데 이에 앞서 백제가 관미성을 탈환한 바 있기 때문이다. 구이신왕 원년에는 고구려로부터 관미성을 공격하여 함락시켰다"고 말하고 있다(『대동지지』 권3, 「교하」, '전고(典故)' 조). 한백겸의 『동국지리지』에서도 관미성을 백제와 고구려가 뺏고 빼앗기고 하였다고 기록한 것을 보아 김정호의 말은 어디엔가 근거가 있는 말로 보이지만, 백제 전지왕 16년(420)은 다음 왕인 구이신왕 원년(420)과 같은 해로서, 고구려 장수왕 8년, 신라 눌지마립간 4년에 해당하는데, 『삼국사기』에서는 그와 같은 기록을 전혀 찾아볼 수가 없다. 김정호나 한백겸이 어디에 근거해서 그런 기록을 남겼는지 모르겠다.
53) 『대동지지』 권3, 「교하」, '성지(城池)' 조. 오두성은 현재 한강 하류의 자유로 변에 세워진 통일전망대 자리를 말한다.

관미성의 위치에 대한 체계적인 검토는 최근 들어 김성호 씨와 윤일영 씨에 의해 이루어졌다. 김성호 씨는 앞서 소개한 바와 같이 초기 백제에는 비류가 세운 백제와 온조가 세운 백제가 따로 있었다는 그의 가설을 입증하기 위해 광개토대왕의 남정 경로를 추적해 나가는 과정에서 관미성의 위치를 황해도 예성강 하구에 있는 조읍포로 비정하였다.54) 그는 이곳에 위치하는 것으로 『신증동국여지승람』에 기록된 탈미성(脫彌城)의 이름이 관미성에서 유래되었을 것으로 보았다. 그러나 현역 군인인 윤일영 씨는 순수한 군사적 측면에서 광개토대왕의 남정 경로를 추적해 나가면서 김정호와 같이 한강과 임진강의 합류처인 교하(交河)에 있는 오두성을 관미성으로 비정하였다.55)

그러나 관미성의 위치에 대한 최종 결론은 광개토대왕이 남정(南征) 당시 공취(攻取)한 것으로 광개토대왕비에 기록된 58개 성(城)의 위치가 상당히 규명된 이후라야 가능할 것으로 보인다. 58개 성에 대한 위치 비정은 김성호 씨나 윤일영 씨나 모두가 그리 명확하지 못하며, 서로 차이가 있다. 그렇기 때문에 두 사람은 광개토대왕의 남정 경로를 추정함에 있어서도 견해를 달리하고 있는 것이다.

비문에는 "18개 성을 먼저 공취하였다(首攻取壹八城)"는 구절이 먼저 나오고, 다음에는 성 이름들에 대한 나열에 이어 백제가 항복한 기록이 나오며, 그 뒤를 이어서 "이로써 58개 성을 함락시켰다(於是拔五八城)"라는 구절이 나온다. 이에 대해 김성호 씨는 광개토대왕의 공격을 시간적으로 3단계의 군사작전으로 진행된 것으로 보았다. 즉, 먼저 18개 성을 공취한 것을 제1차 작전으로 보면서, 18개 성은 그가 황해도 예성강 하구의 조읍포로 비정한 관미성을 포함하여 모두 한강 이북에 있었을 것으로 비정하고, 따라서 이때는

---

54) 김성호, 『비류백제와 일본의 국가기원』, 지문사, 1982.
55) 윤일영, "관미성위치고", 『북악사론(北岳史論)』 제2호, 1989.

육로를 이용하여 공격하였을 것으로 보았다. 그는 당시 온조백제의 도읍을 한강 이북의 한성으로 보았는데 제1차 작전 당시 한성은 공취되지 않은 것으로 보았다. 이어 김성호 씨는 광개토대왕은 제1차 작전에서 얻은 예성강 하구의 관미성에서 출발하여 수로를 이용하여 충남 해안에 상륙한 후 비류백제의 근거지인 충남일대 37개 성을 공취한 것을 제2차 작전으로 보았으며, 그 후 육로를 이용 북상하면서 한강을 남에서 북으로 건너서 온조백제 도읍인 한성 등 한강 이북 3개 성을 공취한 것을 제3차 작전으로 보았다. 요컨대, 김성호 씨는 58개 성 모두를 군사작전에 의해 공취한 것으로 보면서 "18개 성을 먼저 공취하였다"고 앞에 따로 강조한 이유를 작전시기와 작전지역 때문인 것으로 본 것이다.

　반면, 윤일영 씨는 "18개 성을 먼저 공취하였다"고 앞에 따로 강조한 이유를 18개 성은 먼저 군사작전에 의해 공취한 것이지만 나머지 성들은 강화교섭 과정에서 강화의 조건으로 획득한 때문인 것으로 보았다. 윤일영 씨는 군사작전에 의해 공취된 18개 성은 황해도와 한강 남북의 경기도 일대에 있던 성일 것으로 보았으며 58개의 성 가운데 황해도 경기도 일대의 일부에 대해서만 위치를 비정하였다. 광개토대왕의 군사작전 경로에 대해서는, 조공(助攻)인 지상군은 경기도 마전의 미사성 부근에서 임진강을 건너 북쪽으로부터 한강북안(北岸)의 아차성을 공격하는 양동작전(陽動作戰: 주된 공격 방향을 감추기 위한 속임수 기동)을 펴면서, 주공(主攻)인 수군은 예성강을 출발하여 경기도 교하의 관미성을 거쳐 한강을 거슬러 올라가 마포에서 한강의 북안으로 상륙하여 서쪽으로부터 아차성을 공격하는 양익포위작전을 펴는 한편, 마포에서 한강의 북안으로 주공이 상륙할 당시 일단의 분견대를 한강 남안(南岸)으로 상륙하게 하여 백제의 도읍인 남한산성을 공격한 것으로 보았다.

　두 사람의 추론 중 어느 것이 사실과 부합하는지 여부를 떠나 이 글의 맥락과 관련하여 주목해야 할 것은 당시의 백제 도읍 위치를 김성호 씨는 (비록 두 백제 가운데 온조백제의 도읍을 말하고 있기는 하지만) 한강 이북에 있었던 것으로 본 반면, 윤일영 씨는 한강 이남에 있던 것으로 보았던 점이다. 이 부분은 근초고왕 이후 백제의 도읍지가 어느 곳이냐의 문제와 바로 직결되는 문제이다.

광개토대왕 비문에는 광개토대왕이 남정 도중 "한강을 건넜다(渡阿利水)"는 구절이 있는데 만약 지상작전만 있었다면 이는 북에서 남으로 건넌 것으로 볼 수 있겠으나, 비문에는 이에 앞서 "수군을 거느리고(率水軍)"라는 구절이 있어 문제가 그리 간단하지가 않은 것이다. 김성호 씨는 제2차 작전 당시 수군으로 충남 해안에 상륙한 후 제3차 작전 당시 육로를 이용하여 북상하면서 한강을 남쪽에서 북쪽으로 건너 백제의 도읍을 공격한 것으로 보았기 때문에, 근초고왕 이후 당시의 도읍지를 한강 이북지역으로 보았던 조선조 이래의 전통적인 견해와 충돌하지 않는 반면, 윤일영 씨의 견해는 근초고왕의 새 도읍지에 관한 최근 사학계의 일반적 견해에 따른 것으로서 전통적인 견해와는 충돌할 수밖에는 없는 것이다.56)

관미성을 비롯하여 광개토대왕비문에 등장하는 58개 성의 현 위치를 좀더 신뢰성 있게 규명할 수 있다면, 광개토대왕의 남정 경로를 판단함에 있어서나, 근초고왕 이후 105년간의 백제의 도읍지가

---

56) 이도학 교수(앞의 각주 39) 역시 근초고왕 당시의 새 도읍지를 필자와 같이 한강 이북으로 보았지만, 광개토대왕비문의 이 구절 때문에 아신왕 4년 이전에 다시 한강 이남으로 돌아온 것으로 보고 있다. 한편, 단재 신채호는 『조선상고사』에서, 광개토대왕비에 기록된 아리수(阿利水)를 압록강으로 보았다. 그의 견해는 『삼국사기』이후 지금까지 계속되어 온 우리의 상고사 인식에 대한 혁명적 재구성을 요구하고 있는 것이다. 그러나 신채호의 상고사 해석은 현재 일부 재야사학자들만이 이를 수용하고 있는 실정이다. 신채호는 후손들에게 매우 희망적인, 그러나 너무도 어려운 과제를 남겨 놓았다. 그의 견해가 학계에서 정설로 받아들여지거나 아니면 설득력 있게 부정되려면 그에 못지않은 명석한 관찰력과 집념 또는 애국심을 지닌 천재의 출현이 필요할 것으로 생각한다.

어디인지를 판단함에 있어서나 도움이 될 것으로 본다. 문헌자료에 대한 재검토와 옛 관방시설들에 대한 정밀한 답사 및 조사가 필요할 것이다. 만약 중흥동고석성이 백제의 관미성이라면, 근초고왕의 한강 이북 천도설은 설 땅을 잃게 될 것이다. 백제의 도읍으로부터 이렇게 가까운 곳을 백제 아신왕이 "우리 북쪽 변경의 요해처"라고 말할 수는 없었을 것이기 때문이다. 이런 이유 때문에 "세간에서 중흥동고석성을 관미성으로 보았다"고 기록한 한백겸의 『동국지리지』는 중요한 의미를 갖는 것이다.

『삼국사기』에 기록된 관미성은 중흥동고석성의 모습과 매우 흡사하다. "사면이 급한 절벽"이라고 한 점은 말할 것도 없고, 특히 "군사를 일곱 길로 나누어 20일 동안 공격하여 함락시켰다"고 한 점은 중흥동고석성을 공격하여 함락시키기 위한 군사작전의 설명으로는 매우 적절한 설명이다. 현 북한산성은 대서문 방향이 다소 낮은 편이지만, 중흥동고석성은 대략 현 북한산성의 내성(중성문 안쪽)과 일치하던 성으로 그야말로 사면이 급한 절벽으로 이루어져 있었다.57) 이러한 산성을 함락시키려면 자연적 통로를 모두 차단함과 동시에 허점을 드러낸 어느 지점들을 집중적으로 공격하는 방법밖에는 없었을 것이다. 그런데 중흥동고석성에는, 현재의 지명을 가지고 보자면 중성문·용암문·대동문·보국문·대성문·대남문·부왕동암문 등 모두 7개의 자연통로 밖에는 외부로부터의 접근로가 없다.58) 이런 점들을 볼 때, "사면이 급한 절벽"이었고 "군사를 일곱 길로 나누어 20일 동안 공격하여 함락시켰다"고 한 것은 중흥동고석성의 모습과 또한 이를 함락시키기 위한 군사작전에 대한 설명으

---

57) 중흥동고석성의 윤곽에 대해서는 이 책의 제3편 중흥동고석성의 위치 및 형태에서 상세히 설명할 것이다.
58) 중흥동 고석성의 성벽이 현 중성문·용암문·대동문·보국문·대성문·대남문·부왕동암문을 연결하는 선에 있었음은 뒤의 제3편 중흥동고석성의 구체적 위치와 형태에서 상세히 논할 것이다.

로서는 매우 적절한 설명인 것이다. 다만 "바닷물이 둘러 있었다"는 설명 때문에 중흥동고석성은 관미성 후보지로서는 제외될 수밖에 없을 것이다. 그럼에도 불구하고 한백겸 당시의 사람들 가운데 이를 관미성으로 본 사람들이 있었던 것은 무슨 이유 때문이고, 한백겸 역시 굳이 이런 말을 그의 책에 기록하면서 이를 적극적으로 부정하지 않은 이유는 무엇일까? 참으로 의아한 일이다.

마. 아신왕의 한산성 회군

근초고왕이 도읍을 옮긴 지 24년 후인 아신왕 4년(395)의 『삼국사기』 「백제본기」 기사에 의하면, 8월에 왕은 진무(眞武) 등에 명하여 고구려를 치게 했으나 광개토대왕이 군사 7천 명을 거느리고 패수 가에 진을 치고 막아 싸우니 백제 군사가 크게 패하여 죽은 자가 8천 명이었다. 같은 해 11월에는 패수 싸움의 패배를 보복하기 위해 아신왕이 친히 군사 7천 명을 거느리고 한수를 건너 청목령(靑木嶺) 밑에 머물다 큰 눈을 만나 병사들이 많이 얼어죽자 군을 돌려 '한산성(漢山城)'에 이르러 군사들을 위로한 사건이 있었다.

앞서 언급한 바와 같이, 『삼국사기』 「지리지」와 『삼국유사』에서는 근초고왕 당시의 새 도읍지를 한강 이북으로 기록하고 있음에도 불구하고, 이를 한강 이남으로 보는 견해가 등장하게 된 것은 바로 이 기사 때문이라고 할 수가 있다. 그러나 정약용은 근초고왕의 새 도읍지에 대해 한강 이북설을 취하는 입장에서 이 기사를 설명하기 위해, 앞서 소개한 바와 같이, 한강 이북으로 도읍을 옮긴 후에도 백제왕은 강남과 강북을 오가며 거주했으며, 고구려를 공격하기 위해 공격을 출발할 당시에는 한강 이남에 있었던 것이라고 하였던 것이다. 근초고왕의 새 도읍지에 대해서 한강이북설을 취하건 한강이남설을 취하건 아신왕의 북정 당시 출발점을 한강 이남으로 보는 점에서는 모두가 동일한 견해를 보인 것이다.

한편, 아신왕 당시의 도읍이 한강 이남이라고 한다면 그가 귀환한 '한산성'을 당시의 도읍지로 볼 수도 있을 것이지만, 당시의 도읍이 한강 이북이었다면 그가 귀환한 '한산성' 역시 한강 이북의 어느 성으로 보아야 할 것이다. 그런데 최근 아신왕이 귀환한 '한산성'을 중흥동고석성이라고 보는 견해가 생겼다.59) 생각컨대, 당시 큰 눈을 만나 병사들이 많이 얼어죽었다고는 하나 전투로 인한 손실이 아니기 때문에 귀환 당시의 병력이 출발시의 7천 명에서 크게 줄지는 않았을 것으로 보인다. 추위에 지친 이러한 대군을 이끌고 험준하고 비좁은 산성인 중흥동고석성으로 들어갔다고 보는 것은 무리한 추측이 아닐 수 없다. 또한 추위에 지친 이러한 대군을 이끌고 다시 한강을 넘었을 것으로 보이지는 않기 때문에 '한산성'은 한강 이북 평지의 어느 지점이었을 것으로 보인다.

뿐만 아니라 이 기사를 통하여 오히려 우리는 근초고왕 이후 백제의 도읍지를 추론해 볼 수 있을 것으로 보인다. 아신왕의 북정 당시 백제군은 청목령60)까지는 아무런 저항이 없이 진군하였다. 만약 근초고왕 당시의 새로운 도읍이 한강 이남에 있었다고 본다면, 이는 한강 이북의 전부 아니면 최소한 상당한 부분까지 고구려가 점령했기 때문일 것인데, 어떻게 아신왕이 아무런 저항도 받지 않고 청목령까지 진출할 수 있었겠는가? 근초고왕의 새 도읍지는 물론이고 아신왕 당시 도읍지 역시 한강 이북에 있었으며, 최소한 청목령 부근까지는 백제의 영역에 있었기 때문이었을 것이다.

비록 3년 전인 진사왕 말년(아신왕 원년) 광개토대왕에 의해 백제 도성까지 함락되었다 해도 사정은 마찬가지이다. 이 문제와 관련하여 다시 광개토대왕비문을 보면, 광개토대왕이 "18성을 먼저

---

59) 김윤우, 앞의 책(앞의 각주 28), 53쪽.
60) 흔히, 후일 고려의 도읍지가 된 송도(松都) 부근, 즉 현재의 경기도 개성(開城) 부근일 것으로 보는데, 이는 사철나무인 소나무(松)를 청목(靑木)으로 보았기 때문이다.

공취하였다(首攻取壹八城)" 하고 이어서 성 이름들을 나열한 후에는 "백제왕은 피곤하고 쫓기게 되자 남녀 1천 명과 세포 1천 필을 바치고 귀순하여 이제 영원히 노객이 되겠다고 스스로 맹세하니 대왕은 처음의 어리석음을 용서하고 이후로 복종하고 충성할 것을 기록하게 하였다(百殘王 困逼 獻出男女生口一千人 細布千匹 歸 王自誓從今以後 永爲奴客 太王恩赦始迷之○ 錄其後順之誠)"고 한 다음에 바로 이어서 "이로써 58성을 함락시켰다(於是拔五八城)"고 했다.

이 기록을 자세히 음미해 보면, 광개토대왕은 58성을 함락시키기는 하였으나,[61] 이를 모두 고구려영토로 한 것 같지는 않으며, 단지 18성만을 고구려영토로 편입시킨 것으로 보인다. 18성에 대해서만 "취했다(取)"는 표현을 쓰고 있기 때문이다. 따라서 광개토대왕 남정 이후에도 한강 이북의 상당한 부분이 여전히 백제 영역 내에 있었던 것이 되고, 그렇기 때문에 아신왕은 아무런 저항 없이 청목령까지 진출할 수 있었던 것으로 추정할 수가 있는 것이다.

이러한 추론의 결과, 필자는 근초고왕 이후 백제의 도읍은 계속 한강 이북에 있었으며, 아신왕이 북정을 중도 포기하고 귀환한 '한산성'은 바로 당시의 백제 도읍이었을 것으로 본다. 다시 말하자면 근초고왕의 새 도읍지로 『삼국사기』 「백제본기」에 기록된 '한산', 『삼국사기 지리지』에 기록된 '한성', 『삼국유사』에 기록된 '북한성', 그리고 근초고왕이 도읍을 옮긴 지 24년 후인 395년 11월에 아신왕

---

61) 흔히 18성(城)을 포함하여 58성(城)을 함락시킨 것으로 보지만, 비문의 해석상 먼저 18성(城)을 공취한 다음 58성(城)을 또 함락시킨 것으로 해석될 수도 있다. 한편, 이병도 교수는 광개토대왕의 백제 정벌은 백제 근초고왕이 고국원왕을 살해한 데 대한 보복전에 불과한 것으로 함락한 성들을 모두 돌려준 것으로 보았다. 이병도, "백제와 위례성", 『한강사(漢江史)』, 서울특별시사편찬위원회, 1985, 290쪽. 이에 앞서 이병도 교수는 58성 대부분을 돌려주었으나 임진강 이북만은 고구려가 계속 차지했을 것으로 말한 적도 있다. 이병도, "광개토왕의 웅략", 『한국고대사연구』, 박영사, 1976, 382쪽.

이 고구려를 공격하기 위해 군사 7천 명을 거느리고 한수를 건너 청목령 밑에서 머물던 중에 큰 눈을 만나 공격을 포기하고 군을 돌려 귀환한 곳인 '한산성'은 모두가 같은 곳의 다른 이름이었을 것으로 본다.[62] 『증보문헌비고』의 「여지고 2」에서는 '북한성'으로, 김정호의 『대동지지』에서는 '북한산' 또는 '위례성'으로 표기한 곳으로서,[63] 한강 이북의 어느 곳을 말한다.

한편, 『삼국사기』에서 '한산성'이라는 이름이 등장하는 것은 이 아신왕 4년(395) 기사가 처음이지만, 이러한 이름은 아신왕 이전에 생겼을 것은 분명한 사실일 것이며, 이는 전일 개루왕 5년에 만든 '북한산성'의 이름이나 위치와도 관련이 있을 것이고, 그에 따라 후일 고구려 장수왕의 남정 기사를 해석함에 있어도 중요한 의미를 지닌 것으로 보인다. 이 문제는 바로 다음 항에서 장수왕의 왕도 한성(王都漢城) 공략을 논할 때 다루기로 하겠다.

뿐만 아니라, 장수왕의 남진으로 인해 백제가 웅진으로 남천한 이후의 기록을 보면, 백제 제24대 동성왕 4년(482) 9월에는 말갈이 '한산성'을 습격하여 깨뜨리고 300여 집을 사로잡아 돌아갔고, 이듬해인 5년(483) 봄에는 왕이 사냥을 나가 '한산성'에 이르러 군사와 백성을 위문하고 10일만에 돌아왔으며, 다시 16년 후인 21년(499) 여름에는 '한산' 사람으로 고구려로 도망해 들어간 자가 2천 명이었

---

62) 앞에서 소개한 바와 같이 김윤우 씨는 아신왕의 귀환지를 중흥동 고석성으로 보고 있지만 근초고왕 당시의 새 도읍지에 관해서는 한강이북설을 취하고는 있는데, 아신왕의 북정 직전 어느 때인가 다시 한강 남쪽으로 도읍을 옮겼을 것으로 보고 있다. 김윤우, 앞의 책(위의 각주 28), 34~37쪽. 한강을 건너 도읍을 다시 옮긴 중요한 사실을 누락할 수 있었을까? 정약용의 견해와 같이 한강 이북으로 도읍을 옮긴 후에도 사실상 이경 체제를 계속 유지하면서 한강의 남북을 오가며 머물었다고 보는 것이 타당할 것이다.
63) 『증보문헌비고』의 「여지고 25」에서는 '북한산성'이라고도 하였으나 필자는 이를 잘못된 기록으로 본다.

다는 기사가 보인다. 이러한 동성왕 당시 기사는 백제가 웅진으로 남천한 이후 멸망할 무렵까지의 기간 중에 삼각산 일대의 또는 한강하류지역의 영유권이 어떻게 변천하였는지를 판단함에 있어 중요한 기사가 되므로 뒤에 관련된 항에서 다시 논하기로 하겠다.64)

바. 고구려 장수왕의 왕도한성 공략

『삼국사기』「백제본기」의 제21대 개로왕 21년(475년) 9월 기사에는 고구려왕 거련(巨璉: 장수왕)이 군사 3만 명을 거느리고 와서 '왕도 한성'을 포위하였는데 개로왕이 성문을 나가 서쪽으로 탈출하다가 잡혀 살해되었다는 기록이 있다.65) 고구려의 재증걸루와 고이만년 등이 '북성'을 공격하여 7일만에 함락시키고, '남성'으로 옮겨

---

64) 뒤의 2. 웅진백제와 사비백제 시대, 나. 백제 남천 이후 중흥동고석성 일대 영유권 귀속 문제 항 참고.

65) 이 전투 당시 개로왕은 왕자 문주(文周)를 신라에 보내 구원을 청하였으나 구원군이 도착하기 전에 개로왕은 남성을 탈출하다 적에게 사로잡혀 아차성으로 끌려가 처형되었다. 『삼국사기』「백제본기」에서는 문주왕이 신라에게 구원을 요청한 기록이 없다. 또한 『삼국사기』「고구려본기」 장수왕 63년(475) 9월 기사도 "(장수)왕은 군사 3만 명을 거느리고 백제를 침략하여, 백제왕이 도읍한 한성을 함락시키고, 그 왕을 죽이고 남녀 8천 명을 사로잡아서 돌아왔다(九月 王帥兵三萬 侵百濟 陷王所都漢城 殺其王扶餘慶 虜男女八千而歸)"고만 기록하고 있다. 오로지 「신라본기」의 자비마립간 17년(474) 7월 기사에서만 "고구려 왕 거련이 몸소 군사를 거느리고 백제를 공격하였다. 백제왕 경(慶: 개로왕)이 아들 문주(文周)를 보내 도움을 요청하였으므로 왕이 군사를 내어 구원하였으나, 구원병이 이르기도 전에 백제는 이미 함락되고 경(慶) 역시 살해당하였다(秋七月 高句麗王巨連 親率兵攻百濟 百濟王慶 遣子文周求援 王出兵救之 未至百濟已陷 慶亦被害)"라고 기록되어 있다. 한편, 『삼국유사』에서도 문주를 개로왕 아들이라고 기록하고 있으나, 『일본서기』에서는 문주를 개로왕의 아들이 아니라 동생이라고 기록하고 있다. 이기백 교수, 천관우 교수 등은 이 부분에서는 『일본서기』 기록을 신뢰하고 있다.

공격하였는데 이때 개로왕이 성을 나와 서쪽으로 도망가다가 재증 걸루 등에게 발각되었는데 재증걸루는 말에서 내려 개로왕에게 절을 한 후 절을 마치고는 왕의 얼굴에 세 번 침을 뱉고는 포박하여 그 죄를 헤아려 따진 후 아차성 아래로 보내 죽였다는 것이다.66)

이 기록에는 '왕도 한성' '북성' '남성' 및 '아차성'이라는 네 개의 성 이름이 등장하는데, '왕도 한성'이 '북성'과 '남성'으로 구성되어 있었다는 해석에 있어서는 어느 누구도 이견이 없으나, 이 기사에

---

66) 원문: 二十一年 秋九月 麗王巨璉 帥兵三萬 來圍王都漢城 王閉城門 不能出戰 麗人分兵爲四道夾攻 又乘風縱火 焚燒城門 人心危懼 或有 欲出降者 王窘不知所圖 領數十騎 出門西走 麗人追而害之 先是… 至 是 高句麗對盧 齊于·再曾桀婁·古爾萬年等 帥兵來攻北城 七日而拔 之 移攻南城 城中危恐 王出逃 麗將桀婁等見王下馬拜已 向王面三唾 之 乃數其罪 縛送於阿且城下之." 이 기사에서 인용을 생략한 부분 에는, 장수왕은 개로왕이 바둑을 좋아한다는 것을 알고 바둑 잘 두 는 승려 도림을 선발하여 도주 죄인을 가장하여 백제로 들어가게 하였는데 도림이 개로왕에게 신임을 얻게 되자 화려한 궁궐 축조 등 대대적 토목공사를 일으키게 하여 국력을 낭비하게 한 후 다시 고구려로 탈출하여 사정을 장수왕에게 보고하자 장수왕이 백제를 공격하게 되었다는 유명한 일화가 기록되어 있다. 한편, 위의 글 거 의 끝에 있는 "桀婁等見王下馬拜已"라는 구절의 의미에 대하여 『동 국통감(東國通鑑)』은 이를 "王見桀婁等下馬拜"로 고쳐 읽어서 "걸 루 등이 말에서 내려 자신에게 절을 하는 것을 왕이 보았다"고 해 석되게 하였다. 그러나 구한말 김택영은 원문의 의미는 "걸루 등은 왕을 보자 말에서 내려 절을 하고 절을 끝낸 후에는"이라고 해석되 어야 하며 이는 걸루 등이 본래 백제의 신하였기 때문에 왕을 죽이 기에 앞서 예를 갖춘 것이라고 하면서, 『동국통감』이 멋대로 '已(끝 낼 이)'를 빼버리고 나머지 문장을 바꾸어 의미를 왜곡한 것이라고 비판하였다(김택영, 「한국역대소사」 권6, '을묘' 조; 한국학문헌연구 소 편, 『김택영전집』 제1권, 아시아문화사, 1978, 제3권, 219쪽 참 고). 그러나 현대의 『삼국사기』 번역서 가운데는 원문은 그대로 게 재하면서도 번역은 『동국통감』의 해석에 따르고 있는 경우가 있다. 그 예로는 김종권, 『완역 삼국사기』, 광조출판사, 1960, 422쪽(번역 문) 및 426쪽(원문).

등장하는 '북성'을 중흥동고석성으로 해석하는 견해도 있고,67) '남성'을 중흥동고석성으로 해석하는 견해도 있고,68) 근초고왕 이후 백제의 도읍지를 한강 이남으로 보는 견해 중에는, '북성'은 현재의 '풍납토성'을, 그리고 '남성'은 현재의 '몽촌토성'을 가리키는 것이며, 이 '몽촌토성'이 소위 '하남위례성'이었다고 보는 경우도 있다.69)

한편, 정약용의 견해에 의하면, '북성'은 당시 백제의 본궁이 있던 '북한성'을, 그리고 개로왕이 탈출하다가 고구려군에게 붙잡힌 '남성'은 그보다 남쪽이지만 역시 한강 이북에 개루왕 5년에 축조된 '북

---

67) 그 대표적인 예로는 문화공보부 문화재관리국, 『문화유적총람』, 상권, 1977, 226쪽. 이 책에서는 개로왕 당시의 '북성'은 중흥동고석성이고 개로왕 탈출하다 고구려군에게 잡힌 '남성'이 당시의 백제 도성인 것으로만 설명하고 있을 뿐 '남성'의 구체적 위치에 대해서는 언급이 없어 근초고왕 이후의 도읍지를 한강 이북으로 보는지 한강 이남으로 보는지는 알 수가 없다.
68) 『북한지』, 「연혁」편에서는 근초고왕 이후의 새 도읍지를 아예 중흥동고석성으로 보면서, 장수왕의 남정 때 개로왕이 탈출하다 고구려군에게 잡힌 '남성'이 바로 중흥동고석성이며 그 후 중흥동고석성은 폐성되었다가 조선조 숙종 때 다시 쌓았다고 기술하고 있다.
69) 한국정신문화연구원, 『역주 삼국사기』 제3권, 동국전산, 1997, 685쪽; 이도학, 『새로 쓰는 백제사』, 도서출판 푸른역사, 1997, 396~397쪽. 이도학 교수는 근초고왕 때 도읍을 한강 이북으로 옮기기는 했지만 십수년 머무르다 아신왕 4년 이전에 다시 한강 이남으로 도읍을 옮긴 것으로 설명하고 있다(같은 책, 386~387쪽; 동인, "백제 한성도읍기 도성제에 관한 몇 가지 검토", 『백제도성의 변천과 연구상의 문제점』, 국립부여문화재연구소 제3회 문화재연구학술대회 발표논문집, 2000년 5월, 43쪽). 이도학 교수가 아신왕 4년 이전 백제가 다시 한강 이남으로 도읍을 옮긴 것으로 보는 이유는 광개토대왕비문에 등장하는 "한강을 넘어서(渡阿利水)"라는 구절의 해석 때문이다. 이 구절의 해석 문제는 앞의 "라. 광개토대왕의 관미성 격파" 항에서 이미 검토한 바 있다. 한편, 최몽룡 교수는 이성산성이 근초고왕이 새 도읍으로 한 '한산'이고 장수왕 남정 당시의 '남성'일 가능성이 있다 하였다. 최몽룡, 앞의 글(앞의 각주 17), 8쪽.

한산성'을, 그리고 '아차성'은 지금의 워커힐 뒷산인 아차산에 있던 산성을 각각 말한다.70) 정약용의 견해는 개로왕이 별궁인 북한산성에 있다가 적에게 잡혔다는 것이다. 그러나, 이러한 정약용의 해석에 대해 생기는 의문은 왜 당시 개로왕은 본궁이 있는 '북성'에 있지 않고 '남성'에 있다 잡혔을까 하는 점이다. 이 문제는 쉽게 대답을 할 수도 있는 문제이지만 백제의 '한성'에 관한 역사를 명료하게 해석함에 있어서는 매우 중요한 의미를 갖는 부분이다.

필자는 앞서 개루왕 5년의 북한산성 축성 기사에 대한 정약용의 해석에 의문을 제기하면서, 만약 백제 최초 도읍지를 한강 이북의 남쪽 어느 곳에 있었던 것으로 본다면, '북한산성'을 그보다 북쪽에 쌓았을 것으로 볼 수가 있고, 이에 따라 '북한산성'을 '북성'으로 보고, 백제 최초 도읍지로서 후일 다시 근초고왕의 도읍지가 된 곳을 '남성'으로 보는 것이 가능할 것으로 언급한 바 있다.71) 이렇게 볼

---

70) 앞의 제1편에서 소개한 바 있는 김민수 씨는 '아차성'(그가 말하는 위례성)의 동쪽에 있고 현재 '산성마을'이라 불리는 곳을 개루왕 5년에 만든 '북한산성'으로 보고 있고, 비류왕 24년에 우복(優福)이 점거하고 반란을 일으킨 '북한성'이나 근초고왕 26년에 도읍으로 옮긴 '한산' 그리고 개로왕 21년 기사에 기록된 '북성' 등을 '아차성'(그가 말하는 위례성)으로 비정하고 있다(김민수,『한강유역에서의 삼국사의 제문제』, 구리문화원, 1994, 3~13쪽). 이 견해는 비록 그 추론과정은 다르지만 정약용의 견해와 매우 유사한 점이 있다. 그러나 그의 견해가 정약용의 견해와 본질적으로 차이가 나는 점은 정약용과 달리 그는 동서남북의 방향을 정확하게 구분하지 않고 있는 점이다. 김민수 씨는 '아차성'(그가 말하는 위례성)을 북성으로, 그리고 그 동쪽에 있는 '산성마을'을 남성으로 비정함으로써 동서와 남북을 동일한 방향으로 혼동하고 있는 것이다. 한편 김민수 씨는 또 다른 글을 통하여 나당연합군에 의해 백제가 멸망하기 직전에 백제의 계백 장군이 신라군과 사활을 건 전투를 벌였던 '황산벌'을 지금의 경기도 일산 지역으로 비정하는 등 역사학계의 일반적인 견해와는 매우 다른 특이한 견해를 내놓고 있다(『나당연합군의 백제 정벌 루트의 재검토』, 구리문화원, 1997 참고).

경우 개로왕은 백제 도읍지의 본궁(本宮)에 있다가 적에게 잡힌 것이 되어 장수왕의 남정(南征) 기사에 대한 이해가 훨씬 수월해진다.

이러한 해석은 '북한산성'의 명칭에 대한 해석과도 관련이 있다. 앞서 필자는 아신왕 4년 기사에 등장한 '한산성'이 한강 이북의 백제 도읍지인 것으로 보았고, 그 이름은 아신왕 이전부터 사용된 이름이 분명하다고 언급한 바 있다. 생각컨대, 정약용의 견해와 같이 백제가 온조왕 14년에 하남위례성으로 도읍을 옮긴 이후에도 최초 도읍지인 하북위례성도 역시 도읍의 하나로 유지하면서 한강 남북으로 이경(二京)을 유지했다고 전제할 때, '한산성'이란 이름은 개루왕 이전부터 백제의 북경에 대한 이름으로 사용되었을 가능성이 높은 것이다. 개루왕 5년(132)에 '북한산성'을 쌓은 것은 북경인 '한산성'을 보호하기 위한 것으로서 '한산성'의 북쪽에 쌓았을 것이며, 그 이름은 '한산성(漢山城)의 북(北)쪽에 쌓은 성'이기 때문에 '북한산성(北漢山城)'이 되었을 것으로 추정된다.[72]

한편, 앞서 필자는 이 문제에 대한 결론이 첫째, 백제 최초 도읍지를 비정함에 있어서뿐 아니라 둘째, 중흥동고석성 축성 연대를 추론함에 있어서도 중요한 단서가 될 것이라고 언급한 바가 있다. 이제 이 문제들을 하나씩 검토해 보기로 하자.

첫째, 앞서 소개한 바와 같이,[73] 하북위례성의 구체적 위치에 관해서는 삼각산 동록으로 보는 견해(정약용, 홍경모, 김정호, 장지연 및 김용국 등), 삼각산 남록으로 보는 견해(이병도), 중랑천 일대(중곡동이나 면목동)로 보는 견해(최몽룡·권오영, 성주탁), 성북구 우

---

71) 앞의 가. 중흥동고석성의 축성 시기, (2) 백제 개루왕 5년 축성 설 참고.
72) 필자는 정약용의 『아방강역고』를 읽으면서, 개루왕 5년에 만든 '북한산성'이 한성의 '남성'이라는 구절을 보고 의아한 생각이 들어 그 구절을 반복하여 보았으나, 끝내 의문을 떨쳐버릴 수 없었다.
73) 이 책의 제1편 백제의 건국설화, Ⅳ. 백제의 최초 도읍지, 2. 하북위례성은 어느 곳인가? 참고.

이동이나 도봉구 방학동 일대로 보는 향토사학자들의 견해가 있다.

그 가운데 삼각산 동록설의 출발점은 정약용의 『아방강역고』인데, 그는 백제 초기 도읍지가 충남 직산이 아니라 서울의 한강 이북이었음을 논증한 점에서는 후세에 큰 영향을 미친 탁월한 업적을 남긴 것이지만, '한성'의 시작과 완성에 관한 문제나 '한성'의 '북성'과 '남성'의 구분에 관한 문제에 있어서의 그의 견해는, 그가 이를 크게 중요시하지 않아서 그런지, 다소간 허술한 면을 보이고 있다. 생각컨대, 그는 '한성'의 '북성' 터, 즉 개루왕이 만든 '북한산성' 터를 놓고 이를 '남성' 터 즉, 하북위례성 터로 잘못 보았을 가능성이 크다. '남성'과 '북성'의 연혁을 정약용과 정반대로 바꾸어 보아야 한성·북성·남성·한산성·북한산성 등에 관한 『삼국사기』의 기록들이 일관성 있게 해석될 수 있는 것이다.

하북위례성의 위치를 성북구 우이동이나 도봉구 방학동 일대로 보는 향토사학자들의 견해 역시 한성·북성·남성·한산성·북한산성 등에 관한 『삼국사기』의 기록들을 일관성 있게 설명할 수 없다는 점에서 정약용의 삼각산 동록설과 동일한 문제점을 지니고 있다. 하북위례성의 위치를 삼각산 남록으로 보는 견해의 문제점은 이미 앞서 지적한 바가 있다.[74]

이제 남은 것은 중랑천 일대(중곡동이나 면목동)로 보는 견해뿐인데 이 견해는 그 일대에 대한 현지 유물조사의 결과 초기 백제의 유물들을 발견한 후 제기된 의견일 뿐 아니라,[75] 그와 같이 하북위례성 터로 보아야만 한성·북성·남성·한산성·북한산성 등에 관한 『삼국사기』의 기록들을 일관성 있게 설명할 수 있게 된다. 유물조사가 고대사 연구에 있어 극히 중요한 것임은 두 말할 나위가 없지만, 유물조사 그 자체로서는 그리 큰 의미가 없다. 문헌자료에 대

---

74) 앞의 제1편의 각주 68 참고.
75) 앞의 제1편의 각주 69 참고.

한 충분한 검토가 있은 후 이를 뒷받침할 수 있는 유물들이 발견되었을 경우에만 그 유물조사가 큰 의미를 지니게 되는 것이다.[76] 지금은 중곡동 면목동 일대도 이미 도심지로 개발된 후라 더이상의 유물조사가 어려운 형편이다. 그러나 이곳이 도심지로 개발되기 이전에 유물조사가 이루어졌고 그 결과 초기 백제의 유물들이 발견될 수 있었던 것은 그야말로 다행이 아닐 수 없다.

이 일대를 백제 최초 도읍지인 (하북)위례성 터로 볼 수 있는 문헌상 근거는 『삼국사기』 자체에서도 찾아볼 수 있다. 「백제본기」 온조왕 41년 기사에는 2월에 **'한수'** 동북부 부락 사람 가운데 15세 이상인 자를 징발해 '위례성'을 수리했다 하였다. 정약용은 「위례고」에서 이 기사를 백제가 하남위례성으로 옮긴 이후에도 남북 이경 (二京) 체제를 유지한 근거로, 또 위례성이 한양 동북쪽에 있었던 근거로 인용하고 있으나, 이 기록에서는 **'한성'** 또는 **'북한산'**(서울

---

76) 1980년대 몽촌토성 발굴조사 결과, 3세기 중반 이후에야 백제 도성이 출현한다는 결론에 이르게 됨으로써 『삼국사기』의 초기기록을 불신하던 일제시대 이래의 전통적인 백제사 해석을 오히려 뒷받침해 주는 결과를 초래하였으나, 1990년대 이후 풍납토성에 대한 발굴조사로 인하여 『삼국사기』의 초기기록은 이제 신뢰를 회복하여 가고 있다. 이는 치밀한 문헌 고증이 없는 유적조사가 얼마나 큰 문제점을 지닌 것인지를 말해주는 중요한 경험이었다. 한편, 성주탁 교수는 면목동이나 중곡동 일대를 하북위례성으로 비정하는 문헌상 증거의 하나로 동명묘(東明廟)에 관한 기록을 들고 있다. 즉, 온조왕 원년 동명묘를 세운 후 동명묘를 다시 세운 기록이 없음에도 불구하고 전지왕에 이르기까지 많은 백제왕이 취임 후 중요행사의 하나로 동명묘에 참배한 기록이 있는 것으로 볼 때, 동명묘는 하남위례성으로부터 멀지 않은 곳에 있었을 것이고, 또 하북위례성 역시 동명묘로부터 가까이 있었을 것이니, 하북위례성의 위치를 삼각산 동록에서 찾는 것은 무모한 일이라는 것이다. 성주탁, "한강유역 백제초기 성지연구", 『백제연구』 제14호, 1983, 128쪽. 이러한 치밀한 문헌 고증은 유적조사와 결합하여 그의 견해에 비중을 더하여 주고 있는 것이다.

강북지역) 동북부 사람이라고 하지 않고 '**한수**' 동북부 사람이라고 하였다. 만약 위례성이 삼각산 동록에 있었다면 '한수' 동북부 사람을 징발했다 하지 않고 '한성' 또는 '북한산'(서울 강북지역) 동북부 사람을 징발했다고 하였을 것이다. '한수' 동북부 사람을 징발했다고 한 것은 위례성이 '**한수**'의 **동북부**, 즉 지금의 면목동이나 중곡동 일대에 있었기 때문일 것이다.

둘째, 이 문제는 중흥동고석성의 연혁이나 축성 연대를 추론함에 있어서 중요한 단서가 될 수 있다. 이 글에서는 지금껏 중흥동고석성과 관련된 것으로 추정되고 있는 많은 역사기록을 검토해 왔고, 또 계속 검토해 나갈 것이다. 그러나 중흥동고석성의 축성과 관련이 있는 기록은 지금까지 발견되지 않았다. 앞서 소개한 바와 같이 중흥동고석성을 백제 관미성으로 보는 견해가 조선조 중엽에 있었다고 기록한 한백겸의 『동국지리지』가 있었으나 이는 축성과는 무관한 것이었고, 그나마 중흥동고석성의 연혁에 관한 기록으로 보기에는 결정적 문제점을 지니고 있었다.

중흥동고석성에 관한 기록임이 분명한 것은 뒤에 소개할, 고려말 우왕 때 기록이 유일한데 이 역시 축성이 아닌 수축에 관한 기록이었다. 더욱이 고려 말에 이를 수축토록 한 일은 있었지만 수축공사가 실제로 이루어진 것인지 조차도 불분명하다. 중흥동고석성에 대해서는 누구나 그리고 언제나 백제고성이라고 말해왔으나 그 축성 시기에 대한 기록은 어느 곳에도 없었다. 그러나 다음 글에서 상세히 검토하겠지만 중흥동고석성은 현 북한산성에서 중성문을 경계로 하는 내성과 거의 일치하는 매우 거대한 산성이었다. 아무도 만든 적이 없는 거대한 산성이 하늘에서 떨어졌을 리는 없을 것이다.

생각컨대, 중흥동고석성은 현 면목동이나 중곡동 일대 어느 곳에 있던 백제의 북경(北京)[77]을 보호하기 위하여 개루왕 5년(132)에 삼

---

77) 하북위례성 또는 한산성을 말하며, 후일 북한산성을 만든 후에는

각산 동쪽 기슭에 '북한산성'을 만들면서 그 배후산성으로 같이 만든 것으로 판단된다. 고대의 우리 민족은 평지에 성을 만들면, 반드시 적으로부터 기습공격에 대비하여 유사시에 일시 피신할 수 있는 산성을 그 배후에 만들었다. 고구려의 경우 만주 집안에 도읍하고 있을 당시 평지성인 국내성 배후에 위나암성(尉那巖城)이 있었고, 평양 천도 후에도 평지성인 안학궁성의 배후에 대성산성이 있었다. 신라의 경우에도 평지성인 월성의 배후에 명활산성과 남산신성(南山新城)이 있었다. 한강변의 아차산 위에 있는 아차성은 한강을 통제하는 기능 뿐 아니라 평지성인 한성의 '남성'78)과 연결된 배후 산성으로 만든 것이며,79) 중흥동고석성 역시 평지성인 한성의 '북성', 즉 '북한산성'과 연결된 배후 산성으로 만들었을 것이다.80)

한성의 남성(南城)이 됨.
78) 백제의 북경인 하북위례성 또는 한산성으로서 후일 북한산성을 만들은 후에는 한성의 남성(南城)이 됨.
79) 앞서의 분석과 같이[앞의 가. 중흥동고석성의 축성 시기, (1) 백제 시조 온조왕 14년 축성 설, (나)『북한지』의 기록 참고], 아차성은 온조왕 14년 하남위례성으로 도읍을 옮긴 직후 만든 성이며, 백제는 도읍을 옮긴 후에도 한강 남북으로 이경(二京) 체제를 유지했던 것으로 보인다. 그렇다면 아차성을 만든 것은 한강의 통제보다는 오히려 남경(南京)인 하남위례성과 북경(北京)인 하북위례성을 상호 연결하는 성으로서, 그리고 보다 중요한 요소로서 하북위례성의 배후산성으로 만든 것일 가능성이 크다. 당시 백제가 도읍을 한강 이남으로 옮긴 것은 건국 이후 계속된 말갈과 낙랑의 공격을 피하기 위한 것으로 보이는데 그들은 육로를 이용하여 백제를 공격하였을 것이기 때문이다. 한강의 통제는 부차적인 목적이었을 것이다. 그러나 고구려나 신라가 이 지역을 점령한 시기에는 한강 통제 목적으로 이를 수리하고 유지했을 것이다.
80) 그러나 하남위례성의 배후산성이 어느 곳이었는지는 불분명하다. 하남위례성 자체의 위치가 불분명하기 때문이다. 최근 풍납토성을 하남위례성으로 보면서 몽촌토성, 이성산성, 남한산성 등을 그 피난성 또는 배후산성으로 보는 견해도 있다. 신희권, "백제 한성기 도성제에 대한 고고학적 고찰", 『백제도성의 변천과 연구상의 문제

그렇다면 『삼국사기』에는 왜 중흥동고석성에 관한 기록이 누락된 것일까? 『삼국사기』에 중흥동고석성에 관한 기록이 누락된 이유는 두 갈래로 추정해 볼 수가 있다. 첫째, '삼각산 위'에 만든 중흥동고석성을 '삼각산 동록'에 만든 북한산성과 같이 만들어 일체를 이룬 하나의 성으로 보았기 때문일 수도 있다. 혹자는 그렇다면 아차성 역시 남성의 배후산성으로 쌓은 것이라 했는데 왜 『삼국사기』에 그 축성에 관한 기록이 있느냐는 의문을 제기할 수도 있을 것이다. 이 문제에 대해서는 남성(온조 원년 축성)과 아차성(온조 14년 축성)의 축성 시기가 달랐기 때문이라고 설명할 수 있을 것이다. 『삼국사기』에 중흥동고석성에 관한 기록이 누락된 둘째 이유는, 장수왕의 남정 당시 중흥동고석성이 폐성이 된 후 시간이 흐르면서 잊혀졌기 때문일 수가 있다.

점』, 국립부여문화재연구소, 제3회 문화재연구학술대회 발표논문집, 2000년 5월, 28쪽. 그러나 몽촌토성은 비록 많은 군사유물이 발견되기는 하였으나 완전한 평지성인 풍납토성에 비해 약간의 구릉지를 이용한 성일 뿐 여전히 평지성으로 보아야 할 것이다. 이성산성의 경우는 그 출토유물이나 성벽발굴 결과로 볼 때 백제·고구려·신라가 계속 사용한 흔적이 있다. 이로 보아 이는 평지성의 배후산성이라고 하기보다는 하남위례성 주변의 접근로를 통제하기 위한 관방시설로 보는 것이 타당할 것으로 보인다. 남한산성의 경우에는 백제가 사용한 흔적이 발견되지 않고 있다. 이 성의 유래와 관련하여 『아방강역고』의 「한성고」 말미에서 정약용은 "한주(漢州)는 지금의 광주고읍으로 신라 문무왕 때 한주의 동쪽 봉우리 위에 일장성(日長城)을 쌓았고 이를 주장성(晝長城)이라고도 불렀으니 이는 산세가 높은 곳에 자리 잡아서 일찍 일출을 볼 수 있고 늦게 일몰을 볼 수 있어 부친 이름이다"라고 하였다. 조선조에서는 이를 수리하여 광주 치소를 남한산성 내로 옮겼으며, 병자호란 때는 조정이 이곳으로 피병(避兵)했으며, 후일 김상헌의 주청으로 온조사당을 성내에 세운 적이 있다. 온조사당을 이곳에 세운 일과 관련하여 정약용은 "온조의 옛 도읍은 한산 아래 있었고 이 성이 아니었다. 『문헌비고』는 일장성이 온조의 고도(故都)라 하나 이는 잘못이다"라고 하였다.

장수왕의 남정 기사를 보면, 북성은 7일간에 거쳐 공격하여 함락시켰다고 하여 그 기간을 특별히 명시하고 있다. 『삼국사기』에서 어떤 성에 대한 공격기간을 명시한 것은 광개토대왕의 관미성 공격이나 장수왕의 북성 공격 등 아주 드문 경우이다. 이는 그만큼 전투가 치열했고 함락에 시간이 걸렸음을 강조한 것이다. 북성의 함락이 그렇게 어려웠던 것은 그 배후산성인 중흥동고석성 때문이었을 것으로 보인다. 이때의 치열한 전투로 인하여 중흥동고석성은 후일 사람들의 기억에서 사라질 정도로 폐허가 되었을 가능성이 높다. 이때 '북성'도 물론 폐허가 되었을 것이다.81) 이와 같은 필자의 추론은 향후 충분한 비판과 보완이 필요할 것으로 생각되지만, 중흥동고석성의 축성과 폐기에 대해 필자가 내릴 수 있는 결론은 현재로는 이밖에 없다.

한성백제에 관한 지금까지의 추론을 요약해 보자면 아래와 같다.

① 온조의 **최초 도읍지인 '위례성'**은 중랑천 유역의 중곡동 또는 면목동 부근의 평지성이었고, 이를 **백제 초기부터 '한성' 또는 '한산성'**이라고도 했으며, 이를 **최근에는 '하북위례성'**이라고도 한다.

② 온조왕 14년 한강 이남 평지성인 하남위례성으로 도읍을 옮기

---

81) 앞서 『북한지』에 기록된 중흥동고석성의 연혁을 검토하면서 필자는 그 신뢰성에 대해 의문을 제기한 바 있으나, 한 가지는 필자의 추론과 일치하는 부분이 있었다. 바로 "장수왕이 와서 성을 포위하자 개로왕은 탈출하다가 살해당하였고 이에 마침내 성이 폐기되었다(長壽王來圍 蓋鹵出走遇害 城遂廢)"는 구절의 마지막 부분이다. 당시 개로왕이 잡힌 곳은 『삼국사기』에 의하면 '남성'이기 때문에 이를 중흥동고석성으로 볼 수는 없다. 그러나 장수왕 이후 중흥동고석성이 폐기되었다는 『북한지』의 기록은 필자의 추론과 일치한다. 한편, 험준한 삼각산 꼭대기에 있던 중흥동고석성은 이때 폐기가 되어 수축이 어렵기 때문에 후일 다시 사용되지 않았을 것으로 보이지만, 평지성인 '북한산성'은 복구가 그리 어렵지 않았을 것이기 때문에 후일 복구되어 다시 사용되었을 것으로 보인다. 『삼국사기』에는 장수왕 이후에도 '북한산성'에 관한 기록이 등장한다.

온조 원년(BC 18)—온조 13년(BC 4)
■ 한성 또는 위례성(면목동/중곡동) ～ ～ ～ ～ 한 강 ～ ～ ～ ～
온조 14년(BC 5)—개루왕 4년(AD 131)
■ 한성, (하북)위례성, 한산성 또는 북-한성 : 북경(北京) (면목동/중곡동) ▲ 아차산성(북경의 배후산성) ～ ～ ～ ～ 한 강 ～ ～ ～ ～ ■ 남-한성 또는 하남위례성 : 남경(南京)(광주고읍) 　　※남경 북경의 이경(二京) 체제 　　※온조 14년—근초고왕 26년(371)까지 　　　376년간 주도읍지는 남한성
개루왕 5년(132) 이후
▲ 중흥동고석성 : 북성(北城)의 배후산성(삼각산) ■ 북-한산성 : 북경의 북성(北城)(삼각산 동록) ■ 한성, (하북)위례성, 한산성 또는 북-한성 : 북경의 남성(南城) (면목동/중곡동) ▲ 아차산성 : 남성(南城)의 배후산성 ～ ～ ～ ～ 한 강 ～ ～ ～ ～ ■ 남-한성 또는 하남위례성 : 남경(광주고읍) 　　※근초고왕 26년(371) - 개로왕 21년(475)까지 　　　105년간 주도읍지는 북한성

요도 3. 백제 한성의 구성도

기는 하였으나 이때 위례성(한성 또는 한산성)을 포기한 것이 아니라 오히려 '**위례성'의 배후산성으로 '아차성**'을 만들어 더욱 보강하였다. 이때부터 '**하남위례성'을 '남쪽의 한성**'이라는 의미로 '**남한성**'이라 하였고, **종래의 위례성(한성 또는 한산성)을 '북쪽의 한성'이란 의미로 '북한성**'이라 하였으며, 이로써 한강 남북으로 이경(二京) 체제가 된 것이다.

③ 개루왕 5년에 북한성(위례성, 한성 또는 한산성)을 보강하기 위한 별성으로 **삼각산 동록에 평지성인 '북한산성**'을 만들고 그 **배후산성으로 삼각산 위의 '중흥동고석성**'을 같이 만들었다. 이로써 **한강 이북에 '북성'(즉, 북한산성)과 '남성'(즉, 위례성, 한성, 한산성 또는 북한성)이 있게 된다. 이를 통칭하여 '한성'으로 부르기도 하였다. '북한산성'이란 이름은 '한산성'(남성)의 북쪽에 만든 것이기에 생긴 이름**이다.

④ 근초고왕 26년에 고구려를 제압함으로써 도읍을 다시 한성으로 옮겼으나 한강 남북의 이경체제는 계속된 것이다.

⑤ 광개토대왕 남정 당시 비록 도읍인 한성 전체가 함락되기는 했으나 백제는 고구려에 충성을 서약하고 도읍을 보존했다.

⑥ 장수왕 당시 **한성의 '북성'(북한산성)**에 이어 **한성의 '남성' (한산성)**이 함락되고 개로왕이 '**남성**'에서 탈출하다 고구려군에 잡혀 죽은 이후 백제는 웅진으로 도읍을 옮겼다. 이때 '**북성'의 배후산성인 '중흥동고석성**'도 폐허가 되었다.

2. 웅진백제와 사비백제 시대

가. 고구려 장군 고로의 한성 공격

「백제본기」의 제25대 무령왕(武寧王) 7년(507) 10월 기사에는 고구려 장군 고로(高老)가 말갈과 공모해 '한성'을 쳐서 횡악(橫岳) 밑으로 나와 진을 치자 왕이 출전해 격퇴했다는 기록이 있는데,[82] 혹자는 이 기록 중의 '한성'을 중흥동고석성으로 보면서 그 근거로 첫째, '횡악'이 삼각산의 옛 이름이라는 점과 둘째, 무령왕 23년에 왕이 '한성'에 가서 한강 이북 주군(州郡)의 15세 이상 백성들을 징발하여 쌍현성을 수축했다는「백제본기」기록을 원용하고 있다.[83]

그러나 필자는 앞서 제1편의 서두에서 언급한 바와 같이 '횡악'을 현 '삼각산'으로 보는 데 동의하지 않으며, 설령 횡악을 삼각산으로 본다 하여도 삼각산 밑에 주둔하였다는 것이 반드시 중흥동고석성을 공격하기 위한 것이라고는 단정할 수 없을 것으로 본다. 또한 무령왕 23년 기사로부터 어떻게 '한성'이 중흥동고석성이라는 추론이 가능한지 그 이유를 이해할 수가 없다. 이 기록에서의 '한성'은 그 '남성'인 '하북위례성'을 말하는 것으로 보인다. 바로 앞에서 상세히 검토한 바와 같이, '북성'과 그 배후산성인 중흥동고석성은 장수왕의 남정 당시 이미 폐성이 된 것으로 보이기 때문이다.

한편 이 기록은 우리 고대사의 해석에 있어 큰 논쟁을 불러일으키고 있는 기록 가운데 하나이다. 백제가 웅진으로 남천한 이후 중흥동고석성 일대를 포함한 한강 하류지역을 누가 영유하고 있었는지에 관한 논쟁이다. 이 기록은 백제가 남천한 이후에도 한강 하류지역이 여전히 백제의 관내에 있었다는 것을 의미하기 때문이다.

나. 백제 남천 이후 중흥동고석성 일대 영유권 귀속 문제

(1) 개로왕 21년 이후 중흥동고석성 지역 상실 여부

백제는 제21대 왕인 개로왕 21년(475) 9월에 고구려의 장수왕에

---

82) 이 사실은『삼국사기』「고구려본기」의 문자명왕 16년(507) 기사에도 "왕은 고로를 보내, 말갈과 함께 백제의 한성을 칠 것을 꾀하여 횡악 밑으로 나아가 주둔하였는데 백제가 군사를 내어 맞아 싸우므로 물러났다"고 동일하게 기록되어 있다.
83) 김윤우, 앞의 책(앞의 각주 28), 54쪽.

게 대패하여 왕이 전사하자 문주가 웅진(熊津: 충남 공주)으로 남천하여 제22대 문주왕(文周王)으로 즉위하고, 그로부터 63년 후인 제26대 성왕 16년(538)에 다시 도읍을 사비성(泗沘城: 충남 부여)으로 옮기고 국호를 남부여(南夫餘)로 바꾼다.[84] 이러한 시기에 있어 중흥동고석성을 포함한 한강 하류지역의 영유권 변동 문제에 대하여, 문주가 웅진으로 도읍을 옮긴 후 이 지역은 고구려의 영역으로 편입되었다가 76년이 지난 백제 성왕 29년(551)에 신라 진흥왕과 협력하여 수복하였으나 2년 후 신라 진흥왕이 이를 백제로부터 빼앗은 이후에 신라영토가 되었다고 보는 견해가 대부분이다.[85]

이 문제와 관련된 역사기록을 살펴보자면,『삼국사기』「지리지 2」에서는, 지금의 경기도와 충청도 동북지역의 대부분 군현을 원래는 '고구려의 ○○군현'이라고 하였고, 특히 한양군에 대해서는 이를 "본래 고구려 북한산군이며 이를 평양이라고도 하였다. 진흥왕이 주로 삼고 군주를 두었다(漢陽郡 本高句麗北漢山郡 一云平壤 眞興王爲州 置軍主)"고 하였다.『삼국사기』「지리지 4」에서는 중국의 『북사』를 인용하여 "백제의 동쪽 끝은 신라이고, 서쪽과 남쪽은 모두 큰 바다를 한계로 하였으며, 북쪽은 한강에 닿았다(百濟東極新羅 西南俱限大海 北際漢江)"고 하였다. 뿐만 아니라 중국역사서인 『북사』에도 "고구려의 왕도는 평양성이고 그 외에 다시 국내성과 한성이 고구려에 있어서 삼경(三京)으로 부른다"는 구절이 있다.『고려사』「지리지」역시『삼국사기』「지리지」와 거의 동일한 내용이 수

---

84) 현재의 충남 '부여'의 이름은 이때 백제가 이곳에 도읍하여 국호를 '남부여'로 바꾼 데서 유래한 것이다. 이때 국호를 남부여로 한 것은 백제의 시조가 고구려의 시조와 마찬가지로 지금의 만주 지방에 있었던 부여 계통 종족이기 때문이다.

85) 그 대표적인 예로서는 이병도,『한국사』고대편, 을유문화사, 1959, 430쪽 및 438~439쪽; 이만열,『한국사대계』제2권(삼국), 삼진사, 1973, 158쪽; 2002년 4월 27일 <KBS 역사스페셜>,「세기의 걸작 백제 금동대향로」편 등.

록되어 있다. 이러한 기록들은 비록 한강 하류지역이 언제부터 고구려 영토였는지를 분명하게 밝히고 있지는 않지만, 한강 하류지역이 적어도 신라에 흡수되기 전의 상당한 기간 동안 고구려영토였다고 해석될 수 있는 기록들이다.

한편, 신라 진흥왕 이전 한강 하류지역의 영유권 변동에 대해서 구체적으로 밝히고 있는 기록을 『삼국사기』에서 찾아보면, 『고전기』를 원용하면서 "13대 근초고왕에 이르러 고구려의 남평양을 빼앗아 한성에 도읍하고 105년을 지냈다(至十三世近肖古王 取高句麗 南平壤 都漢城 歷一百五年)"고 한 『삼국사기』「지리지 2」의 기록밖에는 없다. 그럼에도 불구하고 유형원의 『동국여지지』에서는 "한성부 지역은 개로왕 때에 이르러 고구려 장수왕이 이를 차지하고 북한산군을 설치하였다가 얼마 안 되어 남평양으로 이름을 바꾸었다"고 하였다. 만약 유형원의 견해가 사실이라면, 한강의 하류지역은 백제 초기에는 고구려의 남평양이었는데 근초고왕 때에 백제에게 빼앗겼다가 장수왕 때 다시 탈환한 것이 된다.

그러나 『삼국사기』나 『고려사』「지리지」와 『북서』등 앞서 언급한 기록들의 문제점에 대해서는 이미 앞에서 충분히 검토한 바가 있다. 정약용의 『아방강역고』이래 적어도 백제 온조왕이나 근초고왕이 고구려의 남평양을 빼앗았다는 것은 잘못 기록된 『삼국사기』「지리지」의 영향임이 거의 분명하게 드러났다.[86] 고구려가 한강 하류지역을 점령한 것은 장수왕 때가 처음인 것이다. 그러나 『삼국사기』기록 전체를 살펴보면 장수왕 이후에조차도 과연 고구려가 한강 하류지역을 계속하여 점령하고 있었는지를 명백하게 판단하기가 매우 어려운 것이 현실이다.

『삼국사기』「백제본기」와 『삼국사기』「고구려본기」에서는 장수왕

---

[86] 앞의 II. 백제시대의 중흥동고석성, 1. 한성백제 시대 중 가. 중흥동고석성의 축성 시기, (1) 백제 시조 온조왕 14년 축성 설, (나) 『북한지』의 기록 및 다. 근초고왕의 이도한산 참고.

의 남정 이후 고구려의 남평양 설치 등 한강 하류지역에 대한 고구려의 영유 사실을 입증할 수 있는 근거를 전혀 발견할 수 없음에도 불구하고 오로지 『삼국사기』「열전」의 "거칠부전"에서만 "진흥왕 12년(551)에 왕이 거칠부(居柒夫)… 등 여덟 장군에게 명하여 백제와 더불어 고구려를 침공하게 하였다. 백제 사람들이 먼저 평양을 격파하고 거칠부 등은 승리의 기세를 타서 죽령(竹嶺) 바깥으로 고현(高峴) 이내87)의 10군을 취하였다"88)고 기록하고 있다. 이러한 기록과 일치하는 것이 일본의 역사서인 『일본서기』인데, 『일본서기』에서는 이때 백제는 한성을 비롯하여 여섯 군을 수복하였다고 기록하고 있다.89) 고구려 장수왕의 남정 때 백제가 웅진으로 도읍을 옮긴 후 한강 하류지역이 고구려의 영역으로 편입되었다가 백제 성왕

---

87) 일본인 역사학자 이께우찌히로시(池內宏)는 '고현'을 현 함경남도 안변군과 강원도 회양군 경계지점으로 관북지방과 관서지방이 나뉘는 '철령(鐵嶺)'으로 비정했다 한다[진단학회, 『한국사』 고대편, 을유문화사, 1959, 438면(이병도 집필)에서 재인용]. 후일 이병도 교수 자신도 '고현'을 '철령'으로 보고 있다(『한국고대사연구』, 박영사, 1976, 671쪽). 반면, 노용필 씨는 현 경기도 '이천' 지역을 '고현'으로 보고 있다("진흥왕 북한산순수비 건립의 배경과 목적", 『향토서울』 제53호, 1993, 19쪽). 위에 인용한 사람들이 어떤 관점에서 "거칠부전"의 '고현'을 그와 같이 비정하였는지는 모르겠으나, 철령보다도 더 북쪽인 함경남도 마운령과 황초령에 진흥왕순수비가 세워진 것을 보면 진흥왕 때의 영역은 그곳까지 올라간 것이 분명하다. 그러나 거칠부의 북정기사는 진흥왕 12년의 기록이고 황초령비와 마운령비의 건립연대는 진흥왕 29년이니 거칠부 당시 그곳까지 못 갔을 가능성도 있다. 진흥왕순수비에 대해서는 뒤의 제4편에서 별도로 논한다.
88) 원문: 十二年辛未 王命居柒夫… 等八將軍 與百濟侵高句麗 百濟人先攻破平壤 居柒夫等 乘勝取竹嶺以外高峴以內十郡.—이 기록에서 평양(平壤)은 흔히 남평양(南平壤)으로 해석되고 있다.
89) 원문: 是歲 百濟聖明王親率衆及二國兵二國謂新羅任那也 往伐高麗 獲漢城之地 又進軍討平壤 凡六郡之地 遂復故地." 『일본서기』, 권19, 欽命紀, 12년 조. 이 기록에서의 평양 역시 흔히 남평양으로 해석되고 있다.

29년(551) 신라 진흥왕과 협력하여 이를 수복하였다는 현재의 견해는 바로 이와 같은 『삼국사기』 「열전」의 "거칠부전"과 『일본서기』의 기록에 의존한 해석인 것이다.

그러나 『삼국사기』 「백제본기」와 『삼국사기』 「고구려본기」에는 남평양 설치 등 한강 하류지역에 대한 고구려의 영유 사실을 입증할 수 있는 근거가 전혀 없을 뿐만 아니라 오히려 백제가 웅진으로 남천한 이후에도 중흥동고석성을 비롯한 한강하류 일대는 여전히 고구려가 아닌 백제의 지배하에 있다가 백제 제27대 위덕왕(威德王) 2년(555: 신라 진흥왕 16년)에야 비로소 신라에 귀속된 것으로 추정할 수 있는 수많은 기사가 발견된다.

「백제본기」에 의하면, 백제가 웅진성으로 남천한 다음 해인 제22대 문주왕 2년(476) 2월에 대두산성을 수축하고 '**한강 이북**'의 백성들'을 이주시켰으며, 다시 6년 후인 제24대 동성왕 4년(482) 9월에는 말갈이 '**한산성**'을 습격하여 깨뜨리고 300여 집을 사로잡아 돌아갔고, 그 이듬해인 동성왕 5년(483) 봄에는 왕이 사냥을 나가 '**한산성**'에 이르러 군사와 백성을 위문하고 10일 만에 돌아왔으며, 다시 16년 후인 동성왕 21년(499) 여름에는 큰 가뭄이 들어 백성이 굶주려 서로 잡아먹고 도적이 많이 일어나 신하들이 창고를 열어 진휼하여 구제할 것을 청하였으나 왕이 듣지 않자 '**한산**' 사람으로 고구려로 도망해 들어간 자가 2천 명이었다고 기록하고 있다.

그로부터 8년 후인 제25대 무령왕 7년(507) 10월에는 앞서 소개한 바와 같이 고구려 장군 고로가 말갈과 공모하여 '**한성**'을 치러 '**횡악**' 밑으로 나와 진을 치므로 왕은 출전하여 이를 격퇴하였으며, 무령왕 23년(말년, 523) 2월에 왕이 '**한성**'으로 행차하여 **한강 이북 주군**(州郡)의 백성으로 나이 15세 이상을 징발하여 쌍현성을 쌓게 하고90) 3월에 '**한성**'으로부터 돌아왔고, 다시 25년 후인 제26대 성

---

90) 이 기사에서는 쌍현성을 쌓게 했다고 기록하고 있으나 개로왕 15

왕 26년(548) 정월에 고구려 양원왕이 예(濊)와 모의하여 '**한강 이북 독산성**(漢北獨山城)'[91]을 공격하자 성왕은 신라 진흥왕에게 구원을 요청하였고 진흥왕은 주진 장군 지휘하에 군사 3천 명을 파견하여 독산성 아래에서 고구려군을 격파하였다. 이러한 기록들은 중흥동고석성을 비롯한 한강 일대는 백제가 웅진으로 남천한 이후에 여전히 백제 지배하에 있었다는 증거가 된다.

 이런 이유 때문에 정약용은, 온조왕 이전 및 근초고왕 이전 고구려의 한강 하류지역 지배설에 대한 비판에 이어서, 장수왕 이후의 한강 하류지역 지배설에 대해서도 역시 이를 부인하고 있다. 정약용은 장수왕의 남정으로 인하여 백제가 웅진으로 남천한 AD 475년부터 무령왕이 죽기 직전 '한성'으로 행차하였던 AD 523년까지의 약 50년 동안은 한강 하류지역이 여전히 백제의 관할 하에 있었던 것으로 보았으며, 무령왕이 죽은 이후 성왕 29년(551)에 신라 진흥

 년(469) 기사에 이미 "10월에 쌍현성을 수리하였다"는 기록이 있는 바, 이는 수축하게 했다고 고쳐 읽어야 할 것이다.
91) 경기도 오산시에 있고 백제 시대 축성된 것으로 알려진 독산성(禿山城)과는 다른 곳일 것으로 보인다. 그러나 원문이 "攻漢北獨山城"으로 되어 있어 이를 "한강 이북에 이어 독산성까지 공격했다"고 해석한다면 경기도 오산의 독산성을 의미할 수도 있을 것이다. 한편, 이 구절 바로 뒤에서는 "백제의 구원 요청을 받은 진흥왕이 주진에게 군사 3천을 주어 보내니 주진은 독산성 아래에 이르러(至獨山城下) 고구려 군사와 싸워 이를 대파하였다고 하였을 뿐 '獨山城'이란 글자 앞에 '漢北'이라는 글자는 안 보인다. 이로 보면, 당시 백제는 한성을 고구려에게 빼앗긴 채 신라의 도움으로 독산성만을 지켰다는 해석도 가능한 것이다. 김종권의 『완역 삼국사기』(광조출판사, 1960)에서는 '漢北'과 '獨山城'을 별개의 곳으로 보았으나 '漢北'을 '경기도 광주(廣州)'로 '獨山城'을 '경기도 장단(長湍)'으로 보고 있는데, 주석이 없어 무슨 이유 때문에 그렇게 본 것인지는 불분명하지만, 장수왕 이래로 한강 이북은 이미 고구려의 관할로 들어간 것으로 보았기 때문일 것으로 추측된다. 그러나 어찌 '漢北'을 '경기도 광주'로 볼 수 있다는 말인가?

왕과 협력하여 한강 하류지역을 차지하기까지의 약 30년 동안은 고구려가 잠시 한성을 차지했을 수는 있을 것으로 보았다.92) 이제 그의 글을 직접 소개하여 보겠다.

　　고구려가 한성을 차지했다는 정문(正文)93)의 기록이 없음에도, 역사기록 및 지리지가 모두 한성 주변을 고구려 땅이라 하니 허망하다 아니할 수 없다. 고구려가 사방의 땅을 이미 다 얻었는데 중앙의 경읍(京邑)만 백제에게 있었다는 것이 이치에 맞지 않는다. 한남과 한북의 여러 땅은 삼국 말기에는 모두가 바둑판의 형세(奕碁之場)와 같아서 아침에 얻었다 저녁에 잃기도 하고 동쪽은 빼앗기고 서쪽은 얻기도 했을 것인데 사책(史冊)이 소루(疏漏)하여 오늘날 자세히 알 수가 없는 것이다. 『북사』의 기록은 혹시 고구려인들이 잠시 한성을 얻은 시기에 이를 중국에 과장되게 말해서 마침내 삼경(三京)이란 이름이 생긴 것인지도 모르겠으나, 고구려는 실제로 한성에 와서 도읍하지도 못했다. 뿐만 아니라 고구려는 그의 서적들을 오래 보존하지도 못했을 것이니 그의 역사기록도 믿기가 어렵다. 마땅히 『백제사』94)를 옳게 여겨야 할 것이다. 이보다 앞서 고구려 광개토왕은 백제 한북의 여러 군을 빼앗았었고[取] 그 후 장수왕도 북한(北漢)을 정벌하고 백제는 웅진으로 도읍을 옮겼으니 그 사이 빼앗고 빼앗김이 바둑판의 일 같아서 상세히 알 수 없는 것이다.95)

------

92) 무령왕 사후 약 30년간의 기록 가운데는 성왕 26년(548)에 고구려 양원왕이 '한강 이북 독산성'을 공격하자 신라의 도움으로 이를 물리친 기록이 있다. 그러나 3년 후의 기록에서는 성왕이 진흥왕과 협력하여 한성을 되찾았다고 하였다. 이러한 기록들을 보면 성왕 26~29년 사이에 고구려가 남침하여 한성을 잠시 점령했던 것으로 볼 수밖에 없을 것이다.
93) 『삼국사기』를 말하는 것인지 중국의 역사서를 말하는 것인지 불분명하다.
94) 『삼국사기』「백제본기」를 말하는 것으로 보인다.

그러나 이러한 정약용의 견해는 앞서와는 달리 김정호에 의해서도 부인된다. 『대동지지』에서는 "한성부 지역은 고구려 장수왕 63년, 즉 문주왕이 웅진으로 남천하던 해에 고구려 남평양이 되었고 76년이 지난 신라 진흥왕 12년에 신라가 이를 빼앗아 북한산주를 설치하였다"고 하였다. 정약용의 견해는 특히 조선조 말기에 『일본서기』의 내용이 알려지면서부터는 더욱 비판을 받기 시작한다.96) 『일본서기』에는 개로왕 이후의 일을 아래와 같이 기록하고 있다.

> 류랴꾸(雄略) 왕
> 21년(477):
> 백제가 고구려에게 공파 당했다는 말을 듣고 문주왕(文洲王)97)에게 구마나리(久麻那利) 땅을 하사하여 그 나라를 구하여 일어서게 하였다. <구기(舊記)에서는 구마나리를 말다왕(末多王)에게 하사하였다 하나 이는 잘못이다. 구마나리는 임나국(任那國) 남부의 다고리현(哆呼哩縣)의 별읍(別邑)이다.>
> 23년(479):
> 백제 문근왕(文斤王)98)이 죽었다. 곤지왕(昆支王)의 다섯 아들 가운데 둘째인 말다(末多)를… 왕으로 세운 후 병기(兵器)를 하사하고 또 쓰구시노국(筑紫國)의 군사(軍士) 5백 인을 파견하여 호위하여 그 나라로 가게 하니 바로 동성왕(東城王)이다. 이때… 쓰구시노(筑紫)의 安致와 馬飼 등은 수군을 이끌고 고구려를 공격하였다.

---

95) 『아방강역고』「한성고」.
96) 김정호도 이미 『일본서기』를 읽고 그 영향을 받은 것인지는 알 수가 없으나 일부 영향을 받았을 것으로 생각된다.
97) 백제 문주왕(文周王).
98) 백제 삼근왕(三斤王).

긴메이(欽命) 왕

　12년(551):

　이때 백제 성명왕(聖明王)99)은 친히… 고구려를 가서 토벌하여 한성 땅을 얻고 또 진군하여 평양을 토벌하니 모두 6개 군으로 드디어 옛 땅을 회복한 것이다.100)

　13년(552):

　이때 백제가 한성과 평양을 버리니 신라가 한성으로 들어가 살았다.101)

이러한 『일본서기』의 기록을 근거로 하여 한때 정약용을 비판한 것은 김택영이다. 그는 아래와 같이 정약용의 견해를 정면 비판한 적이 있다.

　한성평양(漢城平壤)102)은 남평양이고 현 황경(皇京) 땅이다. 장수왕이 백제를 깨뜨린 후 만든 이름으로 보인다. 『고기(古記)』에서 남평양이라 한 곳이 이곳이다. 그러나 근초고왕이 이를 취했다 함은 사리에 맞지를 않는다. 『삼국사기』 「지리지」의 고구려 관련 기록103)에 있는 한산주, 북한산주 등은 모두가 장수왕이 개척한 곳으로 보인다. 그러나 후일 한산성이 백제의 판도 내에 있게 되었으니 동성왕 3년의 일이다. 어찌 고구려가 한강 남북의 땅을 얻은 지 오래지 않아 다시 잃은 것인데 사책(史冊)이 소루하다 할 수 있는가?104)

---

99) 백제 성왕(聖王).
100) 원문은 앞의 각주 89 참고.
101) 원문: 是勢 百濟棄漢城與平壤 新羅因此入居漢城. 위에 인용한 『일본서기』 기록의 연대는 『삼국사기』의 연대와 일치하나 이 항에서만 1년의 차이가 난다.
102) 『일본서기』는 한성과 평양을 나누어 기술하고 있으나, 김택영은 이를 묶어서 '한성평양'이란 말을 만들어 내었다.
103) 원문에서 '句麗地志'라고 한 것을 필자가 번역한 것이다.

이 글에서는 김택영이 정약용의 견해를 전면 부인하고 있음을 알수 있다. 앞서 언급한 바와 같이,105) 이 글 역시 김택영이 1899년 대한제국 학부(學部)에서 발행한 『동국역대사략』에서 인용한 것으로 보인다. 그러나 김택영은 후일 『동국역대사략』을 대폭 수정·보완하여 1922년 발간한 『한국역대소사』에서는 그의 견해를 수정하여 정약용의 견해를 부분적으로는 수용하고 있다.

『한국역대소사』에 의하면, '한성평양'은 '한성'을 말하는 것으로서 장수왕이 백제의 한성을 빼앗은 후 이를 '남평양' 또는 '한성평양'이라 하였는데, 이후 고구려는 국내성, 평양성과 더불어 한성평양(한성 또는 남평양)의 삼경 체제가 된 것으로 보았다.106) 이는 『일본서기』에 의존한 견해로서,107) 그 결과 정약용과는 달리 『북사』의 기록을 사실로 인정한 것이다. 그러나 김택영은 『삼국사기 지리지』에서

---

104) 장지연, 『대한강역고』 「한성고」에서 재인용.
105) 앞의 1. 한성백제 시대, 다. 근초고왕의 이도한산 참고.
106) 김택영, 앞의 책(앞의 각주 66), 218쪽 참고.
107) 그러나 김택영이 『일본서기』의 기록을 전적으로 신뢰하고 있었던 것은 아니다. 그는 일본왕이 백제 문주왕에게 구마나리 땅을 하사하여 그 나라를 구하여 일어서게 했고 구마나리는 임나국 남부의 한 지역이라는 류랴꾸왕 21년 기사에 대해서는 이를 전적으로 불신하고 있다. 김택영, 위의 책(앞의 각주 66), 222쪽 참고. 후일 한 일본인 학자는 이 '구마나리'를 '熊成'의 일본음 표기라고 한 바 있으며(三品彰英, "久麻那利考", 『靑丘學叢』 제20호, 1935, 104쪽), 김성호 씨는 '구마나리'는 당시 백제가 새로 도읍으로 한 웅진의 우리말인 '곰나루'에서 유래된 것으로 보았으며, 비류백제가 이곳에 도읍하고 있다가 광개토대왕의 남정 당시 일본으로 망명하였고 그로부터 79년 후 장수왕의 남정 때는 온조백제의 문주왕이 이곳으로 천도한 것으로 보았다. 문주왕의 남천 이전부터 이곳에 궁실이 있었다는 증거로 그는 문주왕의 남천 이후 궁실 중수(重修)에 관한 기록(AD 477, 486) 밖에는 없고 신축에 관한 기사가 없는 점, 백제가 이곳에 도읍한 기간이 63년에 불과함에도 주변에 대규모의 대형고분들이 집중되어 있는 점등을 지적하고 있다. 김성호, 앞의 책(앞의 각주 54), 87~91쪽 참고.

경기도와 충청도 동북의 대부분의 군현을 본래는 '고구려의 ○○군현'이었다고 기록한 부분에 대해서는, "우리의 한강 북쪽 땅을 신라가 빼앗아 그의 군현으로 하였다(新羅割我漢北之地爲郡縣)"고 한 고구려 온달 장군의 말을 인용하면서 "어찌 이를 모두 장수왕이 한성을 함락시킬 때 얻었다고 할 수 있겠는가"라는 의문을 제기하였다.108) 이는 정약용의 견해와 일부는 합치되는 부분이다. 김택영은 결국 장수왕 때 고구려가 한강 이북만은 차지했다고 본 것이다.109)

장지연 역시 "정약용의 글은 『일본서기』를 보지 못한 까닭에 「고기(古記)」에 있었다는 '남평양'이란 말을 터무니없다고 본 것이나 이제 『일본서기』에 의하면 한성이 바로 평양이란 것은 의심의 여지가 없으며 백제가 이미 잃어버렸다는 흔적을 분명히 알 수가 있다"고 했다.110)

한편, 다음 항에서 상세히 소개하게 될 진흥왕 12~18년 사이의

---

108) 김택영, 위의 책(앞의 각주 66), 219쪽 참고. 김택영이 인용한 온달의 말은 『삼국사기』「열전」, "온달전(溫達傳)"에 기록된 말이다.
109) 『삼국사기』「열전」, "온달전(溫達傳)"에는 "우리의 한강 북쪽 땅을 신라가 빼앗아 그의 군현으로 하였다"는 말 이외에도 온달은 출전에 앞서 "'계립현(鷄立峴: 현 경북 문경 부근의 조령으로 추정됨)과 죽령 이서(以西)의 땅을 우리에게 귀속시키지 않으면 돌아오지 않겠다!' 하고, 나가 신라 군사들과 아단성(阿旦城) 아래에서 싸우다가 흐르는 화살에 맞아 넘어져서 죽었다"는 구절이 있다. 이 구절의 해석에 있어 아단성(阿旦城)을 아차성(阿且城)의 오기(誤記)로 보고 온달은 아차성에서 죽은 것으로 보는 것이 일반적이다. 그러나 온달 장군의 말에 "죽령 이서(以西)"라는 말이 등장하는 점, 온달 장군의 출전은 영양왕 초년(590) 이후의 일이고 신라는 진흥왕 12년(551)에 죽령 바깥의 10개 군(郡)을 차지한 일이 있는 점, 그리고 죽령(竹嶺) 부근인 충북 단양에도 온달산성(溫達山城)으로 전해져 내려오는 산성이 있는 점 등을 들어 정영호 씨는 아단성은 아차성과 별개의 곳으로서 충북 단양의 온달산성을 말한다고 한다. 이호영, 앞의 글(앞의 각주 40), 331쪽에서 재인용.
110) 장지연, 『대한강역고』「한성고」.

일과 관련하여서도 정약용의 「한성고」에서는 백제가 한성을 회복하고 진흥왕이 한성을 차지한 기록의 내용 역시 모두가 고구려가 한성을 차지하고 있었던 사실이 없음을 입증하고 있다고 했다. 이제 그의 말을 직접 들어보기로 하자.

> 고구려가 이미 한성을 남경으로 하였다면 마땅히 정병(精兵)을 나누어 주둔시켜 남쪽 변경을 지켰을 터인데 이를 어떻게 신라가 취하게 되었는지 의문이 생긴다. 진흥왕 때에 군사가 강하여 가야를 병탄하고 백제를 침탈하였어도 한성을 얻으려면 필히 큰 움직임이 있었을 것인데 역사기록에는 이에 관한 말이 없다. 무엇으로 증명할 수 있겠는가? 이보다 앞서 진흥왕 12년에는 신라와 백제가 동맹하여 고구려를 침범해서 백제가 먼저 평양을 깨고 신라에서는 거칠부 등이 단지 죽령 밖의 단양, 충주 등 10군을 취했었다. 이때 만약 한성이 고구려의 수중에 있을 때라면 비록 백제가 병력이 있을지라도 옛 도읍의 수복에 여념이 없었을 터인데 어찌 평양까지 먼 곳을 공격할 수 있었겠는가? 이로써 말하자면 고구려가 한성을 얻은 때가 없었다는 것이 되니, 『북사』의 기록을 어떻게 믿을 수 있을 것인가? 또 이때 비록 백제의 병력이 아주 강하여 평양까지 공파할 정도였다면, 어찌 불과 수년 후에 그 옛 도읍을 지키지 못하게 되고 혁혁한 한성이 신라의 영역으로 떨어지게 된다는 말인가? 이치를 따져서 알 수 없는 일이다.

그러나 이러한 정약용의 견해에 대하여 장지연의 『대한강역고』에서는 『일본서기』를 원용하여 한성이 고구려의 관할에 있었다고 주장하였다. 이제 장지연의 말을 직접 들어보기로 하자.

> 『일본서기』에 의지해서 보면, 진흥왕 12년 신라와 백제가 동맹하여 고구려를 공벌할 때 백제가 먼저 남평양을 공격하여 회복하였으며, 3년 후 백제는 또 신라와 같이 고구려를 공벌하려

했지만 신라가 이를 듣지 않고 고구려와 통모하자 백제왕이 이를 원망하고 있었는데 이때 신라는 백제가 차지하고 있던 남평양을 빼앗고 신주(新州)를 설치하니 백제는 일본에게 구원을 요청해서 신라를 공격해서 함산성(函山城)을 함락시켰다 한다.

이듬해에는 백제왕이 친히 기보(騎步)를 거느리고 신라의 관산성(管山城)을 공격하였는데 김무력은 그가 거느리고 있는 신주 병력을 보내 백제왕을 격살하고 좌평 4명과 사졸 2만 9천 6백명을 죽였으며 말 한 필도 돌아가지 못했다 한다. 한성은 백제 개로왕 20년에 고구려의 영유가 되었고 고구려는 이곳에 남경을 설치하고 이를 남평양이라고 부른 것이다. 77년이 지난 성왕 28년에 백제가 이를 되찾았으나 3년 후에 다시 신라에 귀속되어 신주(新州)가 설치되었고 4년이 지나 진흥왕 18년에는 신주가 폐지되고 북한산주(北漢山州)로 개치(改置)된 것이다. 그 연혁은 분명하나『삼국사기』가 큰 실수로 이를 기록하지 못한 것일 뿐이다. 「백제본기」에 기록된 동성왕 4년 및 무령왕 7년의 한산, 한성 등에 대한 말갈의 공격 사건은 모두가 한강 남쪽을 말하는 것이다.

무령왕 23년 한성에 가서 "한강 북쪽 주군의 백성을 징발하여 성을 쌓았다"고 하는 것은 왕이 한강 남쪽에 있으면서 한강 북쪽 주군의 백성을 징발한 것임을 강조한 것이다. '만약 이곳(왕이 있던 곳)이 한강 북쪽이었다면 특별히 한북(漢北)이라는 두 글자로 쓸 이유가 없는 것이다. 이때 비록 한강 북쪽을 잃기는 했으나 한강 북쪽에는 여전히 부속 주군이 남아있었을 것이다.111)

지금껏 살펴본 바와 같이, 백제 남천 이후 한강 하류지역 영유권 변동문제는 정약용 이후『삼국사기』해석과 관련된 여러 수수께끼 가운데 하나로 남게 되었는데, 현대에 들어서는 백제 남천 이후에

---

111) 마지막 두 문장의 원문은 "若是北漢則不應特書漢北二字也 是時 北漢雖見失 漢北猶有附屬之州郡耳"로 되어 있다.

도 한강유역이 여전히 백제의 판도 내에 들어 있었던 것으로 해석될 수 있는 『삼국사기』「본기」의 기사들에 대하여 이를 김부식의 조작(杜撰)이라고 보거나,112) 백제가 웅진으로 천도한 이후 일시적으로 한강유역을 회복한 결과로 보거나,113) 백제가 웅진으로 천도한 이후 한성백제시대의 지명을 옮겨 사용한 결과로 보고 있을 뿐114)

---

112) 이병도,『역주 삼국사기』, 을유문화사, 1977, 399쪽; 진단학회,『한국사』, 고대편, 을유문화사, 1959년, 429~430쪽(이병도 집필). 이병도 교수는 장수왕이 한성을 함락시키고 남녀 8천을 포로로 삼아 돌아갔다 하고 또 문주(文周)가 신라로부터 원병 1만을 얻어 돌아왔을 때 한성은 파괴되고 개로왕은 살해되었으나 고구려군은 이미 물러갔다는 『삼국사기』의 기록에 대해서 장수왕 자신도 한성 공략 이후 원정군과 함께 철수하지 않은 것으로 보았다. 한편, 이도학 교수는 어느 글에서는 이때 원정군은 철수하지 않았고 장수왕만 귀환한 것이라고 하고("한성말 웅진시대 백제왕계의 검토",『한국사연구』제45호, 1984, 24쪽), 다른 글에서는 장수왕은 평양 천도 후에 내적 분규를 극복하고 전제왕권을 강화하기 위한 돌파구로서 한성을 공략한 것으로서 소기의 성과를 거두자 철수한 것으로 보았다("한성말 웅진시대 백제왕위계승과 왕권의 성격",『한국사연구』제50·51호, 1985, 10쪽).
113) 양기석, "웅진시대의 백제 지배층 연구",『사학지(史學志)』14호, 1980, 23쪽; 동인, "백제전제왕권 성립과정 연구", 단국대학교 박사학위논문, 1990, 143쪽.
114) 이기백, "웅진시대 백제의 귀족세력",『백제연구』제9호, 1978, 6~7쪽. 이기백 교수는 그러한 해석의 증거로서 백제의 '위례성'이 현 충남 아산 일대인 '직산'에 있었다는 『삼국유사』의 기록을 원용하고 있다. 이와 유사한 견해로서는 웅진백제 시대의 『삼국사기』에 기록된 '한산성'을 한강 하류지역이 아니라 경기도 천원군 입장면 호당리 지역으로 보는 견해가 있다. 오순제,『한성백제사』, 집문당, 1995, 19~20쪽, 279~283쪽. 오순제 씨는 백제 최초의 도읍지인 위례성이 도봉구 방학동에 있었던 것으로 보면서(오순제 씨는 도봉구 방학동이 삼각산의 주봉 백운대에서 정동 쪽에 있기 때문에 정약용이 위례성 터로 비정한 삼각산 동록도 도봉구 방학동을 말하는 것으로 보고 있다), 이 위례성의 곁을 흐르는 중랑천의 또 다른 이름이 '한내'였고 경기도 천원군 입장면 호당리에도 위례성이라는 토성

이를 전적으로 신뢰하는 사람이 없다.115)

그러나 『일본서기』나 중국의 역사서보다는 『삼국사기』 기록을 더 신뢰하는 필자로서는116) 정약용의 해석에 전적으로 동의를 표시할 뿐 아니라, 오히려 한 발 더 나가서 장수왕 이후 고구려는 한강 하류지역을 그의 영역으로 넣은 일이 없고, 백제 성왕 29년 아니면 그 직전에 한강 이북만을 일시 점령했으나 곧 백제가 이를 탈환한 것으로 볼 수밖에는 없다. 다만, 장수왕 이후 고구려는 남한강 상류지역, 즉 현재의 죽령까지의 충청북도 동북부지역은 점유하고 있었

이 있고 그 곁에 또 다른 '한내'가 흐르고 있음을 이유로 위례성과 한내라는 이름이 짝을 이루어 남쪽으로 옮겨간 것으로, 그리고 이 한산성이 웅진백제의 최북단인 것으로 보고 있다. 그러나 앞서 제1편에서 백제 최초 도읍지인 위례성의 위치에 관한 여러 학설들을 소개하면서 말한 바와 같이, 한성백제 시대의 도읍지의 이름을 웅진백제 시대에는 변경요새의 이름으로 사용하였다는 이러한 견해들은 무리가 아닐 수 없다. 위의 견해들과는 조금 다르지만 역시 지명이동설에 속하는 견해로서 웅진백제 시대에도 '한성'이나 '한산성'이 백제 영토인 것처럼 『삼국사기』에 기록된 것은 무령왕대에 이루어진 백제의 영토회복 사실에 편승하여 웅진시대 지명에다가 한성시대 지명을 의식적으로 대입시킨 조작으로 보는 견해도 있다. 이도학, 앞의 글(앞의 각주 112, 1984년), 24~25쪽. 여하간 이런 견해들은 모두가 일본인 학자 이마니시류(今西龍)의 견해를 발전시킨 것으로서 이마니시류는 웅진백제 시대에 등장하는 '한성(漢城)' 또는 '한산성(漢山城)'은 웅진백제 북쪽 변경의 어느 곳을 말하는 것이고 '한수(漢水)'라는 이름도 금강(錦江)으로 옮겨진 것이라고 보았었다. 今西龍, 『百濟史硏究』, 近澤書店, 1934, 126쪽 참고.
115) 『삼국사기』의 「본기」 기록을 비교적 신뢰한 견해로는, 백제 동성왕 4년(482)에는 한수 이남을 수복하였고 무령왕 대에 비로소 한수 이북까지 수복하였으나 성왕 초기에 또 한번 한강유역을 상실하였다가 같은 왕 29년(551) 다시 수복하였다는 견해가 있다. 박찬규, "백제 웅진 초기 북경(北境) 문제", 『사학지』 24호, 1991, 65쪽 참고.
116) 『일본서기』나 중국 역사서에 대해 의문을 갖는 이유에 대해서는 뒤의 제4편 진흥왕순수비의 건립과 발견에서 다시 말하겠다.

을 것으로 보인다.117) 1978년 충북 단양 적성산성에서 발견된 단양 적성비와 1979년 충북 중원군에서 발견된 중원고구려비가 이를 입증하고 있다. 단양적성비는 1978년 단국대 박물관이 고구려 온달 장군 관련 유적지를 찾는 도중 단양읍 하방리 적성(赤城) 안에서 발견한 비석이며, 진흥왕 때 신라가 죽령을 넘어 단양 일대의 고구려영토를 차지하여 이곳의 백성들을 선무한 표적으로 세운 것으로

---

117) 앞서 김택영은 『삼국사기』「열전」, "온달전"에 기록된 온달의 말을 인용하여 고구려가 장수왕 이후 한강 이북은 차지했을 것으로 보았음을 소개한 바 있지만, "우리의 한강 이북 땅을 신라가 빼앗아 그의 군현으로 하였다"는 온달의 말 가운데 '한강 이북 땅'은 '남한강 이북 땅'을 의미하는 것으로서, 이는 진흥왕 12년(551) 거칠부 등이 점령한 '죽령 밖 고현 이내의 10개 군(郡)'을 의미한다고 보아야 할 것이다. 따라서 온달이 전사한 '아단성(阿旦城)' 역시 서울 광진구의 '아차산'이 아니라 충북 단양의 온달산성일 가능성이 크고, 온달은 한강 하류를 통해서가 아니라 내륙방면으로, 다시 말해서 강원도 영서지방을 통해 충북 단양지역에 이르는 지금의 중앙고속도로와 비슷한 통로를 이용해서 온달산성까지 들어갔을 가능성이 크다. 한편, 『삼국사기』「열전」, "연개소문전"에는 연개소문이 당나라 사신 현장(玄奬)에게 "지난번 수나라 사람들이 우리를 침입하였을 때 신라가 그 틈을 타 우리 성읍 500리를 빼앗아 갔다"고 말한 기록이 있는데, 이를 보면 당시 온달은 상당한 영역을 회복했을 가능성도 있다. 온달의 출병은 590년의 일이었고 수나라의 고구려 침입은 그보다 뒤인 598년과 612년에서 614년 사이의 일이기 때문에 온달이 회복한 500여 리를 수나라가 고구려를 침입하는 틈을 타서 신라가 다시 빼앗은 것으로 볼 수도 있기 때문이다. 여하간 뒤에 다시 논하겠지만(이 책 제4편 진흥왕순수비의 건립과 발견 참고), 그보다 앞서 신라 진흥왕 29년(568)경에는 서쪽으로는 임진강 남안의 감악산까지, 그리고 동쪽으로는 지금의 함경남도 황초령과 마운령까지 진출하여 정계비의 성격을 지닌 순수비를 세웠음에도 이에 관한 기록을 『삼국사기』에서는 찾아볼 수가 없다. 이런 사실을 볼 때, "그 사이 빼앗고 빼앗김이 바둑판의 일 같아서 상세히 알 수 없는 것이다"라고 한 정약용의 견해에 주목하지 않을 수 없는 것이다.

해석되고 있다. 이 비는 후일 세워진 진흥왕순수비들의 선구적인 것으로서 일종의 척경비로서의 성격을 가지고 있다 할 수 있다. 건립연대를 기록하였을 것으로 보이는 왼쪽 상단이 깨져나가 정확한 건립연대는 알 수가 없으며, 비문에는 진흥왕의 북진 당시의 주요 인물인 이사부(異斯夫) 등이 등장하고 있어 대략 545년 이전 설, 550년 설, 551년 설 등 각기 다른 견해가 제시되고 있다.118)

한편, 중원고구려비는 1979년 충주 지방문화재 애호단체인 예성동호회가 충북 중원군(현재는 충주시로 편입)에서 발견하여, 단국대학교 박물관 조사단에 의해 확인되었다. 이 중원고구려비의 위치와 그 비문으로 인해서 현재 학계에서는 대략 장수왕 이후에는 적어도 이 비석이 세워진 지역에까지는 고구려가 진출했을 것으로 본다. 이 비 역시 축조년대를 기록해 놓았음직한 부분이 마멸되고 없으나 대체로 이 비의 건립 연대가 고구려 장수왕 이후로 보이기 때문이다. 그러나 이 비석의 위치와 지금까지 판독된 비문의 내용만 보아서는,119) 남한강 상류지역인 이 지역이 고구려의 영토로 있었다는

---

118) 현재 본체에서 288자와 깨진 조각에서 21자가 밝혀져 합계 309자가 해독되어 있다. 비문의 내용과 해석은 주보돈, "단양적성비", 『역주 한국고대금석문』, 가락국 사적개발연구원, 1992, 33~40쪽 참고.
119) 중원고구려비의 최초 판독내용은 대략 다음과 같다.
    전 면: 五月中高麗太王相王公□新羅寐錦世世爲願如兄如弟
            上下相和守天東來之寐錦忌太子共前部大使者多　桓
            奴主簿道德□□□安□□去□□到至　營□太子共□
            尙□上共看節賜太翟鄒□食□□賜寐錦之衣服建立處
            用者賜之隨者節□□奴客人□敎諸位賜上下衣服敎東
            夷寐錦遝還來節敎賜寐錦土內諸衆人□□□□王國土
            大位諸位上下衣服兼受敎　營之十二月十三日甲寅東
            夷寐錦上下至于伐城敎來前部大使者多　桓奴主簿□
            □□□境□募人三百新羅土內幢主下部拔位使者補奴
            □□奴□□□□盖盧共□募人新羅土內衆人拜動□□
    좌측면: □□□中□□□城不□□村舍□□□□□□□沙□
            □□□□□□□班功□□□□□□□節人□□□□

것을 추론해 낼 수 있을 뿐, 한강 하류지역까지 고구려의 영토였다는 증거가 될 수는 없는 형편이다.

한편, 중원고구려비가 발견된 지 21년이 지난 2000년 초반에 이 비석에 대한 적외선 판독을 시도한 결과, 23글자를 새로 발견한 후 한·중·일 3국의 학자들 50여 명이 참석한 학술대회가 열렸었다. 참석자 전원의 만장일치로 11글자는 확정되고 나머지 12글자는 일부 이견이 있어 확정되지 못한 상태이지만, 전면 첫 줄의 '高麗太王相王'은 '高麗太王祖王'으로 고쳐 읽을 수도 있게 되었다. 고구려 왕 가운데 선왕(先王)을 '할아버지왕(祖王)'으로 부를 수 있는 왕은 문자왕뿐이다. 장수왕은 그 이름과 같이 장수를 한 탓에 왕위을 이을 아들이 일찍 죽고 그 뒤를 이은 사람은 손자인 문자왕이었다. 따라서 '할아버지왕'은 장수왕이고, 이 비가 만들어진 시기가 문자왕 때라는 추정이 가능해지게 되었다.120)

그러나 그러한 성과에도 불구하고 필자의 생각으로는, 중원고구려비는 그 의미가 지금껏 지나치게 과장되어 온 것이 아닌가 한다. 다시 말해서 장수왕 당시 백제의 남천으로 인해 고구려가 중흥동고석성 지역을 포함하여 한강 하류지역까지를 지배한 것으로 해석하여 온 역사학자들이 자신들의 견해를 입증하기 위한 자료로서 이 중원고구려비를 확대해석하여 왔다는 생각을 지울 수가 없다.121)

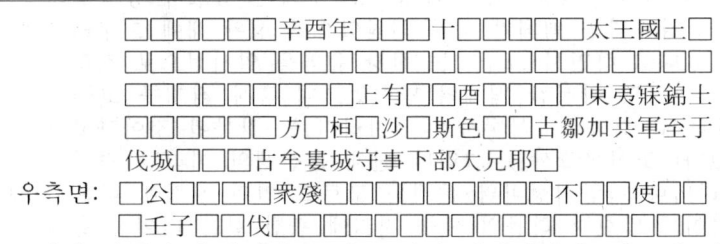

120) 거의 마멸된 후면에서도 한 글자가 발견되었다. 이로써 이 비석은 4면 모두 글이 있었음을 알 수 있게 되었다. 2000년 4월 22일 <KBS 역사스페셜>, 「고구려비가 중원에 서있는 까닭은?」편.
121) 단재 신채호 선생은 장수왕의 침입으로 백제가 잃은 한성을 오히

항간에서는, 충북 진천지역의 고구려 행정구역 명칭이 기록된 『신증동국여지승람』, 조선시대 만들어진 지도로서 고구려와 백제와의 경계를 현재의 남양만에서 충북 진천 일대로 그리고 신라와의 경계를 동해안의 청하까지로 그어놓은 「고구려 강역도」라는 지도(영남대 소장) 등을 근거로 고구려의 영역을 서해안의 남양만에서 동해안의 청해에 이르는 선으로 보기도 하고, 더 나아가서는 경북 영주시 순흥 읍내리 고구려식 무덤, 포항 냉수리의 고구려식 고분, 대전시 월평동에서 발견된 고구려식 유물, 경북 의성과 안동의 고구려식 적석유구 등을 근거로 고구려 영역을 서쪽의 대전지역에서 동해안의 포항지역에 이르는 선으로 보기도 한다.122) 그러나 그와 같은 문헌기록이나 유적들은 한때 고구려의 문화적 영향력이 해당지역까지 미치기도 했다는 증거는 될 수는 있어도, 장수왕 이후 근 100년에 가까운 기간 동안 그러한 지역까지 고구려의 정치적 영역에 흡수된 증거로는 볼 수 없을 것이다. 그와 같은 견해는 삼국 역사에 관한 기본사료인 『삼국사기』의 「본기」를 불신하는 태도로부터 발생한 추론에 불과한 것이다. 앞서 설명한 바와 같이 이런 견해들은 『삼국사기』「지리지」의 기록에서 연유된 바가 큰 것인데, 일찍이 다산 정약용과 같은 시대를 살았던 한진서(韓鎭書) 역시 지금의

려 직산 지역에 있던 새 위례성으로 보기는 했으나 동성왕대에 이르면 한강유역을 백제가 다시 되찾았으며 성왕 대에 고구려에게 다시 잃었다고 하면서 고구려는 한강 유역을 일시적으로 점령했을 뿐 황해도까지도 장시간 백제의 땅이었으니 충북 각지를 고구려 주군(州郡)으로 기록한 『삼국사기』「지리지」는 잘못된 것이라고 비판한 바 있다(『조선상고사』). 그러나 신채호 선생의 이러한 견해는 중원고구려비나 단양적성비의 존재를 모르고 있던 시절에 나온 견해로서 적어도 남한강 하류의 충북 지역에 관한 한은 더이상 유지될 수 없는 견해가 되었다.

122) <KBS 역사스페셜>, 「고구려비가 중원에 서 있는 까닭은?」편(2000년 4월 22일) 및 「바보 온달 그는 고구려의 전쟁영웅이었다」편(2001년 11월 24일) 참고.

수원 등 한강 남쪽 수십 개 읍(邑)을 본래 고구려의 땅이라고 한 『삼국사기』「지리지」의 기록은 아주 잘못된 기록이라고 지적한 바 있다.123)

(2) 중흥동고석성 지역의 신라 귀속 시기

신라 진흥왕은 고구려와 백제가 서로 치고 받는 상황에서 과거 삼국 가운데 가장 약체였던 신라를 일으켜 고구려·백제와 대등한 위치와 강역을 확보한 신라의 영웅이다. 진흥왕 9년(548, 백제 성왕 26년, 고구려 양원왕 4년) 고구려가 백제의 '한강 이북 독산성(漢北獨山城)'을 공격하자 백제를 도와 이를 물리쳤고,124) 2년 후인 11년(550, 백제 성왕 28년, 고구려 양원왕 6년) 백제가 1만의 군사로 고구려 도살성(道薩城)을 공격하여 빼앗는 사이에 고구려는 백제의 금현성(金峴城)을 함락시켰지만, 백제와 고구려가 서로 치고 받다 지친 틈을 타 진흥왕은 이사부를 보내 백제가 고구려로부터 빼앗은 도살성과 고구려가 백제로부터 뺏은 금현성을 모두 자신의 것으로 다시 빼앗는다.125) 이듬해인 진흥왕 12년(551: 백제 성왕 29년, 고구려 양원왕 7년) 돌궐이 고구려를 침공하여 고구려가 군사 1만을 동원하여 이를 막아 싸우는 사이 백제가 한강 이북의 한성을 공격하

---

123) 한진서(韓鎭書), 『해동역사(海東繹史)』, 「지리고 8」 참고. 『해동역사』는 한진서가 그의 숙부(叔父) 한치윤(韓致奫)이 남긴 유고를 정리하고 자료를 새로 수집하여 「지리고」 15권을 속찬(續撰)하여 1823년 총 85권의 책으로 완성한 역사서이다.
124) 앞의 각주 91 및 92 참고.
125) 도살성과 금현성의 위치에 대하여 이병도 교수는 현 충남의 천안(도살성)과 금의(금현성)로 비정한(『역주 삼국사기』) 반면, 신채호는 현 충북의 청안(도살성)과 진천(금현성)으로 비정하였다(『조선상고사』). 당시 한강 하류지역은 백제의 영역이었고 남한강 상류지역은 고구려의 영역이었다는 필자의 입장에서 보면, 두 견해 중에서는 신채호의 견해가 비교적 타당한 것으로 보인다.

자,126) 진흥왕은 거칠부를 고구려로 보내 "죽령 이북 고현127) 이남 10개 군(郡)128)을 빼앗는다. 그러나 2년 후인 진흥왕 14년(553년: 백제 성왕 31년) 7월에는 신라가 백제 동북쪽 변경을 빼앗아 '신주'를 설치한다.129) 다시 2년 후인 진흥왕 16년(555, 백제 위덕왕 2년) 진흥왕이 북한산 지역을 순행하였고, 그로부터 또 2년 후인 진흥왕 18년에는(557) '신주'를 폐하고 '북한산주'를 설치하였다. 다시 11년 후인 진흥왕 29년(568) '북한산주'를 폐하고 '남천주'를 설치한다.

이러한 시기에 중흥동고석성 일대, 즉 한강 이북지역이 신라로 귀속된 시점과 관련하여, 이를 진흥왕 14년으로 보는 견해가 있다.130) 그러나 이때 신라가 차지한 지역은 백제 '동북쪽' 변경이었으며,131) 중흥동고석성 일대는 백제의 '동북쪽'이 아닌 '서북쪽'이다. 생각컨대, 중흥동고석성을 비롯한 백제 '서북쪽' 변경은 신라가 진

---

126) 앞의 각주 92 참고. 이때의 기록을 흔히 신라와 백제가 연합하여 고구려를 공격한 것으로 보는데 이는 『삼국사기』「열전」의 "거칠부전"에 "백제와 함께 고구려를 공격하였다(與百濟侵高句麗)"고 한 기록 때문이다. 그러나 「본기」에는 백제와 신라가 고구려를 각자 공격한 일만 기록하였고 상호 연합에 관한 기사는 없다.
127) 고현(高峴)의 위치에 관한 문제는 앞의 각주 87을 참고할 것.
128) 「고구려본기」에는 '성(城)'으로 기록되어 있다.
129) 그 해 10월에 백제 성왕은 자신의 딸을 신라 진흥왕에게 소비(小妃)로 보내기까지 하였으나(이 사건은 양국간 우호적 동맹의 의미일 수도 있고 적대적 인질의 의미일 수도 있을 것이다), 그 이듬해에는 백제 성왕이 신라 관산성을 공격하러 나가서 친히 보병과 기병 50명만을 거느리고 기습공격에 나섰다가 구천(狗川)에서 신라의 복병에게 걸려 살해되었고, 신라군은 승세를 몰아 백제군을 공격하여 좌평 네 명과 군사 2만 9천6백 명을 목베었고 한 마리의 말도 돌아가지 못한 사건이 있었다.
130) 이병도, 『한국고대사연구』, 박영사, 1976, 671쪽; 이만열, 『한국사대계』 제2권(삼국), 삼진사, 1973, 158쪽.
131) 「백제본기」에도 분명히 "新羅取東北鄙置新州"라고 되어 있고 「신라본기」에도 분명히 "取百濟東北鄙置新州"라고 되어 있다.

흥왕 14년 백제 '동북쪽' 변경을 빼앗아 신주를 설치한 2년 후 북한산 지역을 순행할 때 신라에 귀속된 것으로 보인다.『삼국사기 신라본기』의 진흥왕 16년 기사에는 진흥왕이 북한산에 "순행하였다"고만 하지 않고, 이어서 "강역을 넓혀 정하였다(拓定封疆)"고 기록하고 있다. 진흥왕 18년(557)에 '신주'를 폐하고 '북한산주'를 설치한 것도 중흥동고석성을 포함한 백제 '서북쪽' 변경 지역이 2년 전에 처음으로 신라의 영역으로 들어왔기 때문인 것으로 추정된다.

(3) 한강 하류지역의 신라 귀속 전후의 행정구역 변동

진흥왕 당시 신라가 백제로부터 취득한 영토의 행정구역 설정 및 변동 문제와 관련하여, 이병도 교수는 진흥왕 14년에 백제의 '동북쪽' 변경을 빼앗은 것을 '한강 하류지역'을 빼앗은 것으로 보았으며, '신주' '북한산주' 및 '남천주' 등의 폐지와 설치는 관할지역의 변동을 의미하는 것이 아니라 다만 행정상 혹은 군사상 이유로 주(州)의 치소(治所: 행정관청의 소재지)를 옮기면서 그 이름을 바꾼 데 불과한 것이라고 보고 있다.[132] 이 교수의 이러한 견해는 진흥왕 14년(553, 백제 성왕 31년)의 일과 관련하여『일본서기』가『삼국사기』와는 달리 "이때 백제 성명왕(聖明王)은… 고구려의 한성 땅을 공략하고 다시 진군하여 평양(남평양 즉, 한강이북)을 토벌하여 모두 6개 군에서 옛 땅을 수복하였다"[133]고 한 기록 때문이다.

그러나 무슨 이유로 우리의 역사기록은 불신하고 일본의 역사기록은 신뢰하는가?『삼국사기』기록에 다소 의문점이 있기는 하겠지만『일본서기』역시 검증되어 신뢰할 수 있는 역사기록이 아니다. 분명한 증거가 나타나지 않는 한 우리의 역사기록을 신뢰하거나 아니면 최소한 유보적 태도를 취하는 것이 당연한 도리가 아니었을

---

132) 이병도,『한국고대사연구』, 박영사, 1976, 671~672쪽.
133) 원문은 앞의 각주 89 참고.

까? 뿐만 아니라 이병도 교수는 스스로 '주'의 폐지와 설치는 관할 지역의 변동 때문이 아니라 '치소'를 옮긴 때문이라면서도, 다시 설명하겠지만, 『삼국사기』에 '한산주'의 설치연대가 잘못 기록된 것으로 해석하여 '신주'와 '한산주'의 치소를 모두 '한성'으로 보고 있다.

앞서 말한 바와 같이 신라가 백제 영역을 빼앗아 최초에 설치한 것이 '신주'로서 그 관할지역은 백제의 '동북쪽' 변경에 그쳤다고 볼 수밖에 없으며, 백제의 서북쪽 변경인 '한강 하류지역'이 신라의 영역에 포함된 것은 그보다 2년 후인 진흥왕 16년으로 보는 것이 합리적일 것으로 생각된다. 그렇다면 '신주' '북한산주' 및 '남천주'의 폐지와 설치에 관한 『삼국사기』 기록은 신뢰할 수 있는 기록으로 보아야 할 것이다.

한편, 이병도 교수는 『삼국사기』에 신라 문무왕 3년(663)에 설치된 것으로 기록된 '한산주'에 대해서, '신주'는 그 치소가 한성에 있었는데 진흥왕 22년(561) 이전에 이미 '한산주' 또는 '한성주'로 이름이 바뀌었다고 보면서, 진흥왕 22년에 세워진134) 창녕비에 '한성군주(漢城軍主)'라는 글이 있는 것은 바로 그 때문이라고 하였다. '한성군주'는 '한산주' 또는 '한성주'의 군주라는 것이다. 따라서 그는 진흥왕 18년에 '신주'를 폐하고 '북한산주'를 설치하였다는 『삼국사기』의 기록은 '신주'의 이름을 '한산주'로 고친 것을 잘못 기록한 것이며 '북한산주'라는 것은 처음부터 없었다고 한다. 그는 『삼국사기 직관지』에 '한산정(漢山停)은 본래 신주정(新州停)이었다'고 기록되어 있는 점과 「신라본기」 진평왕 40년(618) 기사에는 '북한산주 군주 변품(北漢山州軍主邊品)'이라는 구절이 있지만 『삼국사기』 「열전」의 "해론전(奚論傳)"에 '한산주 도독 변품(漢山州都督邊品)'으로 기록되고 있는 점등을 그의 추론의 증거로 제시하고 있다.135)

---

134) 창녕비 비문에는 건립연대가 진흥왕 22년으로 되어 있으나, 「신라본기」에는 신라가 가야를 정벌한 일을 진흥왕 23년으로 기록했다.
135) 이병도, 앞의 책(앞의 각주 132), 679, 682쪽 및 704~709쪽.

그러나 그가 말하는 '한산주'(또는 '한성주')의 설치연대를 인정한 다 해도 '북한산주'를 부인하지 않고서도 양자의 치소가 모두 '한성' 에 있었던 것으로 본다면, 창녕비에 등장하는 '한성군주'를 '북한산 주의 군주'로 보아도 무방할 것인데, 이를 굳이 '한산주의 군주'로 해석하면서 '북한산주' 설치에 관한 『삼국사기』 기록을 불신할 필요 가 있었을까? 「본기」와 「직관지」 그리고 창녕비의 비문을 모두 신 뢰하더라도, 시기적으로 '신주'와 '한산주' 사이에는 '북한산주'가 있 었는데 「본기」는 '한산주'에 관한 기록을, 「직관지」는 '북한산주'에 관한 기록을 각각 누락한 것이라고 해석할 수 있는 여지가 없는 것 도 아니다.

그러나 이병도 교수의 견해는 「직관지」를 중심으로 당시의 일을 해석하면서 「본기」는 불신한 것이다. 서로 충돌할 소지를 지니고 있는 두 역사자료의 해석에 있어 이병도 교수는 부속사료인 「직관 지」를 중심으로 당시의 일을 해석하면서 기본사료인 「본기」는 불신 한 것이다. 여하간 이 문제는 북한산의 진흥왕순수비의 건립연대 해석과도 관련이 있는 문제이므로 뒤의 제4편 진흥왕순수비의 건립 과 발견 부분에서 함께 다시 논하기로 한다.

III. 신라시대의 중흥동고석성

1. 북한산 진흥왕순수비의 건립

신라 진흥왕은 한강하류지역을 포함하여 국토를 대폭 넓힌 이후 에 새로이 신라의 영토로 편입된 지역을 순행하고 순수비를 세워 이를 기념하였고 그 가운데 하나가 중흥동고석성의 바로 남쪽인 삼 각산 비봉에 세웠던 북한산 진흥왕순수비이다. 이에 관한 상세한 논의는 뒤의 제4편에서 다시 논하기로 한다.

2. 고구려 고승 장군의 북한산성 공격

『삼국사기』의 「신라본기」 진평왕 25년(603) 8월 기사와 「고구려본기」 영양왕 14년(603) 8월 기사는 고구려 장군 고승(高勝)이 '북한산성'을 포위하여 공격하자 친히 1만 대군을 거느리고 출병하여 이 성을 지켰다고 기록하고 있다. 『삼국사기』에 '북한산성'이라는 표현이 등장하는 것은 개로왕 5년 기사에 이어 이 기사가 두 번째인데, 이 기록에 등장하는 '북한산성'을 중흥동고석성으로 보는 견해도 있다.136)

그러나 「신라본기」 진평왕 25년 기사에 등장하는 '북한산성'은, 앞서 언급한 바와 같이,137) '한성'의 '북성'으로서 삼각산 동쪽 기슭에 있었을 것으로 추정된다. 그러나 그 배후산성이었을 것으로 추정되는 중흥동고석성은 장수왕의 남침 당시 이미 폐성이 되어 이때는 공격대상이 아니었을 것으로 추정된다.

만약 이때 중흥동고석성을 다시 사용하고 있었다 해도, 고구려군이 '북한산성'을 '포위'하여 공격하였다고 한 것을 보면 이 '북한산성'은 중흥동고석성이 아님을 알 수 있다. 적의 성곽을 '포위'하는 것은 적과 직접 충돌 없이도 적을 굴복시킬 수도 있는 효과적 공격형태이지만, 적보다 압도적으로 많은 병력을 동원하여 성곽을 둘러싸서 모든 탈출구를 봉쇄함으로써 외부와의 연락을 차단한 후에 성곽 안의 적이 식량이나 식수가 고갈되어 항복하기를 기다릴 수 있을 때 사용할 수 있는 공격 형태이다.138) 그러나 뒤의 제3편에서 다

---

136) 김윤우, 앞의 책(앞의 각주 28), 55쪽. 그러나 문화공보부 문화재관리국, 『문화유적총람』 상권, 1977, 226쪽에서는 중흥동고석성과 관련된 사건들을 열거하면서 진평왕 25년 기사는 제외시키고 있다.
137) 앞의 1. 한성백제 시대, 바. 고구려 장수왕의 왕도한성 공략 참고.
138) 병자호란 당시 인조가 남한산성에서 농성(籠城)을 하다가 45일만에 적에게 항복하였는데 오래 버티지 못한 것은 식량 사정도 주요 원인 가운데 하나였지만 보다 근본적 원인은 적에게 포위되어 외부

시 검토하겠지만, 현 북한산성을 쌓기 직전의 중흥동고석성은 현재의 북한산성에서 중성문을 경계로 하는 내성과 일치하는 거대한 산성이었던 것으로 추정된다. 따라서 만약 신라가 이 일대를 점유하고 있을 당시 중흥동고석성을 계속 사용하고 있었다 해도 고구려군이 이를 '포위'해서 공격했다는 것은 납득하기 어려운 말이 된다. 중흥동고석동은 사면으로 험준한 능선들과 그 사이의 계곡들이 연이어 뻗어나가는 지형여건 때문에 어지간히 많은 병력을 동원하기 전에는 모든 출입로를 봉쇄하는 것이 거의 불가능하기 때문이다.139)

와 교통이 차단되었던 때문이다. 『중정 남한지』의 「성사(城史)」편에는 인조가 남한산성으로 몽진한 지 5일 후 당시 호조판서 김진국은 외부와 연락을 도모하기 위해 군사 400명을 내어 이부치(梨夫峙) 또는 이현(梨峴)이라 부르는 성 밖 요충지를 탈환할 것을 제의한 바 있으나 당시 성내의 군사가 얼마 안 되어 실천하지 못한 기록이 있다. 한편, 같은 책의 「관방」편에서는 이러한 경험 때문에 영조 28년(1752)에는 남한유수 이현진의 건의로 유사시에 이 고개가 적에게 노출되어 점령되는 것을 예방하기 위하여 나무를 심어 길을 폐쇄한 후에 고개 마루 옆 취암봉에 척후소를 마련하고 남한산성을 중심으로 군사연습을 할 때는 반드시 이곳에 복병(伏兵)을 배치케 하였다고 기록하고 있다. 「성사」편에서는 이부치 또는 이현이라고 한 것을 「관방」편에서는 이보치(梨保峙) 또는 이보현(梨保峴)이라고 하였고 이곳을 점령하면 동서남북으로 교통이 가능한 것으로 기록하고 있다.

139) 『비변사등록』 숙종 36년(1710년) 10월 1일 기사를 보면 북한산성 축성문제를 논의하는 자리에서 우의정 김창집이 "남한산성은 비록 험준하나 외로이 뚝 떨어져 있음으로 인하여 적이 와서 포위하기가 쉬우나 이곳(북한산성)은 여러 산이 에워싸고 있으니, 적병이 어찌 포위할 수 있겠습니까? …설령 창황스런 일(김창집은 산성에서 농성을 해야 할 다급한 사정 또는 산성이 적에게 포위되는 사정을 말하는 것으로 보인다)이 있더라도 들어가기에 쉽고 외부와의 소식을 통하려면 역시 산곡(山谷)으로 갈 만한 곳이 많으니, 그 형편은 남한산성에 비길 바가 아닙니다. …만약 성을 쌓을 수 있다면 국가에서 힘을 얻는 곳으로 이보다 나은 곳이 없습니다"라고 임금에게 의견을 개진한 기록이 있다.

앞서 필자는 고구려가 백제의 관미성을 공격한 양상이나 관미성의 형상에 대한 기록을 보고 이 관미성이 중흥동고석성을 말하는 것이 아닌가 생각해 본 적이 있다고 하였다. 또 장수왕이 '한성'의 '북성'을 공격할 때 7일간 공격하여 함락하였다고 그 공격기간을 명시한 것을 보고 '북성'의 배후산성인 중흥동고석성 때문에 그리되었을 것으로 판단한 적이 있다. 만약 진평왕 25년 기사에 등장하는 '북한산성'이 중흥동고석성이었다면, 이 기사는 단지 '북한산성'을 '포위했다'고만 하지 않고 그 공격기간이나 공격의 양상 등을 반드시 같이 기록하였을 것으로 본다.

3. 고구려·말갈 연합군의 북한산성 공격

『삼국사기 신라본기』의 태종무열왕 8년(661) 5월 기사에는 신라와 고구려·말갈 연합군간의 '북한산성' 전투에 관해 상세히 기록하고 있는데,[140] 『삼국사기』에 '북한산성'이라는 이름이 등장하는 것은

---

140) 이 기사에 의하면, 고구려 장군 뇌음신(惱音信)이 말갈 장군 생해(生偕)와 함께 술천성(述川城)을 공격하다가 이기지 못하자 '북한산성'으로 옮겨가 공격하는데, 포차(抛車)를 벌여놓고 돌을 날리니 그것에 맞는 성가퀴나 건물은 그대로 부서졌다. 이때 북한산성 성주 동타천(冬陁川) 지휘하에 마름쇠(鐵蒺藜)를 성 밖으로 던져 깔아서 사람이나 말이 다닐 수 없게 하고, 또 안양사(安養寺)의 창고를 헐어 그 목재를 실어다가 성의 무너진 곳마다 즉시 망루를 만들었으며 밧줄을 그물같이 얽어 마소가죽과 솜옷을 걸치고 그 안에 노포(弩砲)를 설치하고 적의 공격을 막았다. 이때 성 안에는 단지 남녀 2천8백 명밖에 없었는데, 성주 동타천은 어린이와 노약자들까지 격려하며 강대한 적과 맞서 싸우기를 20여 일 동안 하다가 식량은 다 떨어지고 지쳤으나 지극한 정성으로 하늘에 빌었더니 갑자기 큰 별이 적의 진영에 떨어지고 또 천둥과 비가 내리며 벼락이 치므로 적이 두려워서 포위를 풀고 물러갔다는 것이다. 이에 태종무열왕은 성주인 동타천을 칭찬하고 표창하여 관등을 대나마(大奈麻)로 올려주었다고 기록하고 있다. 그 원문은 아래와 같다:
高句麗將軍惱音信 與靺鞨將軍生偕合軍 來攻述川城 不克 移攻北漢

백제 개로왕 5년 기사와 신라 진평왕 25년 기사에 이어 이 기사가 세 번째로서, 이 기사에 등장하는 '북한산성'을 중흥동고석성으로 해석하는 경우도 있다.141)

그러나 「신라본기」 태종무열왕 8년(661) 기사에 등장하는 '북한산성' 역시, 앞서 언급한 바와 같이,142) '한성'의 '북성'으로 삼각산 동쪽 기슭에 있었을 것으로 추정되며, 그 배후 산성이었을 것으로 추정되는 중흥동고석성은 장수왕의 남침 당시 이미 폐성이 되어 이때는 공격대상이 아니었을 것으로 추정된다.

만약 이때 중흥동고석성을 다시 사용하고 있었다 해도, 고구려·말갈 연합군이 '북한산성'을 공격할 때 포차(抛車)를 이용하여 공격하고 신라군은 마름쇠(鐵蒺藜)를 이용하여 인마의 접근을 방어하였다고 기록한 것으로 보아서는 이 '북한산성'이 중흥동고석성이 아님을 알 수가 있다. 중흥동고석성은 높은 산악지대의 능선에 연하여 있기 때문에 어느 방향에서 공격하건 포차나 말을 이용하여 공격할 수 있는 산성이라고는 보기 어렵다. 정약용 역시 이 기사와 관련하여 아래와 같이 말한 바가 있다.

> 山城 列抛車 飛石所當 屋輒壞 城主大舍冬川 使人擲鐵藜於城外 人馬不能行 又破安養寺 輸其材 隨城壞處 卽構爲樓櫓 結網 懸牛馬皮綿衣 內設弩砲以守 時城內只有男女二千八百人 城主冬川 能激勵少弱 以敵强大之賊 凡二十餘日 然糧盡力疲 至誠告天 忽有大星 落於賊營 又雷雨以震 賊疑懼解圍而去 王嘉奬冬川 擢位大奈麻.

141) 문화공보부 문화재관리국, 『문화유적총람』 상권, 1977, 226쪽; 김윤우, 앞의 책(앞의 각주 28), 56쪽.
142) 앞의 1. 한성백제 시대, 바. 고구려 장수왕의 왕도한성 공략 참고. 한편, 이와 동일한 내용이 『삼국사기』 「열전」의 "김유신전(金庾信傳)"에도 기록되어 있는데 이 기록에서는 "고구려와 말갈은 신라의 예리한 군사가 모두 백제 땅에 가 있어, 나라 안이 비어 있으므로 칠 수 있을 것이라 생각하고 군대를 동원하여 수륙(水陸)으로 진군시켜 북한산성(北漢山城)을 포위하였다"고 했다.

생각컨대, 오늘날 이 북한산성이 혹시 높은 산 위에 있었던 것이 아닐까 하는 사람도 있으나 그렇지 않다. 포차로 돌을 날려 성가퀴를 무너뜨리는 것은 평지에서나 소용이 있는 것이다. 철질려를 던지고 그물을 엮고 하는 것은 산성에서 쓰는 방법이 아니다. 북한산성은 북한산(北漢山: 서울의 강북지역)에 있는 성(城)이란 말이지 삼각산[北漢]에 있는 산성(山城)이 아니다.143)

현대에 들어와, 이병도 교수는 『삼국사기』에 등장하는 여타의 '북한산성'에 관한 기록과 마찬가지로 이때의 '북한산성' 역시 현재의

---

143) 정약용, 『아방강역고』 중 「한성고」. 이 글에서 정약용은 고구려·말갈 연합군이 '북한산성'을 공격하기에 앞서 공격하였던 술천성에 대해서는, "이에 앞서 태종무열왕 2년에는 고구려와 백제가 연합하여 신라를 침범하여 북쪽의 33개 성을 취했다 한다. 『당서』와 『신라본기』 모두에 기록된 사실이니 믿을 만한 말이다. 33개 성이란 본래 『삼국사기』「지리지」의 백제편에서는 고구려가 취득하였다가 결국 신라에 빼앗겼다고 한 곳이니, 고구려와 백제가 합력하여 공격한 것이다. 이로써 추론해 보면, 33개 성은 필시 한수 남북에 걸쳐 있었던 땅이며, 술천(述川)이란 것은 왕봉(王逢), 즉 지금의 행주(幸州) 등을 말하는 것이다"라고 하였다. 여하간 정약용이 중흥동고석성이 『삼국사기』에 기록된 북한산성이 아니라고 본 결정적인 증거는 신라와 고구려·말갈 연합군간의 '북한산성' 전투에 관해 상세히 기록한 「신라본기」의 태종무열왕 8년(661) 5월 기사이다. 그러나 일본인 이마니시류는 그러한 정약용의 견해를 아무런 근거도 제시함이 없이 부인하면서 『삼국사기』의 북한산성은 산성이 틀림없을 것이며 이를 산성으로 본다면 주변 지세를 볼 때 지금의 북한산(삼각산)에 있었을 것이라고 하였다. 이마니시류(今西龍), 「京畿道高陽郡北漢山遺蹟調査報告書」, 朝鮮總督府編, 『朝鮮古蹟調査報告─大正五年度朝鮮古蹟調査報告』, 소화(昭和) 49년, 35쪽. 이 책은 조선총독부가 대정(大正) 5년(1916)의 조선고적조사보고서들을 함께 묶어 대정 6년(1917년) 12월 최초 발행한 것을 소화 49년(1974) 일본 국서간행회(國書刊行會)가 재간한 책이다. 일제시대 이후로 중흥동고석성을 『삼국사기』의 북한산성으로 보는 견해들은 거의 모두가 이마니시류의 근거 없는 학설에서 비롯된 것으로 볼 수 있다.

세검정 일대로 보았다.144) 한편, 이보다 한 해 앞인 태종무열왕 7년 (660)의 「신라본기」 기사에는 나당연합군에 의해 백제가 멸망한 마지막 전투들이 기록되어 있는데, 태종무열왕 김춘추는 물론이고 김유신과 관창, 백제의 의자왕과 계백, 당의 소정방 등 잘 알려진 역사인물들이 모두 등장하는 매우 비감한 기사이다. 신라가 당과 연합하여 백제를 멸망시킨 이듬해에 고구려가 "북한산성"을 공격한 것인데 이를 두고 당시 백제부흥군 때문에 곤경에 빠져 있던 신라가 만약 이 전투에서 패배하였다면 역사의 흐름이 달라졌을 것으로 보는 견해도 있다.145) 이 전투가 끝난 다음달 태종무열왕은 죽고 문무왕이 신라왕으로 즉위하였으며, 문무왕 8년(668) 9월에는 나당연합군에 의해 고구려도 멸망하고 삼국시대는 끝나게 되었다.

4. 문무왕의 북한산성 주둔

『삼국사기』「열전」의 "김인문전(金仁問傳)"에 의하면 문무왕 8년 (668) 왕은 고구려를 공격하기 위해 김인문과 함께 군사 20만을 거느리고 북한산성(北漢山城)에 이르러 왕은 여기에 머무르고 김인문 등을 먼저 보내 당나라 군대와 합류해 평양성을 공격하게 했으며, 김인문이 한 달 이상이 지나 고구려 보장왕과 남산・남건・남생 등을 잡아 오자 이들을 데리고 서울로 돌아갔다는 기록이 있다. 나당연합군이 고구려를 멸망시킨 일에 대한 기록으로서 『삼국사기』에 '북한산성'이라는 표현이 등장하는 것은 백제 개로왕 5년 기사, 신라 진평왕 25년 기사 및 태종무열왕 8년 기사에 이어 이 기록이 네 번째인데, 이 기사에 등장하는 '북한산성'을 중흥동고석성으로 해석하는 경우도 있다.146)

그러나 이 '북한산성' 역시 앞서 언급한 바와 같이, '한성'의 '북성'

---

144) 진단학회, 『한국사』, 고대편, 을유문화사, 1961, 514쪽.
145) 문화공보부 문화재관리국, 앞의 책(앞의 각주 141), 226쪽.
146) 김윤우, 앞의 책(앞의 각주 28), 57쪽.

으로서 삼각산 동쪽 기슭에 있었을 것으로 추정된다.147) 그러나 그 배후 산성이었을 것으로 추정되는 중흥동고석성은 장수왕의 남침 당시 이미 폐기되어 이때는 사용하지 않았을 것으로 추정된다. 만약 이때 중흥동고석성을 다시 사용하고 있었다 해도, 멀리 떨어진 평양성을 공격하러 가는 도중 적과의 교전도 없는 지역에서 국왕이 일시 주둔한 곳을 험하기 그지없는 중흥동고석성으로 본 것은 이해할 수 없는 견해이다. 더욱이 「신라본기」의 문무왕 8년 7월 16일 기사에는 이때 왕이 한성(漢城)에 머물렀다고만 했고 북한산성(北漢山城)에 관한 언급은 없다.

IV. 고려시대의 중흥동고석성

삼국시대 역사기록에는 한강하류 일대에서의 전투나 사건들에 관한 기사가 비교적 많은 편이나 고구려 멸망 후의 후기 신라로부터 고려말에 이르기까지는 그러한 역사기록을 찾아보기가 힘들다. 이는 한강하류 지역이 삼국시대와 달리 국경지대가 아니기 때문이다. 그러나 고려시대에도 중흥동고석성과 관련이 있을 것으로 보이는 몇 가지의 사건은 있었는데 이를 두고 일부에서는 중흥동고석성에서의 사건으로 추정하는 경우도 있다.

1. 고려 현종 때 거란의 침공과 삼각산

가. 거란의 제2차 침공

『선조실록』 29년(1596) 1월 28일(을미) 기사에는 선조 임금이 신하들에게 "삼각산에 중흥동이 있는데, 고려 때 현종이 피난한 곳이다"라고 말한 기록이 있으나, 『고려사』의 기록을 검토해 보면 선조의 말을 사실로 단정하기가 쉽지 않다.

---

147) 앞의 1. 한성백제 시대, 바. 고구려 장수왕의 왕도한성 공략 참고.

발해(渤海)를 멸망시킨 거란(遼)의 성종(聖宗)은 고려 현종(顯宗)[148]이 제8대 왕으로 옹립되던 해(1010년) 11월 강조(康兆)의 정변을 문책한다는 구실을 앞세워[149] 소배압(蕭排押)을 전방사령관으로 하여 친히 군사 40만을 거느리고 두 번째로 고려를 침입하였다.[150] 이에 현종은 강조를 시켜 방어케 했으나 참패하고 양주(楊

---

148) 고려 제8대 왕 현종은 아버지 왕욱(王郁)과 제5대 왕 경종(景宗)의 비(妃) 황보씨 사이에 사통으로 낳은 아들이었다. 경종에 이어 성종(成宗)과 목종(穆宗)이 왕위를 이었는데 목종에게는 아들이 없자 그 모후 천추태후(天秋太后)는 권신(權臣) 김치양(金致陽)과 사통하여 낳은 아들을 왕위에 세우려고 당시 왕위계승 서열이 가장 높았던 대량원군(大良院君: 후일의 현종)을 강제로 출가시켜 개성 숭교사로 보냈다가 다시 삼각산 신혈사(神穴寺)로 보냈다. 천추태후는 여러 차례 사람을 보내 그를 해하려 하였으나 신혈사 노승이 방에 구덩이를 파 숨겨놓고 그 위에 침상을 올려놓아 불측의 사고를 예방하였다.『고려사』「세가」, 성종 11년 7월 기사; 동 현종 즉위년 기사;『고려사』「열전」, "헌정왕후 황보씨전(獻貞王后 皇甫氏傳)" "헌애왕태후 황보씨전(獻哀王太后 皇甫氏傳)" 및 "왕욱전(王郁傳)" 참고. 한편, 전해오는 이야기에 의하면, 신혈사에서 대량원군을 보호해준 노승이 바로 진관조사(眞寬祖師)였는데 대량원군이 왕위에 오른 후에는 그 은혜를 보답하기 위해 큰 가람을 짓고 이름을 진관사(眞寬寺)로 부르게 하였다 한다. 그러나 이는 야사(野史)에 불과하다.
149) 강조의 정변은 강조가 쿠데타를 일으켜 전왕인 목종을 폐위시키고 대량원군을 새 임금으로 옹립한 사건이다. 목종은 천추태후가 대량원군을 살해하려는 음모를 간파하고 강조에게 대량원군의 호위를 명하였으나 이 강조가 정변을 일으켜서 오히려 목종까지 폐위 시해하고 대량원군을 왕위에 옹립하였던 것이다.
150) 고려는 건국 이후 후당, 후량, 후진, 후한 등에 이어 송나라와만 수교하고 거란과는 강경하게 맞서고 있었는데, 태조 왕건은 거란이 수교를 청하며 사신 30명과 낙타 50필을 보내오자 사선들은 외딴 섬에 가두어 버리고 낙타들은 개성의 만부교 아래 버려 굶어죽게 한 일도 있고, 훈요십조(訓要十條)에서 후손들에게 거란 풍속을 경계하라는 유훈도 남겼다. 고려가 제6대 성종 12년(993)에 여진족이 차지하고 있던 강동지역, 즉 압록강 동쪽 해안지방에 대한 정벌을

州: 지금의 서울 강북)로 파천했다. 고려 현종이 중흥동으로 피신하였다고 선조 임금이 말한 것은 현종이 양주로 파천했던 일을 그렇게 말한 것으로 보인다.

그러나 『고려사』는 거란이 두 번째로 침입할 때 현종이 "양주로 갔다(次楊州)"라고 기록하고 있을 뿐, 중흥동고석성으로 피신했다는 기록은 찾아볼 수가 없다. 만약 중흥동고석성으로 피신한 것이라면 이는 농성(籠城)이 목적이었을 것인데 두 달 만인 이듬해 1월 다시 전라도 나주로 파천한 것으로 보아서는 "양주로 갔다"는 기록을 중흥동고석성으로 들어간 것으로 해석하기가 어려운 것이다.151) 여하간 나주까지 파천한 후에는 현종이 거란에 친조(親朝)할 것을 조건으로 화의가 성립되고 거란이 곧 물러나서 2월에는 다시 개경 수창궁으로 환도하였다.152)

계획하고 있을 당시 거란은 또 다시 수교를 요구했고 고려가 이를 거부하자 거란은 고려에 침입하였다. 거란의 1차 침입이었다. 이때 서희는 담판을 통해 거란이 물러가게 한 후 이듬해 강동지역에서 여진족을 몰아내고 소위 '강동 6주'를 차지했다. 이후 고려가 장흥·귀화·선천·안의·흥화·구주 등 강동지역 여섯 곳에 성을 쌓고 거란에게 적의를 보이자 거란은 고려 국왕의 친조(親朝)를 요구했으나 고려는 이에 응하지 않았다. 그 후 강조가 정변을 일으켜 목종을 폐위하고 현종을 옹립하자, 거란이 고려에 다시 침입한 것이다. 이것이 제2차 침입이다.

151) 문화재관리국, 『문화유적총람』, 1977, 226쪽에서는 고려 현종 때 중흥동고석성의 중축이 있었다고 하나 『고려사』에서는 그러한 기록은 찾아볼 수 없다. 만약 거란의 제2차 침입 당시 현종이 양주로 파천하였다는 기록이 중흥동고석성으로 피신한 것을 의미한다면, 이때 일부 수축이 있었을 가능성도 있다.

152) 『고려사』「세가」, 현종 원년 기사에서 거란의 2차 침입에 관한 기록을 요약해 보면 아래와 같다.
"春正月… 契丹主謂群臣曰 高麗康兆 弑君大逆也 宜發兵問罪… 十一月… 辛卯 契丹主 自將步騎四十萬 渡鴨綠江… 癸丑 丹兵至西京 焚中興寺塔… 壬申夜 王與后妃 避丹兵南幸 甲戌 次楊州… 二年春正月… 壬午 次長谷驛 乙酉 丹兵退… 丁亥 踰蘆嶺入羅州 乙未

한편, 고려 현종 원년(1010)에 거란이 침공해 오자 현종은 남쪽으로 파천하기에 앞서 개경의 현릉에 안치되어 있던 고려 태조의 재궁(梓宮, 시신을 넣은 관)을 '부아산 향림사(負兒山香林寺)'로 옮겨 놓았었고 거란이 물러난 5년 후인 현종 7년 1월에야 다시 현릉으로 복장(復葬)한 사실이 있다.153) 조선조 당시의 여러 역사 문헌들을 보면, 『고려사』에 기록된 이 '부아산'을 삼각산으로 보는 것이 일반적 견해이다.154) 그러나 『고려사』에서는 초기기록부터 현 북한산을 언제나 삼각산으로 기록하고 있는 반면, 향림사에 대해서는 '삼각산 향림사'로 기록하지 않고 '부아산 향림사'로 기록하고 있는 것을 보면 향림사가 있었던 '부아산(負兒山)'이 삼각산과는 다른 산인 것으로 보아야 할 것이다.

『고려사』의 '부아산'을 삼각산으로 보는 것은, 삼각산의 삼국시대 이름이 '부아악(負兒嶽)'인데 '부아악'과 '부아산'이 같은 이름이었을

王回駕 癸卯 契丹主渡鴨綠江引去… 二月… 丁卯 還京都 入御壽昌宮."
　　이 기사에 기록된 중흥사(中興寺)는 서경(西京), 즉 평양(平壤)에 있던 사찰로 보인다. 앞서 소개한 바와 같이(앞의 각주 2), 후일 고려 제18대 의종도 즉위 8년(1154)에 서경(西京)에 중흥사(重興寺)를 세운 일이 있는데, 위의 현종 기사에 나오는 중흥사(中興寺)와 같은 절을 말하는 것인지는 잘 모르겠다.
153) 『고려사』 현종 원년 기사에는 태조 재궁을 향림사로 안치한 기록이 없고 현종 7년 1월 기사에 "임신일에 태조의 재궁을 모셔 와 현릉에 복장하였다. 경술년의 난 당시 재궁을 '부아산 향림사'로 옮겨 놓았다가 이때에 이르러 다시 제자리로 묻은 것이다(奉太祖梓宮 復葬顯陵 庚戌之亂 移安梓宮于負兒山香林寺 至是還葬)"라고 기록했다.
154) 성종 12년(1481) 최초 간행된 『동국여지승람』의 「한성부(漢城府)」, 「불우(佛宇)」편의 '향림사(香林寺)' 조에서도 거란 침입 당시 고려 태조의 재궁을 두 차례나 삼각산에 있는 향림사로 옮겨놓은 적이 있다고 하였고, 『숙종실록』 36년 12월 28일 기사에는 어전회의(御前會議)에서 판부사 이유(李濡)가 삼각산을 둘러보고 온 결과를 임금에게 보고하면서 "고려 때에는 병란을 당할 때마다 문득 태조의 재궁을 받들어 향림사에 옮겨 피란하였다"고 하였다.

것으로 생각하고 있었던 데다가, 조선시대 초기부터 삼각산에도 향림사라는 절이 있었기 때문일 것으로 보인다.『조선왕조실록』에는 태종 때부터 향림사라는 이름이 등장한다. 그러나『고려사』현종 원년 기사를 보면 현종이 왕위에 오르기 전 기거한 절을 '삼각산 신혈사(三角山 神穴寺)'로 기록한 반면, 현종 7년 및 9년 기사를 보면 태조의 재궁을 옮겨놓았던 절은 '부아산 향림사(負兒山 香林寺)'라 하여 산 이름을 분명히 달리 기록하고 있다.

뿐만 아니라『고려사』「세가」에는 '부아산'이라는 이름이 현종 7년 및 9년 각 한 차례씩 기록된 것이 모두인 반면, '삼각산'이라는 이름은 그 전후로 모두 14차례나 기록되어 있다.『고려사』에 기록된 '부아산'과 '삼각산'은 결코 같은 이름일 수가 없다. 같은 산의 이름을 어떻게 도중에 다른 이름으로 기록할 수 있겠는가?『고려사』의 부아산은 고려 태조의 능인 현릉(顯陵) 부근인 천마산(天磨山) 남쪽 부아봉(負兒峰)을 말하는 것으로 생각된다. 이 문제는 뒤의 제7편 삼각산 봉우리들의 옛 이름에서 다시 상세히 논할 것이다.

나. 거란의 제3차 침공

거란의 제2차 침공시 현종이 거란에 친조(親朝)할 것을 조건으로 화의가 성립되어 거란은 물러갔으나 현종은 끝내 친조하지 않았고, 이에 거란이 다시 강동 6성을 바칠 것을 요구해 왔으나 현종은 이도 거절하고 오히려 거란과의 국교를 끊고 송(宋)과 국교를 재개하였다. 이에 거란은 현종 9년(1018) 12월 다시 소배압 지휘하에[155] 10만의 군사로 고려를 3차로 침입하였다. 이때도 현종은 태조의 재궁을 다시 부아산 향림사로 옮겨 놓고, 개경에 계엄 태세를 갖추고

---

155)『고려사』는 이때 군사를 이끌고 고려를 침공한 장수를 소손령으로 기록하고 있으나,『요사(遼史)』에서는 그의 형인 소배압이 침공군을 거느린 것으로 기록되어 있다.

70세의 강감찬(姜邯贊)을 흥화진으로 보내 거란군을 막게 하였다. 강감찬은 큰 밧줄에 쇠가죽을 꿰어 삽교천(의주 동쪽의 큰 냇물) 상류의 물을 막고, 부근 산 속에 숨어 있다가 적군이 나타나자 막았던 강물을 터놓아 적군을 교란시켰다. 그러나 소배압은 삽교천에서의 큰 손실에도 불구하고 다음해 1월에는 나머지 군사를 끌고 개경을 백 리 앞에 둔 신은현까지 도달하였다. 이때 고려는 성 밖의 모든 백성을 성내로 들어오게 하고 곡식을 모두 성내로 거두어들이고 소배압을 기다렸다. 소배압은 청야전술(淸野戰術)로 완강하게 저항하는 고려군을 이기지 못하고 후퇴하게 된다.

그러나 강감찬은 2월에 강동지역 귀주에서 후퇴하는 적을 공격하여 큰 타격을 입히는데, 이것이 그 유명한 귀주대첩이며 을지문덕의 살수대첩 및 충무공 이순신의 한산대첩과 함께 우리 민족을 침입한 외적과의 전투에서 크게 이긴 3대 대첩으로 불리고 있다. 이 전투에서 살아남은 적의 숫자는 겨우 수천에 불과하였다 한다. 현종은 개선하는 강감찬을 영파역이라는 곳까지 친히 나가 맞이하였고 11월에는 '부아산 향림사'로 옮겨놓았던 태조의 재궁을 현릉으로 다시 복장(復葬)하였다고 『고려사』는 기록하고 있다. 이 기록 중의 '부아산' 역시 천마산 남쪽 부아봉을 말하는 것으로 생각된다.156)

---

156) 『고려사』「세가」의 현종 9년 기사에서 거란 침입에 관한 기록을 요약해 보면 아래와 같다.
"十二月… 戊戌 契丹蕭遜寧 以兵十萬來侵… 辛亥 奉太祖梓宮 移安梓宮于負兒山香林寺 甲寅 京城戒嚴 十年(己未) 春正月 辛酉 蕭遜寧 至新恩縣 去京城百里 王 命收城外民戶入內 淸野以待蕭遜寧·耶律好德 (賫)書至通德門 告以回軍… 二月 己丑(朝) 丹兵過龜州 邯贊等 邀戰 大敗之 生還者 僅數千人… 甲午 姜邯贊凱還 王親迎于迎波驛… 十一月… 辛巳 奉太祖梓宮 復葬顯陵."
이 침입을 마지막으로 적대관계에 지친 두 나라는 고려가 거란의 연호(年号)를 쓰는 것을 조건으로 서로 국교를 맺게 된다. 현종은 왕위에 오르기 전 불운했던 시절의 한때를 삼각산에서 보냈던 임금으로, 즉위 이후 여러 차례 거란족의 침입을 맞아 이를 성공적으로 물

2. 고려 고종 때 몽고의 침입과 중흥동고석성

고려 초기에는 거란(遼)이 고려를 침입하였었지만, 고려 중엽에는 몽고(元)가 고려를 침입하였다. 몽고의 2차 침입이 있던 고종 19년 (1232)에 강화로 천도하던 무렵157) 삼각산 중흥동고석성에서 몽고군과 격전이 있었다는 말도 있으나158) 이에 관한 역사기록은 찾아볼

리치고 나라를 보존한 임금이었다.
157) 몽고(元)는 여러 갈래로 흩어져 살던 몽고족을 통일하여 중국대륙을 석권하고 현 북경 자리에 도읍을 정한 나라로 아시아 대륙뿐 아니라 중동과 동부유럽까지 석권한 대제국이었다. 고려 고종 초에 몽고가 금(金)을 공격하자 금 지배하에 있던 거란족이 고려로 쫓겨와 평양 부근 강동성을 점령하였는데 고려는 몽고와 연합하여 이 거란족을 소탕하였다. 그러나 몽고가 그 이후 과중한 공물을 요구하자 고려가 이에 불만을 품고 있던 차에 고종 12년(1225) 12월 고려에서 공물을 받아 귀국하던 몽고사신 저고여(著古與)가 압록강 근처에서 피살된 사건이 발생했다. 몽고는 이를 고려 소행으로 의심하고 고려와 국교를 중단하였다가(원문: 癸未 蒙古使 離西京 渡鴨綠江 但賫國贐獺皮 其餘紬布等物 皆棄野而去 中途爲盜所殺 蒙古反疑我 遂與之絶 —『고려사』「세가」), 6년 후 살리타이(撒禮塔)로 하여금 고려를 정벌하러 보냈다. 이것이 몽고의 1차 침입이다. 고려는 개경을 포위한 몽고군과 5개월간 항쟁하다 동년 12월 강화하였고 이듬해 초에 몽고군은 철수하였다. 그러나 고려가 저항의 뜻을 버린 것은 아니었다. 그해 5월 조정에서 차후 대책을 논의할 때 최고집권자 최우는 항전을 위해 왕을 위협하여 강화도로 도읍을 옮기기로 결정하였다. 천도 결정에 따라 전국의 백성들에게 산성 또는 섬으로 피할 것을 명하였고, 따르지 않는 자는 처단할 뜻을 밝혔다. 이는 몽고에 대한 항쟁의사의 표현이었다. 이로써 강화도는 몽고의 제2차 침입으로부터 제6차 침입까지 39년간 고려의 피난수도가 되었다.
158) 문화공보부 문화재관리국,『문화유적총람』상권, 1977, 226쪽. 그러나 고종 19년의 사건은『고려사』『고려사절요』『동국병감』등을 보면 처인성(處仁城)에 관한 기록만 공통적으로 보일 뿐, 중흥동고석성에 관한 기록은 찾아볼 수 없다.『고려사절요』와『동국병감』에는 처인성 전투 당시 몽고군 사령관 살리타이(撒禮塔)가 처인성에 들어와 있던 승려 김윤후가 쏜 화살에 맞아 죽음으로써 결국 몽고군

수가 없다. 단지 그해 7월 강화로 천도하기 며칠 전에 안남판관 곽득성이 백악등처(白岳等處)에서 도적괴수를 타일렀더니 20여명이 투항해 왔다는 기록만 있는데, 아마도 현 청와대 뒷산인 북악산을 백악(白岳)이라고도 하였기 때문에 이 기록을 두고 중흥동고석성을 포함한 삼각산 일대에서도 몽고군과의 접전이 있었던 것으로 추측하는 것이 아닌가 싶다. 그러나 현 북악산을 백악이라고 부른 것은 조선조 이후이다.

───────

이 고려로부터 철수하게 되었다는 기록이 있을 뿐이다. 다만 『신증동국여지승람』의 「경기도 용인현」, '고적(古蹟)'조에서는 고려 고종 때에 도읍을 강화로 옮길 당시 원나라 원수 살알(撒歹)이 한양산성으로 가서 함락시킨 다음 처인성에 갔다가 날아온 화살에 맞아 죽었다고 기록하고 있을 뿐이다. 이 기록이 무엇을 근거한 것인지는 알 수가 없으나 민병하 교수는 이 기록에 대해서 「강화로 도읍을 옮기던 그 해 몽고군이… 한양산성(지금 서울)을 빼앗고 처인성(지금 용인)에 이르렀을 때」라고 하여 한양산성을 단지 "지금의 서울"이라고만 해석하였을 뿐이다(민병하, "고려시대의 한강", 『한강사』, 서울특별시사편찬위원회, 1985, 355쪽). 생각컨대 이 한양산성을 중흥동고석성으로 해석한 것은 일본인 이마니시류의 영향 때문일 것이다. 그는 1916년 북한산성 유적을 조사하면서 "『신증동국여지승람』의 용인현 처인성 조에 기록된 한양산성이 혹 이 산성이 아닌지 모르겠다"고 아무런 근거 없이 막연하게 추정하였을 뿐이다 [이마니시류, 앞의 글(앞의 각주 143), 33쪽 참고]. 뒤에 다시 설명하겠지만(뒤의 각주 162 참고), 『고려사』에 기록된 '한양산성'은 중흥동고석성의 다른 이름인 것으로 보인다. 그러나 『고려사』에는 몽고군이 침입 당시 이 '한양산성'이 몽고군에 함락되었다는 기록은 없다. 이마니시류는 또한 중흥동고석성을 고려 고종 때에는 '아사달성지(阿思達聖地)'로 생각한 적도 있었다고 소개하고 있는데(같은 글, 32쪽), 이는 『고려사』 고종 21년 7월 기사를 말하는 것으로서, 한 승려가 도참설을 들어서 "부소(扶疎山: 개성 송악산)에서 갈려져 나간 산맥이 좌소(左蘇)로서 이를 아사달(阿思達)이라 하는데 옛 양주 땅입니다. 만약 이곳에 궁궐을 세우면 나라의 수명이 800년으로 연장될 것입니다"라고 말한 기록이 있다. 이 말을 듣고 고종은 어의(御衣)를 남경(南京)의 가궐(假闕)에 봉안케 하였다.

북악산의 고려 때 이름은, 차후 좀더 면밀한 분석이 필요하기는 하지만, 면악(面岳)이었을 것으로 종래 추정되어 왔다. 고려 때의 백악은 임진강 부근 경기도 장단의 백악(白岳; 현재는 白鶴)을 말한다. 뿐만 아니라 『고려사』에서는 당시 몽고군에 대하여는 시종일관 '몽병'(蒙兵)이라고 기록하고 있음에 반하여 이 사건에 대한 기록에서는 단지 '도적괴수(賊魁)'라고만 기록하고 있는데159) 이것이 몽고군 괴수를 말하는 것인지 아니면 단순한 산적 괴수를 말하는 것인지 조차도 분명하지가 않다.160)

---

159) 원문: 六月 乙丑 崔瑀脅王遷都江華 丙寅 瑀發二領軍始營宮闕于江華, 七月 壬午 安南判官郭得星 招撫白岳等處 賊魁二十餘人來投 乙酉 王發開京次于昇天府 丙戌 入御江華客館. ―『고려사』「세가」, 고종 19년.
160) 고종의 어가가 강화도로 가기 위해 개경을 떠나던 날 개경에서는 이통(李通)이 경기 일대의 도적떼와 도성 안의 노예와 승려들까지 규합하여 반란을 일으켰다가 관군에게 토벌당한 기록이 있는데, 곽득성 등이 그 일당이었을 가능성도 있다. 한편, 고려는 오랜 항쟁 끝에 결국 고종 46년(말년, 1259)에 항복하였다. 고종의 뒤를 이은 원종은 즉위 11년(1270) 10월 몽고의 압력으로 개경으로 환도하였다. 고려가 39년간 강화로 천도한 기간 원나라에서는 태종이 죽고 헌종이 왕위에 있었다. 이때 고려는 최씨 무신정권이 무너지자 원나라에 항복하기로 결정한 것이다. 고종 말년 4월 원나라의 요구로 고려 태자 전(倎)은 왕의 글을 받들고 몽고로 입조하게 되었는데, 헌종의 아우 쿠빌라이를 만나려고 남쪽으로 향하다가 원나라 헌종이 이때 마침 죽자, 북으로 올라오는 쿠빌라이를 만났다. 이때 쿠빌라이는 "고려는 만리 밖에 있는 나라로, 당태종도 몇 차례나 정벌하러 나섰는데도 굴복시키지 못했는데, 태자가 여기까지 왔으니 이것은 하늘의 뜻이다." 라고 매우 기뻐했다 한다. 두 사람이 함께 개평부에 이르렀을 때는 또 고려에서 고종이 승하하였다는 소식이 오자 쿠빌리아는 즉시 태자를 귀국토록 하면서 고려 국왕(원종)으로 임명하였다. 이듬해 쿠빌리아는 원나라 황제가 되니 곧 세조다.

3. 고려 말 중흥동고석성의 수축

고려 말 우왕 14년(1388)에는 중흥동고석성의 수축공사가 있었을 것으로 보인다. 이때의 수축공사가 왜구에 대한 방비라는 말도 있고 철령위(鐵嶺衛) 사건을 계기로 요동정벌을 꿈꾸던 최영 장군이 성을 고쳐 쌓고 주둔했던 곳이 바로 성내의 중흥동이라는 말도 있다. 『선조실록』29년(1596) 1월 28일 기사에는 "중흥동에는 옛날에 산성이 있었는데 지금까지 석축이 완연합니다. 고려 때 최영이 군사를 주둔하였던 곳이라 하는데, 지금도 그 상봉 암석에는 깃대를 꽂았던 구멍이 있습니다. 그 동구가 극히 험준하기 때문에 왜인이 오직 단 한 번 그곳에 이른 적이 있었다고 합니다"161)라고 비변사에서 임금에게 보고한 기록이 있으며, 『대동지지』권3의「양주목」, 「성지(城池)」편에서는 "고려 우왕 14년에 최영에게 명하여 한양의 중흥산성을 수리하게 한 것은 장차 왜적을 피하고자 하였던 것이다"라고 설명하고 있다.162) 우왕이 중흥동고석성을 수축한 것은 왜적의 침입에 대비한 것이라는 말은 이런 기록들을 근거로 하는 말이다.

그러나 선조실록 기사에 등장하는 왜인이란 임진왜란 당시의 왜인을 말하는 것으로, 즉 고려말의 중흥동고석성 수축과는 무관한 것으로 볼 수도 있다. 그리고 고려 우왕이 중흥동고석성을 수축한 것 역시 요동정벌을 준비하는 과정의 일로서 왜구에 대한 방비 자체가 중흥동고석성 수축의 직접 원인은 아니었을 것으로 생각된다.

『고려사』의 기록을 보면, 고려 우왕이 중흥동고석성 수축을 지시하게 된 계기가 된 것은 소위 철령위 사건이었다. 철령(함경도와 강원도의 경계) 이북 지역은 원래 고려의 땅이었으나 고려 고종 45년(1258년) 몽고가 이를 빼앗아서 화주(지금의 함남 영흥)에 쌍성총관

---

161) 원문: 重興洞舊有山城 今尙石築宛然 世傳高麗時崔瑩住兵處 今其上峰巖石上有堅旗之穴 其洞口極險 故倭人但得一至其處云.
162) 원문: 高麗禑十四年 命崔瑩修漢陽重興山城 將欲避倭也.

부를 설치하고 다스리다가163) 공민왕 5년(1356년)에 추밀원부사 유인우가 동북면병마사에 임명된 후 천호 이자춘(이성계의 아버지)의 협력으로 탈환하여 쌍성총관부를 폐지하고 화주목(和州牧)을 설치하였던 지역이었다. 한편, 당시 명나라가 말한 철령은 위의 함경도 지방이 아니라 압록강 북쪽의 철령을 말한다는 해석도 있다.

그러나 1368년 건국한 명나라가 철령 지역은 본래 원나라의 관할하에 있던 지역이라는 이유로 이 자리에 철령위(鐵嶺衛)를 설치하여 철령 이북을 자신의 관할하에 두려함을 알고 고려는 이 문제의 해결과 동시에 이 기회에 옛 고구려영토인 요동 지방까지 회복하기 위하여 우왕 14년(1388) 2월 요동정벌을 결정한 후 먼저 전국의 성곽을 수리하도록 지시하는 한편, 서북 변경에 장수들을 파견하여 만약의 사태를 대비케 함과 동시에 경성방리군을 징발하여 중흥동 고석성을 수축케 하였다. 다음달인 3월 명나라에서 요동도사 관할하에 철령위를 설치한다고 정식으로 통보하자, 문하찬성사 우현보에게 남아서 개경을 지키게 한 후에 겉으로는 해주의 백사정으로 수렵을 나간다고 위장하여 군사를 징발하고 실은 요동 정벌에 착수하였으며, 이때 세자 창과 정비, 근비 이하 여러 비(妃)들을 중흥동 고석성으로 옮겨놓았었다.164)

---

163) 몽고의 침입으로 고려가 강화로 천도하여 항쟁하던 고종 45년(1258) 11월 몽고의 산길·보지 등은 동여진을 경유하여 장성(長城) 이남에 침입하여 화주(和州)에 이르렀을 때 조휘·탁청 등이 동북면 병마사 신집평을 죽이고, 철령 이북의 땅을 내놓으며 몽고에 투항하자, 몽고는 이 지역을 관할하기 위해 화주에 쌍성총관부를 두고 조휘를 총관에, 탁청을 천호에 각각 임명하였다. 고려는 이 사건이 큰 계기가 되어 세자의 친조(親朝)와 강화 성곽 철폐를 약조하고 몽고에 굴복하지 않을 수 없게 되었다. 이후 약 100년에 걸쳐 몽고는 철령 이북 지역을 직접 통치하였다.
164) 원문: 十四年 二月 鐵嶺迤北元屬元朝 並(令)歸之 遼東其餘·開元·瀋陽·信州等處 軍民聽從復業… 禑命修五道城 遣諸元帥于西北鄙 以備不虞… 禑與崔瑩密議攻遼 發京城坊里軍 修漢陽重興城… 三月 …大

위와 같은 기록으로 보면, 우왕이 중흥동고석성을 수축하려 한 것은 요동정벌 준비과정에서의 자강책(自強策)이었을 것으로 보인다. 당시 도처에 왜구가 발호하여 한편으로는 이를 방비하기 위한 목적도 있었다 하더라도 그것이 중흥동고석성을 비롯한 전국의 성곽을 수리하도록 한 직접 원인은 아니었을 것이다. 왜구의 발호가 전국의 성곽에 대한 수리가 필요할 정도로 심각한 상황이었다면 요동정벌을 도모할 수는 없었을 것이다.165) 얼마 뒤 요동정벌에 나섰

明後軍都督府　遣遼東百戶王得明來告立鐵嶺衛… 命門下贊成事禹玄寶留守京城　發五部丁夫爲兵　名爲西獵海州白沙亭　實欲攻遼也　禑徙世子昌及定妃謹妃以下諸妃于漢陽山城(『고려사』「열전」, "신우전").

위 기록에서 경성방리군을 징발하여 수축케 한 '한양중흥성'이나 세자 등을 피신시킨 곳인 '한양산성'은 같은 곳의 다른 이름으로서 우리가 검토하고 있는 중흥동고석성을 말하는 것으로 보인다. 이보다 3개월 전인 우왕 13년 9월에는 원로회의에서 '한양산성'을 축성(築城)할 일을 의논한 후에 '중흥산성'의 형세를 가서 살펴보게 하였는데(뒤의 각주 163 참고), 3개월만에 새로 쌓는 산성이 완성될 리는 없을 것이다. 이 두 기록을 함께 보면 결국 '한양산성', '한양중흥성' 및 '중흥산성'은 모두가 같은 곳의 다른 이름임이 분명하고, 13년 9월 기사에서 '한양산성'의 '축성'을 의논했다는 것은 '수축'을 의논한 것을 잘못 기록한 것일 수밖에는 없을 것이다. 한편, 한양중흥성을 수축하기 위해 징발한 병력을 왜 '경성방리군'이라 하였는지는 잘 모르겠다. 당시의 주된 도읍지는 개경이었기 때문에 '경성방리군'이라 함은 개경 주변에서 징발한 병력을 의미할 수 있고, 이호영 씨는 이 구절을 아예 개성의 방리군을 보낸 것으로 해석하고 있다. 이호영, 위의 글(앞의 각주 40), 363쪽. 그러나 한양에 있는 산성을 수축하기 위해 개경 주변에서 병력을 징발한다는 것도 약간은 의심스럽다. 다른 한편, 조선조 숙종 당시 판부사의 지위에서 북한산성 축성에 주도적 역할을 담당하였던 이이명(李頤命)이 저술한 『강역관방도설』의 '북한산성' 조에서는 "고려조 말년 중흥동고석성의 수축 논의가 있어 중신(重臣)들이 가서 보고 성터로 문제점이 없는지를 살펴본 적이 있으나 이때 역시 결정을 보지 못하였다(先朝末年 又有是議 重臣往審無疵毀者 而亦不決)"하여 우왕 당시 중흥동 수축은 논의만 있었지 실행되지는 않은 것으로 보았다.

던 이성계가 회군하면서 내세웠던 소위 요동정벌의 '사불가론(四不可論)' 가운데도 왜구 문제를 거론하고 있기는 하지만 그것이 '사불가론'의 중심 사유도 아니었다. 그럼에도 김정호가 중흥동고석성의 수축을 왜구를 피하기 위한 것이었다고 기록한 것은 이 문제가 태조 이성계의 위화도회군과 관련이 있는 문제이기 때문에, 필화(筆禍)를 피하기 위해 의도적으로 그렇게 기술한 것으로 추정된다.166)

---

165) 중흥동고석성을 수축하기 3개월 전인 고려 우왕 13년 11월의 기록을 보면, 국가 원로들이 모여서 '한양산성'의 축성과 전함의 수리를 함께 논의한 후에 우인렬과 홍징을 한양으로 보내 '중흥산성'의 형세를 살펴보게 한 일이 있다. 이 기록을 보면 산성의 축성과 전함의 수리에 관한 논의가 왜구에 대한 방비책이었던 것으로 볼 수도 있을 것 같지만, 이 원로회의 며칠 전에 명나라 황제가 고려국 사신의 입국을 불허하는 교지를 보내왔던 점으로 볼 때 이 기록 역시 중흥동고석성 수축을 왜구에 대한 방비책으로 볼 근거는 되지 못한다. 그리고 앞서 설명한 바와 같이(앞의 각주 164 참고), 이 기록에서 '한양산성'과 '중흥산성'은 같은 곳을 말하며, 한양산성의 '축성'은 '수축'을 잘못 기록한 것임이 거의 틀림이 없을 것이다. 여하간 이 기록을 간추려보면 아래와 같다.
　十三年… 十一月… 聖旨以示之曰 今後高麗國使臣來者 於一百里外止回 不許入境 亦不許送赴…耆老會議築漢陽山城修戰艦 遣門下評理商議禹仁烈判密直洪徵于漢陽府審視重興山城形勢(『고려사』「열전」, "신우전(辛禑傳)").
　뿐만 아니라, 『고려사』「열전」, "최영전(崔瑩傳)"에는 당시 상황과 관련하여, "이때 요동에서 탈출해 온 자가 조정에 고하기를 '명 황제가 처녀, 수재 및 환관 각 천 명과 말과 소 각 천 필을 요구할 것'이라 하여 조정이 근심에 쌓이게 되었는데, 최영은 '그렇다면 군사를 일으켜 명을 깨뜨리는 것이 옳다'고 했다"는 기록이 있다.
166) 우왕 14년(1388) 4월 우왕이 이성계를 불러 요동정벌계획을 통보하자 이성계는 ① 요동까지는 많은 강을 건너야 하는데 장마철이라 군량 운반이 곤란하며, ② 습기 때문에 활이 풀려 싸움을 할 수 없고, ③ 만약 이 틈을 노려 왜구가 침입한다면 나라가 위태롭게 될 것이며, ④ 소국은 대국을 섬기는 것이 나라를 보호하는 길이니 요동정벌은 불가하다는 소위 "사불가론"을 들어 반대의견을 제시하였

이 문제는 공교롭게도 조선조 숙종 당시 중흥동고석성을 수축하여 북한산성을 만든 목적과도 관련이 있는 문제이다. 숙종에 앞서 효종은 병자호란 때 청나라에 굴복하였던 치욕을 설욕하기 위해 북벌을 계획하였으며 그 준비과정에서 자강책(自强策)으로 중흥동고석성 수축을 검토한 적이 있다. 효종의 북벌계획은 무산되었으나 숙종은 즉위 이후 많은 신하들의 근 40년에 걸친 끈질긴 반대를 무릅쓰고 중흥동고석성을 수축하여 북한산성을 만들었는데 이때 많은 신하들의 끈질긴 반대를 억누르고 중흥동고석성 수축에 착수할 수 있었던 계기가 된 것은 왜구가 침입할 조짐이 있으니 이에 대비하라는, 청 나라가 보낸 자문(咨文)이었다. 숙종은 왜구의 침입에 대비한다는 것을 구실로 청나라의 눈을 피하여 중흥동고석성의 수축을 강행할 수 있었으나, 신하들 앞에서는 이것이 왜구의 침입에 대비하는 것이 아님을 분명히 천명하였었다. 이 문제는 뒤의 제5편 조선조의 북한산성 축성사에서 상세히 검토하기로 하겠다.

한편, 고려 우왕의 한양중흥성 수축이 요동정벌에 따른 만일의 사태에 대비하기 위한 일면도 있었지만 그 진의(眞意)는 한양천도

으나 우왕은 이를 듣지 않고 다음달인 5월에 최영을 팔도도통사로 삼아 평양에 나아가 독전하게 하고 조민수를 좌군도통사, 이성계를 우군도통사로 삼아 출정하게 하였다. 그러나 처음부터 요동정벌론에 반대하던 이성계는 압록강 하류 위화도에 이르자 진군을 멈추고 좌군도통사 조민수와 상의하여 본국에 회군을 건의하였다. 그러나 평양에 있던 최영과 우왕이 이를 허락하지 않자 이성계는 5월 20일 회군을 감행했다. 최영은 반란군 이성계에게 붙잡혀 유배되었다가 죽음을 당하였고, 우왕도 폐위되어 강화도로 안치되었다. 이를 계기로 이성계는 정치적·군사적 권력을 장악하여 조선 창업(創業)의 기반을 구축하게 되었다. 지금도 이 위화도회군이 고구려 옛 영토를 회복할 수 있는 절호의 기회를 무산시킨 사건이라고 평가되기도 하지만, 조선조에서도 일부에서는 그와 같은 비판이 있었을 것이다. 그러나 그와 같은 비판은 조선 건국의 정통성(正統性)에 대한 도전이기 때문에 내놓고 이를 거론하는 사람은 없었을 것이다.

를 전제로 한 준비작업이 분명하다고 보는 견해도 있다.167) 한양천도는 고려 전기부터 계속 추진되어 왔던 일이다. 고려는 개국 초기 개경을 수도로 하면서 평양에 서경을 두어 2경 체제였으나, 성종 14년(995)에는 경주를 동경으로 승격시켜 3경 체제가 되었고, 문종 21년(1067)에는 현 서울인 양주에 새 궁궐을 짓고 남경으로 승격시켜 4경 체제가 되었다. 남경은 문종 말년에 폐지된 것으로 보이나 숙종 9년(1104)에도 현 서울 지역의 어느 곳에 새 궁궐을 세우고 남경을 다시 부활시켰으며, 고종 21년(1234)에는 남경에 또 다른 궁궐을 세운 것으로 보인다.

그러나 고려말 공민왕 때부터는 원나라가 쇠퇴하고 한족들의 반란이 도처에서 일어나면서 그 중 한 무리인 홍건적들이 연이어 고려를 침범하였다. 공민왕 8년(1359)에는 4만이 침범하여 서경이 함락된 적이 있었고 2년 후에는 10만이 침입하여 개경까지 함락된 적이 있다. 이에 천도론이 대두되어 임진강 가 장단(長湍)의 백악(白岳: 현재는 白鶴으로 지명이 바뀜), 남한강 가 충주에 새 궁궐을 만든 적도 있고 우왕 때에 왜구까지 발호하자 내륙 깊숙한 철원에 새 궁궐을 지으려다 최영의 반대로 무산된 적도 있었다. 그 후 우왕 8년(1382) 9월에는 한양천도를 단행하였다가 5개월만에 다시 개경으로 돌아온 적이 있었다.168)

한편, 조선 건국 당시에 태조 이성계는 개경 수창궁에서 즉위하였으나 곧 천도에 착수하였으며, 새 도읍지로는 한양과 더불어 무악(毋嶽: 서울 연희동), 백악(白岳: 경기도 장단), 도라산(都羅山: 역

---

167) 민병하, "고려시대의 한강", 『한강사』, 서울특별시사편찬위원회, 1985, 363쪽.
168) 이성계의 위화도 회군 이후 우왕이 폐위된 다음 공양왕 2년(1390) 9월에도 한양천도를 단행하였다가 5개월만에 다시 개경으로 돌아온 적이 있었다. 고려 때의 남경 설치 및 한양천도 추진에 관한 상세 내용은 민병하, 위의 글, 339~366쪽 참고.

시 경기도 장단), 광실원(廣室院: 경기도 연천군 적성), 계룡산(충남) 등이 거론되었으나 결국은 한양을 새 도읍지로 정하고 태조 3년(1394) 10월 28일 한양으로 천도하였다. 그러나 3년 후인 정종 원년(1396) 개경으로 환도하였다가, 7년 7개월 만인 태종 5년(1405) 다시 한양으로 영구 천도한 것이다. 이로써 백제건국 이래 개로왕 말년(475)까지 약 500년 동안 백제의 수도였던 서울은 다시 우리민족의 수도가 되어 600년을 이어오고 있는 것이다.169)

고려 남경 궁궐은 여러 곳에 축조된 것으로도 보이나 정확한 위치가 어느 곳인지는 아직 밝혀져 있지 않다. 다만, 고려 숙종 당시 남경 설치 전에 윤관(尹瓘) 등이 남경 터를 돌아보고 와서 임금에게 보고하기를 "신(臣) 등이 노원역·해촌·용산 등지를 가서 산수(山水)를 살펴보았으나 도읍지로는 부적합하였습니다. 오로지 삼각산 서악(西嶽) 남쪽의 산형(山形)과 수세(水勢)가 고문(古文)에 부합하였습니다. 청컨대 주간(主幹)을 중심으로 임좌병향(壬坐丙向)하여 산수(山水)의 형세에 따라 도읍을 세우소서"라고 하였고,170) 중서문하성(中書門下省)에서는 그 구체적 범위에 대해서 "산수의 형세에 따라서 동으로는 대봉(大峰), 남으로는 사리(沙里), 서로는 기봉(妓峰) 그리고 북으로는 면악(面嶽)에 이르기까지를 경계로 하소서"라고 하였다.171)

위에 언급된 곳이 어느 곳을 말하는지와 관련하여, 반계(磻溪) 유형원(柳馨遠)은 면악(面嶽)을 백악(白嶽: 현 북악산)으로 추정하였다고 하며,172) 서거정(徐巨正) 역시 그의 수필집인 「필원잡기(筆苑雜

---

169) 조선 초기 정도(定都)에 관한 상세 내용은 이원명, "조선시대의 한강", 『한강사』, 서울특별시사편찬위원회, 1985, 367~374쪽 참고.
170) 『고려사』, 숙종 6년 10월 기사.
171) 『고려사』, 숙종 7년 3월 기사.
172) 여암(旅菴) 신경준(申景濬), 「山水記」, '三角山'조[『여암전서(旅菴全書)』 권11에 수록]에서 재인용.

記)」173)에서 고려 때 명당 터로 예언하였던 곳은 경복궁 터나 창덕궁 터를 벗어나지 않을 것이라면서(권1), 개국 초기 일관(日官)이었던 이양달(李陽達)은 면악(面嶽)이 어느 산을 말하는지 잘 모르겠으나 화산(華山)이 아니면 반드시 부아악(負兒嶽)일 것이라고 늘 말하는 것을 어린시절 들었다고 하였다(권2). 후일 이병도 교수 역시 『고려사』의 기록 중 '대봉'은 현 동숭동 대학로 동쪽의 낙산(酪山)을, '사리'는 현 한강 북안의 신용산 남단을, '기봉'은 현 무악재 부근의 무악(毋嶽)을 그리고 '면악'은 현 청와대 뒷산인 북악산(北岳山)을 각각 말하는 것으로, 따라서 고려 궁궐터 역시 이 범위 안에(구체적으로는 현 청와대 터 아니면 그 서쪽의 육상궁 터 가운데 하나) 있었던 것으로 해석한 적이 있었다.174)

그러나 조선조 당시 어람용(御覽用)으로 제작된 것으로 추정되는 『궁궐지(宮闕志)』의 '경복궁'편 서두에는 현 경복궁 자리를 새 궁궐 터로 잡은 이유를 설명한 "以前朝肅王所營宮闕舊址狹隘 更相其南 亥山爲主壬坐丙向"라는 구절이 있는데,175) 이 구절을 주의하여 읽어 보면, "고려 숙종 때 지었던 궁궐의 옛터가 너무 비좁아 다시 그 남쪽을 살펴보니 '북북서쪽 산(亥山)'이 주산(主山)이 되고 임좌병향한 터가 있었다"라는 의미로 해석된다. 다시 말하자면 새 궁궐(경복궁) 터의 주산(主山)인 '북북서쪽의 산(亥山)', 즉 북악산이 고려 궁궐터

---

173) 『대동야승(大東野乘)』 권3에 수록되어 있음.
174) 이병도, 『고려시대의 연구』, 을유문화사, 1948, 153쪽 이하. 백남신(白南信), 『서울 대관(大觀)』(1955, 정치신문사), 59쪽에서도 이와 같이 설명하고 있으나 이는 이병도 교수의 견해를 그대로 옮긴 것에 불과하다.
175) 이 구절은 태조의 명에 따라 한양에 가서 새 궁궐과 종묘 등의 터를 정하고 돌아온 권중화(權仲和)와 정도전(鄭道傳) 등이 태조에게 그 결과를 보고한 기록 중에서 따온 구절로서, 『태조실록』 3년 9월 9일자에 수록된 내용을 전사(轉寫)한 것이다. 『태조실록』 원문에는 '肅王(고려 숙종)'으로 되어 있는 부분이 『궁궐지』에는 '忠肅王(고려 충숙왕)'으로 잘못 인용되어 있어 필자가 이를 바로잡았다.

의 남쪽에 있었다는 말이다.176) 이런 이유 때문에 필자는 남경 궁궐이 혹 구기동(舊基洞) 일대에 있었던 것은 아닐까 하는 생각이 든다. 구기동은 '구텃굴' 또는 '옛터굴'의 한문 표기인데,177) 무엇의 옛터를 의미하는지 아직 알려진 것이 없으나, 위의 기록으로 볼 때 고려 궁궐의 옛터를 의미할 수도 있기 때문이다.

 이러한 추정은 남경을 부활시키고 새 궁궐을 만들었던 고려 숙종의 행적을 통해서도 뒷받침되고 있다. 숙종은 즉위 초년(1096) 김위제의 남경 건도(建都) 주청 이후 3년만인 1099년 9월에는 재신(宰臣)과 일관(日官)에게 남경 건도 문제를 의논케 하고, 바로 삼각산 승가사로 가서 재(齋)를 올린 후에 이튿날 남경 터를 둘러보았으며, 다시 2년 후인 1101년 9월에는 남경개창도감(南京開倉都監)을 설치하여 3년만인 1104년 5월에 남경 궁궐 공사를 완료되자, 그 해 7월 남경으로 갔으며, 8월에는 승가사에서 기우제를 지냈다. 남경 궁궐이 승가사와 매우 가까운 곳임을 시사하는 기록들이다.178) 이러한

---

176) 이병도 교수는 이를 "고려 숙종 때 지었던 궁궐의 옛터가 너무 비좁아 다시 그 남쪽으로 터를 정하였는데 (그 남쪽 터 역시) '북북서쪽의 산(亥山)'이 주산(主山)이 되고 임좌병향(壬坐丙向)한 터였다"는 의미로 해석한 것으로 보인다. 다시 말해서 이병도 교수는 고려 궁궐터나 새 궁궐터 모두가 북악산을 주산으로 한 자리로 해석한 것이다. 하지만 그와 같은 해석은 무리한 해석이 아닐 수 없다. 현재의 청와대 자리나 경복궁 자리는 위 아래로 연접(連接)하여 있는데 고려 궁궐터가 현 청와대 자리라면 새 궁궐터를 설명하면서 그 방위(方位)를 부연 설명할 이유가 없기 때문이다. 이병도 교수와 같은 해석은 원문이 "以前朝肅王所營宮闕舊址狹隘 更相其南 其南亦亥山爲主壬坐丙向"로 되어 있을 경우에나 가능한 것이다.
177) 한글학회, 『한국지명총람』, 1966, 제1권.
178) 뿐만 아니라 고려조에서는 양주 땅에 왕기가 있어 양주에서 '木子' 성(姓)을 가진 자가 왕이 될 것이라는 도참설 때문에 양주 땅에다 오얏나무(李)를 심어놓고 얼마만큼 자라면 베어버리기를 반복하여 그 왕기를 눌렀다는 전설도 있는데, 오얏나무가 바로 자두나무이며, 1960년대만 해도 구기동 일대에는 많은 자두나무가 심어져 있었다.

필자의 추정이 사실과 부합한다면, 고려 숙종 때 중서문하성에서 남경 새 도읍의 구체적 범위를 말할 때 언급한, 동쪽의 대봉(大峰), 남쪽의 사리(沙里), 서쪽의 기봉(妓峰) 그리고 북쪽의 면악(面嶽)이 어느 곳을 말하는지도 재검토가 필요할 수도 있을 것이다.179)

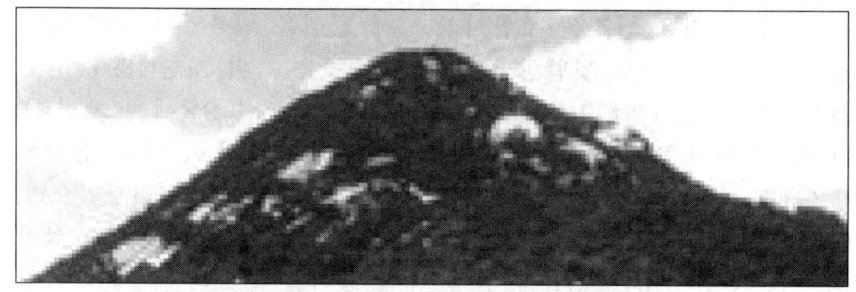

사진 1. 남쪽에서 본 북악산
    두 눈과 코를 갖추고 동남쪽을 향하고 있는 얼굴 모습이다.
    이런 모습 때문에 북악산을 면악(面嶽)이라 하였을 수도 있다.

    이러한 전설 역시 구기동 일대가 고려 남경 궁궐터였음을 암시하는 것으로 볼 수 있을 것이다. 물론 1960년대까지 구기동 일대에 심어져 있던 자두나무는 대부분 유럽종 자두로서 1920년대 이후 재배된 것으로 알려져 있지만 이곳에 자두를 많이 심게 된 이유는 토양이나 기후조건이 자두나무의 재배에 적합하였기 때문일 것이며, 그 이전부터 재래종 자두가 이곳에 많이 자라고 있었을 가능성이 높다.
179) 이러한 지명들에 대한 연구는 『고려사』「열전」의 "김위제전(金謂磾傳)"에서 지명을 상징하는 것으로 언급된 여러 용어들에 대한 해석과 동시에 이루어져야 할 것이다. 조선 건국 초기에 한양을 도읍지로 확정하고 그 궁궐터를 정하면서 고려 때 도참설(圖讖說)에서 양주의 명당터로 말하였던 곳이 어느 곳인지를 놓고 수많은 논란이 있었다. 이 문제에 대한 연구는 풍수지리(風水地理)에 관한 어느 정도의 지식과 더불어 서울 지역의 모든 산맥에 대한 완벽한 이해가 필요하다. 이러한 연구는 후일로 미룬다. 『고려사』「열전」의 "김위제전(金謂磾傳)"은 이 책의 제三권 시문집에 「김위제(金謂磾)의 남경건도소(南京建都疏)」로 제목을 바꾸어 번역 수록하여 놓았다.

그러나 설령 이러한 지명들에 대한 이병도 교수의 해석이 합당한 것이라 해도, 고려 숙종 때 만든 남경 궁궐이 반드시 그 범위내에 있을 필요는 없을 것이다. 남경 궁궐은 반드시 양주로 천도(遷都)를 전제로 만든 것이 아니라, 휴양지를 겸한 일종의 이궁(離宮)으로 만든 것으로 보는 것이 합당하기 때문이다. 구기동 일대는 한 국가의 도읍지로는 협소한 곳이지만 휴양지를 겸한 이궁(離宮)을 세우기에는 참으로 적절한 곳이다.

V. 맺음말

현재의 삼각산 북한산성 자리에는 조선조 숙종 때 오늘의 모습으로 산성을 축성하기 이전에 이미 중흥동고성 등으로 불리던 고석성의 흔적이 있었으며, 이 고석성과 관련하여 백제도읍설을 비롯하여 삼국시대 초기로부터 고려말에 이르기까지의 여러 사건들에 관한 이야기가 문헌상으로 또는 구전으로 전해 내려오고 있다. 중흥동고석성과 관련이 있을 것으로 전해저 오거나 또는 추정해 볼 수도 있는 역사적 사건으로서 백제가 이 성을 차지하고 있을 때의 사건으로는 온조왕 14년(BC 5)의 한강 서북쪽 축성 사건, 개루왕 5년(132)의 북한산성 축성 사건, 비류왕 24년(327)의 우복에 의한 북한성 점거반란 사건, 근초고왕 26년(371)의 이도한산 사건, 진사왕 8년(392)의 관미성 함락 사건, 아신왕 4년(395)의 한산성 회군 사건, 개로왕 21년(475)의 왕도한성 피습사건, 동성왕 4년(482)의 한산성 피습사건, 무령왕 7년(507)의 한성 피습사건 등이 있다.

신라가 이 성을 차지하고 있을 때의 사건으로는 진흥왕 14년(553, 백제 성왕 31년)의 백제 동북쪽 변경 공취 사건, 진흥왕 16년(555, 백제 위덕왕 2년)의 북한산 순행 사건, 진흥왕 18년(557)의 북한산주 설치 사건, 진평왕 25년(603) 및 태종무열왕 8년(661)의 북한산성 피습 사건 등이 있다. 그리고, 고려시대에 들어서는 현종 원년(1010)의 양주파천 사건, 고종 19년(1232)의 몽고군과의 중흥동고석성 전투 사건, 우왕 14년(1388)의 한양중흥성 수축 사건 등이 있다.
  그러나 그러한 여러 가지 사건들과 관련된 역사문헌들을 상고해 보면, 중흥동고석성과 관련된 것임이 분명하게 기록으로 남아 있는 것은 고려말의 '한양중흥성 수축사건' 하나뿐이다. 하지만 관련된 역사기록들과 이에 관한 여러 해석들을 종합해 본 결과 필자는, 중흥동고석성은 개루왕 5년(132)에 당시 남북 이경(二京) 체제를 유지하던 백제의 북경이었던 '한성'(즉, '하북위례성')을 보호하기 위하여 삼각산 동쪽 기슭에 '북한산성'을 만들면서 그 배후산성으로 만든 것이라는 결론을 얻을 수 있었다. 이러한 추론은 백제의 전 역사를 되짚어본 결과 얻은 결론이다. 그 추론의 과정은 매우 복잡한 것이었지만 이제 그 요점만 정리해 보자면 아래와 같다.
  백제는 최초 한강 이북 중랑천 일대의 면목동 아니면 중곡동 어느 곳에 위례성을 쌓고 국가를 세웠다. 이곳에서 13년을 지내면서 말갈과 낙랑의 침입으로 피곤해진 백제는 좀더 안전한 곳을 찾아 한강 남쪽에 새 도읍을 정하고 온조 14년 1월에 이 하남위례성으로 도읍을 옮기면서 옛 도읍인 (하북)위례성의 백성을 나누었다. 그러나 이로써 한강 이북지역을 포기한 것은 아니었다. 오히려 말갈과 낙랑의 공격에 대한 방비를 더욱 강화하여 새 도읍으로 옮긴 직후인 온조 14년 7월에 구도읍과 가까이 있는 아차산의 정상에 구도읍의 배후산성으로 아차성을 쌓았다. 이로써 옛 도읍을 북경으로 하고 새 도읍을 남경으로 하는 2경 체제가 된 것이다. 『삼국사기』의 초기기록부터 나타나는 '한성'은 북경의 이름이며, 후일 『삼국사기』에서는 이를 '한산성'이라고도 하고 새 도읍인 하남위례성을 '남한성'으로 부르는 것과 구분하기 위해 '북한성'이라고도 하였고, 현대에 들어와서는 이를 하북위례성으로 부르는 것이다.
  그 후 개루왕 5년(132)에는 북경인 '한성'(북한성, 한산성 또는 하북위례성)을 보호하기 위하여 그 북쪽인 삼각산 동쪽 기슭에 '북한산성'을 만들었다. 이때 만든 백제의 '북한산성'은 '한성'의 북성이 되고, 종래의 '한성'(북한성, 한산성 또는 하북위례성)은 '남성'이 되어 '한성'에는 '남성'과 '북성'의 두 성이 있게 된 것이다. '북한산성'이라는 명칭의 유래는 '한산성'(종래의 '한성'의 또 다른 이름)의 북쪽에 쌓은 것이기 때문에 부쳐진 명칭일 것으로 추정된다. 중흥동고석성은 이때 한성의 북성으로 북한산성을 만들면서 그와 일체를 이루는 배후산성으로 동시에 만든 것으로 추정된다. 북한산성의 축성으로 인해 한성의 남성이 된 종래의 '한성'과 연결된 배후산성은 이미 온조가 하남위례성으로 주도읍을 옮긴 직후에 만들었으며, 현재 광진구 아차산 정상에 있는 아차성이 바로 그곳이다.

앞서 중흥동고석성에서의 일로 흔히 추정되고 있는 것으로 언급한 바 있는 많은 사건들 가운데 사실인 것으로 추론될 수 있는 사건은, 고려말의 한양중흥성 수축 사건을 제외하면, 개로왕 21년 (475) 고구려 장수왕의 남정 당시 왕도인 한성을 공격하면서 먼저 7일간 공격하여 함락시켰다는 '북성'에 관한 기록뿐이다. 한성의 '북성'은 삼각산 동쪽 기슭에 세운 것이지만 그 배후에 중흥동고석성이 있었기 때문에 고구려는 이를 함락시키는 데 있어서 남성의 함락보다는 더욱 많은 노력과 시간이 소요된 것으로 추정된다.

백제의 '북한산성'과 그 배후 산성인 중흥동고석성은 장수왕의 남침 당시 폐허가 되었는데 '북한산성'은 평지성인 관계로 그 후 쉽게 복구되어 다시 사용되었지만 그 배후 산성인 붕흥동고석성은 장수왕의 남침 당시 폐허가 된 이후에는 더이상 사용하지 않았을 것으로 추정된다.

고려말 우왕 당시 중흥동고석성을 수축토록 한 기록은 있으나 실제 수축이 이루어졌는지는 매우 불분명하며, 수축이 실제로 이루어졌다 하더라도 극히 소규모의 수축에 불과하였을 것으로 추정된다. 이제 우리는 중흥동고석성은 어떤 형태로 만들었던 산성인지를 탐구해 볼 차례이다.

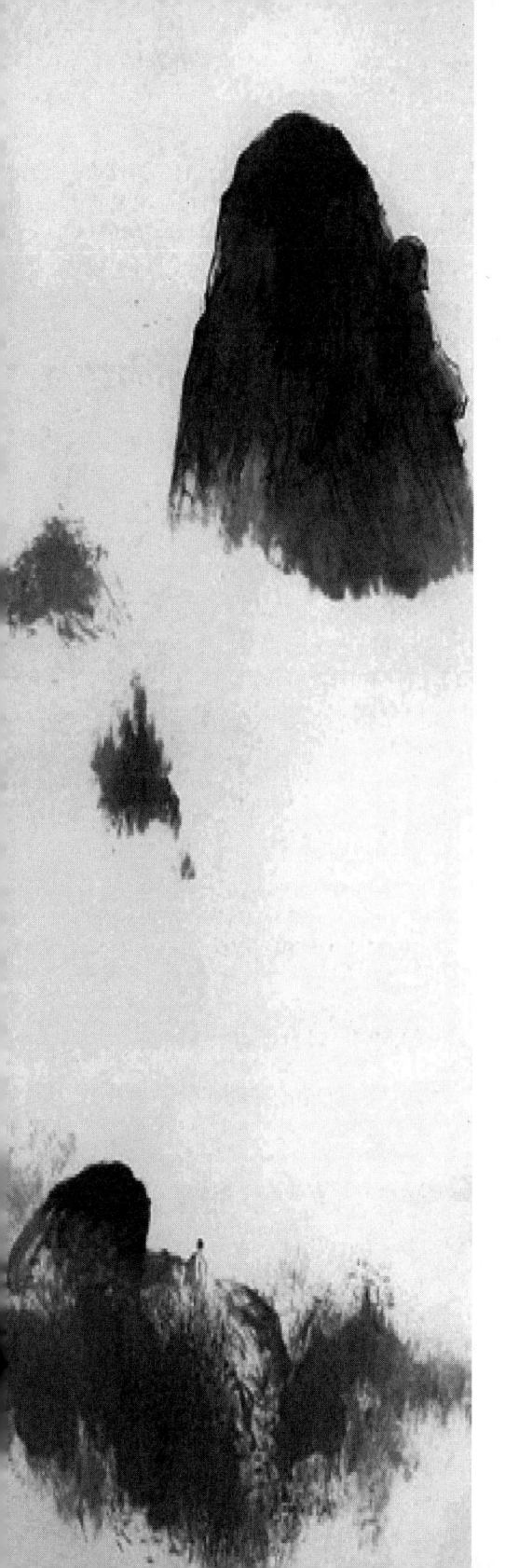

| 제 3 편 |

중흥동고석성의 구체적 위치와 형태

I. 머리말
II. 조선조 중후기 역사지리서에
    기록된 중흥동고석성
III. 병조판서 이덕형의
     「중흥산성간심서계」
IV. 중흥동고석성의 위치 및 형태
V. 이덕형의 서계 이후
VI. 맺음말

제3편 중흥동고석성의 구체적 위치와 형태

I. 머리말

조선조 숙종 때 지금의 북한산성을 쌓은 서울 북변 삼각산에는 백제 때 처음 만든 것으로 알려져 있는 옛 산성이 있었다. 이 글은 북한산성의 전신인 이 산성의 개략적인 형태 및 크기 또는 위치를 알아보기 위해서 문헌조사와 현지 지형답사를 기초로 하여 작성된 것이다.

현 북한산성은 일부는 처음부터 다시 쌓은 것이지만 일부는 옛 산성을 수축한 것이다. 그러나 옛 산성인 중흥동고석성이 어떤 자리에 어떤 크기로 존재하던 산성이었는지에 관한 정밀한 분석은 아직까지 시도된 적이 없다. 현 북한산성에서 인위적으로 쌓은 외곽 성벽의 총 연장은 7,620보(약 9.5km)이며 자연지형을 그대로 성벽의 일부로 이용한 부분까지 합하면 현 북한산성의 둘레는 약 13km로서1) 한양도성과 거의 비슷한 크기의 거대한 산성이 바로 북한산성인 것이다.2) 그러나 『북한지』나 『동국여지비고』 등 조선조 중·후

---

1) 숙종 당시 외곽성벽 공사를 끝내고 비변사에서 그 결과를 임금에게 올린 「북한축성별단(北漢築城別單)」이 『비변사등록』 숙종 37년(1711) 10월 18일 기사와 『숙종실록』 같은 달 19일 기사에 수록되어 있는데, 새로 쌓은 성벽은 고축(가장 높게 쌓은 성벽)이 2,746보, 반축(고축 절반 높이로 쌓은 성벽)이 2,906보, 반반축(반축 절반 높이로 쌓은 성벽)이 511보, 여장(총구만 쌓은 성벽)만 쌓은 곳이 1,457보로, 모두 합하면 7,620보(21리 60보)라고 기록되어 있다. 이 기록으로 보아 자연지형을 그대로 성벽으로 이용한 구간은 7,620보에 포함되어 있지 않음을 알 수 있다. 한편, 1보를 1.25m로 보는 경우도 있고 1.8m로 보는 경우도 있어서 7,620보는 전자의 기준에 의하면 약 9.5km가 되고 후자의 기준에 의하면 약 13.7km가 된다. 국립공원관리공단에서 작성하여 현재 북한산성 대남문 앞에 북한산성 복원공사를 기념하여 세워놓은 비석에는 산성 둘레를 12.7km로 소개하고 있다. 이 수치는 자연지형을 그대로 성벽으로 이용한 구간을 포함한 수치로 보인다. 따라서 위의 7,620보는 1보를 1.25m로 계산한 거리임을 알 수가 있다. 결국 북한산성에서 인위적으로 쌓은 성벽의 총 연장은 약 9.5km이고 자연지형을 그대로 성벽으로 이용한 부분까지 합한 둘레는 12.7km가 되는 것이다. 한편, 국립공원관리공단에서 제작하여 현재 북한산성 매표소에서 입장객에게 제공하고 있는 「북한산 국립공원」이라는 등산지도에서는 산성의 둘레를 9.7km로 그리고 성체만의 총 연장을 8.4km로 소개하고 있는데, 전자는 어디에서 나온 수치인지 모르겠으나 후자는 성벽을 쌓은 21리 60보에 대해 10리를 4km로 보고 환산한 것으로 보인다.

2) 전구간이 인위적 성벽으로 되어 있던 한양도성의 둘레는 17km 내외이다. 『태조실록』 7년 5월 13일 기록에 의하면 9,767보[영조척(營造尺)으로 58,602척]이고 『세종실록』 30년 12월 8일 기록에 의하면 10,149보(영조척으로 60,892척)인데, 『신증동국여지승람』에서는 이를 9,975보로 기록하고 있고, 『해동지도』의 「경도5부-북한산성부」 지도에서는 그보다 약 5,000보가 큰 14,935보[주척(周尺)으로 89,610척]로 기록하고 있다. 앞의 세 기록은 1.8m를 1보로 계산한 거리이고

기에 발간된 역사지리서에서는 현 북한산성의 전신인 중흥동고석성의 둘레를 한결같이 경복궁의 둘레와 비슷한 약 1,580보(9,500척) 내외로 기록하고 있는데,3) 조선조 숙종 당시 지금의 북한산성을 쌓는 데 걸린 기간은 불과 6개월이었다.4) 아무리 많은 인력을 동원했다 해도 사람의 거주가 어려운 높고 가파른 산악지대에서 1,580보의 성벽을 수축하고 나머지 6,040보의 성벽을 처음부터 새로 쌓았다는 데 걸린 기간이 6개월에 불과하였다는 것은 불가사의한 일이다. 이 글의 제IV장에서는 중흥동고석성의 개략적인 크기와 형태 또는 위치 등을 검토함으로써 이 문제의 진상을 알아보려고 한다.5)

마지막 기록은 1.25m를 1보로 계산한 거리임을 알 수 있다. 그러나 「경도5부-북한산성부」 지도에 첨부된 설명문에는 "북한산성은 그 둘레가 도성보다 5리가 더 크다"고 기록되어 있다. 뿐만 아니라 『비변사등록』 숙종 30년(1704년) 2월 3일자 기사에도, 좌의정 이여가 "도성이 아무리 넓다 하더라도 (새로 쌓으려는) 북한산성의 둘레는 도성에 비해 5리가 더 길다 합니다"라고 한 기록이 수록되어 있다. 이 기록으로 보아 조선조 당시는 흔히 북한산성 둘레가 한양도성보다 큰 것으로 알고 있었던 것 같다. 『해동지도』는 18세기 중엽 출간된 것으로 알려져 있으나 저자에 대해서는 알려진 것이 없다.
3) 중흥동고석성의 둘레를 『북한지』에는 9,417척으로, 『동국여지비고』에는 9,517척으로, 표기되어 있는데, 이를 영조척 환산 기준에 따라 6척을 1보로 환산하면 1,570보 또는 1,586보가 된다. 이 기록으로 보면 중흥동고석성은 경복궁보다 작은 산성이다. 『신증동국여지승람』에 기록된 경복궁 둘레는 1,813보이다.
4) 북한산성의 외벽 공사는 숙종 37년 4월에 착공하여 동년 10월에 완성되었다.
5) 백제 초기에 쌓은 것으로 알려진 고석성의 위치나 크기가 조선조 숙종 당시 북한산성을 쌓기 직전까지 존재하던 고석성과 같았는지는 분명하지가 않다. 고려말에 이 고석성을 수축한 것으로 볼 수 있는 기록이 있기 때문이다. 그러나 이 문제는 현재 남아 있는 기록만으로는 규명이 어렵고, 지금 검토하려는 것은 숙종 당시 북한산성을 쌓기 직전의 중흥동고석성이 어떠한 산성이었는지에 관한 문제이다.

II. 조선조 중후기 역사지리서에 기록된 중흥동고석성

백제 초기에 축성된 것으로 알려진 중흥동고석성의 위치 및 형태에 대한 정확한 고증은 없으나, 앞서 소개한 바와 같이 조선시대 중·후기의 역사지리서인 『동국여지지』 『북한지』 『대동지지』 『동국여지비고』 등에서는 중흥동고석성을 둘레 9,500척 내외의 작은 석성으로 기록하고 있다. 이제 이 기록들의 내용을 다시 구체적으로 살펴보기로 하겠다.

현재의 북한산성을 쌓기 전인 효종 7년(1656)에 반계 유형원이 쓴 『동국여지지』에 의하면 "절정에 걸터앉아 돌아 내려와서 계곡 어귀의 석문에 이르러 끝난다. 둘레는 9,400척이고 삼국시대의 북한산성이다. 세간에서는 '중흥동석성'이라고도 부른다"라고 하여 포곡형 산성으로 묘사하고 있다.[6]

영조 21년(1745) 성능 스님이 저술한 『북한지』의 「고적」편에는 "고석성이 중흥사 북쪽에 있으며 그 둘레는 9,417척이고 석문(石門)과 문지(門址)가 남아 있다"라고 기록하고 있다.

『대동지지』 제3권의 「양주목」, 「성지」편에는 "중흥동고성은 북한

---

6) 산성의 형태는 크게 발권형(鉢卷型)과 포곡형(抱谷型)으로 분류된다. 발권형은 테뫼형이라고도 하며 봉우리 위에 자리잡고 봉우리 상단에 마치 수건을 동여맨 것처럼 원형으로 성벽을 쌓는 형태이다. 포곡형은 능선과 봉우리를 연결하여 성벽을 쌓아서 성 내부에 계곡을 포함하도록 성벽을 쌓는 형태로서 내부에 넓은 계곡이나 수원(水源)을 고려한 형태인 만큼 규모가 크다. 고구려의 성은 약간의 예외를 제외하고는 대다수가 포곡형인 반면 백제와 신라·가야의 경우에는 대체로 발권형이며 특히 백제의 경우 극소수를 제외하고는 거의 모두가 발권형이라 한다. 한편, 반계 유형원의 『동국여지지』에 앞서 조선조에 발간된 관찬지리서로 『세종실록』 「지리지」, 『신증동국여지승람』등이 있으나 이들 지리서에는 중흥동고석성에 관한 어떤 언급도 없다. 민족문화추진회에서 발간한 『국역 신증동국여지승람』에는 "중흥동고성"에 관한 기록이 있으나(「양주목」, 「성지」편), 이는 『신증동국여지승람』을 번역하면서 『대동지지』 기록을 삽입한 것에 불과하다.

산성 안에 있으며 산영루 좌우편에는 그 유지가 있다. …성의 둘레는 9,517척인데 지금은 북한산성 안에 들어가 있다"라고 기록되어 있다.7)

역시 조선조 말에 편찬된 저자 미상인 『동국여지비고』의 제2권, 「한성부」, 「관방」편에는 "중흥동중성(重興洞中城)은 중흥사 북쪽에 있다. 옛 성은 돌로 쌓았는데 주위가 9,417척이며 내·외성과 석문 및 석비(石扉)가 있으며 민간에서 전하여 오는 말이 백제 중엽에 여기에 도읍하였는데 석문이 곧 그때 궁문이었다고 한다. 지금은 폐지되었다. 성 안에 산이 있는데 우뚝 높이 솟아 있는 것이 노적가리 같으므로 민간에서는 노적봉이라고 한다. 산성의 수구가 낮고 넓어서 석성을 쌓았는데 그 길이가 ○○이다"라고 기록하고 있다.8)

위의 기록들에 의하면 중흥동고석성은 둘레가 경복궁의 둘레(『신증동국여지승람』에 의하면 1,813보/약 10,000척/약 2.3km)보다도 작은 산성이었다는 것이다. 한편, 마지막에 소개한 『동국여지비고』의 기록만 보면, 9,417척의 구성(舊城)의 석축 외에 또 다시 수구 부근에 석축이 있었던 것으로 해석된다.9)

---

7) 원문: 重興洞古城 在北漢山城內 山映樓之左右有遺址 百濟蓋婁王五年 築北漢山城云者非是 高麗禑十四年 命崔瑩修漢陽重興山城 將欲避倭也 城周九千五百十七尺 今入北漢山城內 此城始於百濟時而非百濟之都城.

8) 원문: 重興洞中城 在重興寺北 舊城石築周九千四百十七尺 有內外城 石門石扉 俗傳百濟中葉都于此 石門卽其宮門云 今廢 城中有山 聳峙如露積 故俗稱露積峰 以山城水口低濶 築之石築 長○○.—이 기록에서 수구에 쌓은 석축의 길이가 얼마인지를 처음에 써놓은 것이 분명하나 필자가 본 책에는 이 부분이 지워져 읽을 수 없다.

9) 일본인 이마니시류는 1916년에 북한산성 유적조사를 하면서 자신은 조사 당일 큰비를 만나 중흥동고석성에 대해 조사해 보지 못했으나 그보다 수년 전에 파출서에서 작성한 조서에는 "유적은 없고 단지 그에 대한 전설만 있었다"고 기록되어 있다고 하였다. 今西龍, 「京畿道高陽郡北漢山遺蹟調査報告書」, 朝鮮總督府編, 『朝鮮古蹟調査

III. 병조판서 이덕형의 「중흥산성간심서계」
1. 서계의 작성 경위

선조 25년(1592, 임진년) 4월에 20여만 왜군 병력의 침입을 받은 조선은 5월 2일 수도 한양을 적에게 내주고 말았다. 6월에는 평양까지 내주고 선조는 의주성으로 피신했다. 그러나 당시 전라좌수사 이순신과 전국 각지에서 봉기한 의병들의 활약 그리고 명(明)나라가 보낸 구원군으로 전세는 조금씩 역전되어 이듬해인 선조 26년(1593) 2월에는 평양성을 수복하였고, 4월에는 한양을 수복하였다. 이때 왜군은 남하하여 울산 북쪽의 서생포에서 진주 아래쪽의 웅천까지 성을 쌓고 버티며 화의를 제의하였으며 명은 일본의 화의교섭 제의를 수용해 심유경(沈惟敬)을 일본으로 보내 교섭을 벌였다.10)

일본과의 교섭이 한참 진행 중이던 선조 29년(1596) 1월 28일 임금은 "적의 소행을 보니 그 흉모(凶謀)가 수상하다. 만에 하나라도 다시 발발하여 곧바로 경성으로 올라오면 어찌하겠는가?… 삼각산

報告―大正五年度朝鮮古蹟調査報告』, 소화(昭和) 49년, 34쪽. 이 책은 조선총독부가 대정(大正) 5년(1916)의 조선고적조사보고서들을 함께 묶어 대정 6년(1917년) 12월 최초 발행한 것을 소화 49년(1974) 일본 국서간행회(國書刊行會)가 재간한 책이다.

10) 화의 교섭과정에서 일본은 명의 황녀를 일본의 후비로 보낼 것, 조선 8도 중 4도를 일본에 할양할 것, 조선의 왕자 및 대신 12인을 일본에 인질로 보낼 것 등 터무니없는 요구사항을 고집함으로써 수년간 지속되던 교섭은 끝내 결렬되고 선조 30년(1597) 1월 15일 일본은 다시 15만 명의 병력으로 조선을 침입해 왔다. 이것이 정유재란이다. 일본군이 다시 침략하자 명나라의 원군도 다시 압록강을 건너왔고 조선 땅은 또 한 번 치열한 전장이 되었으며, 임금이 다시 피난해야 한다는 주장이 나올 정도로 일본군의 기세가 등등했다. 하지만 그동안 방비책을 마련한 조선군과 명군의 반격으로 일본군은 충청도를 넘지 못하다, 이듬해인 선조 31년(1598) 8월 도요토미 히데요시가 병으로 죽자 철군을 시작했고, 11월 조선에서 완전히 패퇴하였다. 이로써 6년 7개월간의 전쟁은 막을 내리게 되었다.

밑에 중흥동이 있는데, 고려 때 현종이 피난한 곳이다. 그 굴곡의 형세는 알 수 없으나 만일 그 형세가 극히 좋을 경우 그곳은 경도에 가까우니, 산성을 수축하고 그 가운데 곡식을 저장하며 수장(守將) 한 사람을 정하여 인민을 소집하게 하고 그 앞을 개간하여 보장(保障)을 만들게 하라. 그러면 훗날 백성을 피난하게 할 수도 있고 군사를 거느리고 주둔해 지키면서 공격하는 것을 막아낼 수도 있을 것이다. 깊이 참작하여 시행하도록 하라. 지금 이 전쟁의 변(變)이 10년 안에는 그칠 가망이 없으며 비록 백년 뒤라도 또한 다시 일어날 것이니 규획(規劃)하지 않는 곳이 없게 함이 좋겠다"면서 옛 성터에 산성 축성을 검토하도록 지시하였다.

　위와 같은 임금의 지시가 있자 비변사에서는 "중흥동에는 옛날에 산성이 있었는데 지금까지 석축이 완연합니다. 세인의 전언에 의하면 고려 때 최영이 군사를 주둔하였던 곳이라 하는데, 지금도 그 상봉의 암석에는 '깃대를 꽂았던 구멍'이 있고 그 동구가 극히 험준하기 때문에 왜인이 오직 단 한 번 그곳에 이른 적이 있었다고 합니다. 이는 곧 경성 후면의 매우 가까운 곳이라, 근일 아랫사람들의 의논 또한 이곳에 별도로 하나의 진영을 설치하고 혹 사찰의 승도를 소집하되 응모하는 자에게 곧바로 면역(免役)의 도첩을 주게 되면 머지않아 원근의 중들이 모여들 것이니 이에 한 사람이 통솔하게 하여 화포 등의 기술을 연습하며 훈련을 통해 군을 이루게 하면 이는 경성과 더불어 서로 돕는 형세가 되어 만에 하나 적병이 일면에 와 핍박한다 하더라도 감히 산후(山後)를 포위하지는 못할 것이라고 하는데 이 말이 또한 몹시 이치에 맞습니다. 삼가 성교(聖敎)를 받들건대, 영민한 성산(聖算)이 미친 바가 실로 예사롭지 않은 것이라, 신들이 삼가 명을 받들어 시행하겠습니다. 바라건대 일을 아는 관원을 뽑아 중흥동 산성으로 달려 보내어 지세를 살핀 후에 다시 조처를 의논하게 하심이 어떻겠습니까?" 하고 건의하니, "눈이 녹기를 기다려 병조판서를 보내 살펴본 후에 조처하도록 하라"

고 지시하였다.11)

  한 달 후인 3월 2일 병조판서 이덕형(李德馨)이 중흥동고석성을 돌아보고 와서 이튿날 임금에게 올린 「중흥산성간심서계(重興山城看審書啓)」에는 고석성의 형태와 크기가 비교적 상세히 기록되어 있다.12) 이 기록을 자세히 검토해 보면 고석성은 외성(外城)·내성(內城)의 이중 구조로 되어 있는 산성으로, 그 외성(外城)은 현 북한산성의 내성과 같은 위치와 크기를 지닌 산성이었음을 알 수 있고, 조선조 중후기의 역사지리서들에 기록된 중흥동고석성의 둘레는 그 내성(內城)의 둘레만을 말하고 있음을 알 수가 있다.

2. 서계의 내용

  『선조실록』 29년(1596) 3월 3일자에 수록된 병조판서 이덕형의 서계(書啓)는 아래와 같다. 원문은 단락 구분 없이 연속된 것이지만 이 글에서는 편의상 이를 A에서 J까지 아홉 단락으로 나누고 그 내용을 나타낼 수 있는 제목을 붙였다. 그러나 그 내용과 순서는

---

11) 원문: 上教曰 且觀賊勢所爲凶謀殊常 萬一更肆直上京城 如之何… 三角山下有中興洞 前朝顯宗避難之地 未知其曲折形勢 而萬一形勢極好 則此處近於京都 若修築山城 積穀其中 定一守將 招集人民 開墾其前 作爲保障 他日 或遺民避難 或援兵屯守 遮截鈔擊 無所不可 宜商量參酌 經理施行 今此干戈之變 非可知息於十年之前 數百年之後 亦且復作 無處不爲規劃可矣 備邊司啓曰… 重興洞舊有山城 今尙石築宛然 世傳高麗時崔瑩住兵處 今其上峰巖石上有堅旗之穴 其洞口極險 故倭人但得一至其處云 此乃京城後面至近之地 近日在下之議 亦以爲此地當爲別設一營 或寺刹招集僧徒應募者輒與免役度牒 則不久遠近之僧皆來集 因使一人統之 練習火砲等技 調練成軍 則是與京城爲子母輔車之勢 萬一賊兵雖來迫一面 而不敢圍繞山後云 此言亦甚有理 伏承聖敎叡算所及 ○出尋常 臣等勤當遵奉施行 請發事知官員 馳往中興洞山城 相視形勢後 更議措處之事何如 上答曰… 中興山城寺 其形勢非肉眼可知 姑待雪消可遣兵判相視後處之.『선조실록』 29년(1596) 1월 28일 (乙未) 기사.
12)『선조실록』 29년(1596) 3월 3일(庚午) 기사.

원문 그대로이다.

A. 서북쪽 외성과 남쪽 외성의 성벽과 성문

　병조 판서 이덕형이 아뢰기를, "신이 1일에 나아가 중흥동에 못 미쳐 촌막에서 자고 이튿날 아침 **동구**(洞口)에 도착하여 중흥동고석성의 '서북쪽 외성(外城)'을 바라보니 **삼각봉**이 우뚝 서있는 **곁에 다시 두 봉우리**가 차례로 나란히 서 있는데 성자(城子)13)는 **그 끝 봉우리**의 허리에서 시작되어 '계곡 입구 곁에 있는 언덕'에 이르러 끝나고, '남쪽 외성'은 '시내의 암벽'에서부터 시작되어 위로 **서남쪽 최고봉**에 이르러 끝났습니다. 성에는 석문 옛터가 있는데 바로 **서문**이라고 불리는 곳입니다.

B. 외성 석문부터 내성까지의 지리

　석문 가운데 한 가닥 길이 있어 곧바로 가면 중흥사에 이르게 됩니다. 길은 산비탈로 나 있고 계곡은 굴곡이 졌는데 길가에 운암사 옛터가 있었습니다. 여기서 오솔길 하나가 나뉘어져 벽하동으로 들어갑니다. 벽하동은 중흥사가 서 있는 산의 뒷계곡으로 이 길은 **백운봉**에 이르러 끊어졌습니다. **내성**(內城)에 들어가려면 성에 석문이 있는데 절과 거리는 수백보 가량 됩니다.

C. 중흥사 동남쪽의 세 길과 동문 및 동남문

　사문(寺門)을 지나서 동남쪽으로 가면 길이 셋으로 나뉘는데, 하나는 **동문**(東門)으로 통하여 왕래하는 길로서 성 밖에 수도암·도성암 등의 암자가 있고 그 밑은 곧 우이동입니다. 또 하나는 **동남문**(東南門)인 석가고개(釋伽峴)를 통하여 사을한리(沙乙閑里)로 내려가는 길입니다. 그리고 또 다른 하나는 **문수봉**을

---

13) 성자(城子)는 성보(城堡), 성채(城砦), 성새(城塞) 등과 모두 같은 말로서 성과 보루 또는 요새를 말한다.

넘어 창의문으로 통하는 길로서 탕춘대 앞뜰이 내려다보이는 길입니다.

D. 석가현부터 문수봉까지의 산세
석가고개부터는 산세가 남쪽으로 뻗어나가다가 서쪽으로 향해 높이 일어나 **문수봉**이 됩니다.

E. 현 의상능선의 산세
문수봉으로부터 세 봉우리가 서쪽으로 뻗어내려 동구의 외성이 일어난 곳, 즉 앞에 이른바 **서남쪽의 최고봉**과 서로 접하게 되는데 형세가 극히 험악합니다.

F. 외성 밖 동쪽 및 남쪽의 전망
문수사·승가사·향림사 등의 절은 산허리에 나열해 있고, 우이동·사을한리와 경성의 사현(沙峴)·홍제원의 좌우 도로는 역력히 한눈에 들어옵니다.

G. 동쪽 외성의 성벽
성자가 또 **미로봉**(彌老峰) 허리로부터 시작되어 도성암 윗고개와 석가고개를 거쳐서 위로 **문수봉**에 이르러 그쳤으니, 이것이 그 대세인 것입니다.

H. 성내의 지세
모든 봉우리는 아래로 뻗어 산록이 되고 골짜기 양편은 개이빨처럼 얽혔으며, 각처의 시내는 폭포를 이루어 흘러서 모두 **동구**로 나가는데 지세가 몹시 급하고 비좁아 사람이 살기에 불편합니다. 오직 중흥사 상단 좌우 골짜기만이 토지에 육기(肉氣)가 있어 그런대로 의지해 살 만합니다.

I. 외부로부터의 접근로와 방어대책

　삼각봉의 후면은 절벽이 깎아세운 듯하고 그 밖은 곧 서산(西山)으로 통행하는 길인데 미륵원으로부터 우이동으로 돌아오게 되어 있습니다. 도성암 윗고개(道成庵上嶺)와 석가고개(釋迦峴) 및 문수봉에 지름길이 있기는 하나 사면의 산세가 높고 험절하니, 진실로 10여 인이 지키게 되면 적의 무리 수만 명이 있어도 어찌할 수 없을 것이며, 또 중첩된 산봉우리가 원근을 가리고 있어 적이 성을 에워싸고자 하여도 그 형세가 실로 어려울 것입니다. 만약 산허리 요해처에 돈대를 설치하여 망보게 하고 그 속에 곡식을 비축해 두며, 아래 동구(洞口)와 도성령(道成嶺)·석가고개(釋伽峴) 등 몇몇 곳을 굳건히 지키면 천험만전의 형세가 있을 것입니다. 설사 적병이 속으로 들어온다 하더라도 두 마리 쥐가 굴을 다투는 형세가 있어 아군의 다소를 헤아리지 못할 것입니다.

J. 축성공사의 문제점과 대책

　도성 근처에 이렇게 유리한 지세를 두고도 방치하였으니 애석한 일입니다. 흠이라면 도로가 매우 험하여 출입할 일이 있을 때 인력이 배나 수고롭다는 것입니다. 그러나 성 안의 다소 평평한 곳에는 사람들도 머물러 있기에 해롭지 않다고 여길 것입니다. 성첩이 무너진 것은 10분의 7~8이 되는데, 수축을 한다 해도 높은 봉우리의 정상은 인력의 소모가 커서 쉽게 해내기 어려울 것 같습니다. 만약 각도의 승도를 소집하여 요해처에 집을 짓게 하고서 지역을 나누어 역을 맡겨 주어 성곽을 수축하게 하면, 민심도 의지할 곳이 있게 되고 일도 쉽게 이루어질 것입니다. 그 주회(周回)의 지세를 그림으로 그려 아룁니다" 하니, 임금은 비변사로 하여금 의논하여 보도록 하였다.14)

---

14) 원문: 兵曹判書李德馨啓曰 臣於初一日出去 未及中興洞而宿村幕 翌朝

IV. 중흥동고석성의 위치 및 형태

1. 중흥동고석성의 외성

가. 서북쪽 외성, 남쪽 외성 및 서문

이덕형의 서계 A항에서는 "중흥동… 동구에 도착하여 중흥동고석성의 서북쪽 외성을 바라보니 삼각봉이 우뚝 서있는 곁에 다시 두 봉우리가 차례로 나란히 서있는데 성채는 그 끝봉우리의 허리에서부터 시작되어 계곡 입구 곁에 있는 언덕에 이르러 끝나고, 남쪽 외성은 시내의 암벽에서부터 시작되어 위로 서남쪽 최고봉에 이르

經抵洞口 觀西北邊外城 則三角峰屹立 傍邊二峰鱗次列立 城子自第終峰腰始起 下到溪口傍岸止焉 南邊外城 又自溪巖始起 上到西南最高峰止焉 城有石門舊址 則所謂西門 中有一條路 直抵于中興寺 而路從山崖 澗谷屈曲 道傍有雲巖寺舊基 微徑分入於碧霞洞 洞在中興寺立山後 路到白雲峰而斷焉 進入內城 城有石門 距寺可數百步 歷寺門東南行 路分爲三 一由東門往來 而城外有修道道成等庵子 其下則牛耳洞也 一由東南門釋迦峴 而下抵沙乙閑里 一踰文殊峰達于彰義門 俯瞰蕩春臺前野 從釋迦峴 迤南而向西 山勢漸斗起爲文殊峰 自文殊而三峰西走連亘 與洞口外城所起向所謂西南最高峰者相接 勢極險惡 文殊僧伽香林諸寺羅列于山腰 而牛耳洞沙乙閑里京城沙峴弘濟院左右道路 歷歷在目前 城子又自彌老峰腰始起 循道成庵上嶺及釋迦峴 而上到文殊峰止焉 此其大勢也 諸峰下走而爲山麓 兩邊參錯如犬牙 各處澗瀑匯流 而俱出于洞口 地甚急狹而不寬敞 人居不便 惟中興寺上端左右洞堅土地有肉氣 稍可依接也 三角峰後面 鐵壁如削 其外卽爲西山通行之路 從彌勒院而回于牛耳洞 道成庵上嶺釋迦峴文殊峰 誰有徑路 而四面山勢斗絶 苟有十餘人防守 則賊衆累萬無奈我何 且重巒復嶺遮擁遠近 賊誰欲圍城 其勢實難 若於峰腰要害 置墩哨瞻而積粟其中 堅守下洞口及道成嶺釋迦峴數處 則有天險萬全之形勢 設令賊兵入其中 又有兩鼠鬪穴之勢 莫測我兵所藏多少 都城近處 有如此形勢而棄置可惜 所缺者 道路極險 出入有事 倍勞人力 城內小平衍之處 人情亦不害住着 至於城子頹圮 十分之七八 而修築之擧於高峰頂上 用力潤大 恐難容易辦得 如惑招集各道僧徒 草創屋宇於要害處 而分方授役 修繕城子 則人心有所依賴 而事易成矣 其周回形勢 圖畵以啓 上曰 令備邊司議啓.

러 끝났습니다. 성에는 석문의 옛터가 있는데 이곳이 바로 서문이라고 불리는 곳입니다"라고 기록했다.

위 기록 가운데 가장 먼저 검토해 보아야 할 것은 이덕형이 지세를 살펴본 자리로 언급된 '동구'가 어느 곳인지에 관한 문제일 것인데, 이는 현 대서문 옆 수구에서 중성문에 이르는 계곡을 일반적으로 말하는 것으로 추정된다. 성내의 지세를 설명하고 있는 뒤의 I항에서도 "각처의 시내는 폭포를 이루어 흘러서 모두 동구로 나간다"고 하여 '동구'를 언급하고 있는데, 삼각산 원형 분지의 내부를 살펴보면 중흥사 일대의 물길은 모두가 중성문을 거쳐 서북쪽으로 흘러내리다가 현 등운각 부근에서는 위문에서 개운폭포로 연결된 계곡을 흐르는 물길과 합류하여 대서문 옆 수구로 빠져나가기 때문이다. 이덕형은 현 대서문 옆 수구로부터 출발하여 현 등운각 부근을 거쳐 현 중성문 자리로 올라가면서 지세를 살폈을 것이다.

다음으로 검토해 보아야 할 것은 '삼각봉'과 그 곁에 나란히 차례로 서있는 '두 봉우리', 그리고 소위 '서남쪽 최고봉'이 어느 봉우리인지에 관한 문제인데 첫째, '삼각봉'은 삼각산의 일반적인 형상을 지칭하는 말 같기도 하나 구체적으로는 삼각산에서 가장 높은 봉우리인 백운봉을 지칭하는 말일 것으로 보인다.15) 둘째, '삼각봉' 곁에

---

15) 뒤의 I항에도 "삼각봉의 후면은 절벽이 깎아세운 듯하고 그 밖은 곧 서산(西山)으로 통행하는 길인데 미륵원으로부터 우이동으로 돌아오게 되어 있습니다."라고 한 구절이 있다. 이 구절에서 '삼각봉'은 A항의 '삼각봉'과는 달리 구체적인 한 봉우리를 지칭하는 것이 분명하여 이 역시 삼각산에서 가장 높은 봉우리인 '백운봉'을 지칭하는 것으로 볼 수도 있겠으나, I항 문구 전체의 의미로 보면, 삼각산에서 가장 우뚝한 모습의 '인수봉'을 지칭한 것임을 알 수 있다. I항에서 언급된 '서산(西山)'은 삼각산 서북쪽 일대를 지칭하는 말이고 서산(西山)으로 통행하는 길은 백운봉 밖이 아니라 인수봉 밖으로 있기 때문이다. 18세기 중엽 출간된 『해동지도(海東地圖)』와 같이 도봉산 서북쪽의 고령산(高靈山 또는 高嶺山: 최고봉은 해발 622m의 앵무봉)을 '西山'으로 표기한 예도 있으나, 17세기에 출간된

나란히 차례로 서있는 '두 봉우리'는 만경봉과 노적봉일 것으로 추정된다.16) 그리고 '서남쪽 최고봉'이란 현재 '증취봉'으로 불리는 봉우리일 것으로 추정된다.17)

    『동여비고』는 고령산과는 별도로 현 송추 일대를 '西山'으로 표기하는 등 옛부터 삼각산 서북쪽 일대를 '서산'으로 불러왔다. 특히 삼각산 서북쪽의 사기막골 계곡 중간에는 옛부터 '육모정'으로 불리던 조그만 육각형 정자가 있었는데, 그 옆에는 우암 송시열 선생 문하생인 구시경(具時經)의 초당(草堂)인 서산정사(西山精舍) 터가 있다. 결국 '서산으로 통행하는 길'이란 인수봉 밑의 현 인수산장에서 사기막골로 통하는 길을 말한다. 이덕형은 이 길에 대하여 "미륵원으로부터 우이동으로 돌아오게 되어 있습니다"라고 하였다. 미륵원은 사기막골 입구쯤에 있던 암자나 국영(國營) 숙박시설의 이름으로 보이는데 『신증동국여지승람』에 기록된 역원(譯院) 이름 가운데 '미륵원'을 찾아볼 수 없는 것을 보면 암자 이름이었을 가능성이 높다. 한편, A항에 언급된 '삼각봉'을 '백운봉'을 지칭하는 것으로 해석함에 있어 문제가 되는 것은 바로 다음의 B항에서 '백운봉'이라는 이름을 별도로 사용하고 있는 점이다. 그러나 I항에서의 '삼각봉'이 '인수봉'을 의미하는 것을 보면, A항에서건 I항에서건 '삼각봉'은 '백운봉' 또는 '인수봉' 등을 일반적으로 지칭하는 말로 사용된 것으로서 구체적으로 어느 봉우리를 지칭하는 것인지는 당해 구절의 앞뒤 문맥에 따라서 달리 해석될 수 있을 것이다.

16) 삼각봉 곁에 나란히 차례로 서 있는 두 봉우리를 백운봉 서쪽의 두 봉우리로 보고, 영취봉과 원효봉을 말하는 것으로 해석할 수도 있다. 그와 같이 해석하면 중흥동고석성의 '서북쪽 외성'이 원효봉의 허리로부터 현 중성문까지 이어진다는 말이 된다. 뒤에 다시 검토하겠지만 중흥동고석성의 '서북쪽 외성'은 그 두 봉우리 중 끝 봉우리(즉, 삼각봉에서 먼 봉우리)의 허리에서 현 중성문 자리까지 이어지기 때문이다. 하지만 이렇게 성곽이 이어지려면 현 위문에서 개운폭포 방향으로 흘러내리는 계곡을 세로로 비스듬하게 가로질러야 하는데 현장에서 살펴보면 그렇게 성벽을 쌓는 것은 지형상 불가능한 것임을 곧 알 수 있다. 따라서 필자는 삼각봉 곁에 나란히 차례로 서 있는 '두 봉우리'를 '남쪽으로 나란히 차례로 서 있는 두 봉우리'로 해석한 것이다.

17) 현 의상능선의 산세를 설명하고 있는 D항을 보면 "문수봉으로부터

제3편 중흥동고석성의 구체적 위치와 형태 167

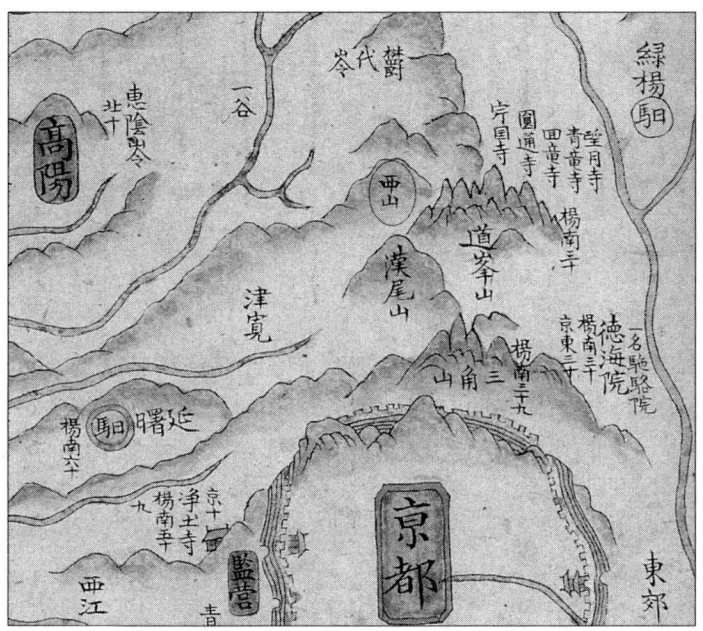

지도 2. 『동여비고(東輿備攷)』의
「경기도주군도(京畿道州郡圖)」 중 서산(西山)

마지막으로 검토해 보아야 할 것은 '서문'으로 불렸다는 석문 옛터가 어느 곳이냐 하는 점이다. 앞서의 분석에 의하면 '서북쪽 외성'

세 봉우리가 서쪽으로 뻗어내려 동구의 외성이 일어난 곳, 즉 앞에 이른바 '서남쪽 최고봉'과 서로 접하게 되는데 형세가 극히 험악합니다"라는 설명이 있는데, 현 의상능선에서 문수봉 다음 나타나는 세 봉우리란 716m 무명고지와 현 나한봉 및 현 나월봉을 말하고 다음으로는 현 증취봉으로 연결되기 때문이다. 현재 문수봉에서 의상봉에 이르는 소위 의상능선 상에는 8개의 뚜렷한 봉우리가 있어 이를 흔히 '의상 8봉'이라 한다. 이 8개 봉우리의 본래 이름들은 뒤의 제7편 삼각산 봉우리들의 옛 이름, IV. 의상능선 여덟 봉우리의 옛 이름에서 상세히 소개될 것이다.

은 노적봉 허리에서 시작하여 '계곡 입구 곁에 있는 언덕(溪口傍岸)'에 이르러 끝나고, '남쪽 외성'은 '계곡 암벽(溪巖)'에서 시작되어 증취봉에서 끝나게 되는데, '서북쪽 외성'이 끝나는 지점과 '남쪽 외성'이 시작되는 곳은 같은 계곡의 양편을 말하는 것으로 보이고 이는 지형 여건상 현 중성문 옆 수구 자리일 수밖에 없다. 노적봉 허리에서 시작하여 서북쪽으로 흐르는 능선은 북장대 터로 추정되는 기린봉[18]에서 끝나며, 이 기린봉과 증취봉을 연결하려면 현 중성문 자리를 지나갈 수밖에 없기 때문이다.

　북한산성의 축성공사가 끝나가던 숙종 37년 10월 3일 『비변사등록』 기사에는 판부사 이이명이 축성공사 진척상황을 임금에게 보고하면서 "수구가 이처럼 낮고 넓기 때문에 백제 때에 이미 이중으로 내성이 있었던 것입니다. 그 안쪽인 중흥사 앞 석문이 있었던 곳에는 지금 다시 성벽을 다시 쌓을 필요는 없으나 바깥쪽의 한 겹은 산기슭이 개의 이빨처럼 맞물려 골짜기가 매우 좁고 옛터에 다시 성벽을 쌓아야 할 곳도 또 백여 보밖에 되지 않으니 이곳만은 꼭 쌓아야 하겠습니다."라고 건의한 기록이 있고,[19] 또 숙종이 북한산

---

[18] 『북한지』「성지」편에서는 북장대가 "중성문 서북쪽에 있다"고 하였으며, 「산계」편에서는 "기린봉은 노적봉 아래 있다"고 기록하고 있는데, 현재 노적봉에서 서쪽으로 뻗은 능선을 따라 600m쯤 떨어진 곳에 북장대 터로 추정되는 봉우리가 있고 현지에서는 이 봉우리를 기린봉으로 부른다(북한산국립공원 관리공단에서 현재 남장대 터에 설치해 놓은 안내판 참고). 만약 이 기린봉이 북장대 터가 맞다면, 「성지」편에서는 왜 북장대를 "기린봉 위에 있다"고 하지 않고 "중성문 서북쪽에 있다"고 하였는지 그 이유를 모르겠으나 여하간 북장대 터로 알려진 이 봉우리는 장대를 세우기에 합당한 곳으로 보이며 다만 남장대 터와 달리 장대 흔적을 전혀 찾아볼 수 없을 뿐이다. 현재 이 봉우리 정상에는 누군가의 묘가 비석도 없이 자리잡고 있는데 오래된 묘는 아닌 것으로 보이며 이 묘를 만들 때 북장대 흔적이 훼손된 것이 아닌가 하는 생각이 든다.

[19] 원문: 水口如是低濶 故百濟時已有兩重內城 其最內重興寺前有石門

성을 둘러본 날인 숙종 38년(1712) 4월 10일의 『숙종실록』 기사에는 "임금이 서문[20] 주변이 매우 낮으니 중성(重城)을 쌓지 않을 수 없다며 속히 의논하여 쌓도록 명하였다"라는 기록이 있으며, 그 직후인 38년(1712) 5월 3일 기사에는 "총융청에서 북한산성의 중성을 쌓기 시작하였다"는 기록이 있다.[21] 이러한 기록들을 보아서도 이덕형의 서계에 기록된 중홍동고석성의 '서문'은 현 중성문 자리임이 거의 분명한 것이다.[22]

지금까지 검토한 내용을 요약해 보면 중홍동고석성의 '서북쪽 외

處 誰不必築 其外一重 則山脚犬牙相錯 谿谷甚狹 古址當築處 又不過百餘步 此則不可不築.
　한편, 『숙종실록』 37년(1711) 10월 1일 기사에는 이 건의에 대하여 "水口低潤處 有百濟時兩重城址 其近外一重 則當築處 不過數百步 宜令摠戎廳營築也(수구의 낮고 넓은 곳에는 백제 때의 양중성 터가 있는데, 그 가까운 바깥쪽 한 겹은 마땅히 성벽을 쌓아야 할 곳이며 수백 보에 불과하니 총융청으로 하여금 쌓게 해야 하겠습니다)"라고 간략히 기록하고 있는데 건의 내용을 정확히 해석하려면 두 기록을 대조해 보아야 할 것이다.

20) 중홍동고석성의 서문이 아니라 현 대서문을 의미함.
21) 중성문과 그 옆 수문 및 좌우 성곽, 각 성문 문루 및 행궁을 비롯한 거의 모든 시설물은 외부의 성벽 공사가 끝난 이후에 만든 것이다. 외곽 성벽 완공 직후의 사정은 당시 성호 이익 선생이 남긴 「유북한기」라는 글에 잘 설명되어 있다. 이 글은 뒤의 제5편 조선조의 북한산성 축성사에서 조선조의 북한산성 축성과 관련된 찬반 논쟁을 정리하고 평가할 때 다시 소개할 것이다.
22) 이덕형과 같은 시대에 살았던 월사 이정구가 남긴 「유삼각산기」라는 글에는 월사 일행이 노적봉 정상에 올라가 있다가 석문에서 흰 옷을 벗어 흔들며 소리를 질러 월사 일행을 부르는 사람의 모습을 본 이야기가 있다. 이 기록에 의하면 석문은 그곳에 서서 옷을 벗어 흔드는 사람의 모습이 노적봉 정상에서 육안으로 잘 식별이 되는 거리에 있었던 것이다. 맑게 개인 날 중성문 부근에 서서 노적봉을 쳐다보면 이 자리가 바로 그 당시 옷을 벗어 흔들어 대던 자리였음을 쉽게 미루어 짐작할 수가 있다. 이정구의 「유삼각산기」는 이 책의 제3권 시문집에 원문과 번역문을 함께 수록하였다.

성' 성벽은 노적봉 허리(노적봉 서북쪽 암벽이 끝나고 흙산이 시작하는 지점)에서 시작해서 서쪽으로 흐르는 능선을 따라서 조선조 북한산성의 북장대 터인 기린봉을 거쳐 현 중성문까지 이어졌고, '남쪽 외성'은 현 중성문에서 시작하여 증취봉으로 이어졌으며, 현 중성문 자리에는 중흥동고석성 외성의 '서문'이 석문 형태로 조선조 숙종 때까지 남아 있었던 것으로 추정된다.

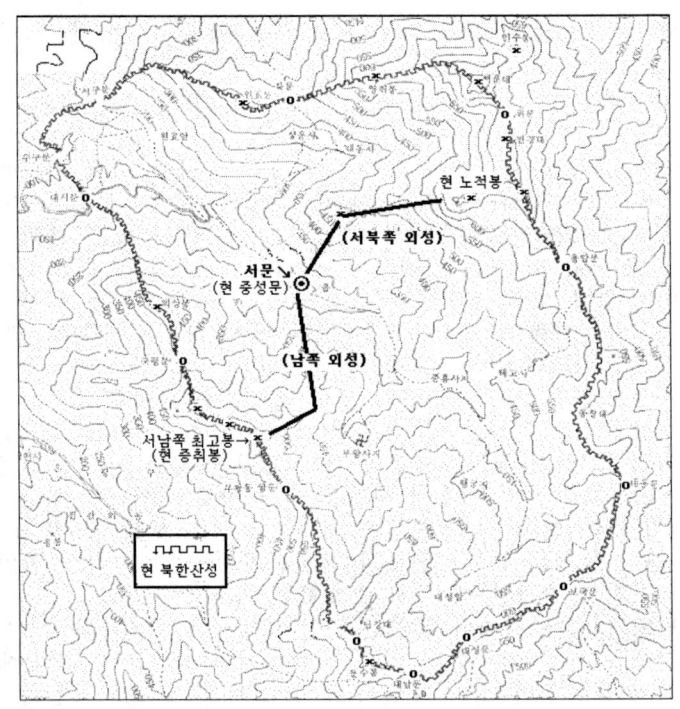

요도 4. 중흥동고석성의 서북쪽 외성, 남쪽 외성 및 서문

『동국여지비고』에서는 중흥동고석성의 둘레를 9,417척이라 했고 또 "산성 수구가 낮고 넓어 석성을 쌓았는데 그 길이가 ○○이다"라고 하였다. 필자는 이 기록을 보면서 혹시 중흥동고석성은 경복

궁 크기 정도의 조그만 성으로서 외성은 자연지형을 그대로 성벽으로 이용하면서 그 가운데 비교적 낮은 수구, 즉 현 중성문 좌우에만 일부 석성을 쌓았던 것은 아닐까 하고 생각해 본 적도 있었다. 그러나 이덕형의 서계 중 축성공사의 문제점과 대책을 말한 J항을 보면 "성첩이 무너진 것은 10분의 7~8이 되는데, 수축을 한다 해도 높은 봉우리의 정상은 인력의 소모가 커서 쉽게 해내기 어려울 것 같습니다"라고 한 것을 보면, 외부 성벽이 수구 주변뿐 아니라 높은 봉우리를 포함해서 계속 둘러 있었음을 알 수 있었다.23)

나. 동쪽 외성, 동문 및 동남문

중흥동고석성 외성의 동쪽 성벽과 관련하여, 서계의 G항은 "성곽은 또 '미로봉'의 허리로부터 시작되어 '도성암 윗고개'와 '석가고개'를 거쳐서 위로 문수봉에 이르러 그쳤으니, 이것이 그 대세인 것입니다"라고 설명하고 있다. 또한 중흥사 동쪽과 남쪽의 세 길에 대해 설명하고 있는 서계 C항을 보면 "사문(寺門)을 지나 동남으로 가면 길이 셋으로 나뉘었는데, 하나는 '동문'을 통하여 왕래하는 길로 성 밖에는 수도암·도성암 등의 암자가 있고 그 밑은 곧 우이동

---

23) 필자는 이런 추정을 바탕으로 '서북쪽 외성'과 '남쪽 외성'의 흔적을 찾아보려고 현지를 답사해 보았으나 그 흔적을 찾을 수는 없었다. 기린봉(북장대 터)에서 중성문을 향해 내려가는 도중 노적사 못 미친 지점에서 성벽 흔적 비슷한 곳을 찾을 수는 있었으나, 그 위치로 보나 주위에 기와조각들이 함께 널려 있는 것으로 보아 도저히 외성의 흔적이라고는 볼 수 없었다. 그곳에서 중성문 방향으로 얼마를 더 내려가면 훈련도감유영 터라는 곳이 나타나는데 혹시 위에서 본 흔적이 이 유영의 뒷담장이 아닐까 하는 생각도 해보았지만 그렇게 보기에는 두 곳 사이의 거리가 너무 멀었다. 한편, 두 곳 사이에는 석문이 있었다. 이를 석문으로 볼 수 있는 것은 두 돌기둥 중 한 기둥 옆으로 돌로 벽을 쌓은 흔적이 남아 있기 때문이었다. 이 석문은 훈련도감유영의 뒷문으로 볼 수 있는 거리에 있었다.

이며, 하나는 동남문이 있는 석가고개를 통하여 아래로 내려가면 사을한리로 내려가는 길입니다. 그리고 또 다른 하나는 문수봉을 넘어 창의문으로 통하는 길로서 탕춘대 앞들이 내려다보이는 길입니다"라고 기록하고 있다.

앞의 기록들에서 우선 알아보아야 할 것이 중흥동고석성의 동쪽 외성이 시작되는 '미로봉 허리'가 어디인가의 문제이다. 앞서 중흥동고석성의 '서북쪽 외성' 성벽은 중성문에서 시작해서 북장대 터인 기린봉을 거쳐 능선을 따라서 노적봉 서남쪽 중단까지 이어졌었던 것을 알 수 있는데, 이런 모습의 '서북쪽 외성'이 동쪽으로 꺾일 수 있는 지점은 동쪽 외성이 그 다음 지점인 도성암 윗고개 및 석가고개로 이어지는 것을 볼 때(도성암 위고개 및 석가고개의 위치에 대해서는 곧 설명한다), 현 노적봉의 동남쪽 상단 부근 아니면 현 노적봉의 바로 동쪽에 있고 현재 병풍바위라고 부르는 용암봉24)의 남쪽 중단일 수밖에는 없다. 그러나 노적봉 동남쪽 상단 부근에서 성벽이 꺾였다고 해도 동쪽으로 성벽을 연결하려면 다시 용암봉 남쪽 중단을 거쳐 갈 수밖에는 없는 점, 노적봉 동남쪽 상단 부근과 용암봉 남쪽 중단 사이는 굳이 성벽을 쌓지 않아도 될 구간인 점, 그리고 동쪽 외성이 미로봉의 '허리'에서 시작된다고 한 점 등을 볼 때 '미로봉 허리'는 용암봉 남쪽 중단, 즉 용암봉의 암괴(巖塊)가 흙산과 만나는 지점을 말하는 것으로 추정된다.25)

---

24) 병풍바위의 옛 이름에 대한 상세한 설명은 이 책의 제7편 삼각산 봉우리들의 옛 이름 참고.

25) 미로봉(彌老峰)이라는 이름은 북한산성 축성 당시 용암봉으로 고쳐부르게 된 것으로 보인다.『북한지』「산계」편에 기록된 주능선상 봉우리의 이름들 가운데는 용암봉 이외에도 기룡봉(起龍峰), 반룡봉(盤龍峰), 화룡봉(化龍峰), 잠룡봉(潛龍峰) 등 용(龍) 계통의 많은 이름들이 있는데 이는 현 북한산성 주능선의 구불구불 길게 뻗은 모양이 용의 모습과 같고 풍수지리상 현 북한산성의 주능선을 한양도성의 주룡(主龍) 또는 내룡(來龍)이라고도 하기 때문에 북한산성

다음으로 '도성암 윗고개'라고도 한 중흥동고석성의 동문은 현 대동문 자리를 말한다. 도성암 밑에 우이동이 있다고 하였는데 우이동 방면에서 중흥사로 넘어갈 수 있는 길로서 용암봉 남쪽에 있는 고개는 현 용암문 자리 아니면 현 대동문 자리밖에는 없는데 현 북한산성을 쌓을 당시의 『숙종실록』을 보면 현 대동문 자리를 '옛 동문(東門)' 즉, 중흥동고석성의 동문이라고 하고 있기 때문이다.26) 또 다음으로 '석가고개'라고도 한 중흥동고석성의 동남문은 현 보국문 자리를 말하는 것으로 추정된다. 현 정릉 지역의 옛 이름이 사흘한리였고 이곳에서 중흥사로 넘어갈 수 있는 가장 가까운 고개가 현 보국문 자리이기 때문이다.

『북한지』「산계」편에서는 "석가봉이 동문 밖 청수동 위에 있다" 하였는데 이 기록에서 동문은 위에서 말한 바와 같이 현 대동문을

을 축성할 당시 이런 이름들을 부친 것으로 보인다. 이 주룡은 다시 보현봉, 형제봉 능선, 구준봉을 거쳐 북악봉(청와대 뒷산인 북악산)에 이르러 거치는데 이 북악봉에 바로 산천의 정기가 뭉쳐 서려 있다는 것이며 조선의 왕궁인 경복궁을 북악봉 밑에 세운 것도 바로 이러한 풍수지리상 이유 때문이었다. 구준봉(狗蹲峰)은 생소한 이름이지만 현재 북악산길(일명 북악스카이웨이) 중간 팔각정의 바로 동쪽에 군부대가 주둔하고 있는 봉우리를 말한다. 개가 쭈그리고 앉아 도성을 넘보고 있는 형상이라 생긴 이름으로서 이 봉우리는 한양 도성을 들여다볼 수 있는 규봉(窺峰)이기 때문에 조선시대에는 이 봉우리의 방어에 특별한 관심을 보였었다. 왜 현재도 이곳에 군부대가 주둔하고 있는지는 팔각정에 가서 보면 곧 알 수 있게 될 것이다. 한편 북한산성 축성 이후의 삼각산 동쪽 능선 봉우리 이름으로는 위에 언급한 것 이외에 덕장봉・성덕봉・석가봉 등의 이름도 있었다. 그러나 이러한 봉우리들의 이름이 오늘날 거의 잊혀진 것은 백운봉이나 문수봉같이 뚜렷한 봉우리들이 아니기 때문일 것이다. 현재 이 구간은 그저 북한산성의 주능선이라 부르고 이 구간에서 특별히 봉우리 이름을 지정해 부르지는 않는다. 서울의 동북쪽에서 이 구간을 보면 남북으로 길게 뻗어진 능선에 불과하다.

26) 현 북한산성 축성 당시 『숙종실록』 기사의 내용에 대해서는 이 책의 제6편 북한산성 성문 이름의 변천 참고.

의미한다.27) 따라서 현 대동문의 밖에 있고 청수동 위에 있다는 석가봉은 현재 칼바위능선이라 불리는 능선의 정상 부분을 의미하는 것으로 보인다.28) 그렇다면 '석가고개'는 석가봉의 북쪽에 있는 현 대동문 자리일 수도 있고 석가봉의 남쪽에 있는 보국문 자리일 수도 있다.29) 그러나 대동문 자리는 앞에서 말한 바와 같이 '도성암 윗고개'라는 이름이 따로 있기 때문에 현 보국문 자리가 석가고개가 될 수밖에 없는 것이다.

한편, 이덕형의 서계에서는 산성으로 드나들 수 있는 길을 '도성암 윗고개' '석가고개' 및 '문수봉 길' 세 가지로 기록하고 있다. 이 기록을 보면 현 대성문 자리는 최소한 선조 당시까지만 해도 통행로로 사용되지 않은 것으로 보인다. 현재 산성 밖에서 대성문으로 접근할 수 있는 길은 크게 보아 세 곳이 있다. 하나는 평창동에서 보현봉 밑의 일선사를 거쳐가는 길이고, 다른 하나는 북악터널에서 형제봉을 지나 일선사를 거쳐가는 길이고, 또 다른 하나는 정릉에서 일선사를 거쳐가는 길이다. 그러나 어느 길로 가건 일선사에서 합류하여 대성문으로 가게 된다.

그러나 북한산성 외곽 성곽의 공사가 거의 끝나가던 시기의 기록인 숙종 37년(1711년) 10월 3일자의 『비변사등록』에는 판중추부사 이이명이 산성의 출입로에 대해서 임금에게 보고한 내용이 수록되어 있는데 도성에서 북한산성으로 들어가는 제일 가까운 길은 북교단(현 북악파크호텔 자리)을 경유해서 동남문(현 대성문을 지칭함)30)으로 이르는 길이지만, 이는 새로 내는 길이라 아직 완성이 되

---

27) 중흥동고석성의 동문에 관한 상세한 논증은 뒤의 제6편 북한산성 성문 이름의 변천 참고.
28) 상세한 논증은 뒤의 제7편 삼각산 봉우리들의 옛 이름 참고.
29) 조문명(趙文命, 1680~1732)이 쓴 「석가봉(釋迦峰)」이라는 제목의 시에서도 제목은 「석가봉」이라 하였으나 내용은 "群山相主客 迷路互經緯 行上釋迦嶺 是處多僧氣"라 하여 '석가령'에서의 모습을 읊고 있다. 이 역시 석가고개가 석가봉 옆의 고개임을 말하여 주는 것이다.

지 않았을 뿐 아니라 길이 매우 험하여 위급시에는 몰라도 평소에는 통행이 불가하다고 보고한 기록이 있다. 이 기록에서 말한 새 길은 현 평창동에서 일선사를 거쳐가는 길을 말하는 것임을 알 수 있고, 길이 매우 험하다는 것은 특히 일선사에서 대성문까지 구간을 두고 하는 말로 보인다. 평창동에서 일선사까지는 험한 길이 아니기 때문이다. 그렇다면 현 북악터널 부근에서 형제봉과 일선사를 경유해서 대성문으로 가는 길이나 정릉에서 일선사를 경유해서 대성문으로 가는 길은 북한산성 축성 때 일선사-대성문 구간에 길을 만든 후에야 다시 생긴 길로 보아야 한다. 결국 선조 시대에 정릉 지역에서 중흥사 지역으로 넘어가던 길목인 석가고개는 현 보국문 자리일 수밖에는 없게 된다.31)

---

30) 자세한 내용은 뒤의 제6편 북한산성 성문 이름의 변천 참고.
31) 한글학회가 간행한 『한국지명총람』(1966년), 제1권(서울편), 126쪽에서도 '석가봉'을 '청수동(淸水洞) 위에 있는 봉우리'라고 하였다. 그런데 성호 이익 선생이 북한산성을 쌓기 4년 전인 1707년 2월에 삼각산을 다녀와서 쓴 「유삼각산기」에는 11급 폭포(현 구천폭포)가 있는 조계사(현 아카데미하우스 뒤)에서 하루를 묵고 석가고개를 넘어 중흥사로 갔다고 하였다. 이 기록을 근거로 현 대동문 부근에 석가고개가 있었던 것으로 보는 견해도 있다(이숭녕, "북한산의 지리적 고찰", 『산 좋아 산을 타니』, 박영문고 제170권, 1978, 177쪽; 김장호, 『한국명산기』, 평화출판사, 1993, 139쪽). 그러나 「유삼각산기」에서 "석가고개 바로 남쪽이 보현봉이다"라고 한 구절을 보나 이덕형의 서계를 보나, 이이명의 보고를 보나 석가고개는 현 보국문 자리인 것이 거의 분명하다. 그렇다면 이익 선생은 조계사에서 출발해서 현 칼바위능선 하단을 가로질러 지금의 보국문 자리인 석가고개로 갔거나 아니면 현 대동문 자리인 도성암 윗 고개로 올라갔다가 능선을 따라 석가고개까지 가면서 경치를 구경하고 중흥사로 내려갔는데 도성암 윗고개에 관한 부분을 기록에서 누락하였을 가능성이 있다. 「유삼각산기」에서 "석가고개 바로 남쪽이 보현봉이다"라고 한 것은 보국문 남쪽에 달리 참고점으로 이용할 만한 지명이 없었기 때문일 것이다. 이러한 표현은 숙종 29년 6월 10일 관상감의 지관 박종검이 도성의 주맥(主脈)에 관해 임금에게 보고한 기

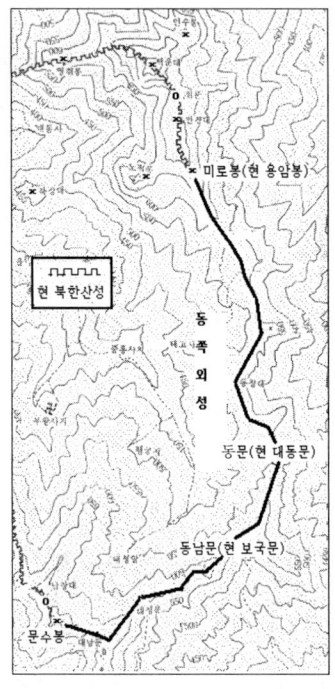

요도 5. 중흥동고석성의 동쪽 외성,
동문 및 동남문

한편, 문수봉 너머 창의문(자하문)으로 통하는 길로 탕춘대 앞들이 내려다보이는 길이란 현 대남문 자리임을 곧 알 수 있다.32)

록에서도 찾아 볼 수가 있다. 박종검은 "도성으로 내려온 산맥이란 삼각산 아래의 석가고개 주변 기슭입니다"라고 하였다. 삼각산에서 도성으로 내려오는 산맥은 보현봉을 경유한다.
32) 다산 정약용의 「행궁을 바라보며(望行宮)」(『여유당전서』 권2에 수록)라는 시에는 "어가가 드나들 길은 사자고개로 나 있고(輦路通獅嶺)"라는 구절이 나온다. 행궁 가까이에서 어가가 드나들 문은 당시에는 대남문이었다. 영조 당시 대성문을 폐쇄하고 종래 소남문으로 불리던 곳에 누각을 올리고 이름도 대남문으로 바꾸었기 때문이다. 이로 보아 현 대남문 자리의 속칭이 '사자고개(獅嶺)'였음을 알 수 있다. 조선 후기의 시인 홍세태의 「부왕사」(『유하집(柳下集)』 卷

다만 중흥동고석성의 동쪽 외성에 대한 설명과 관련하여 한 가지 의문을 품어봄직한 점은 이덕형이 용암봉에서 문수봉에 이르는 지세를 설명하면서 왜 미로봉 다음에 바로 한참 거리가 먼 '도성암 윗고개'를 말하였는가 하는 점이다. 『북한지』의 「산계」편을 보면 용암봉과 현 대동문 사이에 '일출봉' '월출봉' '기룡봉' '반룡봉' '시단봉' '덕장봉' 등 많은 봉우리 이름이 등장하기 때문이다. 그러나 이러한 봉우리 이름들은 모두가 숙종 때 북한산성을 쌓을 당시에 생긴 이름인 때문에 이덕형은 미로봉 다음에 바로 '도성암 윗고개'를 언급하였을 것으로 보인다.

지금까지의 분석을 종합해 보면, 중흥동고석성의 동쪽 외성은 현 북한산성의 동쪽 성벽과 완전히 일치하였던 것으로 보인다. 현 북한산성의 동쪽 성벽도 용암봉의 허리에서 시작되어 대동문(도성암 윗고개)과 보국문(석가고개)을 거쳐 문수봉까지 이어지고 있다.

다. 중흥동고석성 외성 전체의 모습

위에서 검토한 중흥동고석성 외성의 모습을 종합하여 보면, '미로봉'(현 용암봉)→'도성암 윗고개'(현 대동문 자리)→'석가고개'(현 보국문 자리)→'문수봉'→'서남쪽 최고봉'(증취봉)→'서문'(현 중성문 자리)→북장대 터(기린봉)→노적봉→'미로봉'(현 용암봉)으로 이어지는

6에 수록)라는 시의 첫 구절에서도 "午飯文殊獅嶺東"이라고 하였다. 보현봉에서 서남쪽으로 내려오는 능선을 지금도 '사자능선'으로 부르고 있다. 보현봉의 모습이 고개를 세운 사자의 형상이라 그러한 이름이 생겼을 것으로 보인다. 『숙종실록』에서는 이 능선과 비봉능선 사이의 큰 계곡을 문수동(文殊洞)이라고도 하고 사자항동(獅子項洞)이라고도 하였다. 정약용의 또 다른 시 가운데는 「사자항(獅子項)에서 석간의 시에 화답함」이라는 시가 있는데 '사자항'은 현 사자능선 상의 어느 길목을 말하는 것으로 보인다. 정약용과 홍세태의 시들은 이 책의 제3권 시문집에 원문과 번역문을 함께 수록하였다.

것이었음을 우리는 알 수 있다.

다만, '문수봉'→'서남쪽 최고봉'(증취봉) 구간, 즉 현 의상능선의 일부 구간에는 성벽이 없었을 것으로 보인다. 이덕형 서계의 G항에서는 이 구간에 대하여 "문수봉으로부터 세 봉우리가 서쪽으로 뻗어내려 동구의 외성이 일어난 곳, 즉 앞에 이른바 서남쪽 최고봉과 서로 접하게 되는데 형세가 극히 험악합니다"라고 하였을 뿐 성벽에 관한 언급은 전혀 없기 때문이다. 조선조 들어 현 북한산성을 쌓을 때도 이 구간에는 극히 일부에만 성벽을 쌓았다. 대부분 험한 지형을 그대로 성벽으로 이용할 수 있었기 때문이다.33)

또한 이덕형의 서계에는 '노적봉'→'미로봉'(현 용암봉) 구간, 즉 북장대에서 시작한 능선이 노적봉 암벽과 만나는 부분에서부터 용암봉에 이르기까지의 구간에 대한 아무런 언급도 없지만, 서계에 기록된 '서북쪽 외성'과 '동쪽 외성'은 이 구간을 거쳐야 서로 연결되는 것이기 때문에 이 구간을 중흥동고석성 외성의 일부로 볼 수밖에는 없다. 그러나 이 구간은 매우 짧은 구간이기 때문에 서계에서는 이에 관한 설명을 생략하였을 것으로 추정된다.

중흥동고석성 외성의 형태를 결정적으로 입증할 수 있는 문헌상의 근거로는 성호 이익의 「유삼각산기」를 들 수 있다. 이 글에서는 "나한의 여러 봉우리는 중흥동구에서 노적봉 우측 산록과 서로 만나게 된다. 이는 옛 북한성(北漢城)의 터이다"라고 하였다. 필자는 앞서 제2편에서 말한 바와 같이 중흥동고석성을『삼국사기』에 기록된 '북한성'으로 보지는 않지만, 옛 성터에 대한 이익 선생의 기록이 중흥동고석성의 윤곽에 대한 기록임에는 틀림이 없다.

이 글에서 '나한의 여러 봉우리'라는 것은 나한봉 등 의상능선 상의 여러 봉우리를 말하는 것이고, '중흥동구'란 현 중성문 자리를

---

33) 현 북한산성의 청수동암문, 부왕동암문 부근과 같이 중흥동고석성에서도 이 구간 중 일부에는 성벽을 쌓고 그 중간에 암문(暗門)을 만들었을 가능성을 부인할 수는 없다.

말하는 것으로서 나한의 여러 봉우리들이 현 중성문 자리에서 노적봉의 우측 산록과 만나게 되는 성벽의 모습을 의상능선이 시작하는 문수봉에서부터 순서대로 그려보면 문수봉을 출발해서 현 의상능선을 따라 증취봉까지 갔다가 증취봉에서 현 중성문 자리로 내려갔다가 다시 기린봉으로 올라가서 노적봉으로 이어지는 방법밖에는 없다. 그리고 그의 기록 가운데 노적봉에서 문수봉에 이르는 구간에 대한 언급은 없지만 그 나머지 부분을 보면 노적봉에서 용암봉을 거쳐 주능선을 따라서 문수봉에 이르게 되는 이 구간도 당연히 중흥동고석성 외성의 일부로 볼 수밖에 없다. 그 외에도 성호 선생의 「유삼각산기」는 외성과 별도로 내성이 따로 있었음을 명시하고 있다.

2. 중흥동고석성의 내성

이덕형의 서계에는 내성에 대한 상세한 설명이 없고, 단지 "내성으로 들어가려면 성에는 석문이 있는데 절과의 거리는 수백 보 가량 되었습니다"(서계 B항의 끝구절)라는 설명만 있다. 그러나 이 기록에 비추어 볼 때, "고석성은 중흥사 북쪽에 있다"는 『북한지』의 기록, "중흥동고성은 북한산성 안에 있으며 산영루 좌우 편에는 그 유지가 있다"는 『대동지지』의 기록, "중흥동중성은 중흥사 북쪽 옛 성에 있다"는 『동국여지비고』의 기록 등은 내성에 대한 기록임을 알 수가 있다. 특히 『동국여지비고』가 '중흥동중성', 즉 중성(中城)이라고 표기한 것은 바로 그런 이유 때문이었을 것이다.

한편, 숙종 당시 북한산성 축성에 주도적 역할을 하였던 이이명(李頤命)이 저술한 『강역관방도설』에서는 "백제고성이 삼각산 중흥사 북쪽에 있다. …중흥사 앞으로 개울을 타고 넘는 성벽의 흔적이 있고 중봉(中峰)에는 중성의 옛터가 있다. 중흥사 남쪽에는 돌로 만든 작은 문이 있고 돌문짝도 아직 남아 있는데 세간에서는 백제중엽에 이 성을 도읍으로 한 일이 있고 이 돌문이 바로 궁궐의 문이라 한다"고 하여 내성의 모습을 조금 더 상세히 묘사해 놓았다. 이 기록 가운데 '중봉(中峰)'은 "중흥동에는 옛날에 산성이 있었는데 지금까지 석축이 완연합니다.

고려 때 최영이 군사를 주둔하였던 곳이라 하는데, 지금도 그 상봉(上峰) 암석에는 깃대를 꽂았던 구멍이 있습니다"라고 기록된 『선조실록』 29년(1596) 1월 28일 기사에 등장하는 '상봉(上峰)'과 같은 봉우리를 말하는 것으로 보인다. 필자는 혹시 이 '상봉'이 장군봉을 말하는 것이 아닐까 하고 장군봉(『북한지』의 「산계」편에는 장군봉은 중흥사 서쪽에 있다고 기록되어 있다) 정상에서 '깃대를 꽂는 구멍'을 찾아보았으나 장군봉의 정상은 암석이 없는 곳으로서 지금은 헬기장으로 사용하고 있었다. 반면, 노적봉 정상에는 일제가 민족정기를 말살하려고 박아놓았었다는 철심(鐵心) 흔적 외에도 정체가 불분명한 구멍들이 여러 개가 있었다. 결국 이 '상봉'은 노적봉을 말하며 이이명의 『강역관방도설』에 언급된 중봉(中峰) 역시 노적봉을 말하는 것으로 추정된다.

이제 여러 기록들을 종합하여 보면, 중흥동고석성의 내성의 출입문은 중흥사 남쪽에(『강역관방도설』) 중흥사로부터 수백 보 거리(「중흥산성간심서계」)에 있었고, 이 석문 주변의 남쪽 성벽은 현 비석거리 옆에 있는 산영루 터의 좌우로(『대동지지』) 개울을 타고 넘어(『강역관방도설』) 연결되어 있었으며, 북쪽 성벽은 중흥사 북쪽(『북한지』 『동국여지비고』 및 『강역관방도설』)의 중봉(中峰)(『강역관방도설』), 즉 노적봉에 연결되어 있었음을 알 수 있다.

이러한 추정을 바탕으로 중흥동고석성의 내성을 복원해 보자면 중봉(현 노적봉)―미로봉(현 용암봉)―현 동장대―현 태고사―현 산영루터―장군봉(중흥사 서쪽)―등안봉(중흥사 북쪽)―중봉(현 노적봉)으로 이어지는 선에 성벽이 있었을 것으로 보인다. 이러한 내성의 크기는 여러 역사문헌에 기록된 중흥동고석성의 크기[둘레가 약 1,600보(2km), 즉 지름 640m 정도]와 거의 같다.34)

제3편 중흥동고석성의 구체적 위치와 형태 181

필자는 이러한 추론을 근거로 중흥동고석성 내성의 흔적을 중흥사 부근에서 찾아보았다. 산영루터 앞 개울 건너에 "金聲根"이라는 이름이 크게 쓰여진 바위 바로 옆에 성벽 유사한 축조물 흔적이 있으나 주변 지형으로 볼 때 이 흔적은 도저히 성벽 흔적으로 볼 수는 없었다. 그러나 중흥사 서쪽의 장군봉에서 시작하여 노적봉 동남단 방향으로 올라가는 능선을 따라서 500m쯤 올라가다가 능선 상에서 길이 10m 가량 되는 정체불명의 성벽을 발견했는데, 비록 짧은 성벽이지만 중흥동고석성의 흔적일 것으로 생각된다. 현 북한산성의 구조로 보아서는 어떠한 시설물도 전혀 필요가 없는 지점에 있는 성벽의 흔적이기 때문이었다.

사진 2. 노적봉 부근의 중흥동고석성 성벽(추정)
  (뒤의 요도 6에서 ★표로 표시한 지점)
  지구중심 UTM 좌표-52 S CG 21702 / 고도: 약 549m

---

34) 물론 미로봉(현 용암봉)―현 동장대 구간은 외성의 성벽이기도 하다. 한편, 이덕형이 올린 서계의 마지막 부분에 "그 주회(周回)의 지세를 그림으로 그려 올립니다"라는 구절이 있으나 유감스럽게도 그 그림은 현재 행방이 묘연하다.

사진 3. 중흥동고석성 성벽(추정)에서 바라본 노적봉

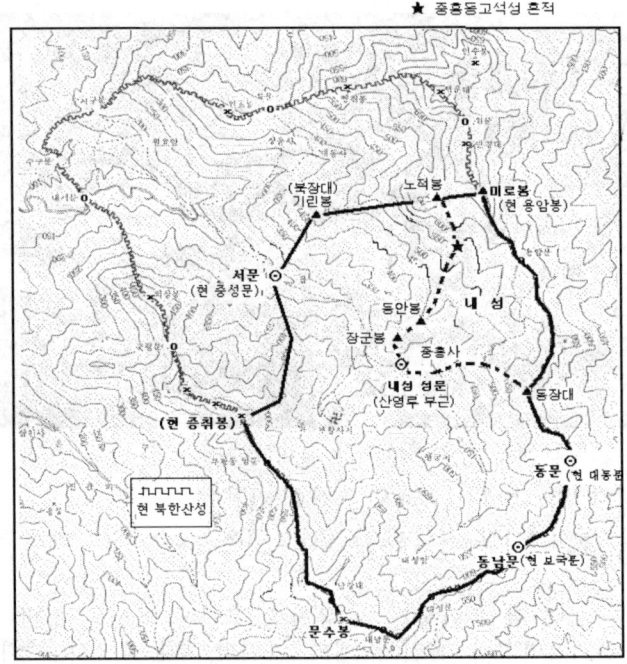

요도 6. 중흥동고석성의 전체 모습(외성 및 내성)

V. 이덕형의 서계 이후

『선조실록』의 기록을 보면, 병조판서 이덕형이 서계를 올린 사흘 후인 선조 29년(1596) 3월 6일(癸酉) 비변사에서는 "삼가 병조 판서 이덕형이 중흥산성을 간심한 서계를 보니, 중흥의 형세는 참으로 천연의 요새입니다. 만약 성을 쌓아 경사(京師: 한양도성)와 표리가 되어 서로 호응하며 수비의 계책을 삼는다면 적이 비록 대거 내침한다 하더라도 아군에 대해 어찌할 수 없을 것입니다. 의당 시급히 조처해야 하겠습니다만, 중외(中外: 조정 내외)의 물력이 탕갈되어 용진(龍津: 경기도 양수리)·파사(婆娑: 경기도 여주)·남한(南漢: 경기도 광주 남한산성) 등지의 공사도 아직 착수하지 못하고 있는 터이라 형편상 또 다시 이 일을 일으키기 어렵습니다. 부득이하다면 근실하고 유능한 중을 모집해서 승임(僧任)을 제수하고 승도를 많이 모아 먼저 사찰을 창건한 후에 다른 여러 산성 공사가 완료되기를 기다려 점차 성을 쌓아서 원대한 계책을 삼는 것이 온당하겠습니다"라고 다시 이덕형과 같은 의견을 올렸다. 그러나 임금은 "(당장) 성을 쌓지 않는다면 사찰을 창건하여 승도들을 번거롭게 할 필요가 뭐 있겠는가? 아예 훗날을 기다리라"고 하였다. 이로써 선조 당시 중흥동고석성 수축계획은 무산되게 되었다.

그 이후 인조 때는 병자호란이 발생하여 도성이 위협을 받게 되자 조정은 남한산성으로 들어가서 농성(籠城)을 하였으나 오래 버티지를 못하고 청나라에 항복하는 치욕을 겪게 되었다. 이러한 치욕을 설욕하기 위해서 효종은 북벌을 계획하면서 자강책(自强策)으로 또 다시 중흥동고석성의 수축을 검토하였으나 이때는 효종이 급서하는 바람에 실현되지 못하였으며,35) 숙종 때에 와서야 비로소

---

35) 효종은 즉위하자마자 북벌계획을 추진하였다. 그러나 군비보다는 경제재건을 주장하는 신하들과 갈등을 겪던 효종은 재위 10년 만인 1659년에 41세를 일기로 돌연 승하하고 말았다. 우암 송시열의 문집 중 『송서습유(宋書拾遺)』에 수록되어 있는 「악대설화(幄對說話)」

북한산성을 새로 쌓게 된다. 그러나 숙종 때의 북한산성 축성이 쉽게 이루어진 것은 아니었다. 숙종은 즉위 원년부터 중흥동고석성의 수축을 계획하였으나 여러 가지 이유로 인한 신하들의 반대로 말미암아 근 40년이 경과한 다음에야 이를 이룰 수 있었던 것이다. 숙종 당시의 중흥동고석성 수축을 둘러싼 찬반 양론은 뒤의 제5편 조선조의 북한산성 축성사에서 다시 언급될 것이다.36)

VI. 맺음말

『북한지』와『동국여지비고』등 역사지리서에는 삼각산에 현 북한산성을 쌓기 이전에 있었던 중흥동고석성은 중흥사 북쪽에 있으며 둘레가 9,500척 내외인 것으로, 즉 현재의 경복궁과 비슷한 크기인 것으로 기록되어 있다. 그러나 선조 29년(1596) 3월 3일 병조판서 이덕형이 임금에게 올린「중흥산성간심서계」를 중심으로 중흥동고석성의 크기와 형태를 추적해 본 결과, 중흥동고석성은 현 북한산성보다 약간 크기가 작았으나 현 북한산성과 유사하게 외성(外城)

에는 효종이 승하하기 불과 몇 달 전 송시열과 북벌계획을 논의한 기록이 수록되어 있다.「악대설화」와 관련된 상세한 내용은 뒤의 제5편 조선조의 북한산성 축성사에서 다시 언급될 것이다. 한편, 남한산성은 백제 때 이미 이곳에 산성을 쌓은 적이 있는 것으로 추정되지만 그 기원이 아직 분명히 규명되어 있지는 않으며, 임진왜란 말기에도 수축한 일이 있지만 인조가 반정으로 즉위한 이후 반정공신 이괄(李适)이 논공행상에 불만을 품고 난을 일으켜 공주까지 피난을 간 적이 있는데 이괄의 난이 평정된 후 이런 일이 재발했을 때의 피난처로 다시 수축하여 놓았던 산성이다.

36) 북한산성 수축과 관련된 숙종과 신하들간의 근 40년에 걸친 논쟁은『숙종실록』과『비변사등록』에 상세히 기록되어 있으며, 이 책의 제2부『북한실록』은 이러한 기록들을 포함하여 조선왕조실록에서 발췌한, 북한산성 관련 기록들을 모두 번역하여 모아 놓은 것이다. 이 기록을 보면 우리는 우선 그 당시 조정에서 중대한 국사를 결정하는 과정이 얼마나 복잡하였는지를 알 수 있게 된다.

과 내성(內城)으로 이루어진 중성(重城)의 구조를 지니고 있었으며, 『북한지』와 『동국여지비고』 등 역사지리서에 기록된 중흥동고석성은 그 내성(內城)만을 말하는 것임을 알 수 있었다. 중흥동고석성의 내성의 남쪽 출입문은 중흥사 남쪽 수백 보 거리에 있었고, 북쪽 성벽은 중흥사 북쪽의 노적봉에 연결되어 있었던 것으로 보인다.

그러나 중흥동고석성의 외성(外城)은 현 중성문 자리에서 시작해서 기린봉(북장대 터)―노적봉―용암봉―현 대동문 자리―현 대성문 자리―문수봉―증취봉을 거쳐 다시 현 중성문 자리로 이어지는 선에 있었던 것임을, 즉 지금의 북한산성에서 중성문을 경계로 하는 내성(內城)과 일치하는 선에 있었을 것으로 추정된다.

필자는 이덕형의 「중흥산성간심서계」에 기록된 중흥동고석성이 통념과 달리 매우 거대한 산성이었다는 사실을 알고 나서 혹시 이 서계에 기록된 내용이 중흥동고석성의 성벽에 대한 설명이 아니라 새로 성을 쌓기 위하여 지세를 관찰한 결과 성을 쌓을 만한 지형을 설명한 것이 아닌가 하는 의심도 가져보았으나 이 서계가 중흥동고석성에 대해 분명히 외성과 내성을 구분하여 설명하고 있는 점과 그 내성의 위치가 조선조 중후기 역사지리서에 나타난 중흥동고석성의 위치와 일치한다는 점을 발견하고 그러한 의심에서 벗어날 수 있었다.

또한 성호 이익 선생이 현 북한산성을 쌓기 전 삼각산에 다녀와서 쓴 「유삼각산기」는 필자의 이러한 추론에 있어 결정적인 근거가 되었다. 이익 선생은 중흥동고석성 외성의 윤곽을 비교적 상세히 기록하고 이와 별도로 내성이 있음을 명시하였다.

중흥동고석성은 이와 같이 거대한 산성이었기 때문에 조선조 숙종 당시 이를 수축하고 확장한 현 북한산성 외벽공사가 불과 6개월이라는 짧은 시간에 끝날 수 있었던 것이다.

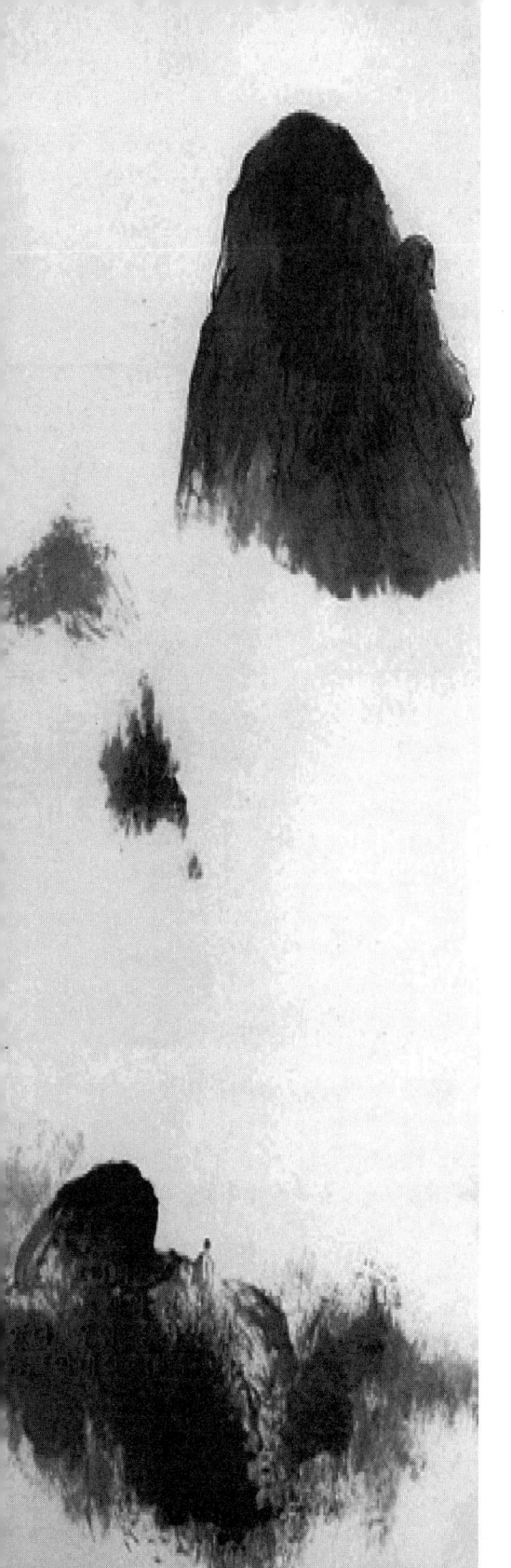

| 제 4 편 |

진흥왕순수비의 건립과 재발견

I. 머리말
II. 4개의 진흥왕순수비
III. 제5의 진흥왕순수비
IV. 맺음말

제 4 편 진흥왕순수비의 건립과 재발견

I. 머리말

진흥왕순수비는 신라 진흥왕이 한강하류 지역과 함경남도 지역까지 국토를 넓힌 이후에 새로 신라영토로 편입된 지역을 순행하면서 이를 기념하기 위하여 세운 것으로 알려져 있다. 지금까지 발견되어 진흥왕순수비로 공인된 것은 삼각산 비봉의 북한산비를 비롯하여 함남지방에 있는 황초령비와 마운령비 그리고 경남지방에 있는 창녕비 등 4개이다. 그러나 1982년 6월에는 경기도 감악산 정상에 세워져 있으나 비문이 모두 마멸된 한 고비(古碑)가 또 다른 진흥왕순수비일 것이라는 유력한 견해가 한 전쟁사 전문가에 의해 제기된 바 있다. 이 전문가는 감악산 외에 함남 덕원군의 마식령, 평남 맹산면의 철옹령 등지에도 진흥왕순수비가 더 있을 것으로 추정하고 있다. 이 글은 삼각산 비봉의 북한산비를 비롯한 여러 진흥왕순수비들의 건립과 발견에 관한 역사를 소개하기 위한 것이다.

II. 4개의 진홍왕순수비

요도 7. 삼국시대 주요
비석의 위치
바탕그림 : http://www.ocp.go.kr

1. 삼각산 비봉의 북한산비

가. 비봉 진흥왕순수비의 발견

삼각산 남록 비봉 정상에 세워졌던 진흥왕순수비를 흔히 북한산비라고 부른다. 비봉이란 이름은 이 비석으로 인해 생긴 이름이나, 이 비석은 조선조 후기까지도 신라 말기의 고승(高僧) 도선대사와 조선 태조의 국사였던 무학대사에 관련된 비로 알려져 있었다.[1] 당

---

1) 조선조 영조 당시 이중환이 쓴 『택리지』의 「경기도」편에는 조선조 초기 무학대사가 도읍 터를 물색할 당시 비봉에 얽힌 이야기가 기록되어 있다. 태조 이성계로부터 새 도읍지를 물색해 보라는 명을 받은 무학이 만경대에서 출발해서 비봉에 이르니 신라 말의 도선대

대의 석학인 이덕무(1741~1793)조차도 한 편지에서 그가 동료 대여섯 명과 승가사에 들렀다가 비봉 정상의 비석을 보고 왔다면서 "오래된 비석이 홀로 서 있는데 '요사한 중 무학이 용(龍)을 잘못 찾아 이곳에 이른다'라는 도선대사의 예언이 새겨져 있었다. 나는 놀라서 '어찌하면 두 날개를 얻어 겨드랑이이 꽂고 동북쪽으로 날아 올라가서 박수를 치고 소리를 지르면서 이 옛 물건을 세상에 알릴 수 있을까?'라고 생각했다"고 하였을 정도였다.2) 그러나 추사 김정희는 1816년(순조 16년)에는 김경연과 함께, 그리고 이듬해에는 조인영과 함께 비문을 조사하여 68글자를 판독하고 이 비석이 진흥왕순수비임을 확인하였다.3)

비석 측면에는 "이 비석은 신라 진흥대왕의 순수비이다. 김정희가 병자 7월(순조 16년, 1816) 김경연과 함께 이 비석을 찾아 비문을 읽어보았고 이듬해인 정축년에는 조인영과 함께 다시 와서 비석

사가 "無學誤尋到此(무학이 길을 잘못 찾아 이곳에 이른다)"라는 글자를 새겨 놓은 석비를 발견하고 다시 길을 바꿔서 만경대로부터 정남향을 따라 백악(북악산) 아래에 이르러 궁궐 터를 정했다는 것이다.

2) 「조카 광석에게 보낸 편지(與族姪光錫書)」(『아정유고(雅亭遺稿)』 권6에 수록). 이 편지는 그가 속설을 조금 더 과장하여 집안 조카에게 재미 삼아 들려준 것으로 보인다. 그러나 육당 최남선은 "속전(俗傳)을 마치 실제로 본 것같이 서술한 것은 이덕무의 글인 연고로 해서 섭섭한 감이 있다"고 평가하였다. 최남선, "신라 진흥왕의 재래 3비와 신출현의 마운령비", 『육당 최남선 전집』 제2권, 현암사, 1973, 531~545(533)쪽. 이 글은 본래 『청구학총』 제2권(1930)에 수록되었던 글을 전재한 것이다.

3) 북한산비가 진흥왕순수비임을 최초로 발견한 사람이 누구인지에 관해 육당 최남선은 김정희(1786~1856)와 거의 동시대 사람인 서유거(徐有渠, 1764~1845)가 쓴 『이운지(怡雲志)』에서는 『문암록(問菴錄)』이라는 글을 인용하여 북한산비가 진흥왕순수비이며 글자가 거의 마멸되었으나 아직 10여 글자를 읽을 수 있다고 한 것으로 보아 이 『문암록』의 저자가 혹시 김정희보다 일보 앞선 것일지도 모른다고 했다. 최남선, 위의 글, 534쪽.

에 남아 있는 68글자를 판독하였다"고 새겨져 있다.4) 한편, 김정희
는 진흥왕순수비에 관한 그의 논문인 「진흥이비고」(『완당선생전집』
권1에 수록)에서도 같은 취지의 기록을 남겼다.5) 또한, 조인영의 「승
가방비기(僧伽訪碑記)」(『운석유고(雲石遺稿)』권9에 수록)에도 그가
정축년 6월 8일 추사 김원춘과 함께 비석을 판독한 사실을 기록한
다음에 "많은 신라와 고구려의 비석들을 보았어도 (이 비문이) 참
으로 가장 훌륭한 것임에도 불구하고 『신증동국여지승람』이나 『북
한지』 등 어떤 책에도 이에 관한 기록이 누락되어 있으니 어찌된
일인가? 그래서 비석의 좌측면에다 이름을 새기고 그 날자를 확실
하게 밝혔다. 처음 추사가 이 비석을 찾아왔을 때는 김시현과 함께
왔었다"고 기록하여 놓았다.6)

---

4) 원문: 此新羅眞興大王巡狩之碑　丙子七月金正喜金敬淵來讀　丁丑六
月八日金正喜趙寅永同來審定殘字六十八字.
　　그 옆에는 "己未八月三十日李濟鉉龍仁人"이란 글자가 새겨져 있
으나 이는 3·1독립운동이 있던 己未年(1919)에 이제현이란 사람이
이 비를 참관한 기념으로 새겨 넣은 글로 보인다. 1916년 조선총독
부 고적조사위원으로 이 비를 조사한 일본인 이마니시류의 보고서
에는 이용현에 관한 언급이 전혀 없다. 이마니시류(今西龍), 「京畿
道高陽郡北漢山遺蹟調査報告書」, 朝鮮總督府編, 『朝鮮古蹟調査報告—
大正五年度朝鮮古蹟調査報告』, 소화(昭和) 49년, 62쪽 참고. 이 책은
조선총독부가 대정(大正) 5년(1916)의 조선고적조사보고서들을 묶
어서 대정 6년(1917년) 12월 최초 발행한 것을 소화 49년(1974) 일
본 국서간행회(國書刊行會)가 재간한 책이다.
5) 원문: 碑之左側刻 此新羅眞興大王巡狩之碑　丙子七月金正喜金敬淵
來讀　又以隸字刻　丁丑六月八日金正喜趙寅永同來審定殘字六十八字.
　　「진흥이비고」에서는 그 외에도 후일 두 글자를 더 찾아 모두 70
글자를 읽을 수 있다고 하였다. 한편, 「진흥이비고」는 완성되지 않
은 초고 상태로 우리에게 전해진 것으로 보인다. 이유는 뒤의 3. 함
경남도의 황초령비 및 마운령비, (가) 황초령비의 발견, 망실 및 재
발견 항에서 밝힐 것이다.
6) 필자는 조인영의 「승가방비기」가 수록된 『운석유고』를 직접 구할
수가 없었으나 앞의 각주 4에서 소개한 조선총독부편의 책자에 그

한편, 이 비석을 발견할 당시의 비석의 상태(비문 제외)에 대해 김정희의 글에서는 발견 당시의 상황에 대해 "바위를 파서 밑받침을 삼고 위에는 덮개돌을 얹었었는데 지금은 그 덮개돌이 밑에 떨어져 있다(鑿巖爲趺 上加方簷 今其簷脫落在下)"고 하였을 뿐(「진흥이비고」), 다른 언급이 없다. 그러나 일본인 이마니시류는 1916년 당시의 상황을 아래와 같이 비교적 소상히 기록하여 놓았다.

> 받침부분[趺]은… 삼단(三段)으로 만들어져 있다. …그러나 세 번째 단(가장 하단)은 지금은 전면을 제외한 3면이 모두 마멸되어서 원형이 남아있지 않다. 또한 각단 모두 암석의 부식으로 인해 각진 부분이 마멸되어 그 정확한 넓이는 잴 수가 없는 형편이다. …비신(碑身)은 동남쪽(뒷쪽)으로 70° 가량 기울어져 있었다. 비석의 돌은 화강암이지만 그 결[石理]이 대리석과 비슷하여 그 부근에서 채취한 돌은 아닌 것 같다. 비신의 윗부분(구체적 치수를 기록함)이 절단되었으나 지금은 접합시켜 놓아서 원형을 유지하고 있다. 조선시대에 이렇게 보호조치를 취한 것인데 어느 때 누가 그리 한 것인지는 분명하지가 않다. 비신의 밑부분 일부는 떨어져 나가고 없다. 본인이 1913년 9월 16일에 총독부 촉탁직원인 다니마사(谷正)와 함께 조사할 당시에는 그 부분이 비록 갈라져 있기는 하지만 제자리에 끼워져 있었는데 그 후 누군가에 의해 훼손된 것 같다. 지금은 이 부분을 주변에서 찾아낼 수가 없다. 비석의 상단에는 덮개돌을 얹을 수 있는 축(구체적 치수를 기록함)이 만들어져 있다. 김정희의 「금석과안록(金石過眼錄)」(「진흥이비고」를 말함)에는 "바위를 파서 밑받침을

전문이 전재되어 있어 이를 참고하였다. 이 글에서는 추사 김정희의 이름은 김원춘(金元春)으로, 동리 김경연의 이름은 김시현(金時顯)으로 각각 기록하였다. '원춘'과 '시현'은 각각 두 사람의 어린 시절 이름인 자(字)이다. 한편, 김정희와 함께 68개 글자를 심정(審定)하였다고 비문의 측면에 써놓은 것과 달리 이 글에서 조인영은 "탁본을 하게 해서 미세한 가필을 한 후 심정(審定)하였는데, 완전히 결락되어 억지로 읽을 수 없는 글자를 제외하고 나머지 점획(點畫)을 분별할 수 있고 확연하여 의심이 없는 글자가 모두 92개였다"고 하였다.

삼고 위에는 덮개돌을 얹었는데 지금은 그 덮개돌이 밑에 떨어져 있다"고 했기에 주변을 찾아보았으나 발견할 수가 없었다.7)

위의 기록들을 볼 때 김정희가 발견할 당시의 비신의 상태는 정확히 알 수가 없지만 온전했던 것으로 추정되며 다만 덮개돌만 주변에 떨어져 있었던 것으로 보인다. 비석이 세 조각으로 갈라지고 또 이를 접합한 시기는 1816~1913년 사이의 일로 추정되는데, 부러진 상단을 본체에 부착할 때는 철심(鐵心)을 이용하였을 것이다.8)

이 비석은 현재 국보 제3호로 지정되어 있으며, 영구보존을 위한 조치로 1972년 경복궁으로 옮겨졌다가 1986년 8월에는 다시 국립중앙박물관 전시실로 옮겨졌으며, 현재 삼각산 비봉 정상에 세워져 있는 비석은 그 유지(遺祉)임을 알리는 표지석이다.

이 진흥왕순수비의 비신(碑身)은 높이 155.1cm, 너비 79.5cm, 두께 16.6cm이다. 비문(碑文)은 세로 12줄이며 줄마다 32자 정도가 새겨져 있었던 것으로 보이며 각 글자의 크기는 직경 3cm이다. 비석의 형태는 한반도에서 종전에 발견된 다른 비와는 달리 직사각형으로 가공된 석재를 사용하였다. 비문은 비신을 연마하여 정면에 새겼으나 심하게 마멸되어 판독이 불가능한 곳이 대부분이며, 그 밖에도 자획이 분명하지 않은 곳이 많다. 글뜻은 이 비에서 판독한 글자들과 다른 진흥왕순수비에서 판독된 글자들로 미루어 전반부는 새로이 신라의 영토로 편입된 지역을 순행한 사적(事蹟)을, 후반부는 이때 수행한 인원의 관등과 이름을 새긴 것으로 추정된다.9)

---

7) 이마니시류, 앞의 글(앞의 각주 4), 57~58쪽.
8) 이때 본체와 밭침 부분도 역시 철심을 이용하여 고정하였을 것으로 생각된다. 출처가 잘 기억나지는 않지만, 비석을 경복궁으로 옮길 당시 밑받침으로부터 비신을 분리하면서 철심으로 고정되어 있는 것을 해체하느라 비신이 일부 더 손상되었다고 필자는 들은 기억이 있다.
9) 북한산비의 글자를 읽을 수 있는 탁본으로는 김정희의 「진흥이비고」에 수록된 본 이외에, 김정희, 조인영 등이 제공한 조선 금석문

제4편 진흥왕순수비의 건립과 재발견 195

사진 4. 비봉 정상에 서 있던
진흥왕순수비
(출처: http://user.chollian.net/
~mansegmj//stone/stone5)

사진 4-1. 비봉 진흥왕순수비 표지석
(출처: 조면구, 『북한산성』,
대원사, 1994, 19쪽.)

나. 비봉 진흥왕순수비의 건립연대

북한산비의 건립연대에 대하여는 이 비에 새겨져 있었을 간지(干支)가 마멸되어 판독이 불가능한 때문에 진흥왕 29년(568) 이후 건립설, 29년(568) 건립설, 16년(555) 건립설 등으로 견해가 나누인다.

29년 이후 건립설은 북한산비의 비문을 최초로 판독한 추사 김정희의 견해로서, ① 비문에 '南川軍主(남천군주)'라는 글자가 보이는

탁본을 기초로 내용을 판독하여 청나라 학자 유연정(劉燕庭)이 1831년 편찬한 『해동금석원(海東金石苑)』에 수록된 본, 일본인 나이도(內藤)가 위 두 본을 참조하여 다시 판독하여 작성하였다는 본, 그리고 일제시대 조선총독부에서 작성한 본 등 4종이 있는데 이마니시류의 위의 책(앞의 각주 4), 58~60쪽에 4종 모두가 수록되어 있다.

데, ②『삼국사기』의「신라본기」는 진흥왕 29년에 '북한산주(北漢山州)'를 폐하고 '남천주(南川州)'를 그리고 '비열홀주(比列忽州)'를 폐하고 '달홀주(達忽州)'를 각각 설치하였다고 기록하였으며, ③ 또 다른 진흥왕순수비인 황초령비가 '비열홀주'를 폐하고 '달홀주'를 설치한 무자년(戊子年: 진흥왕 29년)에 건립된 점 등을 근거로 북한산비 역시 '북한산주'를 폐하고 '남천주'를 설치한 진흥왕 29년에서 진흥왕 말년인 37년 사이에 건립된 것으로 본 것이다.

그러나 김정희가 조인영에게 보낸 서한(『완당선생전집』, 권2에 수록)을 보면, 김정희도 처음에는 황초령비와 북한산비가 진흥왕 사후에 함께 세워진 것으로 보았음을 알 수 있다. 이 편지에서 추사는 황초령비에서 발견된 "○大等居柒夫(○대등거칠부)"라는 부분의 앞에 결락된 한 글자를 '上'으로 보고, 거칠부는 진지왕 원년에 상대등(上大等)에 임명되었고 진지왕이 4년 만에 죽고 진평왕이 즉위한 해에는 노리부(弩里夫)가 상대등으로 임명되었으니, 황초령비와 북한산비는 거칠부가 상대등으로 있던 때에 진지왕이 거칠부를 대동하고 북방 새 영토를 순수하면서 부왕(父王)의 순수비를 세운 것으로 조심스럽게 추정하면서 조인영의 생각을 묻고 있다.[10]

그러나 위의 편지보다 후일 작성된「진흥이비고」에서 김정희는 황초령비나 북한산비에 모두 새겨져 있는 '진흥'이라는 칭호가 사후

---

[10] 앞서 소개한 조인영의「승가방비기」를 보면 조인영 역시 황초령비와 북한산비가 진흥왕 사후 함께 세워진 것으로 보았다. 그는 비문에 '眞興(진흥)'이라는 글자가 있고『삼국사기』의 지증왕 말년 기사에서 "왕이 죽고 시호를 지증이라 하였으니 신라에서 시호를 쓰는 법은 이로부터 시작되었다"고 한 것을 보면 신라에는 이미 그때부터 시법(謚法)이 생긴 것이고 따라서 이 비도 진흥왕 사후 세운 것 같다고 하고, 진평왕 26년 남천주를 폐하고 북한산주를 다시 세운 일이 있는데 이 비석에도 '南川(남천)'이란 글자가 있으니 같은 시기에 세운 것으로 보았다. 또 황초령비의 비문과 서체(書體)가 같기 때문에 두 비의 비문은 한 사람 손에 의해 새겨진 것이라고 보았다.

제4편 진흥왕순수비의 건립과 재발견 197

사진 4-2. 국립박물관에 보관된 북한산 진흥왕순수비
(출처: http://www.ocp.go.kr)

의 시호가 아니라 생존시 칭호로서 신라에서 시법(諡法)이 생긴 것은 태종무열왕 이후 일임을 새로 밝혀내고 나서는 두 비가 모두 진흥왕 생존시에 세워진 것으로 보았다. 앞서 '上大等'으로 읽었던 부분 역시 '仕大等'으로 다시 보았다. 그러나 구체적 건립연대에 있어서는, 황초령비는 비문에 새겨진 간지(干支)를, 북한산비는 비문에 새겨진 '남천군주'라는 글귀를 기준으로 각각 다르게 추정한 것이다.

29년 건립설11) 역시 비문에 보이는 '남천군주'라는 글자를 중시하

---

11) 김윤경(金允經), "북한(北漢)의 진흥왕순수비―건립년대에 관한 일고찰", 『한결 김윤경 전집』 제7권, 연세대학출판부, 1985, 391쪽 및

나 북한산비 건립연도를 황초령비 및 마운령비의 건립연대와 같은 29년으로 보는 견해이다. 그러나 29년 건립설은 『삼국사기』의 진흥왕 북한산 순행 기록은 진흥왕 29년의 일을 16년의 일로 잘못 기록하였다고 보는 점에서 29년 이후 건립설과 다르다. 29년 이후 건립설을 주장한 추사 김정희는 『삼국사기』의 진흥왕 16년 북한산 순행 기록에 대해 의문을 제기하지 않았었다.

16년 건립설은 김정호의 『대동지지』 「한성부」편, 산수 조에서 그 기원을 찾을 수 있다. 김정호는 그 근거를 밝히고 있지는 않지만 진흥왕이 북한산을 순행하였다는 『삼국사기』의 진흥왕 16년 기사 때문에 그렇게 본 것으로 추정된다. 후일, 나름대로의 논리적 근거들을 제시하며 16년 건립설을 주장한 사람은 일제시기 최익한 선생이었다.12) 최익한 선생은 현 '이천(伊川)' 지역은 고구려 당시 '남천현(南川縣)'인데13) 신라진흥왕이 이곳을 점령한 즉시(구체적 연대에 관한 언급은 없음) '남천주'를 설치하고 '남천군주'를 주재시키다가 후일(이 역시 구체적 연대에 관한 언급은 없음) '신주'에 통합시킴으로써 일시 '남천군주'가 없어졌다가 왕 29년에 다시 부활된 것으

401쪽; 김창호, "북한산비에 보이는 갑병 문제", 『문화재』 제25호, 1992, 8쪽. 한편, 김윤경 선생의 이 글에는 "여암 신경준도 3비 동년설을 좀 모호하게나마 말함이 보이고"라는 구절이 있고, 육당 최남선이 쓴 "신라 진흥왕의 재래 3비와 신출현의 마운령비"라는 글에는 "(진흥왕의) 북한산 순수는 29년의 일을 (『삼국사기』 「신라본기」에는 진흥왕) 16년에 실었으며"라는 구절이 있는데(542쪽), 이러한 구절들을 근거로 신경준이나 최남선의 견해 역시 북한산순수비 29년 건립설에 포함되는 것으로 보는 경우도 있다. 노용필, "진흥왕 북한산순수비 건립의 배경과 목적", 『향토서울』 제53호, 1993, 11~13쪽 참고.
12) 최익한, "북한산 신라진흥왕비(四)", 『동아일보』 1939년 5월 19일자.
13) 최익한 선생은 이곳에서 『신증동국여지승람』에 기록된, "(경기도 이천 지역은) 본래 고구려 남천현인데 신라진흥왕이 승격시켜 군주를 두었다"는 기사(권8, 「이천도호부」, '건치연혁' 조)를 인용하고 있다.

로 보았다. 그 결과 진흥왕 16년 북한산 순행 시에는 '남천군주'가 있었으며 따라서 북한산비의 건립연대도 진흥왕 16년일 것으로 본 것이다. 최익한 선생은 북한산비에 기록된 '남천군주'라는 기록은 '남천주' 및 '남천군주'의 최초 설치 및 일시 폐지에 관한 『삼국사기』의 누락을 보충하는 것으로 해석한다. 이병도 교수는 최초 진흥왕 22년(창녕비 건립년도)에서 29년(황초령비와 마운령비 건립년도) 사이에 북한산비가 건립된 것으로 보았다가,14) 후일 진흥왕 16년에 북한산을 순행한 『삼국사기』의 기록을 부인할 수 없다면 16년 건립설을 따라야 할 것이라면서 견해를 바꾸었다.15)

---

14) 이병도, 『한국고대사연구』, 박영사, 1976년, 682쪽.
15) 이병도, "북한산 문수사 내의 석굴", 『진단학보』 제61호, 1986, 1쪽. 앞서 최익환 선생은 진흥왕 16년 이전에 남천주가 이미 설치되었으나 진흥왕 16년 이후 어느 때인가 신주에 통합되어 없어졌다가 진흥왕 29년에 다시 부활된 것이라 한 반면, 이병도 교수는 이 글에서 북한산비에 '南天軍主'라는 글자가 있는 것으로 보아 진흥왕 29년에 북한산주를 폐하고 남천주를 설치하였다는 『삼국사기』의 기록은 잘못된 기록이라고만 하였을 뿐, 남천주 설치연대에 관한 구체적 언급은 없다. 이에 앞서 이병도 교수가 발표한 "북한산주 치폐문제"(『한국고대사연구』, 박영사, 1976)라는 글에서는, 「신라본기」의 진평왕 40년 기사에는 "북한산주의 군주 변품(北漢山州軍主邊品)"이라고 한 반면, 「열전」의 "해론전(奚論傳)"에서는 "한산주의 도독 변품(漢山州都督邊品)"이라고 한 점과 「직관지」에서는 "진흥왕 29년에 신주정(新州停)을 폐하고 남천정(南川停)을 설치했다"고 한 점등을 볼 때, 「신라본기」가 진흥왕 18년에 신주를 폐하고 북한산주를 설치했다고 한 것은 신주의 이름을 한산주로 고친 것을 잘못 기록한 것이고, 이때 신주정의 이름도 한산정(漢山停)으로 고쳤을 것인데 「직관지」에서 누락된 것이며, 「신라본기」가 진흥왕 29년에 북한산주를 폐하고 남천주를 설치했다고 한 것은 한산주를 폐하고 남천주를 설치한 것을 잘못 기록한 것이고, 이때 한산정을 폐하고 남천정을 설치했을 것인데 「직관지」는 앞서 신주정의 이름을 한산정으로 바꾼 것을 누락함으로써 신주정을 폐하고 남천정을 설치한 것으로 잘못 기록한 것이라고 해석한 적이 있다. 비록 진흥왕 18년의 북한산주 설치 사실에 대해서는 이를 비판하였지만 진흥왕

최근에는 노용필 씨와 김윤우 씨가 16년 건립설을 주장한다.16) 특히 노용필 씨는 최익한 씨의 견해를 따라서 '남천주(南川州)' 및 '남천군주(南川軍主)'가 진흥왕 16년 이전에 이미 설치된 것으로 보고 있으며 진흥왕 12년에 진흥왕이 고구려로부터 빼앗은 '고현(高峴)'은 현 경기도 '이천'이며 이곳에 '남천주'를 설치한 것으로 보고 있다.17)

위의 여러 견해들을 검토해 볼 때, 김정희와 김정호는 『삼국사기』의 기록들을 대체로 신뢰하면서 내놓은 견해이나, 나머지는 내용에 있어서 다소 차이는 있지만 대체로 『삼국사기』의 기록들을 불신하고 있는 견해들이다. 그러나 북한산비의 비문과 더불어 『삼국사기』, 특히 「본기」의 기록을 신뢰한다는 전제하에서는 추사 김정희의 견해가 가장 타당한 것으로 보인다.

종래 우리의 역사학자들 사이에는 『삼국사기』의 기록을 불신하는 풍조가 있었다. 종래 역사학자들의 불신을 받아온 것은 대체로 중국18)이나 일본19)의 고대 역사서에 수록된 우리 민족 관련 기록과

29년의 남천주 설치에 대해서는 이의를 제기하지 않았던 것이다. 그러나 "북한산 문수사 내의 석굴"이라는 논문에서는 남천군주라는 말이 기록된 진흥왕순수비의 건립연대를 16년으로 보면서 "진흥왕 29년에 북한산주를 폐하고 남천주를 설치했다는 「신라본기」 기록은 잘못된 기록"이라고 하였다. 남천주 설치연대에 관해서도 진흥왕 16년 아니면 그 이전에 이미 설치된 것으로 그의 견해를 바꾼 것이 분명하다. 그렇다면 이병도 교수는 최익한 선생의 견해를 모두 수용한 셈이 되는 것이다. 여하간, 이 글은 이 교수가 돌아가시기 3년 전에 쓴 아주 짧은 글(약 3쪽 분량)로서 문수사 석굴의 창건년대를 추론하는 것이 이 논문의 목적이었는데, 그는 진흥왕순수비에 기록되어 있는 '석굴'을 '문수사 석굴'로 보면서 그 창건년대를 그가 진흥왕순수비 건립년대로 본 진흥왕 16년 이전이라 하였다.

16) 노용필, 앞의 글(앞의 각주 11), 16쪽; 김윤우, 『북한산 역사지리』, 범우사, 1995, 291쪽. 김윤우 씨는 다산의 외손 윤정기가 쓴 「동환록」도 16년 건립설을 취하고 있다고 소개하고 있다.
17) 노용필, 앞의 글(앞의 각주 11), 19쪽.
18) 중국의 역사서에 우리 민족의 역사에 관한 내용이 많이 수록되어

내용이 다른 부분이다. 우리의 『삼국사기』에는 중국이나 일본의 역사에 관한 기록이 거의 없는 반면, 중국이나 일본의 고대 역사서에는 우리 민족의 역사에 관한 많은 내용이 포함되어 있다. 하지만 우리 민족 역사에 관한 한은 『삼국사기』가 중국역사서나 일본의 역사서보다 더 정확한 원전 기록으로 볼 수 있기 때문에 우리 민족의 역사에 관한 한은 중국이나 일본측 기록과 우리 기록에 차이가 있을 경우 명백한 객관적 증거가 없는 한 우리 기록을 신뢰하여야 할 것으로 생각된다.

역으로, 고려 현종 9년(1018) 요(遼)나라가 고려를 침입할 당시 침공군 사령관 이름이 『고려사』에는 소손녕으로 기록되어 있으나 중국측 기록인 『요사(遼史)』에는 소손녕이 아니라 그의 형 소배압으로 기록되어 있는데, 이런 경우와 같이 중국이나 일본의 내부사

있는 이유를 그들이 지니고 있던 소위 중화사상 때문에 우리 민족의 역사까지도 자신의 역사의 일부로 보았기 때문이라고 보는 이도 있고, 단순히 변방의 역사로서 주변국 역사까지 함께 기록하였을 것으로 보는 경우도 있다. 여하간, 『삼국사기』는 고려 중기에 편찬된 것으로서 이를 편찬할 당시 중국 역사서를 참고하였음은 분명하다. 특히 「본기」의 후반부는 그 내용이 중국역사서를 그대로 옮겨놓은 곳이 많이 있다. 그러나 「본기」의 전반부는 단순히 중국의 역사서에서 우리의 역사에 관한 부분을 옮겨놓은 것이 아니라 우리 민족 자체가 전승하여 왔던 역사서를 중심으로 하고 이를 보충하기 위하여 중국의 역사서를 참고하였던 것으로 보인다. 우리 민족 자체가 전승하여 왔던 역사서가 지금은 모두 사라지고 없으나 『삼국사기』에서는 이를 「해동고기」 「본국고기」 「삼한고기」 「신라고기」 또는 통칭하여 「고기(古記)」라고 말하고 있다.

19) 일본의 고대 역사서에 우리 민족과 관련된 많은 기록이 포함되어 있는 이유를 일본왕실 조상이 한반도에서 건너간 이주민이기 때문에 한반도 고대사를 일본의 고대사에 그대로 옮겨놓았기 때문이라고 보는 경우도 있으나 그 논거가 그리 분명하지는 않다. 고려 중엽에 『삼국사기』를 편찬할 당시 일본의 역사서를 참고하였다는 기록은 어디에서도 찾아볼 수 없지만 일본은 자국의 고대 역사를 기록하면서 우리와 중국의 고대 역사서들을 참고하였을 것임은 분명하다.

정에 관한 기록에 대해서는 다른 객관적 증거가 없는 한 중국 또는 일본측의 기록을 존중하여야 할 것이다. 그러나 일제시대에 일본인 학자들이 『삼국사기』의 기록을 불신한 영향으로 종래 우리의 역사학자들 사이에도 이를 불신하는 풍조가 생겼던 것이다.

『삼국사기』의 기록 가운데 종래 역사학자들의 불신을 받아온 또 다른 부분은 「직관지」등 부속 기록의 내용과 차이가 있는 「본기」의 기록이다. 그러나 이 역시 『삼국사기』의 여러 기록 가운데 가장 중심이 되는 것은 「본기」이므로 「본기」의 내용을 의심할 만한 기록이 여타의 부속 기록에서 발견되더라도 분명한 객관적 증거가 나타나지 않는 한 「본기」의 기록을 우선 신뢰하는 것이 바람직할 것으로 보인다.

한편, 『삼국사기』 진흥왕 16년 기사에는 진흥왕이 북한산(서울의 강북 지역)을 순행하였다고 하였을 뿐인데 이때 반드시 북한산비를 세웠을 것으로 볼 필요는 없을 것이다. 북한산비 이외의 진흥왕순수비들은 그 비문으로 보아 순수비를 세운 시기에 진흥왕이 해당 지역을 순행한 것은 사실로 보아야 할 것이지만,[20] 「신라본기」는 이러한 사실들을 전혀 기록하지 않고 있다. 진흥왕순수비들의 건립년대는 오로지 비문의 내용을 출발점으로 해서 판단할 수 있을 뿐이다. 그럼에도 불구하고 「신라본기」의 진흥왕 16년 '북한산' 순행 기록을 북한산비 건립년대로 보려는 것은 '북한산'과 '삼각산'을 동일시하기 쉬운 심리적 작용 때문일 수가 있다. 그러나 삼국시대의 '북한산'은 '서울의 강북지역'을 지칭하는 용어일 뿐 '삼각산'을 지칭하는 용어는 아니었다.

마지막으로, 비석 형태라는 고고학적 근거로 보아도 진흥왕 16년

---

20) 모든 진흥왕순수비에는 수가(隨駕) 인원들의 관등과 이름들이 기록되어 있다. 이는 진흥왕이 순수비를 세울 당시 아니면 그 이전에 신하들을 대동하고 순수비를 세운 곳 아니면 세울 곳을 가보았다는 증거이다.

(555) 건립설이 잘못된 것임을 알 수 있다. 영일냉수리비,21) 울진봉평비,22) 영천청제비,23) 단양적성비24) 등 초기신라 비석은 자연석의 한쪽 면만을 조금 다듬은 정도이다. 진흥왕 22년(561)에 세운 창녕비조차도 그러한 형태이다. 그러나 북한산비는 진흥왕 29년(568)에 세워진 황초령비나 마운령비와 같은 형태이다. 이로 볼 때 북한산비가 창녕비보다 먼저 세워진 것이면서도 그 형태는 진흥왕 29년에 세워진 비와 같은 형태라는 것은 그 자체가 모순인 것이다.

2. 경상남도 화왕산의 창녕비

창녕비는 진흥왕 22년(561)에 세워진 것인데,25) 이 비 역시 자연

---

21) 경북 영일군 신광면 냉수리에서 발견된 신라시대 이두비(吏讀碑)로서 1989년 4월 발견되어 국보 제264호로 지정되었다. 모두 231개 글자가 거의 또렷이 남아 있다. 이 비석은 앞면에 '치도로갈문왕(至都盧葛文王)'이라는 지증왕의 즉위 전 호칭을 썼고, '계미(癸未)'라는 간지(干支)가 쓰여져 있는 것으로 보아, 신라 눌지왕 27년(443) 또는 지증왕 4년(503)에 건립된 것으로 추정되며 종래 신라 최고(最古)의 비로 알려졌던 경북 울진군 죽변면 봉평리의 울진봉평비(524년 건립)보다 81년 또는 21년 앞선 것이다.
22) 신라 법흥왕 11년(524)에 세워진 비석으로서, 1988년 1월 경북 울진군 죽변면 봉평2리 논에서 객토 작업을 하다 발견된 후 국보 제242호로 지정되었다. 오랫동안 땅 속에 묻혀 있었으므로 원래의 형태와 비문을 잘 보존하고 있다. 이 비는 '신라6부(新羅六部)'나 '노인법(奴人法)' 등 기존의 문헌사료에 나타나 있지 않은 많은 내용을 담고 있고 이밖에도 부(部)를 초월하지 못한 왕의 정치적 성격, 17관등의 성립년대, 지방통치조직과 촌락구조, 의식행사 양상 등에 관한 새로운 자료를 제공하여 신라사 연구에 크게 공헌하고 있다.
23) '청못'이라는 저수지를 만들 때 세운 비석이다. 신라 법흥왕 23년(536) 이 저수지를 쌓은 사실을 기념하는 내용이 기록되어 있다.
24) 1978년 충북 단양의 적성산성(赤城山城)에서 발견되어 국보 제198호로 지정된 비석으로서 건립시기는 대략 진흥왕 6년(545) 이전으로 추정된다. 비문에는 진흥왕이 고구려 땅인 적성(赤城) 지방을 점령하고 그곳 주민에게 교시·선무한 내용을 담고 있다.

석을 그대로 이용하며 비석 전면만을 약간 다듬어 비문을 새긴 정도이다. 그러나 북한산비, 황초령비 및 마운령비는 형태에서 크게 다르다. 나머지 셋은 모두가 자연석이 아닌 가공석을 사용하였고

사진 5. 창녕의 진흥왕 척경비
(출처: http://100.empas.com/image)

---

25) 이 비석은 경남 창녕군 창녕읍 교상리에 있으며, 건립연대는 비문에 있는 '辛巳年二月一日立'이란 글자로 보아 진흥왕 22년(561)으로 추정된다. 이 비는 본래 창녕군 창녕면 화왕산 정상 부근 땅 속에 묻혀 있다가 일제시대에 발견되어 1924년 현재의 위치로 옮긴 것으로 알려져 있다. 대가야를 병합하고 이를 기념하기 위한 순수관경비로서 현재까지 발견된 진흥왕순수비 가운데 가장 오래된 것으로 판단된다. 자연석에 글을 새겼으며, 가장자리에 비석 형상을 따라 윤곽선을 돌렸다. 자연석을 그대로 이용한 것은 진흥왕순수비 가운데 창녕비뿐이다. 국보 제33호로 지정되어 있으며, 최대 높이가 1.78m이고, 최대 폭은 1.75m이며, 두께는 약 30cm이다. 창녕비 비문에는 건립연대가 진흥왕 22년으로 되어 있으나,「신라본기」에는 신라가 이사부와 사다함을 보내 가야를 정벌한 일을 진흥왕 23년의 일로 기록했다.

오늘날의 비와 크게 다르지 않음을 알 수 있다. 특히 마운령비는 덮개돌[蓋石]까지 함께 발견되었고, 북한산비도 덮개돌을 찾아내지는 못하였으나 머리에 비석의 덮개돌이 올려졌던 흔적[觸]이 남아 있으며, 황초령비 역시 그 상단이 잘려나가고 덮개돌도 찾지 못하였으나 그 형태로 보아 덮개돌이 씌어져 있었을 것으로 보인다. 또한 셋 모두 자연암반을 이용한 좌대(座臺)가 그대로 남아 있다. 이 세 비석으로부터 신라 비석의 양식은 덮개돌, 몸통, 좌대 등 비석의 3요소를 갖추게 되었고, 그 이전은 자연석을 그대로 또는 일부분을 갈아서 사용하는 초보적인 형태를 벗어나지 못하고 있었던 것으로 추정된다.

이로 미루어 볼 때 북한산비는 적어도 창녕비(진흥왕 22년, 561) 이후에 세워진 것으로서 비문의 내용으로 볼 때는 황초령비 및 마운령비와 거의 비슷한 시기에 세워진 것임을 알 수 있다. 황초령비 및 마운령비는 비문에서 건립연대가 진흥왕 29년(568)임을 어렵지 않게 읽을 수가 있다.26) 북한산비는 이 두 비석에 비해 마모가 심한 편이나 남아 있는 글자의 내용을 검토하면 이 두 비석과 같은 글자가 많아 거의 같은 시기에 건립된 것으로 추정할 수 있는 것이다.27)

---

26) 황초령비는 비문의 서두에 '戊子秋八月巡狩管境'이라는 글자가 있어 진흥왕 29년(568)에 세운 것으로 추정된다. 마운령비의 비문은 황초령비의 비문과 유사하고 특히 건립연대 부분은 완전히 동일하다. 앞서 소개한 바와 같이 추사 김정희의 「진흥이비고」도 황초령비의 건립연대를 진흥왕 29년으로 보았다. 그러나 추사는 마운령비의 존재를 확신하지 않고 있었다. 마운령비를 다시 찾아내어 세상에 알린 것은 육당 최남선이며 1929년의 일이다. 그 발견 경위는 앞서 소개한 "신라 진흥왕의 재래 3비와 신출현의 마운령비"라는 글(앞의 각주 2)에 상세히 기록되어 있다.

27) 북한산비 비문 가운데 우리의 관심을 끄는 것은 "석굴에 기거하는 도인을 보았다"는 구절이다. 이 석굴의 위치에 대해서 이병도 교수는 앞에 인용한 논문(앞의 각주 15)에서 현재 삼각산 문수봉 정상

3. 함경남도의 황초령비 및 마운령비

사진 6 및 7: 함흥본궁에 보관된 황초령 진흥왕순수비(좌)와
       마운령 진흥왕순수비(우)
두 비석 모두 본래의 좌대는 북한산비와 같이 자연암반을 이용한 것이었으며, 사진 속 좌대는 비석의 보관을 위해 후일 새로 만든 것이다.
(출처: http://hamgyongnam.street.co.kr/sum)

황초령비와 마운령비의 존재는 16세기 말부터 이미 세간에 알려져 있었다. 한백겸(韓百謙: 1552~1615)이 죽기 직전인 1615년에 탈

부근의 문수사에서 대웅전으로 사용하고 있는 석굴로 보았지만, 김윤우 씨는 앞에 인용한 논문에서(앞의 각주 16, 300쪽), 다소 불분명하지만, 현재 비봉 하단에 있는 승가사의 석굴일 수도 있다고 보고 있는 것 같다. 그러나 고려 때 이예(李預)가 쓴「삼각산중수승가굴기」(『동문선』권64에 수록)를 보면 최치원 문집을 인용하면서 신라 때 낭적사의 수태(秀台) 스님이 서역(西域)의 고승 승가대사의 성적(聖跡)을 추모하여 이곳에 바위를 갈라 굴을 파고 대사의 석상을 안치하였다고 기록하고 있다. 이는 진흥왕 시대보다 약 200년 후인 신라 경덕왕 15년(756)의 일인 것이다.

고한 『동국지리지』에는 "황초령과 단천에는 (신라 진흥왕의) 순수비가 있으니 동옥저(함경남도)는 그때 신라가 빼앗아 가지고 있었던 것이다"는 구절이 있다.28) 황초령은 함주군(현 영광군)과 장진군의 경계에 있는 함남 중부 내륙지역의 고개이고, 단천은 남서쪽으로 마운령을 경계로 이원군과 접하고 있는 함남 북동부 해안지역인 점으로 볼 때 그가 언급한 순수비는 황초령비와 마운령비임에 틀림이 없다. 한백겸 이후 황초령비의 존재는 세상에 분명히 알려지게 되었고, 후일 신경준(1712~1781)에 의해 진흥왕 당시의 신라영역 해석의 근거로 그 비문의 내용이 『동국문헌비고』에 수록되기에 이르렀다.29)

한백겸은 황초령비와 마운령비의 존재만을 언급한 반면, 신경준은 두 비석의 존재뿐 아니라 황초령비의 경우는 비문의 내용까지도 대략 언급하고 있는 것으로 보아 그 당시 이미 탁본이 존재했음을

---

28) 『동국지리지』 「삼국」 「고구려」 「봉강」, '동옥저' 조. 한백겸은 1596년 정여립의 난에 연루되어 함경도 단천으로 유배 갔을 때 직접 이 비석들을 보고 이를 진흥왕순수비로 판독한 것으로 추정된다. 정구복, "한백겸의 사학과 그 영향", 『구암유고·동국지리지』, 일조각, 1990, 해제, 25쪽.

29) 『동국문헌비고』는 『증보문헌비고』의 원본으로서 영조 46년(1770) 출간되었으며, 그 가운데 「여지고(輿地考)」의 본문은 신경준의 「강계고(疆界考)」를 거의 그대로 옮겨놓은 것이다. 정조 6년(1782년) 증보에 착수하여 8년 후 『증보동국문헌비고』라는 이름으로 다시 편찬되었으나 이 책은 간행되지 못하였으며, 다시 113년 뒤인 고종 광무(光武) 7년(1903) 증보에 착수하여 순종 2년(1908) 비로소 『증보문헌비고』란 이름으로 출간되었다. 『증보문헌비고』에서는 영조 46년 이전의 일 가운데 최초 『동국문헌비고』에 빠져 있던 것을 증보한 것에 대해서는 "보(補)"로, 영조 46년 이후의 일에 대해서는 "속(續)"으로 각각 표시하고 있는데, 「여지고 2」, '신라국' 조에서는 "보(補)"나 "속(續)"이 아니라 본문에서 한백겸의 『동국지리지』 중 진흥왕순수비에 관한 구절을 인용하며 황초령과 단천 이남이 일찍이 신라의 영역에 편입된 것으로 기술하고 있다.

알 수 있다. 그러나 신경준은 비석을 직접 보지는 못하고 탁본만을 보았을 것으로 보인다. 언제인가 망실되어 없어졌던 황초령비를 다시 찾아낸 것이 「동국문헌비고」가 발간된 지 20년이 약간 넘는 시점이기 때문이다. 당시의 탁본은 신립 장군이 함경도 지방에 근무할 때 만든 것으로 보인다. 한백겸과 동시대인 차천로(車天輅: 1556~1615)의 「오산설림초고(五山說林草藁)」30)에서는, 다소 불분명하지만,31) 황초령비로 생각되는 비석에 대해서 "신립이 남병사(南兵使)로 있을 때 이를 탁본해 온 것을 내가 볼 수 있었는데 높이는 5척 가량이고 넓이는 2척 가량이었다. 글자는 필진도(筆陣圖)와 같았고 작았으며 반 이상 결락이 있었다"라고 하였다.

가. 황초령비의 발견, 망실 및 재발견

망실되었던 황초령비를 다시 찾은 것은 홍양호(1724~1802)로서, 그는 1790년 함흥통판(咸興通判)으로 나가는 유한돈에게 부탁한 지 몇 해 후 계곡 아래로 굴러떨어져 여러 조각으로 갈라진 비석 일부를 다시 찾아냈으나 이때 찾아낸 것은 비석 상단뿐이었다. 유한돈은 탁본을 만들어 홍양호에게 보냈으며, 홍양호는 이를 판독한 후 그 내용을 황초령비를 다시 찾게 된 경위와 함께 정리하여「제신라진흥왕북순비(題新羅眞興王北巡碑)」라는 짧은 글을 남겼다.32)

홍양호는 탁본을 보고 이 비가 진흥왕순수비임과 그 건립연대가 진흥왕 29년임을 정확히 확인하였으나, 나머지 부분은 제대로 판독하지 못한 것으로 보인다. 그는 나머지 부분에 대해서, "글자들을 보

---

30) 차천로는 한백겸과 생몰년이 거의 일치하는 인물로 그의 「오산설림초고」는 조선 초기부터 인조 때까지 약 250년 동안의 야사를 모아놓은 『대동야승』에 수록되어 있다. 「오산설림」이라고도 한다.
31) 불분명한 이유는 뒷부분 다. 황초령비 또는 마운령비와 고려정계비의 혼동 시말기에서 다시 설명한다.
32) 이 글은 홍양호 문집인 『이계집(耳溪集)』 권16에 수록되어 있다.

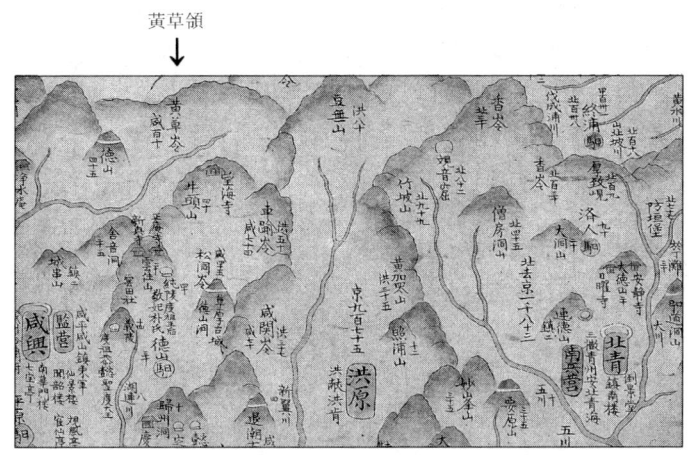

지도 3. 『동여비고(東輿備攷)』의
「함경도주군도(咸鏡道州郡圖)」 중 황초령

니 오래되고 마멸되어 문리(文理)가 이어지지를 않아서 읽을 수가 없다. 중간에 수행 인원에 관한 글이 나열되어 있고, 훼부(喙部), 아간(阿干), 대사(大舍) 등의 이름이 있는데 이는 모두가 신라 초기 땅 이름이나 관직 이름이다"라고 하였다.

여기서 한 가지 의아한 점은 홍양호 이후의 사람인 다산 정약용(1762~1836)이 황초령비에 대해 불신하고 있었던 점이다. 정약용은 "야사에 이르기를, 신라 진흥왕 16년에 순행 도중 북도(北道)에 이르러 고구려와 국경을 정하고 비석을 세웠으며 그 비석은 함흥부 북쪽의 초황령(草黃嶺)[33] 아래 있다고 한다. 만일 그렇다면, 함흥과

---

33) 정약용이 말한 '초황령'은 '황초령'의 또 다른 이름이다. 조선시대에 황초령 아래에는 나라에서 운영하는 객사(客舍)인 원(院)이 있는데 『신증동국여지승람』에서는 이를 초황원(草黃院)이라 하였고 『문헌비고』에는 이를 초방원(草坊院)이라 하였다. 뒤에 다시 소개할 추사 김정희의 「진흥이비고」는 이러한 이름들과 관련하여, "이 원(院)의 이름은 기록하는 사람에 따라 초황(草黃) 초방(草坊) 또는

영흥은 일찍이 신라가 얻은 것이 되나 그럴 이치가 없을 것으로 보인다. …어떻게 함흥과 영흥을 얻어 신라의 땅을 만들었겠는가?"라면서 황초령비의 존재와 진흥왕 이후의 신라의 영역에 관한 『동국문헌비고』의 기록에 대해 강한 의문을 제기했었다.34)

그러나 홍양호와 동시대 사람인 추사 김정희(1786~1856)는 어디서인가 황초령비 탁본을 얻어 보고 비문 내용을 다시 정확하게 판독하였으며, 삼각산의 비봉에 있는 북한산비의 판독 결과와 함께「진흥이비고」를 쓴 것이다. 이때 김정희가 본 탁본의 출처와 관련하여, 홍양호 당시 유한돈은 탁본을 여러 부 만들었고 그 중 하나가 유한돈의 집안어른인 유척기에게 보내졌는데, 추사는 외가 쪽 유척기의 집에서 이 탁본을 본 것이라는 견해가 있다.35) 하지만 이는 육당 최남선이 "신라진흥왕의 재래 3비와 신출현의 마운령비"에서, 홍양호의 글을 보면 비석의 재발견자는 유한돈인데 김정희가 유척기를 거론한 것은 혹시 유한돈이 집안어른 유척기에게 증정한 탁본을 김정희가 보았기 때문이 아닐까 하고 막연히 추측 정도로 쓴 구절을 보고 유홍준 교수가 다시 꾸며낸 말에 불과하다.

황초(黃草)라 한다"고 했다. 황초령이란 이름은 그로부터 생긴 것으로서 초황령·초방령·황초령은 모두 같은 곳의 다른 이름이다.

34) 『아방강역고』「팔도연혁총서(八道沿革總敍)」, '함경도' 조. 정약용이 언급한 야사가 어느 글을 말하는 지는 모르겠으나, 글 전체의 내용으로 보아 신경준의「강계고」를 말하는 것으로 보인다. 한백겸이나 차천로의 글에는 비석 건립연대에 관한 언급이 없으나 신경준의「강계고」에서는 진흥왕 16년을 황초령비의 건립년도인 무자년(戊子年)으로 보고 있기 때문이다. 이를 그대로 옮긴 『동국문헌비고』의 본문구절에 대해 후일 『증보문헌비고』에서는 "무자년은 진흥왕 29년인데 이를 16년이라 했으니 간지(干支)와 연조(年條) 가운데 하나는 잘못이다"라는 "보(補)" 기사를 추가하였다. 그러나 정약용이 의심한 것은 이러한 부분뿐 아니라 비석의 존재 자체였다.

35) 유홍준,「황초령비 재발견 시말기」,『완당평전』제1권, 학고재, 2002, 252~257쪽.

유척기의 사망년도는 1767년이고 홍양호 부탁으로 유한돈이 탁본을 만든 것은 23년 이상 뒤의(유한돈이 함흥통판으로 나간 庚戌年, 즉 1790년에서 또 몇 해 뒤) 일이다. 유한돈이 유척기에게 탁본을 증정했다는 것은 있을 수 없는 일이다.

추사의 「진흥이비고」에서는 황초령비의 이름과 관련하여, "유척기 집안에 소장되어 있는 『금석록(金石錄)』에서는 '삼수초방원진흥왕순수비(三水草芳院眞興王巡狩碑)'라 했다"고 하면서 『금석록(金石錄)』이라는 글 이름 옆에 "비석의 이름들을 열거한 목록을 말한다(卽詮次碑目云)"고 주석을 달아놓았다. 이를 보면 추사가 유척기 집안에서 보았다는 『금석록』이 탁본첩(拓本帖)을 말하는 것인지, 단지 금석문 목록뿐이었는지를 알 수가 없다. 필자의 생각으로는 유척기의 집안에 소장되어 있었다는 『금석록』은 금석문 목록뿐이었을 것 같다.

선조대왕의 친손자인 낭선군 이우(李俁, 1637~1693)는 신라 이래의 조선의 금석문 탁본들을 수집하여 『대동금석첩(大東金石帖)』이라는 탁본첩(拓本帖)을 만들었으나 이는 언제인가 흩어져 사라지고 지금은 전해지지 않고 있다. 김정희 이전에 사라졌을 것으로 보인다. 그러나 낭선군의 『대동금석첩』은 세 가지 형태로 그 흔적이 우리에게 전해지고 있는데, 그 첫째는 일부 탁본만을 책 크기로 잘라 편철하여 정첩(正帖) 5책, 속첩(續帖) 2책으로 만들어서 서법교본(書法敎本)으로 간행한 『대동금석서(大東金石書)』로서, 이 책에는 각 첩(帖)마다 끝에 비(碑)의 이름, 글을 지은 사람, 글을 쓴 사람, 연대, 소재지를 해서체(楷書體)의 작은 글자로 깨끗하게 기록하여 놓은 목록(目錄)이 붙어 있다.

이 목록에 기록된 비(碑)의 숫자를 모두 합하면 약 300개가 되지만 실제 수록된 탁본의 수는 몇 개 되지 않는다. 이 목록은 『대동금석첩』에 붙어 있던 목록으로서 『대동금석첩』에는 이 목록에 기록된 비(碑)의 탁본이 모두 포함되어 있었을 것으로 보인다. 여하간

『대동금석서』의 정첩(正帖) 제1책의 가장 앞에는 '초방원비(草房院碑)'라고 비(碑) 이름을 쓴 황초령비의 탁본 4쪽이 있고 제1책 목록의 가장 앞에도 '草房院碑 在三水'라고 기록되어 있다. 이 『대동금석서』는 수록되어 있는 탁본 쪽들 때문에 베낄 수가 없는 것이기 때문에 원본 한 부만 전해져 내려오다 1932년에 경성제국대학의 고서간행위원회(古書刊行委員會)가 이 책에 수록된 신라 및 고려 고비탁본 가운데 155종을 선정하여 영인본(影印本)으로 간행하였다. 이 영인본에는 경성제국대학 교수 이마니시류(今西龍)가 쓴 해제(解題)가 붙어 있다.

둘째는, 탁본은 하나도 수록되어 있지 않고 『대동금석서』의 목록과 동일한 목록만을 수록한 또 다른 『대동금석서』이다. 이는 금석에 관심이 있던 선비들 간에 원본 『대동금석서』의 목록만을 베껴 보관하고 있었던 것으로서 여러 부가 있었다 한다.36)

셋째는, 성호 이익 선생의 글 가운데 소개되어 있는 『대동금석록(大東金石錄)』인데, 이 책 역시 이름만 이익 선생의 글을 통해 전해지고 있을 뿐 현재 그 내용이나 소재는 알려져 있지 않다. 그러나 이 책 역시 그 이름을 보면, 위의 둘째 『대동금석서』와 같이 목록(目錄)으로만 구성된 책이었을 것으로 보인다.37)

---

36) 今西龍(이마니시류), 「大東金石書解題」, 京城帝國大學法文學部編, 『大東金石書』, 소화(昭和) 7년(1932), 권말 부록, 10面. 이마니시류는 같은 해에 『大東金石書』 각 첩(帖)의 말미에 붙어 있는 금석문 목록만을 따로 모아 교정한 후에 『校訂 大東金石目』이라는 소책자를 간행하기도 하였다. 한편, 조선금석문의 목록만을 적은 또 다른 책으로서 『대동금석명고(大東金石名攷)』라는 필사본 글이 현재 고려대학교 도서관에 소장되어 있는데 이 책의 저자가 누구인지는 미상이며 북한산진흥왕순수비가 수록되어 있는 것으로 보면 이는 적어도 조선조 말 이후에 『대동금석서』를 증보하여 저술된 것으로 추정된다.

37) 오세창이 저술한 『근역서화징』(1917년 편찬, 1928년 계명구락부 간행)에는 "근세에 왕손 낭선(朗善)이 편집한 『대동금석록』에는 빠

김정희가 유척기의 집에서 보았다는 『금석록』은 성호 이익의 글 가운데 소개되고 있는 『대동금석록(大東金石錄)』으로서, 추사는 이 때 탁본이 아닌 목록만 보았을 가능성이 높다.

여하간, 황초령비는 홍양호 이후 다시 망실되었었는데, 추사 김정

진 것이 전혀 없다"라는 구절이 있고(권4, 「鮮代」편, '仁祖' 조), 이를 이익의 『성호사설』에서 인용하였다고 하였다. 그러나 현재 그 전문이 수록되어 있는 『성호사설』에서는 그러한 문구를 어디에서도 찾아볼 수가 없고, 다만 안정복이 편찬한 『성호사설류선』에서만 "근세에 왕손 낭원(朗原)이 편집한 『대동금석록』에는 빠진 것이 전혀 없다. …삼수현에는 초방원비가 있으니 바로 신라진흥왕의 순수에 대한 기록이다"라는 문구가 보인다(권5, 下, 「技藝文」, 「書法」, '東方石刻' 조). 『대동금석록』의 편집자가 전자에서는 낭선(朗善), 후자에서는 낭원(朗原)으로 달리 기록되어 있다. 둘 중 하나는 잘못된 것이 분명한데, 최남선은 "신라 진흥왕의 재래 3비와 신출현의 마운령비"라는 글(앞의 각주 2)에서 『성호사설류선』의 문구를 인용하면서 원문의 '朗原' 중 '原'자 옆에 '?(의문부호)'를 첨부하여 놓았다. 이러한 사정들을 보면 이익은 본래 낭원(朗原)으로 기록한 것을 오세창이 낭선(朗善)으로 고쳐 인용한 것일 가능성이 높다. 이익이 『대동금석록』의 편집자를 낭원군이라고 한 것은 원본인 『대동금석서』에 수록된 모든 탁본의 첫 쪽에 '朗原君章(낭원군장)'이라는 인장이 찍혀 있는 것을 보고 그리 말한 것으로 보인다. 그러나 『대동금석서』의 앞에는 허목(許穆)이 친필로 쓴 서문인 「금석첩서(金石帖敍)」가 수록되어 있는데 이 글에서는 금석첩의 편집자에 대해 '公子我宣祖親王孫也'라고만 하고 이름은 쓰지 않았다. 그러나 허목의 문집인 『기언(記言)』, 권29에 수록된 「王孫郎善君金石帖敍」를 보면 그 내용이 『대동금석서』에 수록된 허목의 친필 서문과 거의 동일할 뿐 아니라 "公子郎善君我宣祖親王孫也"로 시작하고 있다. 또한 낭선군의 자서전이라 할 수 있는 『백년록(百年錄)』의 현종 9년(1668, 戊申) 조에도 "4월에 『대동금석서법』을 편집하여 미수로부터 서문을 받았다(四月集大東金石書法 受敍於眉叟)"고 기록되어 있다. 이 『백년록』에서 『대동금석서법』이라고 한 것은 『대동금석서』와 같은 책임이 분명하다. 금석문의 탁본을 수집하여 탁본첩과 목록을 만든 사람은 낭선군 이우(李俁)이며, 그의 동생인 낭원군 이간(李侃)은 이를 장서로 보존한 사람일 것이다.

희는「진흥이비고」를 작성한 직후에 친구인 이재(彛齋) 권돈인(權敦仁, 후일 영의정까지 오름)이 함경도관찰사로 나가게 되자 그에게 부탁하여 망실되었던 비석을 다시 찾아냈다.38) 다시 찾아낸 비석의 보존대책을 권돈인에게 부탁하는 편지가『완당선생전집』에 수록되어 있는데,39) 이 편지에는 "진흥왕비가 한번은 낭선군 시대에 나타났고 또 한번은 유척기 시대에 나타났으나 끝내 그것을 찾는 사람이 없다가 함흥부사 윤광호(尹光濩)가 대략 몇 부를 탁본한 후에는 관에서 자주 탁본하는 일을 시키므로 백성들이 이를 묻어버려서 형체도 그림자도 없이 사라진 것이 지금 40년이 되었다"는 구절이 있다. 여기서 "한번은 낭선군 시대에 나타났고"라고 한 것은 선조 당시 신립 장군이 황초령비를 발견하여 만든 탁본을 두고 잘못 말한 것일 가능성이 크고,40) 낭선군 이우는 어떤 경로를 통해 이 탁본을

---

38) 유홍준 교수는「진흥이비고」의 저술 시기에 대해서도 이를 황초령비 재발견 이후로 보고 있으나(『완당평전』제1권, 259쪽 및 제2권, 622쪽), 김정희가「진흥이비고」서두에서 "이 비(황초령비)가 지금은 망실되었고 나는 다만 두 단의 탁본만을 얻었다"고 한 것을 보면「진흥이비고」는 황초령비 재발견 이전에 쓰여진 것임이 분명하다. 뿐만 아니라, 김정희는 권돈인이 비석을 다시 찾아내어 새 탁본을 얻은 후에 쓴「북수비문 뒤에 쓰다(題北狩碑文後)」라는 짧은 글에서 "나는 과거 구탁본을 얻어「진흥이비고」를 써서「해동금석록」과「문헌비고」의 틀린 점을 시정한 바 있었는데, 지금의 잔석(殘石)에 비교해보면 오히려 (구탁본이) 55글자나 더 많고 (지금의 잔석에는) 그 부스러져 손상된 것이 또 16글자나 된다"고 하였다. 이 글은『완당선생전집』권6에 수록되어 있다.
39) 권3,「書牘」,「與權彛齋敦仁 32」. 김정희의「진흥이비고」를「예당금석과안록(禮堂金石過眼錄)」또는 그저「금석과안록」이라고도 하는데, 정확하게 말하자면「예당금석과안록」또는「금석과안록」은「진흥이비고」에다가 추사가 권돈인에게 보낸 이 편지 및 앞서 소개한 바 있는 조인영에게 보낸 편지를 첨부하여 후일 별도로 간행한 글이다.
40) 홍양호는「제신라진흥왕북순비」에서 "선조 당시 신립 장군이 북병사(北兵使)가 되었을 때 탁본을 만들어 와서 세상에 알려지게 되었다"고 하였다. 낭선군 이우(1637~1693)는 신립(1546~1592) 직후

수집하여 『대동금석첩』에 수록하였을 것으로 보이며, 추사가 처음 본 탁본은 바로 이 탁본일 것으로 생각된다. 그러나 추사의 위 편지 중 "또 한번은 유척기 시대에 나타났으나"라고 한 부분은 무엇을 두고 한 말인지 알 수가 없다.

한편, 비를 다시 발견한 이후에 쓴 위의 김정희 편지에서는 "내가 이 비에 대해 「진흥이비고」라는 글을 이미 써놓은 것이 있는데… 아직 초고(草稿)로 있고 미처 정리를 하지 못한 상태"라고 하였는데, 현재 우리가 읽고 있는 「진흥이비고」에서도 여전히 "이 비가 지금은 망실되었다"라고 한 것을 보면, 추사가 미처 보완하지 못한 초고만이 지금 우리들에게 전해져 오는 것으로 보인다.[41]

당시 권돈인이 어떻게 이 비에 대한 보존대책을 세웠는지는 알 수 없으나, 철종 3년(1852) 함경도관찰사 윤정현이 황초령 정상에서 중령진 부근 지금의 하기천면 진흥리로 옮겨 비각을 만들어 세워놓았다가,[42] 남북 분단 이후 북한 당국에 의해 함흥본궁으로 옮겨 보존하고 있는 것으로 알려져 있다. 황초령비는 화강석을 네모나게 다듬어 만든 것인데 현재 몸통의 일부만 남아 있다. 남아 있는 몸통의 높이는 1.17m, 너비는 44cm, 두께는 21cm이다. 그 형태로 보아 덮개돌까지 갖추었던 비석으로 보이나 덮개돌은 찾지 못하였다.

사람이니 황초령비를 알게 된 것은 신립의 탁본을 통해서였을 것이다.
41) 김정희가 이 편지를 쓴 연대를 정확하게 알 수는 없으나 권돈인이 함경도관찰사로 나가게 된 것이 헌종 초년(1835)의 일인 것으로 볼 때 그 얼마 후인 것으로 보이는데, 김정희는 헌종 5년(1840) 제주도로 유배되었으니 그런 등의 이유로 「진흥이비고」를 더이상 수정하지 못하였을 것으로 보인다.
42) 이때는 김정희가 북청에 유배되어 있을 때이니 윤정현이 한 일은 전후 정황으로 볼 때 김정희의 요청에 의한 것으로 보인다. 한편, 최완수 선생에 의하면, 이때 윤정현이 함경도관찰사로 나가게 된 것 자체가 추사 선생의 귀양살이를 돌봐주기 위한 조정의 배려였을 것이라고 한다. 『완당평전』제2권, 625쪽에서 재인용.

나. 마운령비의 발견, 망실 및 재발견

마운령비 역시 한백겸의 『동국지리지』에서와 같이 16세기부터 진흥왕순수비로 그 존재와 위치가 알려져 있었으며, 앞서 말한 바와 같이 『동국문헌비고』는 황초령비보다 약 300리 정도 떨어진 단천에 있는 마운령비의 존재를 인정하고 단천 이남이 일찍이 신라의 영토로 들어왔다고 하였다. 그럼에도 불구하고 조선 후기에는 마운령비가 고려 윤관 장군 당시의 모작(模作)이라는, 또는 고려 윤관 장군이 공험진(公嶮鎭)을 설치한 선춘령(先春嶺)에 세웠다는 고려정계비

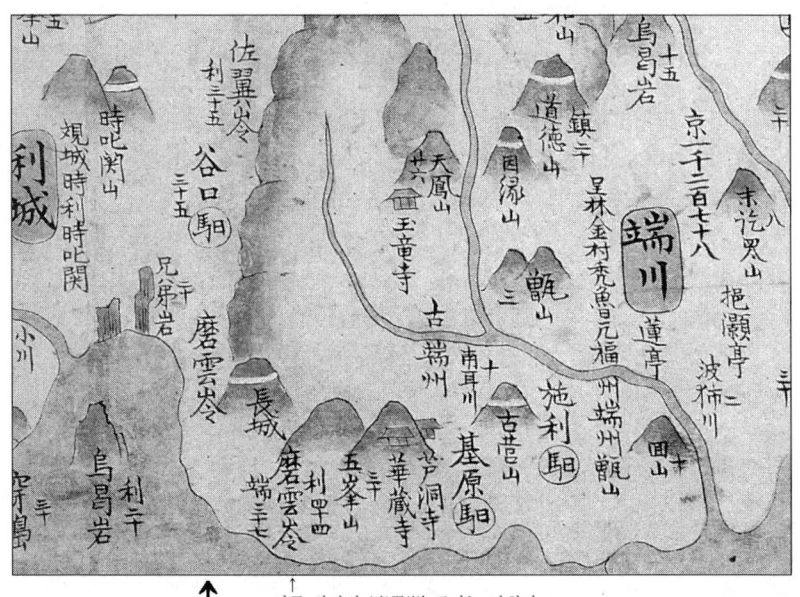

↑
磨雲嶺

이곳 하단의 '磨雲嶺' 표기는 단천과 이성(현 이원)으로부터 마운령까지의 거리를 기록하기 위한 주기(註記)이다.

지도 4. 『동여비고(東輿備攷)』의 「함경도주군도」 중 마운령

가 바로 마운령비라는 설화가 나돌기도 했으며,43) 다산 정약용은 물론 추사 김정희조차도 존재 자체를 불신할 정도로 마운령비는 잊혀져 있었다. 추사는 「진흥이비고」에서 "단천에 진흥왕비가 있다는 분명한 증거가 없으니 단천 이남의 지역이 신라로 꺾여 들어왔다는 것도 틀린 말이다"라고 하였다.44)

 하지만 육당 최남선은 1929년 9월 함경도 이원에 있는 율계(栗溪) 강필동(姜必東, 1793~1857)의 유택에 책 구경을 갔던 길에 우연히 강필동의 장서 중에서 진흥왕순수비에 관한 기록45)이 있음을 보고 나서, 집주인과 향인(鄕人)들의 도움을 얻어 이 비가 진흥왕순수비임을 확인하게 되었다. 최남선의 증언에 의하면, 그가 이원 땅을 방문하기 직전인 그해 봄에 인근 마을 사람 중 김연익(金演翼)이라는 이가 강필동의 장서를 보고 난 후 종래 남이장군비로 불리던 운무봉 정상의 비석을 다시 확인해 보니 과연 진흥왕비가 틀림없었으나 그 진위를 확인하기 위해46) 탁본과 발견 경위를 적은 글

---

43) 이 문제는 다음 항에서 다시 논할 것이다.
44) 1919년 조선총독부가 발간한 『조선금석총람』까지만 해도 북한산비·황초령비·창녕비만 수록되어 있을 뿐, 마운령비는 수록되어 있지 않았다.
45) 강필동의 장서 중 이원 지역의 고사와 야사들을 모아놓은 「이성고기(利城古記)」란 글 가운데는, "들리는 말에 의하면, 무자년에 진흥왕이 변경을 순수할 때 현의 동쪽에 있는 운무봉에 와서 정계비를 세웠다고 하며… 옛 노인들의 말에 의하면 (임진왜란 당시) 왜장이 이 봉우리에 올라가 이 비석을 읽고 나서는 이를 뽑아버렸다고 한다"는 구절이 있었고, 또 고려 윤관 장군이 9성을 개척할 당시의 일과 관련된 「북성건치연혁」이란 글 가운데는, "야사에 의하면, 여진이 단천의 웅주성을 포위하자 단천과 북청 사이에 있는 운무봉에 운시성을 쌓았는데 오월에 여진이 웅주성을 공격하자 임언 최홍정 등 장수들은… 이 땅은 신라의 옛 땅이라며 운시성에 진흥왕순수정계비를 세워놓고 여진을 위협했다고 한다"는 구절이 있었다 한다. 최남선, 앞의 글(앞의 각주 2), 538~539쪽에서 재인용. 「북성건치연혁」에 언급된 야사는 마운령비의 모작설을 말하는 것이다.

을 최남선에게 인편으로 보낸 후 밤낮으로 그 회신을 기다리고 있었다는데 자신은 편지를 받아보지 못하고 그곳을 찾아간 것이라 한다.
  우연치고는 대단한 우연이라 하지 않을 수 없다. 그리고 김연익이 알려 준 장소를 찾아보니 비석의 몸통은 가운데가 움푹 파여 우물봉이라고도 부르는 운무봉의 정상에서 이삼백m[二三町] 아래인 급경사의 수수밭 가운데로 떨어져 있기는 하나, 비석이나 비문은 온전하게 보존되어 있었고 덮개돌은 또 다시 두어 정 아래 계곡으로 굴러 있었다 하며, 좌대(座臺)까지 확인하기 위해 운무봉으로 올라갔으나 심한 안개로 인해 그냥 하산하였다 한다.47)
  1930년 초에는 마운령비의 비석과 덮개돌을 수습하여 부근의 복흥사 윗부락 한 모퉁이에 세워놓았었는데 후일 북한당국에 의해 함흥본궁으로 옮겨 황초령비와 나란히 비각 속에 보존하고 있는 것으로 알려져 있다. 마운령비는 높이 1.36m, 너비 45cm, 두께 30cm이며 덮개돌까지 완전한 모습으로 남아 있다. 이 비는 지금 있는 진흥왕 순수비 가운데서 비문이 제일 많이 남아 있다.48)

---

46) 김연익이 진위를 확인하려 한 것은 강필동의 글에 적혀 있는 고려 윤관 장군 당시의 모작설 때문인 것으로 보인다.
47) 한편, 강필동의 장서 중 「이성고기(利城古記)」에는 임진란 당시 왜장이 비석을 뽑아버렸다는 옛 노인의 말이 적혀 있었지만, 주변 마을사람들 말에 의하면, 비석은 원래 운무봉 정상에 있었으나 비바람에 밑으로 굴러떨어졌다고도 하고, 풍해(風害)로 곡물이 잘 여물지 않는 것이 이 비석 때문이라는 점쟁이의 말 때문에 화전민들이 비석을 뽑아버렸다고도 한다고 최남선은 증언하고 있다. 최남선, 앞의 글(앞의 각주 2), 539쪽.
48) 북한산비에서 판독된 것은 모두 70글자에 불과한 반면, 황초령비에서는 185글자가 판독된 것으로 알려져 있다. 이 숫자들은 불분명한 글자까지 포함된 숫자이다. 창녕비는 총 660글자 가운데 중간중간 280여자가 결락되고 376글자 가량만 판독되었다. 마운령비는 397글자가 완벽한 상태로 판독되었다. 결락은 28글자에 불과하다.

다. 황초령비 또는 마운령비와 고려정계비의 혼동 시말기

앞서 조선 후기에는 마운령비가 고려 윤관 장군 당시의 모작이라는 말도 있었고, 고려 윤관 장군이 공험진을 설치한 선춘령에 세웠다는 고려정계비가 바로 마운령비라는 말도 있었다고 했으나, 조선 중기까지는 황초령비도 마찬가지였던 것으로 보이며, 그러한 낭설의 단서는 차천로의 『오산설림초고』에 있었을 것으로 추정된다.

『오산설림초고』에는 "선춘령은 갑산에서 5일 거리로 백두산 아래와 가깝다. 그 아래에는 작은 비석이 풀 속에 숨어 있는데 신립 공이 남병사(南兵使)로 있을 때 이를 탁본해 온 것을 내가 볼 수 있었는데 높이는 5척 가량이고 넓이는 2척 가량이었다. 글자는 필진도(筆陣圖)와 같았으나 작았고 태반이 결락되어 있었다. 비문 중 황제라 한 것은 고구려왕을 말한다. 탁부(啄部) 아무개라고 한 것이 예닐곱 명인데 나는 탁부가 무슨 벼슬인지 모르겠다. 그후 허가곡(許荷谷)이 말하길 고사(古史)를 본 적이 있는데 탁부는 지금의 대부(大夫)에 해당한다고 하였다"라는 구절이 있다.49) 이 구절이 황초령비에 관한 글인지, 마운령비에 관한 글인지, 아니면 고려 때 윤관 장군이 북방 여진족을 몰아내고 9성 중 하나인 공험진이 있는 선춘령에 세웠다는50) 고려정계비에 관한 글인지가 불분명하다.

---

49) 원문: 宣春嶺去甲山五日程 近白頭山 下有短碑隱草中 申公砬爲南兵使打而來 余得見之 高僅五尺 廣二尺許 字如筆陣圖而小 太半缺落 其日皇帝者高句麗王也 有日啄部某者六七人 余不解啄部爲何官 其後許荷谷對日 曾見古史 啄部猶今之大夫也云.

50) 『고려사』「지리지」와 『고려사절요』는 윤관이 9성을 쌓고 이듬해인 1108년(예종 3) 2월에 "공험진에 비를 세워 경계로 삼았다"고 하였고, 『세종실록』「지리지」는 "공험진이 있는 선춘령은 윤관이 비석을 세운 곳이다. 원래 글자가 있었으나 언젠가 호인(胡人)들이 그 글자를 마멸하였다"라고 했다. 그러나 이 기록들은 공험진 또는 선춘령을 함경도 지방으로 보고 있다. 하지만 『신증동국여지승람』에서는 공험진에 대해 "선춘령은 종성 직북 700리 지점에 있고 그곳

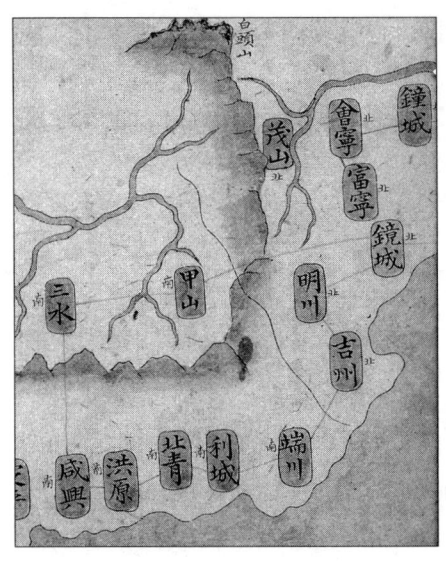

지도 5. 『동여비고(東輿備攷)』의
「함경도남북주군총도」

우선, 차천로는 '선춘령(宣春嶺)'에 비석이 있다 했는데, 비록 '선'의 표기에 있어 '先'과 '宣'의 차이는 있지만 그 위치를 "갑산에서 5일 거리로 백두산 아래와 가깝다"고 한 것을 보면, 이는 고려정계비를 말하는 것으로 보인다. 갑산은 함남 북동부 지역으로서 같은 지역에 있는 마운령은 물론이고 함남 중부에 있는 황초령과도 매우 가까운 곳으로서, 마운령이나 황초령은 갑산에서 5일 거리가 될 수 없을 뿐 아니라 백두산 근처도 아니기 때문이다.

차천로의 『오산설림초고』와 비슷한 내용이 저자 미상의 『서곽잡록(西廓雜錄)』이라는 글에도 수록되어 있다 한다. 단재 신채호는 이

───────────

에는 큰 비석이 있는데 바로 그곳이다"라고 하였다. 지금의 만주 연변 부근을 말하는 것이다. 그러나 위의 기록들보다 후대의 저작인 한백겸의 『동국지리지』에서는 공험진에 대해 "공주(孔州)라 하기도 하고, 광주(匡州)라 하기도 하고, 선춘령 동남쪽 백두산 동북쪽이라 하기도 하고, 소하강(蘇下江) 변이라고도 한다"고 하여 그 설이 일정치 않았음을 말하고 있다.

제4편 진흥왕순수비의 건립과 재발견 221

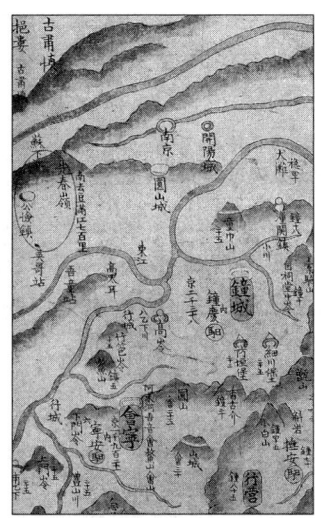

지도 5-1. 『동여비고(東輿備攷)』의 「함경도주군도」 중 선춘령과 공험진

책에 "신립이 선춘령 밑에 고구려 옛 비가 있다는 것을 듣고 몰래 사람을 두만강 건너에 보내어 탁본해 왔다. 그중 식별할 수 있는 것이 불과 300여 자밖에 되지 않았다. 거기에 황제라 함은 고구려 왕이 스스로 칭함이오 상가(相加)라 함은 고구려 대신을 칭함이다"라는 구절이 있는 것을 보았다고 하였다.51) 이 기록은 분명 고려정

---

51) 『조선상고사』, 제1편 총론, 제4장 사료의 수집과 선택에 대한 상확, (1) 고비 참조에 대하여. 신채호는 『서곽잡록』의 저자 이름을 잊었다고 했다. 철종 당시 승지 이문홍이 임진왜란 당시의 야사 96종을 채집하여 엮은 『패림(稗林)』이라는 책의 제8집에도 저자 미상의 『서곽잡록』이라는 글이 수록되어 있는데, 혹 신채호가 이 글을 읽은 것은 아닌지 모르겠다. 한편, 신채호는 『조선상고문화사』에서는, 『해상잡록(海上雜錄)』에서 신립장군에 대한 사적을 보았는데 호종단(胡宗旦)이란 자가 그 비석을 부수어 오직 10여 글자만 판독이 가능하다고 기록하고 있다[제1편 제2장 조선 역대 문헌의 화액(禍厄)]. 『해상잡록』은 『조선도서해제』를 보면, 조선시대 권별(權鼈)이 편저한 책이며, 기자조선 이래 조선 초기까지의 인물을 열전 형식으로 기술하고 있다. 이만열 교수는 『조선상고문화사』의 주석에서,

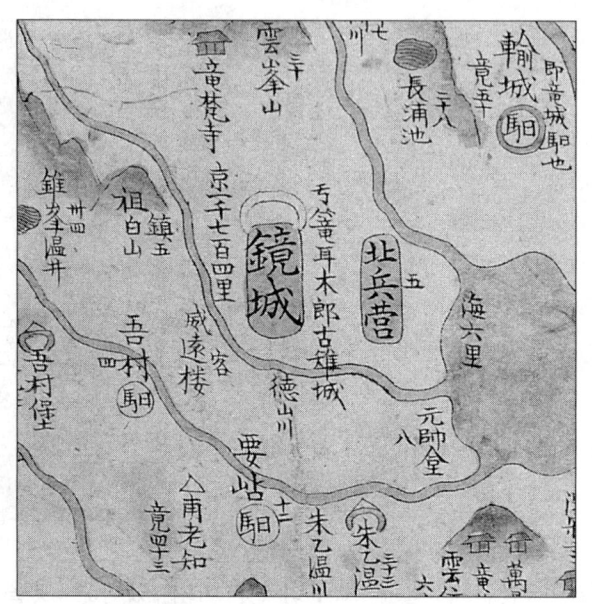

지도 5-2. 『동여비고(東輿備攷)』의 「함경도주군도」 중 경성 북병영

계비에 관한 글이다. 두만강 건너에 있다고 하였기 때문이다.
  그러나 앞서 소개한 차천로의 글도 과연 고려정계비를 말하는지에 대해서도 의문점이 있다. 첫째는, '남병사'(南兵使)에 관한 부분이다. 함경도는 지대가 넓어서 3병영으로 나누어, 함흥의 본병영은 함경도 관찰사가 병마절도사를 겸하고, 경성(鏡城)의 북병영과 북청(北靑)의 남병영에는 각각 별도로 종2품 무관의 병마절도사를 두었는데 이를 각각 북병사(北兵使)와 남병사(南兵使)로 불렀었다.

단재는 비슷한 내용을 『서곽잡록』과 『해상잡록』의 두 곳에서 발견한 셈인데 같은 책을 혼동한 것 같다고 보았다.

제4편 진흥왕순수비의 건립과 재발견 223

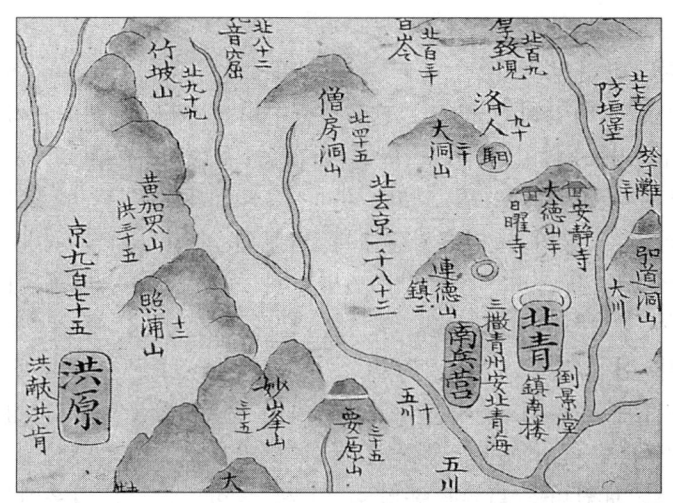

지도 5-3. 『동여비고(東輿備攷)』의 「함경도주군도」 중 북청 남병영

그러나 앞서 소개한 홍양호의 「제신라진흥왕북순비」에서는 황초령비와 관련하여 "내가 어린 시절에 보았던 야사에는… 선조 때 신립 장군이 북병사로 있을 때 그 탁본을 떠서 세상에 알려지게 되었다 한다"고 하였다. 만약 신립이 차천로의 글과 같이 남병사로 간 것이라면 그의 임지가 북청에 있었을 것이니 그의 탁본이 황초령비나 마운령비 탁본일 수가 있을 것이고, 홍양호의 글과 같이 북병사로 간 것이라면 그의 임지가 경성에 있었을 것이니 그의 탁본이 고려정계비 탁본일 수가 있을 것이다. 그러나 신립은 실제로 북병사로 나간 적도 있고(1584년), 남병사로 나간 적도 있기에(1587년) 이 문제는 매우 혼란스럽다.52)

---

52) 유홍준 교수는 「황초령비 재발견 시말기」(앞의 각주 35)에서, 자신의 견해인지, 최남선의 견해를 재인용한 것인지 불분명하게 차천로의 글을 인용하면서, 원문에 '선춘령'(宣春嶺)으로 되어 있는 것을 '의춘령'(宜春嶺)으로 잘못 읽고 있을 뿐 아니라, 원문에 "갑산에서 5일 거리로 백두산과 가깝다"고 되어 있는 것을 '백두산'에 관한 말

둘째는, 문제의 비에 탁부(啄部)라는 글자가 여러 번 나온다고 한 부분이다. 고려정계비에는 조선 초기에 이미 아무런 글자도 남아 있지 않았다고 알려진 반면, 진흥왕순수비는 어느 비이건 막론하고 훼부(喙部)라는 글자가 여러 번 나타나는 것을 보면,53) 이는 훼부를 잘못 읽은 것으로 볼 수 있고, 따라서 신립이 떠왔다는 탁본이 마운령비건 황초령비건 진흥왕순수비 탁본일 수가 있는 것이다. 차천로의 글에서 '皇帝'라는 글자가 있었다는 것은 황초령비와 마운령비의 서두에 있는 '以帝王建號' 부분을 잘못 읽은 것일 수가 있다.

이러한 이유 등으로 마운령비는 물론이고 황초령비조차도 그 존재와 진위여부에 대한 의문과 함께 이를 윤관 장군의 고려정계비로 생각하거나 아니면 윤관 장군 당시의 모작으로 보는 낭설들이 생겼을 것으로 보인다. 그러나 홍양호 이후, 특히 김정희 이후에는 적어도 황초령비에 관해서는 그러한 낭설들이 조선 땅에서는 사라지게 되었다.54) 하지만 마운령비에 대해서는 위에 소개한 강필동의 장서

은 빼버리고 "갑산에서 5일 거리에 있는 의춘령(宜春嶺)"이라고 뭉뚱그려 인용하였으며, '남병사'로 되어 있는 것을 아무런 설명 없이 '북병사'로 고쳐 읽었다. 그러나 최남선의 글에서는 원문을 정확하게 인용한 후에 '선춘령(宣春嶺)'을 황초령의 다른 이름으로 보고, 이는 황초령비에 관한 글이라고 하였으며 신립 장군이 탁본을 만든 시기에 대해서는 차천로의 글을 보면 온성부사(穩城府使)로 갔을 때이고, 홍양호의 글을 보면 북병사로 갔을 때라고 하였다.

53) 「진흥이비고」에서 김정희는 훼부(喙部)란 초기 신라 지방자치세력인 6부(六部) 가운데 하나인 양부(梁部)의 다른 이름으로 해석했다.

54) 하지만 일제시대에 들어서 일본인 학자들 간에는 또 다시 황초령비를 의심하면서, 이 비석은 『삼국사기』의 기록과 양립할 수 없는 것으로 믿을 수 없는 것이라는 견해[津田左右吉(쓰다사요기찌), 「眞興王征服地理考」, 『朝鮮歷史地理』 제1권, 南滿洲鐵道株式會社, 대정(大正) 2년, 124쪽 이하], 진흥왕 때 고현(高峴), 즉 철령(鐵嶺) 부근에 세운 것을 고려 때 윤관 장군이 황초령으로 옮겨놓은 것이라는 견해[池內宏(이께우찌히로시), 「眞興王戊子巡狩碑と新羅の東北境」, 朝鮮總督府刊, 『古蹟調査特別報告』 제6책]가 제기된 적도 있었다. 그

에서와 같이 여전히 그러한 낭설들이 계속되었다.
　한편, 조선조 중기 이후 마운령비에 관한 낭설들이 생긴 원인은 차천로의 글보다는 오히려 한백겸의 『동국지리지』 때문이었을 것으로도 보인다. 한백겸은 고려의 영역을 논하면서, 『신증동국여지승람』에서 고려 때 '윤관 장군이 개척한 선춘령 공험진'에 대해서 "선춘령은 종성 직북 700리 지점에 있고 그곳에는 큰 비석이 있는데 바로 그곳이다"라고 한 점과 관련하여, 윤관이 개척한 9성 중 8성은 모두가 가까이 있어 서로 호응할 수 있는 곳이지만, 이 8성 가운데 가장 북쪽에 있는 길주에서도 선춘령까지는 1,200리도 넘고 또 가운데는 두만강이 있으니 어찌 서로 호응할 수 있는 곳인지에 대해 의문을 제기하고, 선춘령은 마운령과 마천령을 연결하는 선을 넘어서지 않은 곳에 있었을 것이라면서, 마운령에 있는 '옛 비석 자리'를 '윤관 장군이 개척한 선춘령 공험진' 터로 조심스럽게 추정하고 있다.55)
　한백겸은 앞서 이미 황초령과 단천에 있던 두 비를 정확하게 진흥왕순수비로 해석했음에도 불구하고, 단천 부근 마운령의56) 비석

　　러나 이마니시류(今西龍)는 이런 의심들에 대해 비문의 서풍(書風)이 절대로 후대의 것이 아닐 뿐더러, 자신도 한때는 다른 곳에 있던 비석을 고려말이나 조선초에 명(明)에 대해서 한반도의 구강역(舊疆域)을 주장하기 위한 근거로 황초령으로 옮겨놓은 것은 아닐까 의심도 해보았으나, 조선의 사정을 잘 알게 된 이후로는 자신의 유치한 상상을 웃음으로 흘려보냈다고 고백한 바 있다. 그러나 이러한 논쟁과 관련하여 육당 최남선은 이 비석의 원래의 위치 문제는 더 유력한 증거가 나와야 시시비비가 가려질 수 있었는데 마운령비의 등장으로 인해서 더이상 논란은 무의미한 것이 되었다고 하였다[최남선, 앞의 글(앞의 각주 2), 535~538쪽 및 541~542쪽에서 재인용].
55) 『동국지리지(東國地理志)』, 「고려 ― 봉강·형승·관방(封疆·形勝·關防)」편, '함주대도독부(咸州大都督府)'조.
56) 마운령은 단천군과 이원군의 경계가 되는 고개이다.

자리를 공험진 터로, 다시 말해서 선춘령을 마운령의 다른 이름인 것으로 추정한 것이다. 이는 현지 확인을 하지 않고 글을 썼기 때문일 것이다. 그가 단천으로 가서 마운령비를 확인해 보았다면 비석과 좌대를 별개의 것으로 보는 추론은 하지 않았을 것이다.

여하간, 마운령비에 대한 '고려정계비설' 또는 '윤관의 모작설'은 일제시대까지 이어지다가 최남선의 실물 확인이 있은 후에야 사라지게 되었다. 이제 마운령비의 확인으로 인해 황초령비까지 그에 대한 모든 의심이 사라지게 되었고, 과거 윤관의 9성(九城)을 함경도 일대로 보던 견해들까지도 흔들리게 되었다. 최남선은 마운령비가 강필동의 장서 중에 기록된 야사에서와 같이 황초령비의 모작이 아니라는 증거로, ① 두 비석은 각 행에 새겨진 글자수가 서로 다른 점, ② 두 비석은 사소하지만 문구에서나 글자수에서도 차이가 있는 점, ③ 돌의 성질, 비석 형식, 서체 및 글자배열 등에서 신라 이후 것이라고 하는 것이 무리인 점, ④ 만약 윤관의 책략에 의해 세워진 것이라면 당시 모든 글에 이를 진흥왕순수비로 분명하게 드러내 놓고 활용했을 것으로 보아야 옳은데도 여진, 원 또는 명과 강역에 대한 담판이 몇 차례나 있었지만 한 번도 이 비석을 근거로 한 주장을 편 예가 없는 점 등을 제시하고 있다.[57]

---

57) 최남선, 앞의 글(앞의 각주 2), 542쪽. 최남선은 이 글 마지막 부분에서 진흥왕 당시 신라강역이 황초령 마운령까지 확대된 중대한 사건이 『삼국사기』에 누락된 이유를 특히 신라 말기에 견훤의 대분탕(大焚蕩) 때 사료들이 없어졌기 때문일 것으로 보았으며, 함경도 지방 옥저는 당시 반독립 집단으로 형세에 따라 이부(離附)가 무상하였을 것이고, 『삼국사기』에 기록된 비열홀은 함경도 지방으로 추론된다는 점 등을 근거로 제시하면서 사서(史書)의 기록을 통해서도 진흥왕의 강역을 입증해 보려고 시도는 하였으나 그것이 용이한 일이 아님을 고백하고 명쾌한 논단은 먼 장래에 기대하고 있다.

III. 제5의 진흥왕순수비(경기도 감악산비)

앞서 언급한 4개의 비석만을 통상 진흥왕순수비로 언급하고 있으나, 우리의 고대사나 진흥왕순수비에 관심이 있는 사람들은 경기도 감악산 정상에 서 있는 비석이 또 다른 진흥왕순수비일 가능성이 있다고 대서특필한 1982년 6월 25일 주요 일간지 기사들[58]을 기억할 것이다. 감악산 정상에는 글자가 완전히 마모되어 현재로서는 한 글자도 판독할 수가 없는 비석이 있는데[59] 이 감악산비가 또 다른

사진 8. 감악산 정상에 서 있는 진흥왕순수비
미군이 이 지역에 주둔할 당시 원래의 위치와는 약 60m 가량 떨어진 곳으로 옮겨 놓았다고 한다.
(출처: http://high.unitel.co.kr/high/kkd/pa-ju.)

---

58) 『조선일보』 1면/7면; 『동아일보』 6면; 『한국일보』 7면; 『서울신문』 11면 등.
59) 감악산비는 높이 170m, 폭 70~79cm, 두께 18cm이며 석재는 화강암이다. 현재 덮개돌이 덮여져 있으나 이 덮개돌은 몸통과 재질도 다를 뿐 아니라 크기도 몸통 상단의 촉(觸)에 맞는 것이 아니어서, 윤일영 씨는 원래의 덮개돌은 사라지고 현재의 덮개돌은 후일 누군가에 의해 다시 만들어진 것으로 보고 있다. 황초령비와 북한산비 역시 덮개돌이 없어지고 그 흔적인 촉(觸)만 몸통 상단에 남아 있는 상태이고, 원래의 덮개돌이 제대로 남아 있는 것은 마운령비뿐이다. 창녕비는 원래가 덮개돌이 없이 자연석을 그대로 사용한 비석이다.

사진 8-1. 감악산비의 촉(觸)
덮개돌을 내려놓고 촬영한 모습

사진 8-2. 감악산비의 좌대
북한산비의 좌대
와 완전히 동일
한 모습이다.

진흥왕순수비일 수 있음을 최초로 발견한 사람은 당시 인근 군부대에서 근무하던 윤일영 씨였다. 그는 1981년 1월 30일 「임진강전사연구초(臨津江戰史硏究抄)」라는 부대교육용 소책자를 발간하였는데. 이 책자에서 감악산 비석이 진흥왕순수비일 것이라는 견해를 밝혔으며, 그의 견해는 고고학적 고찰과 특히 한반도의 고대전쟁사에 대한 고찰을 근거로 한 것이었다.60)

---

60) 감악산비가 진흥왕순수비일 것이라는 1982년 6월 25일 주요 일간지 보도는 당시 모 대학교 박물관 측의 기자회견에 의한 것이었다. 동 박물관에서 감악산비가 진흥왕순수비일 수 있다는 사실을 알게 된 것은 윤일영 씨의 「임진강전사연구초」라는 소책자가 발간 직후에 동 대학교에 전해진 이후였다. 동 대학교의 요청에 따라 윤일영

그는 우선 고고학적 측면에서 북한산비, 마운령비 및 황초령비와 감악산비의 형태상 동일성에 주목하였다. 덮개돌[蓋石]이 올려졌던 흔적[觸]과 몸통[碑身]의 크기가 거의 같고 자연암반을 이용한 좌대(座臺)를 갖추고 있는 점 등 감악산비는 창녕비를 제외한 나머지 3개의 진흥왕순수비와 완전하게 동일한 형태이다. 그는 이로 미루어 보아 감악산비는 진흥왕순수비일 가능성이 높으며 북한산비와 같은 시기에, 같은 제작기술진에 의해 설치되었을 것으로 보았다.

그가 두 번째로 주목한 것은 4개 진흥왕순수비와 감악산비의 위치상의 공통성이다. 이들 5개 비석은 모두가 주변을 감제할 수 있는 높은 고지 위에 세워져 있다. 한반도에서 발견된 비석들 가운데 높은 산 정상에 세워진 비석은 진흥왕순수비뿐이다. 그는 이 역시 감악산비가 진흥왕이 자신이 넓혀 놓은 새로운 영역을 둘러보며, 이를 기념하기 위해 세워놓은 비석들 가운데 하나인 증거로 보았다.

그러나 윤일영 씨의 접근방식이 어떤 유적의 기원을 탐구할 때 통상의 학자들이 흔히 사용하는 접근방식과 확연히 다른 점은 한반도의 고대전쟁사 특히 삼국시대 임진강 유역의 주요 군사기동로 및 이를 통제하기 위한 방어시설들에 대한 군사적 분석을 통하여 감악산비를 진흥왕순수비로 추론해 나간 점에 있다.

그가 세 번째로 주목한 것은 공격/방어 작전에 있어서의 군사적 준칙(準則)들에 입각하여 추론되는 신라 진흥왕 시대의 주요 군사

씨는 82년 3월 "감악산 삐뚤대왕비에 대하여"라는 논문을 다시 작성하여 제출하였고, 동 대학교 박물관 측에서는 사학계 및 고고학계의 중진 인사들과 함께 같은 해 6월 5일과 22일 2차에 걸쳐 윤일영 씨를 찾아가 현지 확인을 한 일도 있었다. 그러나 동 대학교 박물관 측은 이러한 경위는 공개하지 않고 스스로 오래 전부터 감악산비에 관하여 연구를 진행하던 중 윤일영 씨의 제보로 비석의 위치를 확인한 것으로 발표하였다. 이런 왜곡발표는 곧 그 진상을 잘 아는 분들의 제보로 인하여 그 내막이 항간에 알려지고, 다음달 초 주요 일간지들은 이 사건을 두고 학자들의 학문적 양심을 촉구하는 기사를 보도하였다(82년 7월 3일자 『서울신문』, "감악산 고비 발견자 따로 있다"; 동 일자 『중앙일보』 사설, "대학의 양심" 등).

기동로 및 이를 통제하기 위한 방어시설과 진흥왕순수비가 모두 근접하여 있다는 점이었다. 창녕비는 화왕산성과, 마운령비는 운시산성과, 황초령비는 중령진과, 북한산비는 중흥동고석성과 인접해 있다. 화왕산성, 운시산성, 중령진 및 중흥동고석성은 모두 삼국시대에 핵심 군사기동로들을 통제하는 관방시설이었다.61) 그는 감악산비가 감악산 북록의 칠중성(七重城)과 인접해 있는 점에 주목하고 칠중성이 지니고 있던 전략적 중요성을 분석한 결과, 임진강을 가로지르는 두 군사기동로 가운데 파주통로62)를 통제할 수 있는 관방시설이 중흥동고석성이고, 적성통로63)를 통제할 수 있는 관방시설이 칠중성이라고 보았다. 이런 추론을 통해 그는 칠중성 부근 감악산비가 진흥왕비라고 결론을 내렸다.

윤일영 씨는 감악산비 이외에도 진흥왕 시대의 주요 군사기동로 및 방어시설들에 대한 분석을 통하여 함경남도 덕원군의 마식령, 평안남도 맹산면의 철옹령 등지에도 진흥왕순수비가 세워졌을 것으로 보고 있다. 그는 또한 같은 연구방법을 통하여 광개토대왕비에 기록된 관미성(關彌城)이 오늘날 경기도 파주군 교하면 성동리에 소재한 오두산성임을 밝혀낸 바 있다.64) 관미성을 오두산성으로 비

---

61) 화왕산성은 낙동강 남쪽의 의령과 함안을 연결하는 군사기동로를 통제하는 요충지로서 종래 신라가 가야와의 국경선을 방비하기 위한 방어시설이었고, 운시산성은 현재의 청진과 함흥을, 중령진은 현재의 강계와 함흥을 그리고 북한산성은 현재의 개성과 서울을 연결하는 군사기동로들을 각각 통제하기 위한 요충지로서, 진흥왕 당시 새로 형성된 고구려와의 국경선을 수비하기 위한 방어시설이었다.
62) 그가 말하는 파주통로란 현재의 개성에서 임진강을 넘어 파주를 거쳐 서울에 이르는 군사기동로를 말한다.
63) 그가 말하는 적성통로란 현 황해도 금천군과 신계군 사이의 토산(兎山)에서 임진강을 건넌 후, 경기도 적성을 거쳐 바로 서울의 강북지역으로 직진할 수도 있고, 아니면 다시 경기도 양평을 거쳐 서울의 강남지역에 이를 수도 있는 군사기동로를 말한다.
64) 윤일영, "관미성위치고",『북악사론』제2호, 1989. 오두산성은 현재 일산-문산 사이 자유로 주변에 통일전망대가 설치되어 있는 곳을

정한 그의 견해는 오늘날 역사학계의 정설로서 자리를 잡아가고 있는 중이다.

그러나 감악산비를 비롯한 또 다른 진흥왕순수비에 관한 그의 견해에 대하여는 20년이 지난 오늘까지 역사학계는 침묵을 지키고 있다. 문헌상, 금석학상 그의 견해를 입증할 수 있는 직접적인 근거가 나타나지 않기 때문일 것이다. 앞서 감악산비의 발견경위를 소개한 바 있는데, 그러한 불행한 경위가 그 후 '감악산비'에 대한 학계의 관심을 멀어지게 하는 데 일조를 하였을 수도 있을 것이다. 그러나 보다 본질적인 문제는 역시 문헌상 또는 금석학상 직접적인 근거를 중시하는 역사학계의 전통 때문일 것이다. 만약 '감악산비'에서 여타의 진흥왕순수비에서 판독된 글자 가운데 단 한두 글자라도 같은 글자를 판독할 수 있었다면 그 후 추이는 달라졌을 것이다. 그러나 다른 진흥왕순수비와는 달리 '감악산비'는 습도가 높은 임진강 강가의 고지에 서 있어 유난히 심한 풍화작용 때문에 비문이 완전히 마멸된 것으로 보인다.[65]

IV. 맺음말

삼각산 비봉에는 신라 진흥왕이 당시 새로 개척한 영토들을 둘러보며 세워놓았던 순수비 가운데 하나가 세워져 있다. 이 글은 비록 북한산을 주제로 하고는 있지만, 진흥왕순수비에 대한 이해를 위해서 북한산비뿐 아니라 나머지 진흥왕순수비들까지도 모두 포함하여 그 건립연대와 발견 경위를 소개하였다. 이 비석들은 오랜 세월 사

　　말하며, 고산자 김정호 역시 『대동지지』에서 그 근거에 대한 언급은 없으나 이곳을 관미성으로 비정한 바 있다.
65) 조선말 1899년에 발간된 『적성군읍지(積城郡邑誌)』는 감악산비에 대하여 "오랜 세월에 글자가 마멸되어 없어져서 비문 내용을 고증할 수 없다"고 하였고, 조선중기 문인 허목(許穆) 선생의 문집인 『기언(記言)』 권27에 수록된 「감악산기(紺嶽山記)」에서도 "아주 오래되고 글자가 마멸되어서 없어졌다"고 하였다. 이는 비석에 원래 글이 있었을 것으로 본 것이다.

람들의 기억에서 사라졌다가 조선 중기 이후에야 그 모습을 하나씩 다시 드러내게 되었다. 그러나 이 비석들의 건립과 관련된 역사기록이 없을 뿐 아니라, 오랜 세월 풍화작용으로 인해 비문에도 많은 결락이 있다. 그 때문에 발견된 이후에도 이를 진흥왕순수비로 인정하기까지는 오랜 동안 상당한 논란이 있어왔고, 또 그 건립연대의 판단에 있어서도 지금껏 논란이 그치지 않고 있다.

현재까지 발견된 진흥왕순수비는 모두 5개이다. 5개의 진흥왕순수비 가운데 가장 북쪽에 있는 것은 마운령비이고 그 다음이 황초령비, 감악산비, 삼각산비 순으로 남쪽으로 내려오면서 한반도의 중북부지방에 세워져 있다. 남부 지방에는 창녕비 하나뿐이다. 그러나 진흥왕순수비 가운데 가장 오래된 것은 창녕비로서 진흥왕 22년 대가야를 통합한 기념으로 세운 것이다. 나머지 4개, 즉 마운령비, 황초령비, 감악산비, 그리고 북한산비는 모두 진흥왕 29년 무렵에 세워진 것이다.

마운령비와 황초령비에서는 그 건립연대를 진흥왕 29년으로 볼 수 있는 글자가 남아 있어 이 두 비석의 건립연대에 관해서는 논란이 없다. 반면, 북한산비에서는 건립연대를 기록한 글자가 결락되어 있고, 감악산비에는 아무런 글자도 남아 있지 않다. 그러나 북한산비 역시 판독된 다른 글자들로 볼 때 역시 진흥왕 29년 무렵에 세워진 것으로 추정할 수 있다. 감악산비는 글자가 모두 마멸된 것이기는 하지만 이 역시 황초령비, 마운령비 및 북한산비와 그 형태가 동일하기 때문에 4개의 비는 모두가 비슷한 시기에 같은 기술진에 의해 설계되고 세워진 것일 가능성이 큰 것이다.

한편, 잊혀져 있던 진흥왕순수비 가운데 최초로 알려진 것은 황초령비와 마운령비로서 선조(宣祖) 당시의 일이며, 특히 신립 장군은 그 중 황초령비의 탁본을 떠서 세상에 알렸던 것으로 보인다. 그러나 곧 사람들의 기억에서 사라졌던 황초령비를 다시 찾아내고, 이 비석들이 진흥왕순수비임을 명확한 기록으로 남긴 것은 홍양호로서 1790년 이후의 일이다. 이때 홍양호는 탁본을 지니고 있었음이 분명하나 그 탁본은 어디론가 사라지고 황초령비 역시 다시 행방을 감추게 된다. 이를 또 다시 찾아낸 것은 추사 김정희로서, 홍양호로부터 40여 년이 지난 후의 일이다. 추사는 경위는 불분명하지만 황초령비 구탁본을 보았으며, 또한 삼각산 비봉의 북한산비는 직접 찾아가 판독하여 이 역시 진흥왕순수비임을 알게 되었다. 추사가 두 진흥왕순수비에 대한 체계적인 논문인 「진흥이비고」를 작성한 것은 황초령비를 다시 찾아내기 직전의 일이다.

창녕비는 창녕군 창녕면 화왕산 정상의 본래 위치 부근의 땅 속에 묻혀 있던 것을 일제시대에 발견한 후 1924년 현재의 위치로 옮긴 것으로 알려져 있다.

마운령비는 선조 당시 이미 그 존재는 알려져 있었으나, 여진족에게 함경도 지역이 옛부터 우리의 영역이었음을 주장하기 위해 고려 윤관 장군이 만들어 세웠다거나 또는 황초령비를 옮겨다 놓은 것이라는 낭설이 떠돌기도 했으며, 이 비석이 세워져 있던 마운령을 고려 윤관 장군이 북방의 여진족을 정벌하고 세운 공험진의 옛 터로 알고 마운령비를 윤관이 만주 선춘령에 세운 고려정계비와 혼동하는 낭설이 떠돌기도 했었다.

우연한 기회에 마운령비의 비신을 확인하고 진흥왕순수비임을 명확히 세상에 알린 것은 육당 최남선 선생이며 이는 1929년의 일이다. 마운령비의 실물이 확인되기 직전인 일제시대에는 황초령비는 원래 철령에 있었던 것을 고려 때 또는 조선 초에 황초령으로 옮겨 놓은 것이라는 해석이 일본인 학자들에 의해 제기되기도 했으나 마운령비의 발견으로 인해 이는 근거 없는 억측임이 밝혀지기도 했다. 뿐만 아니라 마운령비의 발견으로 인해 종래 고려 윤관 장군이 개척한 북방 아홉 성의 위치를 함경도 일대로 국한하여 보던 견해도 설 자리를 잃게 된 것이다.

감악산비가 진흥왕순수비일 가능성이 있다는 견해가 등장하게 된 것은 여타의 진흥왕순수비처럼 비석에 새겨진 글자로 인한 것이 아니었다. 종래 설인귀 장군 공덕비쯤으로 막연히 알고 있었던 이 비석을 진흥왕순수비로 해석한 사람은 윤일영 씨였으며, 진흥왕 당시 군사기동로 및 방어시설들에 대한 분석에 기초한 것이었다. 다만, 문헌 또는 금석문에 기록된 직접 근거를 중요시하는 우리 학계의 전통으로 인하여 감악산비가 아직은 진흥왕순수비로 공인되지는 못하고 있다.

감악산비와 관련하여 또 한 가지 주목되는 것은 이를 진흥왕순수비로 해석한 윤일영 씨가 함경남도 덕원군의 마식령, 평안남도 맹산면의 철옹령 등지에도 진흥왕순수비가 세워졌을 것으로 추정하고 있는 점이다. 만약 그가 추정한 장소 가운데 어느 한 곳에서라도 향후 새로운 진흥왕순수비가 발견된다면, 감악산비는 글자가 하나도 남아 있지 않은 비석임에도 불구하고 진흥왕순수비로 공인받게 될 가능성이 크다. 물론 윤일영 씨가 말한 지역에서 진흥왕순수비가 추가로 발견되지 않을 수도 있다. 그러나 감악산비와 같은 몰자비(沒字碑)의 실체를 추론함에 있어 윤일영 씨가 제시한 연구방법론은 향후 역사학의 발전에 큰 기여를 할 것으로 보인다. 고대사 기록의 상당부분이 전쟁에 관한 기록이며, 전쟁에 대한 이해가 없이는 고대사의 복원은 어려울 것이기 때문이다.

| 제 5 편 |

조선조의 북한산성 축성사

I. 머리말
II. 북한산성과 탕춘대성 축성 경위
III. 축성 논쟁과 국가방어전략
IV. 맺음말

제5편 조선조의 북한산성 축성사

I. 머리말

이 글은 조선조 후기에 북한산성과 탕춘대성을 축성하게 된 경위에 관한 글로서, 최초로 북한산성 축성이 발의된 문종 대로부터 시작하여, 후일 북한산성과 탕춘대성의 축성에 관한 논의가 있었던 효종 대, 즉위 원년에 북한산성과 탕춘대성의 축성에 관한 논의가 발의된 후 근 40년에 걸친 찬반 논쟁을 무릅쓰고 결국 축성을 실행한 숙종 대, 탕춘대성 공사를 마무리하고 북한산성을 다시 수축한 영조 대, 그리고 북한산성의 관리에 특별한 관심을 보였던 정조 대에 이르기까지의 역사기록들을 요약한 것이다.[1]

---

1) 이 글에서 요약한 역사기록의 대부분은 『조선왕조실록』과 『비변사등록』의 기록이다. 그 원문은 이를 모두 번역하여 『북한실록』이라는 제목을 달아서 이 책의 제2부로 별도의 책을 만들었다. 이 기록들은 원본 자체가 대화체로 되어 있어 마치 한 편의 대하소설(大河小說)을 읽듯이 읽어 내려갈 수가 있을 것이다. 이 책의 제2부 『북한실록』은 특정 주제와 관련된 우리의 역사기록을 수정 없이 모두 모아서 마치 한 편의 역사소설과 같이 꾸며본 최초의 시도일 것이다.

탕춘대성이란 북한산성과 한양도성 사이의 분지, 즉 서쪽으로는 북한산성 남쪽 비봉능선에서 한양도성의 우백호(右白虎)인 인왕산으로 연결되는 산줄기와 동쪽과 남쪽으로는 북한산성 남쪽 형제봉능선에서 한양도성의 주산(主山)인 북악봉으로 연결되는 산줄기로 둘러싸인 분지를 방어하기 위해, 비봉능선의 향로봉과 인왕산을 연결하여 이 분지의 서쪽에 쌓은 성이며,2) 이 성으로 인해 북한산성은 한양도성과 일체를 이루게 되었다. 탕춘대성의 출입문이 상명대학 앞 홍지문(弘智門)3)이다. 탕춘대성을 만들 당시 형제봉에서 현

---

2) 탕춘대성은 한양도성과 북한산성 사이의 분지 서쪽에 쌓은 성이기 때문에 서성(西城)이라고도 하며, 홍지문 좌우에 날개처럼 쌓은 성이라 하여 익성(翼城)이라고도 한다.
3) 홍지문은 한양도성의 성문은 아니지만 이 문과 탕춘대성이 생긴 이후 실질적으로 한양도성의 북문 역할을 하게 되었다. 한양도성의 북문(北門)인 숙정문(肅靖門)은 도성 4대문의 구색을 갖추기 위해 만든 것이지 실제 통로가 없는 문이었고 '창의문'(일명 자하문)을 거쳐 한양도성을 나서더라도 홍지문을 거쳐야만 구파발 방향으로 나설 수 있기 때문이다. 이 문의 이름을 영조 때는 '한북문(漢北門)'이라고 바꾸기도 했지만, 이 문이 실질적으로 한양도성의 북문 역할을 하므로 그 정식 명칭을 최초 홍지문으로 했던 것이다. 조선조 초기에 한양도성의 4대문에 이름을 붙일 때 유교의 5상(五常)인 '인의예지신'을 따서 동대문을 흥인지문(仁), 서대문을 돈의문(義), 남대문을 숭례문(禮)으로 하고 도성 중앙의 종각을 보신각(信)으로 하였다는 말도 있으나 이는 근거가 명확하지 않은 말이다. 북문은 처음 이름이 숙청문(淸)이었고, 도성 중앙의 종각을 보신각(信)이라고 한 것도 고종 32년(1895)의 일이다. 그러나 여하간에 홍지문(智)과 보신각(信)이라는 이름이 생긴 이후 결과적으로는 '인의예지신'이 갖추어지게 되었다. 한편, 서대문은 처음에 돈의문이라 하고 사직동 고개에 세웠는데, 태종 13년에 풍수지리설에 구애되어 그 남쪽인 옛 서울고교 서쪽으로 옮겨 '서전문(西箭門)'이라 하였다가, 세종 4년에 다시 그 남쪽 지금의 서대문 마루턱에 이건하여 문 이름을 돈의문으로 회복하였던 것이다. 이때 돈의문은 '새로 만든 문'이라 하여 새문(新門)으로 부르고 돈의문 안쪽을 '새문안'이라 부르고 한문표기를 하면서 신문로(新門路)라는 지명이 생겨나 지금도 그렇

북악터널 위를 지나는 능선을 따라서도 성벽을 쌓기로 계획하였던 것은 분명한데 이 성벽은 공사에 착수하지 못한 것으로 보인다.

II. 북한산성과 탕춘대성 축성 경위

1. 문종(文宗) 및 선조(宣祖) 때의 축성 발의

우리 민족은 전통적으로 도성 곁에는 유사시의 피병처로써 반드시 배후산성을 만들어 놓았었다. 고려 때까지도 이러한 전통은 이

게 쓰이고 있다. 그러나 '새문안'이라는 지명의 유래에 대해서는 '서전문' 역시 '틀어막은 문'이라 해서 '새문(塞門)'이라고도 불렀으며, 문헌에 새문동(塞門洞)이라는 지명이 있고, 후일 광해군이 이곳에 만든 慶德宮(영조 36년, 선조의 다섯째 아들의 시호인 敬德과 음이 같다 하여 慶熙宮으로 개칭함)을 '새문동궁(塞門洞宮)'으로 표기한 것으로 볼 때 '새문안'은 '새문(塞門)'에서 유래한 것이 맞는 것 같다는 견해도 있다(조선일보 2002년 5월 21일자, 「이규태 코너」). 도성의 북문은 현 삼청터널의 머리 위 지점이다. 태조 때 도성을 쌓을 때는 숙청문(肅淸門)이었다. 그러나 태종 13년 이 산줄기가 풍수지리상 좌청룡(左靑龍)에 해당되므로 지맥을 보존해야 한다는 주장에 따라 폐쇄하였다. 『경도잡지』나 『동국세시기』 등 조선풍속을 모아놓은 책에는 숙청문 주변은 골짜기가 매우 맑고 그윽하여 정월 보름 전에 민간의 부녀들이 세 번 이곳에 다녀오는 풍습이 있었는데 이를 '액막이(度厄)'라 하였다는 이야기가 있다. 숙청문은 그리로 나가도 외부로 통하는 길이 없는 지형에 있는 것으로 볼 때 통행을 위한 문이라기보다는 도성에 사대문을 내는 데 구색을 갖추기 위해 만든 문으로 보인다. 이 숙청문이 언제부터인가 숙정문(肅靖門)으로 이름이 바뀌었다. 연산군 10년(1504)에 숙청문을 폐쇄하고 그 동쪽에 새로 문을 만든 일이 있었는데, 이때 본래의 문(숙청문)에 대해서 새로 지은 문을 숙정문으로 부른 것인지 왕조실록에는 연산군 다음 중종 연간에는 북문의 이름이 줄곧 숙정문으로 나오다가, 17세기 이후로 가면 두 이름이 뒤섞여 나온다. 여하간 1976년 도성 성곽과 성문들을 복원할 때는 북문에 새로 문루를 짓고 '肅靖門'이라는 편액을 걸었다. 이곳은 현재 출입통제 지역이지만 개방을 검토중이다.

어졌었다. 고려의 도읍 송도(松都)의 진산(鎭山)인 천마산에는 대흥산성(大興山城)이 있는데 이 산성은 고려 때 송도의 배후산성 기능을 가지고 있던 성이었다. 그러나 조선은 개국 초기에 한양을 도읍으로 하면서 도성 근처에 배후산성을 만들지 않았었다. 이는 조선 개국 당시 중국대륙을 석권하고 조선과 함께 개국한 명(明) 나라에 대해 사대(事大)를 외교방침으로 하면서 굳이 본토 깊숙이 위치한 도성에까지 배후산성을 만들 필요를 느끼지 못하였기 때문이었을 것으로 보인다.

그림 2. 겸재 정선의 박연폭포
우측 상단에 대흥산성의
북문(北門)이 보인다.

조선조에서 북한산성 축성문제가 처음 거론된 것은 제5대 문종 때의 일이다.『문종실록』1년(1451) 10월 29일자에는 임금이 영의정 황보인·우의정 김종서 등을 불러 도성 주변에 원성(援城)이 없는 것을 걱정하며 도성 동쪽의 광진성(廣津城)과 북쪽의 중흥성(重興城: 북한산성의 전신)을 수축하고 서쪽과 남쪽에도 새로운 원성(援城)을 쌓아 불우(不虞)에 대비하자는 의견을 제시한 기록이 있다. 이때 도성의 배후산성으로서 중흥성 수축을 생각한 것은 명나라의 침입에 대한 대비보다는 왜구나 여진족 등의 침입에 대한 대비를 염두에 둔 것으로 보인다. 여하간 이때의 기록을 보면 문종 당시 삼각산 중흥성(重興城)은 수축만 하여도 쓸 수 있을 정도로 어느 정도는 보존이 되어 있었던 것으로 추정된다.

그러나 신하들은 북쪽 변경에 성(城)을 만드는 등 일이 많아서 백성들이 휴식하지 못하였으니 한가한 때를 기다려 원성(援城)을 수축하는 것이 마땅하다는 의견을 내놓았다. 하지만 당시의 중흥성 수축 논의는 당장의 필요성 때문에 제기된 것이 아니었기 때문에 더이상 진척이 없었으며, 배후산성이 준비되지 않은 상태에서 150년의 세월이 흘러 임진왜란을 맞이하게 되었고, 도성이 함락되게 되자 임금이 의주까지 피난가지 않을 수 없는 처지가 되었으며 임진왜란 말기에는 중흥동고석성 수축문제가 다시 거론되게 되었다.

『선조실록』29년(1596) 1월 28일자에는 임진왜란 당시 왜구의 북상에 대비한 대책의 논의가 수록되어 있는데, 이 당시의 기록에서 우리는 조선조 당시 두 번째로 북한산성 축성을 검토한 기록을 찾아볼 수 있다. 이때 북한산성 축성을 제의한 것은 선조 임금 자신이며 임진왜란 말기에 남부 해안지방에 머무르며 완전히 퇴각하지 않고 있던 왜구들이 다시 북상할 때를 대비한 것이었다. 그러나 당시 용진산성(龍津山城: 경기도 양수리)·파사산성(婆娑山城: 경기도 여주)·남한산성(南漢山城) 등 여타의 방어시설 보수로 인해 여력이 없어서 실행에 옮겨지지는 못하였다.4)

2. 효종(孝宗) 때의 축성 발의

효종 때의 북한산성과 탕춘대성5) 축성 논의 역시 효종 자신이 제기한 것이다. 효종이 제기한 축성 논의는 병자호란 당시 청나라에 항복한 치욕을 설욕하려고 북벌을 계획하면서 그에 앞선 자강책(自强策)으로 제기된 것이었다.

효종과 우암 송시열의 독대(獨對) 기록「악대설화(幄對說話)」6)에 나타난 효종의 북벌 구상은 ① 예전의 칸(汗: 청나라 군주)은 오로지 무예와 전쟁만을 숭상했었으나 지금은 점점 무사(武事)를 폐하고 주색에 깊이 빠져 있고 자못 중국의 일을 본받아 쇠약해지고 있는 이때에, ② 당쟁에 휩쓸리지 않은 송시열의 기용을 통해 국론을 결집시킨 후에, ③ 자신의 나이가 50이 되는 10년 후를 기한으로 하여, ④ 정예화된 포병(砲兵) 10만을 양성하여 북벌을 단행하면,

---

4) 이 당시의 기록에는 병조판서 이덕형이 삼각산의 형세를 둘러보고 돌아와 임금께 보고한「중흥산성간심서계」가 수록되어 있는데, 앞서 이 책의 제3편 중흥동고석성의 구체적 위치와 형태에서 그 내용을 상세하게 소개한 바 있다.
5) 탕춘대성이란 이름은 숙종 당시 이 성을 쌓은 부근에 연산군이 만든 탕춘대(蕩春臺)란 정자가 있었기 때문에 생긴 이름이다. 탕춘대는 현 세검정 바로 옆의 나지막한 봉우리(세검정우체국 뒷봉우리) 위에 있었을 것으로 추정된다. 효종 당시에도 탕춘대성이라는 이름을 사용한 것은 아니며 북한산성 축성과 함께 탕춘대 지역 접근로인 조지서 동구(造紙署洞口)를 막을 것을 계획하였었다. 숙종 때 북한산성을 만든 후에 이 산성과 서울도성을 연결하기 위해 조지서 동구를 막은 것이 바로 탕춘대성인 것이다.
6) 송시열의 문집(文集) 가운데『송서습유(宋書拾遺)』에 수록되어 있다. 숙종실록 20년(1694) 5월 11일 기사에는 우암 송시열이 "신이 무술년(효종 9년) 7월에 입조(入朝)할 때부터 기해년(효종 10년) 4월까지 그 사이 비밀히 받자온 말씀은 독대(獨對)할 때의 말씀만큼 많은 것이 없습니다"라고 말한 기록이 있고, 효종실록에도 우암과의 독대(獨對) 기록이 있으나(효종 10년 3월 11일 기사), 독대 시의 대화내용은 실록 어느 곳에도 자세히 수록되어 있지 않다.

⑤ 명나라 부흥세력의 호응이 있을 것이고, ⑥ 우리나라가 바친 공물(貢物) 가운데 청이 요동과 심양에 쌓아두고 있는 재물을 다시 우리가 이용할 수 있고, ⑦ 우리나라에서 잡혀가 요동과 심양 등에 억류되어 있는 수만 명 포로들의 내응이 있을 것이니 성공을 기약할 수 있다는 것이었다.

효종은 이와 같이 북벌을 도모하면서 자강책으로서 북한산성과 탕춘대성의 축성을 계획한 것이다. 그러나 『효종실록』에는 이에 관한 기록이 남아 있지 않다. 사관(史官)들 까지도 눈치를 채지 못하게 매우 비밀리에 추진했기 때문이다. 그러나 앞서 말한 "악대설화"에서도 북벌에 관한 논의만 발견되고 북한산성과 탕춘대성의 축성에 관한 구체적 논의는 발견되지 않는다.

효종 때의 북한산성과 탕춘대성의 축성에 관한 논의는 후일 숙종이 송시열에게 효종의 비밀교시 내용을 적어 올리라 명함에 따라 우암이 이를 적어 올림으로써 기록으로 남게 되었다. 이 기록을 효종의 「밀물지교(密勿之敎)」라 하는데『숙종실록』20년(1694) 5월 11일자에 수록되어 있다. 그 내용은 "대개 적의 침입을 당한 나라들이 외방(外方)은 비록 쑥대밭이 되어도 근본이 견고하기 때문에 끝내 패망하지는 않았다. 그런데 우리나라는 조금만 병란이 있게 되면 도성이 먼저 무너져 공사(公私)의 축적이 모두 적의 손으로 넘어가게 되니 참으로 탄식할 만한 일이다. 무슨 까닭으로 조종(祖宗)의 규모가 이렇게도 허술했단 말인가? 일찍이 중흥동고석성을 수축하고 또 조지서 동구를 막아서 병난을 당했을 때에 이어(移御)할 곳으로 삼아 공사 인물(公私人物)이 모두 무사히 보전될 수 있도록 하려고 했었다. 그렇게 되면 적군이 침공을 해왔을 때 그것은 저희들의 죽음을 자초하는 결과가 될 것이다. 그러나 그때에는 백성을 사역하기가 어려웠으므로 감히 뜻을 내지 못했다"는 것이다.

이러한 효종의 북벌 추진에 대하여 미수(眉叟) 허목(許穆)은 여러 차례의 상소문을 통하여, 당시 군무(軍務)의 실정을 보면, 근면을 잃고 태만하여졌을 뿐 아니라, 영장(營將)을 두고 또 다시 아문(衙門)을 세워놓음으로써 장수가 많아져 군령은 통일되지 않고 군내에 시기하는 바가 많아지고 상하간 불화가 끊이지 않고 있는 등 나라의 걱정거리는 적으로 인한 외환이 아니라 군정을 포함한 국정의 문란에 있다면서 이의 시정이 시급한 문제임을 강조하였다.

특히 군정의 문란과 관련하여 허목은 ① 과거에 둔전(屯田)은 모두가 변경에 설치되어 있었으나, 오늘날 둔전을 설치한 곳은 거의가 내지(內地)로서 전투가 없는 곳이고,7) ② 둔전의 목적은 변경의 군졸을 양성하기 위한 제도였으나, 오늘날 관리들의 수탈로 인해 비록 둔민(屯民)들이 나날이 늘고 있다고는 해도 나라에 도움 될 것이 없으며,8) ③ 또한 소위 둔민(屯民)이라는 자들은 모두가 도망 범죄인들의 집단이 되어 그들은 호적에도 올라 있지 않아서 들어오고 나감을 제멋대로 하더라도 관에서는 어찌하지 못하는 형편이지만, ④ 아문(衙門)에서는 이익만 탐하여 널리 둔전을 설치하고 있어 토지로부터 나오는 조세는 나날이 줄고 백성들 역시 마찬가지로서 나랏일이 점차 깎이고 있는 형편임을 지적하였다.

허목은 그에 대한 대책으로서 군량조달을 위해 군량문제를 관장

---

7) 세조 때 압록강에 연한 강계(江界)에 둔전을 경영한 적이 있으나 명(明)의 사신 장녕(張寧)이 그 이유를 묻자 곧 철폐한 적이 있다.
8) 고려시대에는 영토가 확장되어 가는 과정에서 군량 확보를 위하여 변경지대에 둔전(屯田)이 설치되었으며, 둔전병 또는 방수군(防戍軍)을 두어 경작하였다. 고려 말기에는 둔전 경작자의 부담이 증가할 뿐만 아니라 농장(農莊)의 발달과 함께 권세가에 겸병(兼倂)되는 폐해를 가져왔기 때문에 조선 초기에는 일부를 제외하고는 혁파하기에 이르렀다. 그러나 점차 국방문제와 군량 확보가 문제가 되면서 치폐(置廢)를 반복하다가 성종 대에 자리를 잡게 되었다. 이후 둔전은 설치목적에 따라 군둔전(軍屯田) 관둔전(官屯田)으로 나뉘었고, 그 경영도 부역노동(賦役勞動)에 의한 경작이 사라지고 영(營)·아문(衙門)의 둔전에서는 병작제(竝作制)가 행해졌다. 때문에 영·아문과 둔전 경작자 사이에 지주제(地主制)에서와 같은 대립관계가 형성되었다.

하는 직책을 두고, 병기를 다스리기 위해 병기제조를 장악하는 직책을 둘 것 등이 필요하지만, 그에 앞서 ① 법령을 널리 교육하고 엄격히 시행해서 조정으로부터 온 백성에 이르기까지 기강을 바로 잡고, 그 다음으로 ② 토지제도를 고르게 하고, 그 다음으로 ③ 상업을 키우고, 그 다음으로 ④ 학교를 키워야 하며, 그런 연후라야 군무를 제대로 바로잡을 수 있다고 완급 선후의 순서를 강조하였다.

북벌계획에 대한 허목의 상소를 계기로 효종은 그의 북벌계획 추진에 좀더 신중을 기할 것으로 보였으나 이러한 상소가 있은 직후 급서(急逝)하였으며, 이로써 북벌계획이나 북한산성 축성계획은 모두가 수포로 돌아갔다.9)

3. 숙종(肅宗) 때의 축성 논쟁과 축성

가. 숙종 원년~1년의 논의

효종 급서 이후 잠들어 있던 북한산성과 탕춘대성 축성 논의가 다시 제기된 것은 숙종 즉위 원년에 청나라에서 명나라의 부흥을 꿈꾸는 오삼계(吳三桂)의 반란이 일어난 후 청나라가 조선에 출병을 요구할 것이라는 소문이 나돌고 나서면서부터였다. 이때 최초로 축성 논의를 제기한 사람이 누구인지는 명확하지가 않지만 영의정 허적(許積)을 필두로10) 신하들은 청나라가 출병을 요구하면 임진왜

---

9) 당시 효종이 우암 송시열과 함께 북벌계획을 논의한 대화를 기록한 소위 「악대설화(幄對說話)」와 미수 허목이 당시의 성급한 북벌계획을 비판하면서 자신이 생각하는 모국대계(謀國大計)를 효종에게 건의한 「현안문제 건의(論事疏)」「사직에 즈음한 현안문제 재건의(因辭職更申前事疏)」「옥궤명(玉几銘)」 등 3편의 상소문을 이 책의 제2권 북한실록에 번역 수록하였다.
10) 다산 정약용은 「행궁을 쳐다보며(望行宮)」라는 시(詩)의 서문에서 "북한산성은 백제 때 만들었고 숙종 말년에 재상 이유(李濡)가 건의하여 증축하였다. 내성과 외성이 있다"라고 하여 최초 발의자를

란 당시 조선을 구원하였던 명나라에 대한 의리상 출병요구에 응할
수 없다는 것과 만약 출병 요구를 거절할 경우 청나라가 문책을 해
오면 이에 대응하기 위해서 북한산성과 탕춘대성을 쌓아야 한다고
숙종에게 건의하였다. 당시 가뭄으로 인한 토목공사의 어려움을 말
하는 신하도 있었고, 현지 지형이 산성 축조에 적합한지를 세밀히
검토한 후에 결정하자고 신중론을 편 신하들도 있었지만 크게 반대
하는 신하들은 없었다. 그러나 정작 청나라로부터는 출병요구도 없
었고 오삼계의 반란도 곧 진압되자 더이상 논의는 없었다.

나. 숙종 11년 및 17년의 논의

그 후 약 10년이 경과한 후 숙종 11년(1685) 1월 9일에는 호군
김신중(金信重)이 국방에 관한 여러 계책을 들어 상소를 올리면서
북한산성을 만들 것을 건의한 적도 있었으나 이에 관한 진지한 논
의는 일어나지 않았다. 그로부터 또 다시 6년이 경과한 숙종 17년
(1691) 11월 29일 비국당상 윤이제(尹以濟) 등이 상소하여 북한산성
을 쌓기를 건의한 적도 있었지만 그 당시에도 역시 축성에 관한 진
지한 논의는 일어나지 않았다.

이유라고 하였다. 그러나 북한산성을 쌓은 것은 숙종 말년의 일도
아니며 이유는 북한산성 축성론의 주동자도 아니었다. 북한산성 축
성과정에서 이유(李濡)는 찬성자의 입장이었으나 주동자는 아니었
다. 그는 북한산성 완공 이후 탕춘대성의 축성논쟁에서 축성론을
주도하였을 뿐이다. 순조 당시 발간된 『만기요람』에서도 북한산성
축성의 최초 발의자를 이유라고 하였고, 이태진 교수의 논문인 "숙
종대 북한산성의 축조와 그 의의"(서울대학교박물관, 『북한산성 지표
조사보고서』, 1991년, 17~47쪽)에서도 숙종 28년 이후 북한산성 축
성론의 주동자를 이유라고 하였으나, 모두 정확하지 못한 이야기다.

다. 숙종 28~31년의 논쟁

그러나 다시 10년 이상이 지난 숙종 28년(1702) 북한산성 축성 논의는 또 다시 제기되고 이번에는 3년간에 걸친 치열한 찬반논쟁이 계속된다. 이때 처음 축성을 제의한 것은 우의정 신완(申琓)과 이조판서 김구(金構)였다. 신완의 생각은 다만 임진왜란과 병자호란의 교훈 때문에 도성 가까운 곳에 유사시의 보장처(保障處)를 준비하기 위한 것이었다. 그러나 김구는 선조 때 형혹성(熒惑星: 火星의 다른 이름)이 남두성(南斗星)[11]에 들어가는 천변(天變)이 있은 후 얼마 아니되어 임진왜란이 일어났음과 이 무렵 다시 그런 천변이 있었던 일을 이유로 재난을 사전에 대비해야 한다고 주장하였다.

이때 가장 완강하게 축성 반대론을 편 사람은 숙종의 처남인 형조판서 민진후(閔鎭厚)였다. 그의 생각은 재난이 닥치더라도 도성을 포기할 수 없으므로 도성을 더 쌓는 것이 마땅하다는 것과 더욱이 가뭄으로 인해 큰 토목공사를 일으킬 수 없다는 것이었다.

그러나 신완은 흉년에는 오히려 백성의 모집이 수월하고 공역도 쉽게 이룰 수 있다고 하였고, 병조판서 이유는 서울에 모여 있는 굶주린 백성들을 죽을 끓여 먹이는 곳에 몰아 넣으면 밤에는 한데서 거처하고 낮이면 잠자며 전염되는 질병을 얻어 마침내는 죽게 되는데 이는 면할 수 없는 형편이니 고향으로 돌아가기를 원하는 자는 돌려보내고 나머지로서 조금 기력이 있는 자는 조지서(造紙署)[12] 근처로 보내어 움막을 짓고 살게 하며 진휼청(賑恤廳)에서 식량을 지급하여 건강을 되찾게 한 후 사역시키면 주된 뜻은 구제에 있는 것이니 두 일에 모두 편리할 것이라며 축성론에 동조한다.

판부사 서문중(徐文重)은 ① 한강 일대는 기호(畿湖)[13]가 아울러

---

11) 모두 여섯 개로 되어 있는 남쪽 하늘의 별자리 이름.
12) 조선시대에 한지 종이를 만들던 곳으로서, 원래는 현 세검정 부근에 있었으나, 연산군 당시에 홍제원 부근으로 옮겼다.

통함으로 청야(淸野)의 계책14)이 어려우며, ② 북한산성은 비록 험준하기는 하지만, 성 안이 바깥보다 더 험하여 산록이 서로 가리어서 호령(號令)이 서로 미치지 못하고 병력들 간 호응이 어려우며, ③ 도성과 북한산성을 모두 지킨다면 병력이 나누어지게 되어 하나를 잃으면 나머지도 보존하기 어려울 것이며, ④ 굶주린 백성을 먹이면서 사역하면 비용도 줄일 수 있다는 것은 1, 2천 석의 쌀 소비를 근심하여 민심을 크게 잃을 것이라며 반대론을 편다.

예조판서 김진구(金鎭龜) 역시 ① 만일 사변이 있으면 군신(君臣) 상하가 마땅히 북한산성으로 들어갈 것이므로 종묘사직과 궁궐이 있는 도성을 모두 적에게 넘겨주게 되고, ② 북한산성을 설치하면 남한산성 등 구성(舊城)을 혁파하자는 의논이 있을 것이니 이를 혁파하면 백 년 동안 쌓은 공이 아깝고, 혁파하지 않으면 북한산성의 일이 완전하지 못할 것이며, ③ 남한산성을 쌓을 당시 중외(中外)의 힘을 다하여 3년 만에 비로소 겨우 이루어졌는데 북한산성을 쌓으려면 오랜 시간이 걸릴 것이니 외적(外敵)이 그전에 이른다면 어찌하겠느냐며 축성을 반대한다.

판부사 윤지선(尹趾善), 참찬관 김진규(金鎭圭), 승지 김만채(金萬埰) 등도 ① 나라의 근본은 민심을 얻는 데 있으매 도성을 지킬 수 없다고 하여 조정은 산성으로 들어가고 백성을 버린다면 백성들은 조정을 원망할 것이라면서, ② 그래도 굳이 축성을 하려면 병자호란이 끝날 때 성지(城池)의 수축을 일체 않겠다고 청나라에 서약한 '정축약조(丁丑約條)'도 있으니 청나라에 먼저 알린 후에 해야 한다고 반대론을 폈다.

이러한 반대론에 대하여 숙종은 국가가 조금 편안한 지 70년이

---

13) 한양을 중심으로 황해도 남부, 경기도, 충청남도 북부를 일컫는 말.
14) 외적의 침입이 있을 때, 수확하지 못한 들판의 곡식은 태우고 백성들이 모두 성 안으로 들어간 후 적이 식량이 떨어져 물러나기를 기다리거나 아군 구원군이 오기를 기다리는 전술.

되어 인정이 안일(安逸)에 익숙해졌지만 예로부터 전쟁의 경고는 풍년 흉년을 구분하지 않고 있는 것이니 굶주린 백성이 없는 뒤에 바야흐로 수비할 계책을 마련하라는 것은 말도 되지 않는다면서 "저 사람들이 만일 물어온다면 내가 스스로 떠맡겠다. 나는 두렵지 아니하다. 나는 결코 두렵지 아니하다"라고 질타하며 진노하자, 이에 시독관 이관명(李觀命)이 임금으로서 말과 기색이 평온을 잃은 것을 경계하는 일까지 있었다.

이 무렵 행사직(行司直)15) 이인엽(李寅燁)은 임진왜란 당시 유성룡(柳成龍)의 주장대로 진관체제(鎭管體制)16)를 회복할 것과, 북한산성의 동쪽 기슭은 바로 서울 내룡(來龍)의 산맥인데 성터를 닦고 쌓을 즈음에 산을 파고 돌을 깨뜨려서 지맥을 파손하게 될 것이니 산성을 만들려면 북한산성을 쌓지 말고 도봉산 북쪽에 있는 홍복산(洪福山)17)에 쌓을 것을 주장하였는데, 여러 지사(地師)를 불러모아

---

15) 관계(官階: 정1품에서 종9품까지의 품계)가 높은 사람을 그보다 낮은 관계의 사람에게 주는 관직에 있을 경우 그 관직 앞에 '行(행)'을 붙여 부른다. 그 반대인 경우는 관직 앞에 '守(수)'를 붙여 부른다.
16) 조선 초기의 지방 방위체제. 세조 이전엔 각 도에 주진(主鎭)을 두고 그 휘하에 변경과 해안 요충지를 방어하는 진(鎭)을 두었으나, 세조 3년(1457)에 각 도의 주요 지역을 거진(巨鎭)으로 하고, 나머지 주변 지역을 진(鎭)으로 하여 각 진은 평시에는 거진의 통제를 받지만, 일단 유사시에는 각 진이 독립적으로 작전을 수행토록 했으며, 요새지의 읍에는 읍성을 쌓아 지금까지의 산성시대에서 읍성시대로 바뀌었다. 이것이 진관체제이다. 진관체제가 갖추어짐으로써 전국을 방위체제로 조직화하는 데는 성공했으나, 15세기 말 이후 점차 해이해지면서 그 기능을 제대로 발휘하지 못하고 무력함을 드러냈다. 이것은 군사지휘권을 문관 출신의 수령들이 겸하고 있었을 뿐 아니라 지방군사조직의 경제 기반이 허약했기 때문이었다. 각 지방의 진을 방수하는 군사들에게 현역 복무를 면해주고 그 대가를 베로써 거두어들이는 방군수포제(放軍收布制)로 바뀌게 된 것이다. 방군수포제는 지방군사조직의 재정을 확보하면서 백성 편의를 도모하기 위한 것이었으나, 점차 지방수령의 사리(私利) 축적 수단으로 변질된 것이다.

서 의논을 올리게 하니 한 사람을 제외하고는 모두가 내룡의 맥을 파서 깨뜨리는 것은 해(害)가 된다고 하자 마침내 축성논의가 잠시 중지된 일도 있었다.

 그러나 얼마 후에는 관상감 관원들의 절반 정도가 의견을 바꾸어 모래와 흙으로 산맥을 덮어 기초를 만들고 그 위에 성을 쌓는다면 이는 산맥을 북돋우는 것과 같으니 산 기운에 해롭지 않을 것이라고 하여 다시금 축성 논의는 재개된다. 이 당시인 숙종 29년(1703) 6월 28일에는 청나라의 사신이 한양도성의 한 대문(大門)은 산을 의지하고 영(嶺)에 의지하고 있다는데 무슨 경치가 있는지 적어 올리라 하자, 처음 만든 회답에서는 창의문 밖에 천석(泉石)의 경치가 있다고 하였으나 혹시 삼각산에 축성을 하는 중에 사신이 내왕할 때에 경치를 보기를 요구하는 일이 있을 것을 염려하여 아무런 경

---

17) 경기도 양주군 송추의 서북쪽 약 5km 지점에 있는 해발 463m의 산으로서, 행정구역은 경기도 의정부시 가능동이다. 홍복산 바로 북쪽에는 해발 423m의 호명산이 있고, 홍복산 바로 서쪽에는 해발 516m의 챌봉이 있다. 임진왜란 당시 월사(月沙) 이정구(李廷龜) 선생은 이 지역에 피난중 왜병과 15일 이상 전투를 하였는데 이곳에는 당시 의병으로 활약하며 월사 선생과 피난민들을 구해준 신거상(愼居常) 등의 뜻을 기리기 위해 세웠던 충목단(忠穆壇) 터가 남아 있다. 월사 선생은 피난 당시의 일을 「임진피병록(壬辰避兵錄)」이라는 장문의 기록으로 남겼다. 이 글은 『월사집(月沙集)』, 별집(別集) 제1권에 수록되어 있다. 한편, 조선조 숙종 당시 판부사의 지위에서 북한산성 축성에 주도적 역할을 담당한 이이명(李頤命)이 저술한 『강역관방도설』의 홍복산 조에서는 "산세가 둥그렇게 둘러 있어 성곽과 같고 그 둘레는 10리 가량 되는데 안쪽은 평평하고 논이 많으며 물은 동남쪽 동구로 흘러나가 연못을 이루고 수십 길의 폭포가 된다"고 홍복산의 형세를 말하면서 "북쪽의 철령으로부터 경도에 이르기까지는 관령(關嶺)을 이루는 곳이 없어 삼국시대 이래 늘 말갈 여진과 충돌하는 길목이 되어온 길"로서 경도 가까운 곳에 홍복산 만한 관방이 없으니 이곳에 산성을 쌓아서 북한산성과 기각지세를 이루게 할 것을 주장하고 있다.

치도 없다고 회답한 적도 있었다.

다음 해인 숙종 30년(1704)에 들어서도 북한산성의 축성 논의는 계속되었으나 이때 역시 반대론이 우세하였었다. 이조판서 이유(李濡), 좌의정 이여(李畬), 훈련대장 이기하(李基夏), 어영대장 윤취상(尹就商), 병조판서 윤세기(尹世紀), 형조판서 유득일(兪得一), 공조판서 홍수헌(洪受憲), 판부사 서문중(徐文重)·윤지선(尹趾善) 등 대부분의 신하들이 북한산성을 쌓을 것이 아니라 도성을 수축하여 장래에 대비할 것을 연이어 주장하자, 결국 숙종 30년(1704) 2월 15일 임금은 도성을 수축하는 것으로 계획을 정하고 아울러 강화도와 남한산성을 증수(增修)하도록 명하였다.

도성 수축과정에서도 의견이 나뉘어 이여(李畬), 김진구(金鎭龜), 김흥경(金興慶), 송상기(宋相琦), 한중희(韓重熙) 등은 천천히 쌓자 하고 이유(李濡), 민진후, 이기하(李基夏) 등은 빨리 끝내자 하였으나, 임금의 결정에 따라 결국 조용히 점차적으로 쌓기로 하고 도성의 수축에 착수하게 된다.[18]

---

18) 이때 이여(李畬), 이유(李濡), 이기하(李基夏) 등이 '정축약조'를 이유로 도성 수축에 관한 사실을 청나라에 통보하도록 건의한 바 있고, 이에 임금이 "저들의 일은 정축년 당시와 다르다. 칸(汗: 청나라 황제)의 유언에 끊임없이 칙사를 조선에 보내 손을 쓸 수 없도록 하라고 했다 한다. 그러므로 당초 칙사의 행차가 계속되었다. 만약 그때 성을 수축하려 했다면 가능했겠는가? 그러나 근년에는 칙사의 행차가 점점 드물어지니 이로 말한다면 저들 나라에서 우리를 의심함이 전과 다른 것이다. 지금 비록 도성을 수축한다 하더라도 저들은 알고서도 모르는 체할 수도 있으나 다만 자문을 보내지 않고 먼저 수축하였다가 저들이 왕래할 때 지나는 길에 보고서도 모르는 체 하다가 본국에 돌아가 고하게 되면 트집잡는 일이 없지 않을 것이니 사실을 들어서 주문한 뒤에 하는 것이 좋을 듯하다. 다시 검토하고 또 여러 대신에게 물어서 결정하는 것이 좋겠다"고 답한 일은 있으나, 이 문제에 관한 최종 결정이 어떠했는지는 불분명하다.

라. 숙종 36~37년의 축성 논쟁 및 축성

그러나 도성의 수축이 끝나가던 숙종 36년부터 북한산성 축성 논의가 또 다시 재개된다. 그 계기가 된 것은 왜구가 다시 침범할 조짐을 보이니 이에 대비하라는 청나라로부터의 자문(咨文)이었고, 이를 기회로 새 성지(城池)를 구축하려는 논의가 시작된다. 이때 새로 쌓을 성지로 처음 논의된 곳은 도봉산 북쪽의 홍복산이었다. 『숙종실록』36년(1710) 9월 28일 기사에는 청나라 예부(禮部)에서 황지(皇旨)로써 이자(移咨)하여 온 내용이 수록되어 있다. 청나라로 침입한 해적은 지방의 관병(官兵)에게 살해되고 나머지 적도(賊徒)들은 모두 배를 타고 패주(敗走)하였는데 그들이 조선으로 가서 약탈한다면, 조선에서는 대국(大國)의 사람으로 잘못 생각하여, 기꺼이 손을 쓰지 아니한 채 그들로부터 해를 받을까 염려되니 가까운 연해(沿海)의 지방에 속히 알려 방어에 유의하도록 하라는 것이 자문(咨文)의 내용이었다.

이 자문이 도착한 이후 판부사 이이명(李頤命)이 발의하고 우의정 김창집(金昌集), 판부사 서종태(徐宗泰), 형조판서 이언강(李彦綱), 훈련대장 이기하(李基夏), 호조판서 김우항(金宇杭), 공조판서 김석연(金錫衍)등이 동조하여 홍복산에 축성을 제의하자 숙종은 장수들이 먼저 현지를 살펴본 뒤에 정하도록 하였다. 그런데 이때 북한산성 축성논의에 불을 붙인 것은 공교롭게도 종래 북한산성 축성을 반대하였던 판돈령부사 민진후(閔鎭厚)와 훈련대장 이기하였다.

민진후는 홍복산을 보러 사람을 보내기에 앞서 홍복산에 성을 쌓는다면 북한산성도 역시 보수하여 기각지세(掎角之勢)[19]로 만들어야 한다면서 홍복산과 삼각산을 모두 보고 오게 하도록 건의하였으며, 이기하는 숙종 36년(1710) 10월 13일 왕명에 따라 홍복산과 삼

---

19) 둘이 서로 앞과 뒤가 되어 호응하며 적을 견제함.

각산의 성터를 모두 보고 돌아와서는 홍복산은 토산(土山)이어서 돌을 10리 밖에서 가져다가 쌓아야 하므로 일이 매우 어려울 것이며, 또 주변에 땔나무를 할 곳이 없어서 군병들의 취사도 또한 의지할 바가 없지만 삼각산은 이른바 한 사람이 관문을 지키면 만 사람이 열지 못하는 지형인 데다가 이미 돌로 쌓은 구지(舊址)가 있고, 또 산 아래에는 석재가 많으며, 산골짜기 곳곳에 물이 있는 데다가 수목 또한 크게 자란 곳이 많은 곳으로서 도성과 멀지 않은 곳에 이러한 천험이 있었는데 지금까지 버려두었던 것이 매우 애석하다고 보고하였다.

민진후 역시 얼마 후 홍복산과 삼각산을 모두 돌아보고 와서 같은 의견으로 보고하면서 다만 삼각산은 천연적으로 만들어진 험한 성지이지만 성터에 많은 사람을 수용할 만한 평지가 없으니 성을 만든 후에 문수봉 아래 골짜기를 막아 문을 설치하고[20] 유사시에 어가(御駕)가 성 안으로 들어가면 백성들은 이 골짜기 안에 들어가 있게 하는 것이 좋겠다고 보고하였다.

그러나 이때에도 축성에 대한 찬반 양론이 있었다. 금부도사 이언위(李彦緯)와 판부사 이유(李濡)는 축성 주장에 동조한 반면, 이조판서 최석항(崔錫恒) 호조판서 김우항(金宇杭)과 진사 허극(許極)은 도성을 수축하는데 주력해야 한다는 상소를 올리고, 봉조하[21] 남구만(南九萬)과 행판중추부사 이여(李畬)는 지금 해적(海賊)의 근심이 없다면 성을 지키는 데에 일삼을 것이 없고, 만약 그런 일이 있다면 명년 봄에 있을 듯한데 지금 성을 쌓는다면 늦은 일이라며

---

20) 문수봉 아래 골짜기를 막는다는 것이 탕춘대성을 쌓을 것을 말한 것인지 아니면, 지금의 구기동에서 대남문에 이르는 골짜기 하단을 막을 것을 말한 것인지 불분명하다.
21) 조선시대 전직 관원을 예우하여 종2품의 관원이 퇴직한 뒤에 특별히 내린 벼슬 이름. 종신토록 신분에 맞는 녹봉을 받으나 실무는 보지 않고 다만 국가의 의식이 있을 때에만 조복(朝服)을 입고 참여하였다. 이 제도는 예종 1년(1469) 처음으로 시행되었다.

축성보다 변방 수비의 강화를 주장하였으며, 영중추부사 윤지완(尹
趾完)은 삼각산은 산이 높고 골짜기가 깊은 데다가 평지가 아주 적
어서 도성의 백성들이 들어가 있고자 해도 4분의 1도 수용하지 못
할 것이니 "도성을 지키는 것이 상계가 되고, 남한산성으로 옮겨 주
필(駐蹕)22)하는 것이 중계가 되고, 다른 곳을 따로 경영하는 것은
하계가 된다"며 축성에 반대하였다.

　이런 찬반 양론 속에 숙종 36년(1710) 12월 1일 임금은 "지금 북
한산성을 쌓자는 의논이 마침 북자(北咨)23)가 나온 후에 나왔으므
로, 사람들이 혹 해구(海寇)로 인한 계책을 삼는 것으로 생각하나,
나의 뜻은 천험에 의거하여 설축해서 장래의 구원한 계책을 도모하
려는 것이다. 다만 겨울에 역사를 시작할 수 없고, 또한 길가에 집
을 짓는 것과 같이 해서는 온당하지 못하니 대신과 대장 한 사람씩
다시 가서 살펴보고, 마땅히 쌓아야 할 곳은 어디에서 어디까지고
쌓아서는 마땅하지 못한 곳은 어디인지를 살펴 정하는 것이 옳다"
하면서 구체적인 지형 조사 및 설계를 지시한다. 이 대목은 숙종이
북한산성을 축성하려는 의도가 어디에 있었는지를 말해주는 대목이
다. 왜구와 청나라의 침입 모두에 대비하고 나아가 기회가 오면 북
벌을 추진하겠다는 것이 숙종의 의도였음을 알 수가 있다.24)

---

22) 임금이 어가를 멈추고 머무르거나 묵는 일.
23) 청나라로부터 온 외교문서.
24) 이러한 숙종의 의도는 그가 재위 30년 되던 해(1704)에 창덕궁 후
　원에 대보단(大報壇)을 쌓고 임진왜란 당시 조선에 원병(援兵)을 보
　내 나라를 구해 준 명나라 신종(神宗) 황제의 제사를 지내게 한 후
　에 시를 지으면서 쓴 서문「詩并小序」에 잘 나타나 있다. 이 서문에
　서 숙종은 "오늘 신좌(神座)를 우러르니 눈물이 옷깃을 적신다. 옛
　은혜 더듬어 봄이 어찌 미약한 정성 때문이겠는가? 간절히 바라는
　것은 오직 영릉의 성지일 뿐이다(今瞻神座 沛沾巾 追恩豈但微誠寓
　切願寧陵聖志遵)"라고 하였다(『궁궐지(宮闕志)』,「창덕궁」, '대보단' 조).
　영릉은 효종(孝宗)의 능호이고, 효종의 성지라 함은 효종이 생전에
　북벌을 실행하여 병자호란의 치욕을 씻겠다고 하였던 것을 말한다.

이러한 임금의 결정에 따라 숙종 36년(1710) 12월에서 익년 2월간 좌의정 서종태(徐宗泰), 우의정 김창집(金昌集), 판부사 이이명(李頤命)·김진규(金鎭圭)·이유(李濡), 총융사 김중기(金重器), 사직 이우항(李宇恒) 등이 삼각산으로 가서 성터를 살펴보고 오게 된다.

김창집과 이유는 삼각산을 다녀온 후 조지서 동구까지 쌓을 것을, 즉 탕춘대성까지 쌓을 것을 건의한다. 이때도 형조참판 조태로(趙泰老) 부교리 홍치중(洪致中) 등이 여전히 축성에 반대하지만 당시에 숙종은 이미 축성에 뜻을 굳힌지라, "사람의 소견은 사람마다 얼굴이 서로 같지 않음과 같아서 만일 꼭 여러 의논이 합치하기를 기다려 일을 일으키려 한다면 성취할 날이 없을 것이다" 하면서 반대의견에 귀를 기울이지 않았고 숙종 37년(1711) 2월 9일 드디어 북한산성 축성을 최종적으로 결정하였으며, 이어 민진후(閔鎭厚)를 축성의 총책임자인 구관당상(勾管堂上)으로, 무관인 총융사 김중기(金重器)를 그 보좌역으로 임명한다.

일이 이렇게 진척된 후에도 병조판서 최석항(崔錫恒)이 상소하여 북한산성 쌓는 것이 불가함을 논하였으나 임금은 "북한산성의 축성은 백성과 더불어 함께 지키자는 계책에서 나온 것이니 결단코 그만둘 수 없다"고 답한다. 같은 해 4월 3일 공사가 시작된 후에도 수찬 홍중휴(洪重休)가 북한산성을 쌓는 일의 온당치 않음을 진달하는 상소를 올리지만, 공사는 신속히 진행되어 6개월 만인 같은 해 10월 19일 외부 성벽 공사는 종료되고, 일부 문루의 축조를 제외한 성문 공사도 종료된다.

외부성벽 공사가 끝난 다음 해인 숙종 38년(1712) 4월 10일 숙종은 북한산성에 직접 가서 보고 대서문 쪽이 낮으니 중성(中城)을 쌓을 것을 지시하였고, 이에 따라 같은 해 5월 3일부터 총융청에서 중성을 쌓기 시작하였으며, 같은 해 10월 8일에는 어영청과 금위영이 주관하는 북한산성의 성랑(城廊),[25] 창고, 문루 공사와 못을 파

---

[25] 성벽 안쪽에 군사들이 기거할 수 있도록 지은 건물.

고 우물을 만드는 공사가 완료되었다. 같은 해에 북한산성 관리를 위한 관청으로 경리청(經理廳)26)이라는 기구를 설치하였다.

마. 숙종 39년의 탕춘대성 논쟁

이듬해인 숙종 39년에는 북한산성과 도성 사이의 탕춘대 지역이 적에게 점거되는 것을 방지하기 위한 탕춘대성의 축성 여부에 관한 논의가 다시 재개되었으나, 좌의정 이이명 등 대신 및 장신들은 하나같이 "북한산성·도성·탕춘대성 세 성을 우리 병력으로 아울러 지킬 수는 없습니다. 아울러 지킬 수 없다면 탕춘대에 성을 쌓아서는 옳지 않으며 성을 쌓지 않는다면 수문이나 성문도 긴요치 않으니 비록 공사를 시작했더라도 정지하는 것이 마땅하며, 성 밖에 평창(平倉)을 설치하고 성 안에 실어들이지 못한 곡물을 이에 비축하면 편할 듯 싶습니다" 하고 건의하여 탕춘대성의 축성은 보류되었고 탕춘대 부근에 평창(平倉)을 짓고 강창(江倉)의 곡식을 옮겨놓는데 그쳤다. 평창 자리로는 처음 문수봉 아래 문수동 골짜기와 탕춘대 부근 두 곳이 거론되었으나27) 탕춘대 부근으로 결정된 것이다.

---

26) 북한산성의 군량미를 관리하기 위해 설치된 관청이나, 영조 23년(1747) 혁파되어 북한산성 관리업무가 총융청에 흡수되었다가 고종 28년(1891) 부활되었으나 5년 후 갑오경장 때 폐지됨.
27) 이이명(李頤命)이 말한 문수동(文殊洞)은 문수봉에서 남서쪽으로 내려오는 비봉능선과 보현봉에서 남서쪽으로 내려오는 사자능선 사이의 계곡을 말한다. 그 하단은 구기동 승가사 입구의 언덕 위에 남아 있는 속칭 거북바위(어느 비석의 龜趺만 남아 있어 이를 거북바위라 함)에 걸친 선으로 추정된다. 한글학회, 『한국지명총람』, 제1권(서울편), 80쪽. 이이명은 이곳에 성을 쌓을 것을 주장하였다. 문수동은 북한산성 축성이 결정되기 전인 숙종 36년(1710) 12월 1일에도 병조판서 민진후(閔鎭厚)가 북한산성을 대신하여 성을 이곳에 쌓자고 주장하던 곳이엇다. 탕춘대는 앞서 소개한 바와 같이 현 세검정 부근 봉우리 위에 있던 정자의 이름이다.

바. 숙종 44년의 탕춘대성 착공

그러나 탕춘대성의 축성 논의는 그치지 않는 가운데 숙종 44년 (1718) 4월에는 정언 성진령(成震齡)이 탕춘대성 축성이 불가하다는 상소를 올린 바 있으나 같은 해 윤8월 26일부터 공사가 시작되어 10월 6일까지 40여일간 현 향로봉 하단에서 인왕산까지 총 2,200여 보(약 4km) 중에서 체성(體城)28)은 대부분 완성한 채 추위로 인해 나머지 공사를 다음 해로 미루었다.29)

다음 해에는 탕춘대성의 나머지 공사를 마무리하고 형제봉 능선 하단에서 현 북악터널 위와 구준봉을 거쳐 도성에 닿도록 토성(土城)을 쌓을 예정이었다. 이곳에 성을 쌓아야 동쪽에서도 도성과 북한산성이 연결되어 일체를 이루기 때문이었으며, 토성으로 하려 한 것은 이 능선이 풍수지리상 도성의 내룡(來龍)에 해당되기 때문에 지기(地氣)를 상하지 않게 하기 위함이었다.

그러나 이듬해 봄 마무리공사가 다시 시작되기도 전에, 겨울과 봄 동안 탕춘대성 공사의 계속 여부에 관한 반대론이 비등하였다. 이런 와중에 영의정 김창집(金昌集), 판부사 이이명(李頤命), 우의정 이건명(李健命) 등이 "북한산성만으로는 비록 만전을 기할 수 없다고 하나 유사시에 우선 대비할 수는 있게 되었고, 이미 쌓기 시작한 탕춘대성을 버릴 수는 없지만 우선 탕춘대의 역사를 정지하고 기근과 돌림병이 가라앉기를 조금 기다려 천천히 의논하여 도모하는 것이 사의(事宜)에 합당할 듯합니다"라고 건의하여 결국 탕춘대성의 공사는 중단되게 되었다.

『숙종실록』에는 이때의 공사 중단에 대하여 한 사관(史官)이 "탕춘대의 일에 이르러서는 여러 신하들이 헌의(獻議)하면서 대부분

---

28) 여장(女墻: 상단의 총구)을 제외한 성벽.
29) 홍지문과 그 옆의 수문 공사는 이때 완성된 것으로 보인다.

그것이 불편하여 정지하는 것이 마땅하다고 말하였으므로, 이에 성 쌓는 역사가 마침내 정지되었으나, 대개 형편이 나은 것은 탕춘대가 제일이었다. 이미 도성과 이어져 있어서 서로 표리가 될 것이니, 먼저 탕춘대를 쌓았다면 도성은 믿을 바가 있게 되어 더욱 견고해질 것이고, 북한산성 지역은 비록 성을 쌓지 않았다 해도 적이 웅거할 수가 없으므로 저절로 우리의 소유가 될 수 있을 것이다. 그런데 이유(李濡)가 계획한 것은 선후를 잃어 갑자기 북한산성을 쌓아서 하나의 별성이 되었으나, 도성과 중간이 단절되어 진퇴에 의뢰할 바가 없게 되었다. 곧 계책을 잘못 썼음을 깨달았으나, 마침내 재력을 이미 탕진하게 되었고, 중의(衆議)가 떼지어 일어난 후에 다시 탕춘대를 경영하려고 하니, 세 성이 가로로 연접한다는 비난만 초래하였다. 많은 사람들이 처음에 북한산성을 쌓은 것이 실책임을 구명하지 않고, 다만 그 일의 역사를 이미 마쳤다 하여 아직 그대로 둔 채 모두 힘껏 탕춘대의 결점을 들어 비난하면서 오로지 큰 역사가 정파된 것만 다행으로 여기고, 나은 곳을 가리는 방도를 살피지 못하였으니, 식자가 이를 애석하게 여겼다"는 사론(史論: 사관의 논평)이 수록되어 있다.

이는 중요한 것은 탕춘대성인데 처음부터 계획을 잘못하여 북한산성을 쌓은 것이고, 나중에라도 탕춘대성을 쌓게 된 것은 다행인데 이를 도중에 중단하니 더 큰 잘못이라는 비판인 것이다. 후일의 교훈으로 이런 사론(史論)을 수록한 것으로 보인다.

숙종 45년(1719) 4월 3일 기록에는 영중추부사 이유(李濡)가 "신이 지난해에 성을 쌓자고 한 상소를 주상께서 묘당(廟堂)30)에 내리면서 대신들이 의논하여 시행하도록 허락하시었고, 이에 여러 재신(宰臣)들에게 두루 보였는데, 모두 다른 의논이 없었습니다. 그러나

---

30) 원래는 중국에서 황제의 조상들을 제향(祭享)하는 종묘(宗廟)・태묘(太廟)에서 비롯된 말이나, 의정부(議政府)를 달리 이르는 말로 사용되었다. 도당(都堂)이라고도 하였다.

명이 이미 내려진 후 봉행하는 데 급하여 모두 심력을 기울여 서변의 2천 2백여 보의 땅을 설축하고 공역이 거의 완성되어 가는 중에 이제 와서 다시 정파하도록 하셨으니 이미 쌓은 성을 허물지도 않고 완성하지도 않은 채 그대로 둔다면 장차 후세에 비난을 면하지 못하게 될 것입니다"라고 상서(上書)한 기록도 있다.

4. 영조(英祖) 때의 북한산성과 탕춘대성

영조 23년(1747)년 5월에는 북한산성 사무를 관리하여 온 경리청을 혁파하고 총융청을 탕춘대 부근으로 옮겨서 탕춘대 지역의 방어와 북한산성의 사무를 겸하게 하였다. 경리청을 혁파하고 총융청에서 북한산성의 사무를 겸하게 한 것은 북한산성 관리체계의 변경을 의미한다. 종래 영의정이 도제조(都提調)를 겸직하는 경리청에서 관장하던 북한산성의 관리업무가 종2품 무관인 총융사(摠戎使) 소관으로 변경된 것이다. 이는 유사시 북한산성으로의 입성보다는 도성의 사수를 염두에 둔 것이었다. 영조는 탕춘대를 도성의 인후(咽喉)로 보고 중시하였기 때문이다.

영조 29년(1753)부터 30년(1754) 사이에는 숙종 대에 완성하지 못하고 정파하였던 탕춘대성 축성 공사를 다시 시작하여 현 향로봉 하단에서 상명대학 앞 홍지문에 이르기까지 2,400보에 체성과 여장을 보축(補築)하는 등의 공사는 끝내고 홍지문에서 인왕산의 도성 성곽 밑에까지 1,400보 가운데 50보의 체성과 여장을 쌓았으나 물력이 딸려 공사를 정지하였다가 3년 후인 영조 32년(1754)에 나머지 공사를 계속하여 완공하였으며,31) 그 사이 영조 30년(1754) 9월

---

31) 『영조실록』 49년(1773) 10월 27일 기록에는 행부사직 구선행(具善行)이 상소의 글을 올려 "총융청을 연융대로 옮긴 뒤에 선신(先臣)이 마음을 다하여 서성(西城)의 축조를 마쳤으며, 또 동쪽 산록을 막으려고 하였습니다. 형제봉 아래에 대해서는 오랫동안 나무꾼이 다니던 길을 통해 모래흙이 흘러내려서 언덕이 점점 허물어지게 되

2일에는 총융청 자리의 이름으로는 옛 이름인 탕춘대(蕩春臺)가 적당치 않다 하여, 이를 연융대(鍊戎臺)로 고쳐 부르도록 했다.32)

었으니, 그 외면에 새로이 흙을 보충하여 풀을 입히고 나무를 심어서 도성의 곡성(曲城) 밑에까지 연접하게 하고 이어서 산책(山柵)을 만든다면, 높이 솟은 절벽을 누가 감히 쉽게 올라오겠습니까?" 하고 건의한 구절이 있다. 이 기록으로 보면 형제봉과 도성을 연결하는 성벽은 풍수지리적 이유 때문에 토성(土城)과 목책(木柵)으로 쌓으려 했으나 그나마도 실행에 옮기지 못한 것으로 보인다. 그러나 이병도 교수는 이 토성을 쌓은 것으로 보았다(이병도, "백제와 위례성",『한강사』, 서울특별시사편찬위원회, 1985, 289쪽). 무슨 근거로 이 토성을 쌓은 것으로 보았는지 필자는 알 수가 없다. 이 문제는 별론으로 하고, 만약 이곳에 토성이 설치되었다면 그 이름을 혹시 '동성(東城)'쯤으로 부르지 않았을까 하는 생각도 든다. 탕춘대성이 서쪽에 있다하여 서성(西城)으로 불리었기 때문이다.

32) 탕춘대는 앞서 소개한 바와 같이 현 세검정 옆 세검동우체국 뒷봉우리에 있었으며 연산군이 만든 정자의 이름이다. 그 부근의 현 세검정초등학교 자리는 장의사(藏義寺)가 있던 곳이며, 이 절은 건립 경위가『삼국유사』에 기록되어 있는 유서 깊은 절이었다. 연산군은 재위 10년(1504) 7월 장의사 바로 서쪽에 있던 조지서를 홍제원 위로 옮기고 가까운 인가를 모두 철거하고 장의사 부처는 삼각산 다른 절로 옮기게 하고 승려들도 모두 내보내게 한 후에, 재위 12년(1506)에는 조지서 터에 이궁(離宮)을 짓기 시작하면서 장의사 터는 모두 꽃밭으로 만들고 장의사 서편 기슭 우뚝 솟은 꼭대기(지금의 월드빌라 지역)에 탕춘대(蕩春臺)라는 정자를 만들어 청유리 기와를 얹었으며, 정자 밑에는 냇물을 가로질러 횡각(橫閣)을 세워 이 역시 청유리 기와를 얹었으며, 냇물을 막아 물을 가두고 주변에는 두견화를 심었다고『연산군일기』는 기록하고 있다. 이 정자가 완성된 날은 같은 해 3월 7일이었다. 같은 날짜의『연산군일기』에는 "이때 장의사 이궁과 창덕궁 서총대(瑞葱臺)와 장단(長湍) 석벽이궁(石壁離宮)을 동시에 착공하였는데 목공과 석공의 한달 급료가 1천 석이 넘었다"고 기록되어 있고, 동년 9월 2일자(연산군이 폐위된 날) 기사에는 "이궁을 장의사동과 소격서동에 짓게 하여 역사를 시작하는데, 역사를 감독하는 벼슬아치들이 독촉하기를 가혹하고 급하게 하여 때리는 매가 삼단과 같았으며… 중외(中外)가 모두 지치고 공사(公私)가 탕갈하고 유리걸식하는 자들이 잇달아 온 고을이

사진 9. '鍊戎臺(연융대)' 암각바위
(출처: 김영상, 『서울명소고적』,
서울특별시사편찬위원회,
1958년, 244쪽)

영조 36년(1760) 8월 20일에는 임금이 북한산성에 거둥한 일이 있는데 이틀 후인 8월 22일에는 북한산성의 소남문(小南門) 길을 새로 닦기를 명하였다. 소남문은 처음부터 홍예문으로 만들기는 하였으나 이때까지 문루를 올리지 않아 암문으로 관리하면서 문수문(文殊門) 또는 문수암문(文殊暗門)으로 부르던 문인데, 영조가 대성문(大城門) 길이 길이 산등성이에 나서 멀리서도 길이 훤히 드러나므로 유사시 적에게 노출되는 것을 염려하여 이를 폐쇄한 후에 소

거의 비게 되었으며 서울에는 주리고 병들어 죽는 자가 태반이었다. 마을과 거리에 시체가 쌓여 악취를 감당할 수 없는데, 더러는 굶주린 나머지 길가에 쓰러진 자가 아직 숨이 붙어 있을 때 근방에 사는 사람들이 시체를 버려두었다는 죄를 입을까 겁내어 서로 끌어다 멀리 내다버렸다"라고 기록되어 있다. 이 기록들을 보면 장의사 이궁이 완성되기 전에 연산군이 폐위되고 공사는 중단된 것으로 보인다. 영조는 23년(1747) 총융청을 장의사 터로 옮긴 다음 30년(1754)에는 탕춘대를 연융대(鍊戎臺)로 고쳐 부르게 하면서 그 밑의 바위에 새 이름을 크게 암각하여 놓았다. 그러나 이 바위는 1972년 북악터널을 개통할 당시 주변 도로를 넓히면서 없애버렸다.

남문을 새로 수리하고 길도 새로 닦아서 정문(正門)으로 이용토록 명한 것이다. 그 후 영조 41년(1765)에는 소남문에는 문루가 새로 올라가고 이름도 대남문으로 바뀌게 되었다. 영조 48년(1772)에는 숙종이 북한산성을 쌓고 이를 방문한 60주년을 기념하여 영조 임금이 북한산성을 다녀오기도 하였다.

숙종 당시는 불가피할 경우에는 도성을 포기할 수 있다는 생각 아래 북한산성과 도성간의 단절을 방지하기 위해 탕춘대성 축성을 시작한 것인 반면, 영조 때의 탕춘대성 축성공사 마무리는 도성의 사수를 전제로 한 것이다. 영조는 도성 사수의 의지를 분명히 밝혔고 탕춘대 지역을 도성의 인후(咽喉)로 보고 중시하여 종전 삼청동에 위치하였던 총융청을 이곳으로 이전하였다. 이러한 영조의 조치에 대해 흔히 유사시의 방어대책이 북한산성을 이용한 청야입보(淸野入堡) 대책에서 도성사수(都城死守) 대책으로 전환한 것으로 평가한다. 그러나 경리청 혁파 이후에도 영조가 북한산성의 관리에 대해 특별한 관심을 계속적으로 보인 것을 보면, 영조의 내심(內心)이 북한산성을 유사시의 보장처(保障處)로 생각하였던 숙종의 구상과 크게 다르지 않았음을 알 수 있다. 숙종 말년에 중도 정파(停罷)된 탕춘대성 축성을 끝내기 위해 영조는 도성사수의 의지를 밝힌 것일 뿐, 북한산성에 대해서도 조금도 그 관리를 소홀히 하지 않았을 뿐 아니라 오히려 더 강화한 것이다.

5. 정조(正祖) 때 이후의 북한산성과 탕춘대성

정조 9년(1785) 6월 17일에는 교리 신기(申耆)를 북한산성 안찰어사(按察御史)로 삼아 관리상태를 점검한 후에 관리소홀 책임을 물어 총융사 이창운(李昌運)을 삭직한 기록이 있다. 이 기록 가운데는 북한산성의 성문 이름의 변경과정이나 지형의 설명 등 북한산성에 관한 여러 가지 상세한 사실들이 포함되어 있어 북한산성 연구에 귀중한 참고자료가 된다. 정조는 재위 18년(1794년) 1월 수원 화성

(華城) 축성에 착공하여 20년(1796년) 9월 완공하였다. 그러나 수원 화성은 북한산성을 대신할 피병처로 만든 성은 아니었으며,33) 화성을 만든 이후에도 조정에서는 북한산성을 계속 유지했었다.

순조 때에도 수시로 북한산성을 수리하였으며, 특히 『비변사등록』 순조 33년(1833) 4월 10일 기사에는 북한산성을 대규모로 수축한 기록이 있다. 순조 8년(1808) 왕명에 따라 심상규와 서영보 등이 임금을 위한 재정·군사 해설서로 저술한 『만기요람(萬機要覽)』에도 북한산성의 관리에 관한 사항이 상세히 기록되어 있다.34)

헌종 12년(1846)에는 영조 이후 북한산성의 관리를 맡고있던 총융청의 이름을 총위영(摠衛營)으로 바꾸고 총융사(摠戎使) 역시 총위사(摠衛使)로 이름을 바꾸고 그 직급도 대장(大將)으로 올린 적이 있다. 그러나 이렇게 총융청의 위상이 격상된 것은 북한산성에 대한 관심 때문이 아니라 궁궐수비를 총융청에 분담케 하려는 목적

---

33) 정조는 부친인 사도세자가 뒤주 속에서 참혹하게 죽은 것을 슬피 생각하여 오다가 즉위 이후 부친의 고혼을 위로하기 위해 그 유해를 수원 남쪽 화산(華山)으로 이장하고 재위 18년 정월부터 20년 8월까지 2년여에 걸쳐 화성을 축성하였다. 화성 축성동기에 대해서는 여러 견해가 있다. 첫째, 부친에 대한 효성 때문이라는 견해이다. 정조는 사도세자의 복위와 추존을 도모하였으나 이는 선왕 영조의 조치에 대한 비판이 되므로 왕위를 아들에게 물려준 후 자신은 화성에 살면서 아들로 하여금 복위와 추존을 도모하려 했을 것이라는 견해이다. 둘째, 당시 권력을 장악하고 있던 벽파(僻派) 세력을 쉽게 약화시킬 수 없자 새로운 도읍을 만들어 신진세력을 중심으로 개혁정치를 펴려 하였던 것이 아닌가 하는 견해이다. 화성 축성은 시파(時派)에 속한 신하들을 이용하여 이루어졌다. 여하간 이러한 배경 속에서 조선 후기 성곽 건축의 최대 걸작인 수원 화성이 탄생된 것이다. 정조는 부친의 복위와 추존을 이루지 못하고 재위 25년 급서하였고, 사도세자는 고종 때에 가서야 장조(壯祖)로 추존되었다.
34) 『만기요람』 중 「북한산성」 항목을 번역하여 이 책 제2권의 권말에 부록으로 수록하였다.

때문이었다. 하지만 이러한 조치는 3년 만인 철종 즉위년(1849)에 다시 원상복구되었다. 북한산성 관리를 위해서는 총융청이 궁궐 수비임무를 분담하는 것이 부적합하였기 때문이었다.

고종 때도 북한산성에 대한 관심은 마찬가지였다. 고종 3년(1866) 병인양요(丙寅洋擾) 때는 강화도를 습격한 프랑스군의 내지 진출을 차단하기 위해 북한산성의 승군(僧軍)을 출동시킨 일도 있었으며, 특히 고종 16년(1879) 9월 6일에는 영조 23년 혁파한 경리청(經理廳)을 부활하여 무위소(武衛所)에 부치(付置)하여 북한산성 수개(修改)의 일과 제치(制置)의 방도를 거행케 하고 무위도통사(武衛都統使)가 이를 관할하게 하게 하였으며, 같은 해 11월 8일에는 이러한 조치를 시행하기 위해 「북한이속무위소절목(北漢移屬武衛所節目)」을 제정한 후 북한산성을 수리하기도 하였다.

그러나 이 시기는 개화 바람이 본격적으로 일기 시작한 시기로서 두 해 후인 고종 18년(1881)에는 일본으로 신사유람단을 파견하고 청국으로 영선사(領選使)를 파견하여 일본과 청국의 문물과 제도를 견학하게 하였으며 이를 토대로 일련의 개혁조치를 시행하게 되었다. 그 해에는 신사유람단의 건의에 따라 별기군(別技軍)이라는 신식군대를 창설하고, 이듬해인 고종 19년(1882)에는 무위소와 훈련원을 무위영(武衛營)으로 통합하고 어영청·총융청·금위영을 장어영(壯禦營)으로 통합하여 양영(兩營) 체제를 만들었다. 그러나 이 해에 신식군대와의 차별대우에 격분한 군인들이 임오군란을 일으키자 별기군과 양영(兩營) 체제는 폐지되고 5군영이 다시 부활하였다.

임오군란 때 조선이 청국에 출병을 요청하자 이를 계기로 조선에 대한 청국과 일본 및 구미 열강의 간섭과 청·일 양국의 대결이 시작되었다. 이런 와중인 고종 30년(1893)에는 우의정 정범조(鄭範朝)의 건의에 따라 북한산성의 행궁과 성첩을 수리하기도 하였다. 그러나 이듬해인 고종 31년(1894)에는 동학농민운동을 계기로 청국과 일본이 조선에 병력을 출동시키자 조선 땅에서는 청일전쟁이 발발하였으며, 이 해에 일본의 강요에 의한 갑오개혁(甲午改革)으로 북한산성 관리기구인 경리청(經理廳)이 폐지되고 승군(僧軍) 제도도 폐지된다. 이로서 1711년 만들어진 북한산성은 183년 만에 폐기(廢棄)되기에 이른 것이다.

북한산성이 폐기된 이후 조선은 망국의 길로 치닫게 된다. 숙종 당시 북한산성 축성 이후 북한산성의 철저한 보수 및 관리는 바로 호국의지(護國意志)의 표현이라고 볼 수 있었다. 그러나 조선조 말기 군사개혁을 포함한 국정개혁의 실기(失機)와 더불어 북한산성 폐기는 호국의지(護國意志)의 포기나 마찬가지였으며, 500여 년을 이어온 조선 왕조는 그 후 곧바로 종말을 고하게 된 것이다.

청일전쟁은 이듬해인 고종 32년(1895) 일본의 승리로 끝났다. 9년 후인 고종 41년[1904, 대한제국 광무(光武) 8년] 발발한 러일전쟁 역시 이듬해 일본의 승리로 끝났으며, 이 해에 을사늑약(乙巳勒約)에 의해 일제(日帝)에게 외교권을 강탈당하였으며, 5년 후인 순종 4년[1910, 대한제국 융희(隆熙) 4년]에는 한일합방의 국치(國恥)를 겪게 된다.

III. 축성 논쟁과 국가방어전략

문종 대와 선조 대에 이어 효종 대에서도 북한산성의 축성 발의가 있었으나, 효종 대에 북벌계획 자체를 둘러싼 약간의 논쟁이 있었을 뿐 북한산성 축성 문제에 대한 직접적 논쟁은 없었다. 이제 숙종 대에 축성을 둘러싸고 벌어졌던 찬반논쟁의 요지들을 정리한 후에 국가방어전략의 측면에서 이를 평가해 보고자 한다.[35]

---

35) 숙종 당시 북한산성 축성을 둘러싸고 장기간에 걸쳐 전개된 치열한 찬반논쟁의 성격에 대한 기존의 연구들은 이러한 찬반논쟁의 성격을 수도권(도성) 방어체계에 관한 견해 차이의 문제 아니면 당쟁(黨爭)으로 인한 정국주도권 쟁탈전의 문제로 보았다. 그러한 연구물로는 아래와 같은 것들이 있다.

1. 축성 찬성론의 요지

축성을 주장한 사람들의 주장은,

① 도성은 외적의 방어를 위한 성곽이 아닐 뿐 아니라 너무 넓어서 적이 이르렀을 때 이를 방어할 수가 없으며,
② 임진왜란과 병자호란 때의 경험과 같이 강화도는 왜적이 침입시는 무용지물이 되고 남한산성은 한강 때문에 겨울이 아니면 신속히 그곳으로 이동이 어려울 뿐 아니라 사방이 포위되어 외부와 연락이 두절될 우려가 있어 안전한 피난처가 될 수 없기 때문에,

도성 가까이 새로운 피난처를 마련해야 한다는 것이었다.

2. 축성 반대론의 요지

이에 비해 축성에 반대한 사람들의 주장은,

① 유사시 도성을 포기하면 민심이 이반될 가능성이 있고,
② 변방의 수비를 강화하면 임진왜란이나 병자호란 때와 같이 도성

김용국, "숙종조 북한축성고", 『향토서울』 제8권, 1960.
원영환, "북한산성", 『서울 육백년사』, 1987.
이현수, "18세기 북한산성 축조와 경리청", 『청계사학』 제8권, 1991.
이태진, 앞의 글(앞의 각주 10).
이근호 외, 『조선후기의 수도방위체제』, 서울학연구소, 1998년.
특히 이태진 교수는 숙종 때의 북한산성 축성논쟁을 포함한 군사적 추세가 도성수비체제의 확립이라는 큰 틀 내에서 이루어진 것이지만 실질적 논쟁에 있어서는 효종 이후의 북벌론과 당파간 세력경쟁으로 인해 비만해진 중앙군영의 축소논쟁인 것으로, 그리고 숙종 후반기 북한산성 축성론자들의 의도를 당시 연이은 가뭄과 전염병으로 인해 도성에 운집한 기민(饑民)들에 의한 내란에 대비하려는 정략적 계획으로 파악하고 있다(20~21쪽).

까지 적이 도달하는 일은 없을 것이며,
③ 계속되는 가뭄으로 인해 굶주린 백성들을 동원하여 토목공사를 일으킬 수 없으며,
④ 만약 북한산성을 만든다 해도 그 성터는 안팎이 모두 험하여 적이 이를 쉽사리 공격하기도 어렵겠지만 안에서도 병력이 서로 호응해 가며 방어하기에 부적절하고, 안에 평평한 지형이 없어 많은 인원을 수용할 수가 없고, 물도 충분치 않아 성을 쌓기에 부적절한 곳이며,
⑤ 무엇보다도 병자호란이 끝날 때 청나라와 체결한 정축약조(丁丑約條)에서 일체 성지(城池) 수축을 않겠다고 약조하였는데, 만약 성곽을 수축하다가 청나라가 이를 트집잡으면 오히려 병화(兵禍)를 스스로 불러일으키는 계기가 될 수 있기 때문에,

축성을 해서는 안 된다는 것이었다.

3. 축성 논쟁과 국가방어전략

고대로부터 우리 민족은 적의 침투가 예상되는 주요 길목이나 주거지 주변의 가파른 산에 산성을 쌓아놓고 유사시에는 들판의 곡식을 거두어 산성으로 들어가 농성(籠城)하면서 소모전을 유도하여, 적이 스스로 물러나게 하거나 최소한 적의 기동을 지연시키고 증원군과 상호 호응(呼應)함으로써 침략군을 격퇴하는 전투방식을 사용하였는데, 이를 청야입보(淸野入堡)라 하였다.

이와 같은 청야입보(淸野入堡) 전술은 처음부터 작전 주도권을 적에게 허용함으로써 공격군의 역량에 의해 승패가 좌우되기 쉬운 취약점을 지닌 소극적 방어전술이기는 하였지만, 고구려 때 수(隋)나라의 침입 당시나 고려 초기 요(遼)나라의 침입 당시와 같이 후방으로부터의 보급지원에 대한 의존도가 높고 기동력이 부족하여 진격속도가 느린 적에 대해서는 탁월한 방어능력을 발휘하기도 하

였으며, 고려 중기 기동이 빠른 몽고군의 침입 시에도 수전(水戰)에 약한 몽고군의 취약점을 이용하여 사방이 물로 둘러싸인 강화도로 들어가 농성을 함으로써 결국 협상에 의해 전쟁을 종료시킬 수가 있었다.

이러한 역사적 경험에 따라 조선조 역시 초기부터 청야입보 전술을 기초로 하는 진관체제(鎭管體制)를 채택하였다. 그러나 1555년의 을묘왜변 당시 해로를 이용하여 기습공격을 가해온 왜적에 의해 각 진(鎭)이 각개격파 당하는 현상이 나타났다. 각개격파를 방지하기 위해 서울에서 파견한 경장(京將)이 지방병력을 통할 지휘하게 하는 이른바 제승방략체제(制勝方略體制)를 채택하였으나, 이 제승방략체제 역시 근본은 청야입보 개념을 벗어난 것이 아니었으며, 임진왜란과 정유재란 당시에도 해로를 이용하여 기습공격을 가할 뿐 아니라 신속한 기동작전을 구사하던 왜적에게 번번이 국토를 유린 당하였었다.36)

청야입보 전술의 취약점을 특히 잘 이용하여 조선을 단기간에 굴복시킨 것은 바로 청태종 홍타이지(皇太極)37)였다. 그는 병자호란 당시 소수 병력으로 북방의 산성 요새들을 견제 고착시켜 놓고 예측을 불허할 정도의 빠른 속도로 조선의 심장부를 급습하는 우회기

---

36) 임진왜란 이전에 이율곡 선생은 십만양병론(十萬養兵論)을 폈으나 실행에 옮겨지지 못한 채 임진왜란을 치루었다. 그러나 이율곡 선생의 십만양병론이 전통적인 청야입보 전술을 바탕으로한 군비증강론이었는지, 아니면 새로운 전술개념을 기초로 한 군비증강론이었는지는 불분명하다.
37) 후금(後金)을 세운 누르하치[奴兒哈赤, 후일 청의 태조로 추존됨]의 여덟 째 아들로서, 1626년 누르하치가 죽자 후금(後金)의 칸[汗]으로 즉위하고 1635년 내몽골을 평정한 후 국호를 대청(大淸)이라 고쳤고, 1637년에는 명나라를 숭상하고 청나라에 복종하지 않는 조선을 침공 굴복시켰다. 중국 본토에 종종 침입하였으나, 중국 진출의 꿈을 이루지 못한 채 죽었다. 청나라가 1644년 북경에 입성하여 중국 지배의 막을 연 것은 그의 아들 세조(世祖) 때의 일이었다.

동(迂回機動) 전술을 구사하여 조선을 굴복시킨 것이었다. 숙종 당시 북한산성의 축성을 주장한 사람들은 적의 이런 우회기동 전술에 대비하여 우리의 전통적인 청야입보 전술의 취약점을 보완하기보다는 도성 가까운 산성의 마련을 급선무로 생각했던 것이며, 축성에 반대한 사람들의 주장에서도 역시 전통적인 군사전술상의 취약점을 보완할 수 있는 대책은 찾아보기 힘들었다.

그러나 적의 우회기동 전술에 대비하여 소극적 청야입보 전술을 버리고 적극적 기동방어(機動防禦) 전술을 구사하기 위해서는 적정규모의 상비군이 필요하였으며, 적정규모의 상비군 유지와 효과적 무장을 위해서는 이를 뒷받침할 수 있는 재정이 확보되어야만 하였다. 이러한 조건이 충족되어 있지 못한 경우에는 외교를 통하여 적과의 충돌을 효과적으로 회피하여야 했을 것이다.

고려 말기에 중국 대륙이 분열되었을 당시 적극적인 공세작전을 폄으로써 충분한 방어공간을 확보할 수 있었던 기회를 놓친 것은 매우 아쉬운 일이기는 하였으나, 조선은 건국 이래 비록 사대외교(事大外交)일망정 외교를 통하여 강대한 명나라와 충돌은 피할 수 있었던 것이다. 그러나 충분한 국력이 비축되지 않은 상태에서 일본과의 외교에서는 실패함으로써 그들에게 국토를 유린당하다가 명나라 원군의 도움으로 가까스로 국체(國體)를 유지하는 수모를 겪었으며, 임진왜란 당시 조선 출병으로 인하여 명나라의 국력마저 쇠퇴한 시기에 새로운 강대국으로 부상한 청나라와의 외교에 또 다시 실패함으로써 국왕이 삼배구고두(三拜九叩頭)의 예를 갖추어 청태종에게 항복한 삼전도(三田渡)의 수치를 당하게 된 것이다.

그러나 이후 전개된 북한산성 축성 여부를 둘러싼 논쟁을 보면, 효종 당시의 논쟁에 있어서는 국가방어전략에 대한 효과적 논의를 발견할 수가 있었으나 숙종 당시의 논쟁에 있어서는 그러한 효과적인 논의를 발견할 수 없는 상태에서 축성이 실행되었으며, 이런 사정은 결국 세월이 흐른 후에는 숙종 당시 금성탕지(金城湯池)라고 만들어 놓은 북한산성이 있었음에도 불구하고 또 다시 일제의 침략으로 인해 조선왕조는 운명을 다하게 되었던 것이다. 북한산성 축성논쟁에 있어 우리가 주의 깊게 보아야 할 것은 축성론과 반대론 가운데 어떤 견해가 옳은 것인지에 관한 문제가 아니라, 국가를 운영하는 사람들의 전략적 사고가 어떠했는지의 여부인 것이다.

효종 당시의 축성논쟁에 있어서는 효종이 당쟁에 휩쓸리지 않은 송시열의 기용을 통해 국론을 결집시키려 한 점, 10년을 기한으로 비교적 장기계획으로 북벌(北伐)을 추진한 점, 상비군으로서 정예화된 포병(砲兵) 10만을 양성하려 한 점, 명나라 부흥세력과의 연대를 모색한 점, 우리나라가 바친 공물을 역으로 이용하여 군수보급 문제를 해결하려 한 점, 요동과 심양 등에 억류되어 있는 포로들과의 호응을 구상한 점들은 탁월한 군사적 구상이라 아니할 수가 없다. 반면, 당시의 국정문란 실태를 거침없이 비판하면서 북벌의 추진에 앞서 법령을 널리 교육하고 엄격히 시행해서 조정으로부터 온 백성에 이르기까지 기강을 바로잡고, 그 다음으로 토지제도를 고르게 하고, 그 다음으로 상업을 키우고, 그 다음으로 학교를 키운 이후라야 비로소 군무(軍務)를 바로잡을 수 있다고 완급선후의 순서를 강조한 미수(眉叟) 허목(許穆)의 견해는 국가방어전략의 핵심을 지적한 적절한 비판이었다고 아니할 수 없는 것이다. 그러나 이러한 효종 당시의 국가방어전략 개념들은 효종의 급서로 인하여 잊혀지게 되고 말았으며, 숙종 당시의 논쟁에서는 다시 발견할 수 없었다.

다만 숙종조에 북한산성을 축성할 당시에는 재야(在野) 선비로서 국정에 관여할 처지에 있지 못하였던 성호(星湖) 이익(李瀷)38)은 축성공사가 끝난 직후 북한산성을 둘러보고 「유북한기(遊北漢記)」란 글을 남겼는데, 그는 북한산성 축성의 장단점을 논하고 탕춘대 지

---

38) 성호 이익은 숙종 31년 증광문과에 응시하였으나 낙방하고, 이듬해 형 잠(潛)이 장희빈을 두둔하다가 당쟁의 제물로 장살(杖殺)되자 벼슬할 뜻을 버리고 낙향하여 학문과 인재양성에만 전념하였다.

역의 전략적 중요성을 강조한 다음, 축성공사는 이제 겨우 끝냈지만 행궁도 만들지 못했고 창고도 채우지 못했는데 앞으로 백성을 돌보지 않고 이 일에만 전념한다면 이는 배고플 때 다리를 베어 배를 채우는 것과 마찬가지라고 비유했다. 또한 자고로 수성에 실패한 것은 주의를 소홀히 한 곳에서 우환이 발생했기 때문인 경우가 많다면서, 북한산성이 장차 의지가 되는지 아니면 걱정거리가 되는지는 이를 지키려는 자가 어떻게 하는가에 달렸다고 하였다. 그는 또한 "무릇 옛일을 중시하는 자들은 믿을 것은 덕(德)이지 험한 지형이 아니라 하고, 현재의 일을 중시하는 사람들은 험한 지형을 선점하는 것이 중요하다고 하지만, 이들은 모두 하나만 취하고 다른 하나는 버리는 말이다"라면서 그 예로 여러 가지 고사(故事)들을 소개한 후에 그런 고사들을 나라를 경영하는 사람들이 반드시 알고 있어야 할 것이라고 했다. 이러한 성호 이익의 견해는 효종의 북벌계획과 이에 대한 미수 허목의 비판을 모두 포용한 적절한 견해였던 것으로 보인다.39)

IV. 맺음말

우리 민족은 전통적으로 소극적인 청야입보(淸野入堡) 전술을 사용하여 왔으며, 조선건국 이후에도 강대한 이웃인 명나라와의 외교를 통하여 그 취약점을 보완하며 국토를 방위하여 왔다. 그러나 또 다른 이웃인 일본과의 외교에서는 실패함으로써 임진왜란을, 그리

---

39) 성호 이익의 「유북한기」는 북한산성 축성 4년 전에 쓴 「유삼각산기(遊三角山記)」와 함께 『성호문집』 제35권에 수록되어 있다. 두 글 모두 전문을 번역하여 원문과 함께 이 책에 수록하였는데, 「유북한기」는 제2권 북한실록에, 「유삼각산기」는 제3권 시문집에 수록하였다. 「유삼각산기」는 단순한 산천 기행문인 반면, 「유북한기」는 단순한 기행문이 아니라 북한산성 축성의 이해득실에 관한 그의 견해를 쓴 글이기 때문이다.

고 중국대륙에 새로이 등장한 강대국 청나라와의 외교에도 실패함으로써 또 다시 병자호란을 치르지 않을 수 없었다. 그러나 특히 병자호란 당시에는 청야입보 전술의 취약점이 백분 노출되었음에도 불구하고, 숙종 37년(1711)에는 여전히 전통적인 청야입보 전략에 따른 유사시 보장처로서 거대한 북한산성을 축성하였다.

효종 당시의 북한산성 축성논쟁에서는 청나라의 신속한 기동전술에 대비한 기동방어 내지 공세적 방어전술로의 전환, 이를 위한 적정 규모 상비군 유지, 그리고 이를 위한 국력배양과 국정쇄신 등 효과적 국가방어전략에 관한 논의들이 있었으며 북한산성 축성은 오로지 자강책(自强策)의 하나로 거론된 것이었다. 그러나 숙종 당시의 축성논쟁에 있어서는 효과적 국가방어전략에 대한 논의들이 결여된 상태에서 축성이 추진되었다.

그 결과 북한산성 같은 금성탕지(金城湯池)를 마련해 놓았음에도 조선조 말에 이르러서는 근대화된 세력의 침략을 성공적으로 방어할 수 없었던 것이다.

다만 북한산성의 축성은 호국의지(護國意志)의 표현이라는 점에서는 일정한 역사적 의미를 찾아볼 수가 있다. 숙종 당시 북한산성 축성 이후 북한산성의 철저한 보수 및 관리는 바로 호국의지(護國意志)의 표현이라고 볼 수 있는 것이다. 북한산성이 폐기된 이후 조선은 망국의 길로 치닫게 된다. 조선조 말기 군사개혁을 포함한 국정개혁의 실기(失機)와 더불어 북한산성 폐기는 호국의지의 포기나 마찬가지였으며, 500여년을 이어온 조선왕조는 그 후 곧바로 종말을 고하게 된 것이다.

후일 타력에 의해 일제의 지배에서 벗어나기는 하였으나 우리 민족은 다시 외세(外勢)의 개입으로 인해 남북으로 분열된 채 아직도 이 민족분단의 질곡에서 벗어나지 못하고 있다. 현 시점에 있어 국가방어의 제1차 목표가 민족통일임에는 이론이 있을 수가 없다. 그러나 국가방어에 관한 대전략의 확립과 더불어 국민들의 호국의지의 함양이 없이는 통일도 불가능할 뿐 아니라, 어느 뜻하지 않은 기회를 만나 민족통일이 이루어지더라도 그 이후의 국가안보를 기약하기 어려울 것이다.

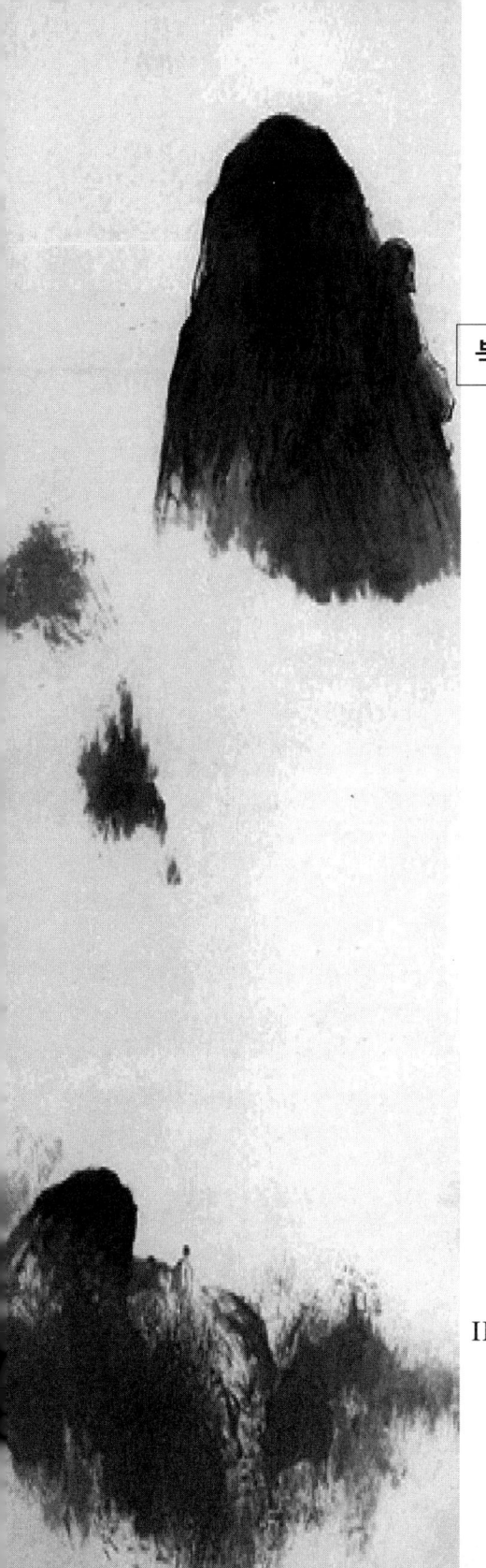

| 제 6 편 |

북한산성 성문 이름의 변천

I. 머리말
II. 역사 기록
III. 역사 기록과 현 성문 이름 비교
IV. 맺음말

제 6 편 북한산성 성문 이름의 변천

I. 머리말

　삼각산 북한산성에는 현재 수문(水門)을 제외한 13개의 성문이 있고 각 성문들은 고유의 이름들을 지니고 있다. 그러나 최근 발간된 일부 북한산성 역사지리 연구서 중에서는 현재 북한산성의 성문 가운데 상당수가 본래 이름과는 다른 잘못된 이름으로 불리고 있다고 주장하는 경우가 있다. 이 글은 이러한 주장들의 사실성 여부를 알아보기 위해 작성된 것이다.
　이하에서는 먼저 북한산성 성문 이름들이 기록된 역사문헌들을 찾아내어 가능한 원문 그대로 소개한 다음, 이를 근거로 현재의 성문 이름들의 유래를 추적하여 보기로 하겠다. 각 역사문헌에 기록된 성문의 이름에는 상당한 차이가 있음을 발견할 수 있는데 각 성문의 이름이 시간의 흐름에 따라서 변화해 왔을 것이라는 가정하에 그 변화과정을 파악하기 위한 것이다. 문헌 내용의 해석과 상호 비교만으로는 각 성문 이름의 유래를 정확히 파악할 수 없는 경우에는 현지 답사를 통하여 각 성문의 위치와 형태 그리고 크기에 대한 실측을 실시하면서, 그 결과를 문헌상의 기록들과 비교하는 방법을 병행하였다.

II. 역사 기록(시대순)

1. 선조 때의 기록

가. 『선조실록』 29년(1596) 3월 3일

병조판서 이덕형이 아뢰기를, "남쪽 외성은 시내의 암벽에서부터 시작되어 위로 서남쪽 최고봉에 이르러 끝났습니다. 성에 석문의 옛터가 있는데 이는 이른바 **서문**으로서 중간에 한 가닥의 길이 있어 이 길로 곧바로 가면 중홍사에 이르게 되었습니다. 이 길은 산비탈로 나 있고 계곡은 굴곡이 졌는데 길가에 운암사 옛터가 있었습니다. 한 가닥 오솔길은 나뉘어져 중홍사가 있는 산의 뒤편에 있는 벽하동으로 들어가서 백운봉에 이르러 끊어집니다. 내성으로 들어가려면 중홍사 절과 수백 보 가량 거리에 있는 또 하나의 석문을 통과해야 합니다. 이 석문을 통과하여 다시 중홍사 사문을 지나 동남으로 가면 길이 셋으로 나뉘어지는데, 하나는 **동문**을 통하여 왕래하는 길로 성밖에는 수도암 도성암 등의 암자가 있고 그 밑은 곧 우이동이며, 하나는 **동남문**이 있는 석가현으로 통하여 아래로 내려가면 사을한리로 이르는 길이며, 하나는 문수봉을 넘어 창의문으로 통하는 길로서 탕춘대 앞뜰이 내려다보이는 길입니다. …그 주회(周回)의 지세를 그림으로 그려 아룁니다"하니, 임금이 비변사로 하여금 의논하여 아뢰게 하였다.1)

2. 숙종 때의 기록

가. 『비변사등록』 숙종 37년(1711) 2월 9일

사직 이우항은 아뢰기를 "**옛 동문** 곁에 작은 골짜기가 있어 조계(曹溪)로 넘어가는 길인데 그곳에 사는 중의 말로는 가벼운 짐만 실으면 우마도 다닐 수 있을 것이라고 하였습니다"하였다.

나. 『비변사등록』 숙종 37년(1711) 10월 3일

10월 1일 판부사 이이명이 아뢰기를, "도성에서 북한산성으로 가는 길은 세 가닥이 있으니, 서쪽 길은 홍제원과 녹번현 사이로 해서 북으로 진관리 앞으로 나서면 **서문**에 도달하고, 동쪽 길은 홍인문을 나서 정릉의 앞길로 해서 우리(牛里)와 미아리(美阿里)를 거쳐 도성암 앞으로 나서면 **동북문**에 도달하는데, 앞으로 대가(大駕)가 행행(行幸)하려고 하면 이 두 길밖에는 다른 길이 없을 듯합니다. 김중기(金重器)가 새로 하나의 길을 냈는데 창의문으로 나가 북교단(北郊壇)[2]을 경유하여 서쪽으로 산등성이를 따라 올라가면 **동문**에 이르게 되는데 15~16리 가량 됩니다. 이 길이 가장 빠른 길이나 산을 돌고 꺾어지며 사이에는 가파르고 돌을 쌓아 비탈을 도는 곳이 많아 해마다 장마가 지면 무너질까 걱정입니다. 김중기의 의중은 대체로 급할 때에 가깝게 가려고 한 것이나 평상시에는 이 길

---

1) 이 기록은 선조 25년(1592) 4월 임진왜란이 끝나갈 무렵 왕명에 따라 병조판서 이덕형이 차후 국난(國難)에 대비하여 산성을 쌓을 자리를 물색하고자, 백제 때 처음 축성한 이후 고려 말에 왜구의 침입에 대비하여 수축한 것으로 알려져 있는 삼각산 중흥동고석성(重興洞古石城)을 다녀온 후 그 결과를 임금에게 보고한 내용이다.
2) 현재의 평창동 1번지 북악파크호텔 자리. 자손 없이 죽은 자를 위해 한성부에서 제사를 지내주던 곳. 북단 또는 여단(厲壇)이라고도 함. 한글학회 편, 『전국지명총람』 제1권(서울편), 1966, 86쪽.

로 행행하실 수 없습니다. 다만 **동문**은 높고 커서 가마(輦)가 들어 갈 수 있고 **동북문**은 다소 작아 작은 수레만 겨우 들어갈 수 있습니다"고 하니, 임금이 이르기를, "진달한 여러 항목을 묘당으로 하여금 즉시 상의하여 품처하게 하고 도성암의 앞길은 지금 잘 닦는 것이 좋겠다"고 하였다.3)

다. 『비변사등록』 숙종 37년(1711) 10월 8일

금위영에서 아뢰기를, "본영(本營)에 떼어준 북한산성의 네 문은 이제 완공하였으나, 문루(門樓)는 날씨가 추어 명년 봄에 짓겠다는 뜻으로 감히 아룁니다" 하니, "알았다"고 전교하였다.

라. 『비변사등록』 숙종 37년(1711) 10월 18일

비변사에서 북한산성이… 완공되자 축조한 내용 등을 「북한축성별단(北漢築城別單)」으로 써 올렸다.

훈련도감: 수문—용암봉 구간에 아래 4개의 문을 쌓았다.
　　수문(水門)- 높이 16척(尺), 넓이 50척
　　북문(北門)- 높이 11척, 넓이 10척. 홍예문으로 만들었다.
　　서암문(西暗門)- 높이, 7척 넓이 7척
　　백운봉암문(白雲峯暗門)- 높이 6척 3촌(寸)
금위영: 용암봉—보현봉 구간에 아래 4개의 문을 쌓았다.
　　용암암문(龍巖暗門)- 높이 6척 5푼[分] 넓이 7척 5푼
　　소동문(小東門)- 높이 9척, 넓이 10척. 홍예문으로 만들었다.
　　동암문(東暗門)- 높이 6척 6촌, 넓이 6척 5촌

---

3) 이 기록은 숙종 37년(1711) 4월부터 축성을 시작하여 외곽의 성벽 공사가 거의 완료되기 직전의 기록이다.

　　　　대동문(大東門)- 높이 13척, 넓이 14척. 홍예문으로 만들었다.
어영청: 수문 남쪽—보현봉 구간에 아래 5개의 문을 쌓았다.
　　　　대서문(大西門)- 높이 11척, 넓이 13척. 홍예문으로 만들었다.
　　　　청수동암문(淸水洞暗門)- 높이 7척, 넓이 7척
　　　　부왕동암문(扶王洞暗門)- 높이 9척, 넓이 8척
　　　　가사당암문(伽沙堂暗門)- 높이 7척, 넓이 7척
　　　　소남문(小南門)-높이 11척, 넓이 11척. 홍예문으로 만들었다.4)

마. 『숙종실록』 38년(1712) 5월 3일

총융청(摠戎廳)에서 북한산성의 중성(重城)을 쌓기 시작하였다.

바. 『숙종실록』 38년(1712) 10월 8일

어영청과 금위영이 주관하는 북한산성의 성랑·창고·문루와 못을 파고 우물을 만드는 역사가 완료되었다.

사. 「금위영이건기」-숙종 41년(1715)

성문은 둘인데 **대동문**과 **소동문**이다. 두 문에는 모두 문루를 세웠다. 암문도 둘이다. …(중략)… 을미년, 명나라 연호로 숭정 갑신년 후 72년에 도제조 이이명이 쓰다.5)

---

4) 이상은 「북한축성별단」 가운데 성문에 관한 내용만을 발췌한 것으로서, 본문에서 인용한 성문 이름의 순서는 원문기록 그대로이다.
5) 「금위영이건기(禁衛營移建記)」는 훈련도감 및 어영청과 함께 북한산성 축성에 참여하였던 금위영의 유영(留營)이 원래는 지금의 대동문 바로 밑에 있었으나 위치가 높아 비바람이 심하고 창고가 물길에 닿아 기울어가자 이를 현 보국문 아래쪽의 안전한 곳으로 옮

사진 10. 금위영이건기비
(출처: 조면구, 『북한산성』, 대원사, 1994, 42쪽)

3. 영조 때의 기록

가. 『영조실록』 9년(1733) 9월 11일

대가(大駕)가 도성에 들어오자 길 옆에서 크게 부르짖으며 소회를 아뢰기를, 원하는 자가 있었으므로 형조에 넘겨 추문하라고 명

기면서 이를 기념하여 세운 비석의 비문으로서 당시의 경리청 도제조 이이명(李頤命)이 쓴 글이다. 그 원문은 이이명의 문집인 『소재집(疎齋集)』에 수록되어 있고, 새 금위영 자리에 세웠던 비석인 금위영이건기비(禁衛營移建紀碑)도 아직은 잘 보존되어 있다. 이 글에는 금위영이 공사한 구간에 대한 개략적인 정보가 기록되어 있는데 그 가운데 성문 이름과 비석 축조일자 관련 부분의 원문은 다음과 같다.
城門二 曰大東小東 皆上設譙樓 暗門二 …(中略)… 乙未 卽大明崇禎甲申後 七十二年也 都提調李頤命識.

하였다. 곧 천민으로 이름이 김기리금이라고 하는 자가 스스로 지술에 밝다고 하면서 말하기를, "**대성문** 길은 도성의 지맥에서 나와서 국도(國都)에 해가 있습니다. 청컨대 그 길을 다시 내소서" 하였는데, 난언(亂言)을 했다 하여 형배(刑配)하였다.

나. 『북한지(北漢誌)』「성지(城池)」편

문은 14개가 있다. 5개 문(북문, 대동문, 대서문, 대성문 및 중성문)은 높이가 11척 또는 13척이고 넓이는 13척에서 14척이며 홍예와 문루가 있다(作虹蜺設譙樓). 소동문 역시 홍예가 있다(亦作虹蜺). 소남문 역시 홍예가 있다(亦作虹蜺). 소동문, 소남문을 포함하여 서암문, 백운봉암문, 용암봉암문, 동암문, 청수동암문, 부왕동암문 및 가사당암문 등 9개 문은 높이가 일정치 않다. 그 이외에 수문이 있고, 또 중성문이 원효봉 의상봉 사이에 있다.6)

다. 「북한도(北漢圖)」(『북한지』의 부록)

「북한도」에서는 북한산성의 모습을 그리면서 백운봉으로부터 시계방향으로 아래와 같은 성문을 표시하여 놓았다. 괄호 안은 성문의 현재 위치 및 형태이다.

암문(현 위문)→암문(현 용암문)→동문(현 대동문/홍예와 문루)→암문 표기 없는 문(현 보국문)→대성문(현 대성문/홍예와 문루)→암문(현 대남문)→암문(현 청수동암문)→암문 표기 없는 문

---

6) 『북한지』는 북한산성 축성에도 참여하고 30여년간 북한산성 주둔 승군을 지휘하는 승대장 겸 팔도도총섭으로 있었던 성능(聖能) 스님이 영조 21년(1745) 직책을 후임자 서륜(瑞胤)에게 물려주며 편찬한 책으로서, 「북한도」란 이름의 북한산성 그림이 부록으로 실려 있다. 위에 소개한 성문 이름의 순서는 원문에 기록된 순서 그대로이다.

284

(부왕사 위/나한봉 나월봉 사이)→암문(원각사 위: 현 부왕동암문?)→암문(현 가사당암문)→서문(현 대서문/홍예와 문루)→水口(현 水口)→암문(현 서암문)→북문(현 북문/홍예)

이를 문의 종류별로 나누어 시계방향으로 정리하면 다음과 같다.
  1) 이름 표기되고 홍예/누각을 그린 문 (4개):
     동문→대성문→서문 및 중성문(성내에 위치)
  2) 이름 표기되고 홍예만 그린 문(1개): 현 북문
  3) 이름 표기 없이 '암문'으로 표기된 문 (7개):
     현 서암문 자리→현 위문 자리→현 용암문 자리→현 대남문 자리→현 청수동암문 자리→현 부왕동암문 자리(원각사 위)
     →현 가사당암문 자리(국녕사 위)
  4) '암문' 표기 없는 문(2개):
     현 보국문(보국사 위)→? (부왕사 위, 나월봉-나한봉 사이)
  5) 기 타(1개): 현 수문 자리(서문 옆)

라. 『영조실록』 36년(1760, 庚辰) 8월 26일

임금이 대신과 총융사를 불러 북한산성 소남문(小南門) 밖에 길 닦는 일에 대해서 하문하였다. 북한산성은 우리 나라 도성의 요해처인데 **대성문**길(大城門路)이 산등성이로 나서 바라봄에 통하여 막힘이 없으니, 진실로 병가(兵家)의 꺼리는 바가 되었다. 전후 장신(將臣)이 생각이 이에 미치지 못하였는데, 임금이 임하여 보시고 비로소 길을 닦을 계책을 물으니, 대신 장신이 임금의 계책을 받들어 평일에 익숙하게 계획한 것처럼 하였으니, 식자의 비난을 면하기 어렵다.[7]

---

7) 이 기록은 동년 8월 20일 영조가 대성문을 통과하여 북한산성에 다녀오고, 이틀 후인 8월 22일에 북한산성의 수축 필요성을 하문하고 소남문 길을 닦도록 명한 다음에 다시 나흘 후에 소남문 길 닦는 일의 진척 상황을 하문한 내용의 기록이다. 북한산성 수축은 5년 후인 영조 41년(1765)에야 이루어져 동년 4월 14일 실록에는 북

마. 『비변사등록』 영조 40년(1764, 甲申年) 11월 12일

　총융청에서 계(啓)하기를 "북한산성 관성장(管城將) 조제태(趙濟泰)의 보고가 있었는데, 매우 깊숙이 인적이 드문 곳에 있는 북한산성 **북문**(北門)에 지난밤 미친 자가 성문에 방화를 하여 다 타버렸다고 합니다. 북문은 전부터 항상 닫아놓고 여는 일이 없었습니다. 막중한 보장지지(保障之地)에 관성장이 되어 성내에 위치하여 업무를 전관하는 몸으로 잡인을 엄금하지 못하여 이러한 미친 자가 성내에 출몰하여 방화를 하는 데 이르렀으니 이보다 더 놀라운 일이 없습니다. 이에 관성장 조제태를 먼저 태거(汰去)하여 그 죄를 유사(攸司)에 품처하고 차석의 장교로 하여금 산성을 관할하게 하였습니다. 방화 죄인 한도형(韓道亨)을 붙잡아 조사해보니 본래 훈국(訓局) 포수(砲手)였던 자로서 정신병이 있어 명단에서 빼어냈던 자였습니다. 그러나 죄가 중하여 총융청에서 처단할 수가 없으니 법조(法曹)로 이송하여 법에 따라 죄를 묻도록 함이 어떠하겠습니까?" 하니, 임금께서는 "허락한다"고 답하였다.

바. 『비변사등록』 영조 41년(1765) 4월 22일

　문신들의 삭시사(朔試射)에 친림하였을 때, 부호군 구선복(具善復)이 계(啓)하기를, "북한산성 **북문**(北門)의 문루는 지금 수리하려 하고 있습니다. 그러나 문이 높은 봉우리 위에 있고 통하는 길은 나무꾼이나 다니는 소로입니다. 도성의 숙정문이나 같은 것이 북문입니다. 처음에 문루가 없던 곳인데 지금 이 문의 문루는 그리 중요하지가 않습니다. 신사년 거둥 이후에 대성문을 영구 폐쇄하였고

　한산성(北漢山城)을 다시 수축(修築)한 공로로써 총융사(摠戎使) 구선복(具善復)에게 숙마(熟馬)를 상주고, 공역을 감독한 자에게는 한 자급(資級)씩 더하여 주었다는 기록이 있다.

문수문(文殊門)이 정문(正門)이 되었으니 이제 사체(事體)가 전보다 중하게 되었습니다. 북문 문루에 쓰일 목재와 기와를 가지고 문수문의 문루를 세우는 것이 옳을 듯 합니다" 하니, 임금께서는 "참으로 그와 같이 하는 것이 좋겠다"고 하였다.

사. 『비변사등록』 영조 43년(1767) 3월 6일

어제 3월 5일 비국 당상을 인견시에 좌의정 한익○(韓翼○)가 계(啓)하기를, "신(臣)이 방금 어영을 거느리게 되어 북한산성의 일을 아뢰겠습니다. 산성을 처음 만들었을 때 본영이 대서문 중성문 및 문수문 이상 3문을 파수(把守)토록 하였습니다. 그 후 총융청이 산성을 전관하게 되면서 창고 하나 문 세 곳을 담당하는 것이 지나치게 무겁다 하여 대서문과 중성문은 훈창으로 이속하였습니다. 고르게 일을 부담케 하려 하고 형세에 편리하게 하려는 의도였습니다. 재작년부터 **문수문**이 **남대문**(南大門)이 되었으니 암문이 정문으로 된 것이어서 파수(把守)하는 부담이 전과 다르게 되었습니다. 그런데 지금 어찌 최초의 예와 같이 세 문을 본영이 전담케 하였는지 모르겠습니다. 대서문 중성문 두 문은 종전과 같이 훈창에 속하게 함이 적절할 것입니다. 행부호군 정여직의 말에 의하면 세 영이 각각 세 문씩을 관장하고 중성문은 관성소에 속하게 하는 것이 좋다고 합니다" 하니, 임금께서는 "지형에 따라 나누어 세 군문에 맡기고 하나는 관성소에 맡기는 것이 가하다"고 하였다.

4. 정조 때 이후의 기록

가. 이덕무의 「기유북한(記遊北漢)」[8]

문수사: … 불감(佛龕)은 큰 석굴로 되어 있다. …이름은 보현굴인데 문수굴이라고도 한다. …굴 옆에 대(臺)가있는데 칠성대라 한다. 여기서 밥을 먹고 북으로 **문수성문**으로 들어갔다.

나. 『정조실록』 9년(1785) 6월 17일
[북한산성 안찰어사 신기(申耆)의 서계][9]

―북문(북문) 문루는 '갑오재변'을 치른 뒤 중건되지 않은 채 문의 자물쇠는 오랫동안 잠겨 있으나, 홍예문은 아직도 완전합니다.
―원효봉 오른쪽은 단애로서 깎아지르듯 내려갔고 곁에 층성(層城)

---

8) 이덕무의 문집 『청장관전서(靑莊館全書)』(1781 발간)에 수록된 글로서 그 전문을 이 책의 제3권 시문집에 번역 수록하였다.
9) 이 기록은 정조로부터 "북한산성은 곧 보루의 중요한 곳이다. 총수인 사람이… 여러 군무를 포기하여 거의 모양을 이룰 수 없게 되었다. 그러나 조정에서 일찍이 신칙(申飭)하는 일이 없었으니, 어찌 변란에 대한 방비를 바랄 수 있겠는가? 일전에 수리하라는 명을 내렸으나 쓸모 없는 결과가 된 것을 알았다. 조정에서 근본에 힘쓰는 올바른 계책은 의당 산성으로부터 해야 한다. 그 관리 상태를 점검하도록 그대를 북한산성 군기・향곡・성첩의 안찰어사(按察御使)로 삼으니, 그대는 곧 달려가 먼저 각 문의 열쇠를 거두어 몰래 통하는 폐단을 엄중히 방지하고, 군기와 향곡을 점검하고 돌아올 때 성첩을 두루 살펴 별단보고서를 지참하고 올라와 보고할 것이며, 성 안의 민폐와 승폐에 대해서도 마땅히 물어보고 오라"는 봉서를 받고 신기(申耆)가 북한산성을 점검한 후 올린 서계(書啓) 중 일부이다. 신기의 서계에는 이밖에도 산성 관리의 소홀한 점이 조목조목 열거되어 있었던바, 정조는 총융사 이창운(李昌運)을 삭직(削職)하였다.

을 끼고 있으며, 층성 아래에 **암문**이 있습니다.
─수구에서 **대서문**을 돌아 솟아올라 의상봉이 됩니다. 의상봉에서 용출봉, 용혈봉, 증봉, 나한봉, 가사봉을 거쳐 문수봉에 이릅니다.
─의상봉과 용출봉 사이는 **국령사암문**이고, 증봉과 나한봉 사이는 **원각사암문**이며, 가사봉과 문수봉 사이는 **가사암문**입니다.
─문수봉 오른쪽은 **문수암문**인데 지금은 **대남문**이 되었습니다.
─대남문 오른쪽은 보현봉이고 보현봉 아래 **대성문**이 있는데 경진년(영조 36년, 1760)에 영구히 폐쇄되었습니다.
─석가봉에 이르기 전 **암문** 한 곳이 있고, 석가봉 동쪽이 **대동문**이 되며, 동장대 용암봉 사이에 **암문**이 있습니다. 만경봉과 백운봉 사이에 또 **암문**이 있습니다.

다. 『만기요람』 군정편 3, 총융청, 금조(禁條)[10]

영조 36년(경진년, 1760)에 국왕의 명령으로 북한산성 **대성문**의 도로가 도성의 주맥에 방해가 있으므로 폐쇄하여 사용하지 않고 **대남문**으로 출입하게 하였다.

라. 『동국여지비고』 제2권, 한성부[11]

명승: 조계동은 북한산성 **동문** 밖에 있다.
관방: 북한산성, 대문은 넷이고 암문은 열이다. 영조 경진년 **대성문** 길이 도성의 주맥을 끊는다 해서 이를 폐지하고 **대남문**을 이용해 출입하게 했다.

---

10) 『만기요람』은 조선조 후기 순조 8년(1808) 왕명에 따라 심상규와 서영보 등이 임금을 위한 '재정·군사 해설서'로 저술한 책이다.
11) 『동국여지비고』는 조선조 말 고종 때 발간된 서울 주변의 역사지리서이나 저자는 미상이다.

5. 일제 때의 기록

가. 삼각산 태고사 아자훈(李慈訓) 스님의 1916년 증언[12]

북한산성의 성문을 시계반대방향으로 기록하면 다음과 같다:

대남문—가시다아문—원각사문—국영문—서대문—수구문—북문(일명: 상운사문)—백운문(일명: 개구영문)—용암문—동문—보국사문—대성문—중성문

III. 역사 기록과 현 성문 이름 비교

1. 역사 기록과 현 위치가 일관된 경우(도합 7개소)

중성문, 대서문(서문), 서암문, 북문, 위문(백운봉암문), 용암문(용암암문 또는 용암봉암문), 수문 등 7개 문은 역사기록과 현 위치가 한결같이 일치된다. 괄호 안은 이름에 사소한 변화가 있는 경우의 옛 이름이다.

다만, 일본인 이마니시류(今西龍)는 1916년 북한산 유적을 조사할 때 북한산성 지리에 정통하다는 태고사 이자훈(李慈訓) 스님과의 문답을 통하여 들은 바를 기록해 놓았는데, 이 기록에 의하면 당시에는 대서문을 서대문(西大門)이라고 불렀으며, 이 서대문과 북문 사이에는 수구문(水口門) 하나만 있는 것으로 말하였고, 북문에는 '상운사문(相雲寺門)'이라는 별칭이 있으며, 또 현 위문(衛門)을 '백운문(白雲門)' 또는 '개구영문(介口營門)'이라고 불렀다 한다.

생각컨대, 대서문과 서암문 사이에 있던 수문[13]이 당시에 이미

---

12) 이마니시류(今西龍), 「京畿道高陽郡北漢山遺蹟調査報告書」, 朝鮮總督府編, 『朝鮮古蹟調査報告—大正五年度朝鮮古蹟調査報告』, 소화(昭和) 49년, 35쪽. 이 책은 조선총독부가 대정(大正) 5년(1916)의 조선고적조사보고서들을 함께 묶어 대정 6년(1917년) 12월 최초 발행한 것을 소화 49년(1974) 일본 국서간행회(國書刊行會)가 재간한 책이다.

무너져 없어져서 대서문과 북문 사이에 서암문 하나만 남아 있었고, 이 문은 처음부터 시신이나 오물 등의 반출로로 쓰이던 문이기 때문에 지금이나 마찬가지로 당시에도 시구문(屍柩門)이라는 별칭이 있었던 것인데 이자훈 스님이 한자 표기를 잘 몰라서 '시구문'과 비슷한 발음인 '수구문'이라 하였던 것으로 보인다. 그러나 이마니시류는 이러한 증언을 듣고 난 후에 『북한지』에 기록된 서암문을 수구문으로 오해하여 계곡물 부근 산허리에 만든 문이기 때문에 그렇게 부르는 것으로 해석한 것으로 보인다.

'위문'이란 이름은 이마니시류가 다녀간 1916년 이후 어느 때부터 사용된 것으로 보인다.14) 이자훈 스님의 증언에 '위문'이란 이름이 등장하지 않는 것으로 볼 때 '위문'이라는 이름은 1916년 이후에 생겼을 것으로 보이지만 그 유래를 정확하게는 알 수는 없다. 다만 1916년 당시에 이 문을 '개구영문'이라고 하였다는 것은 성내에서 이 문에 오르려면 급한 경사를 거슬러 올라가야 하기에 매우 힘이 들었을 것이고, 그 때문에 당시 현지인들이 저속한 표현을 사용하여 '개구멍문' 또는 '개구녕문'이라고 부르던 것을 한문으로 표기한 것이 '介口營門'이었는데 그러한 이름이 지나치게 저속한 이름이라는 것을 후일에야 알게 된 일본인들이 보다 고상한 이름을 새로 지어준다고 새로 만든 이름이 '위문'이 아닌가 싶다. '위문(衛門)'이란 이름은 왜색(倭色)이 짙은 이름이다. 일본에서는 과거 궁성(宮城)의 성문을 지키는 관서로 위문부(衛門部)가 있었고 이 위문부를 약칭하여 '위문'이라고 불렀다. 혹자는 배운봉암문이 어느 때인가 '아문

---

13) '수문'은 대서문과 서암문 사이로 산성 내의 모든 물이 모여 흘러내리는 큰 계곡을 가로질러 설치하였던 문으로서 『북한지』 기록에 의하면 높이 16척, 넓이 50척의 거대한 문이었다. 현 상명대학 앞 홍지문 곁에 있는 5간수문(五間水門)과 같은 형태로 만들었을 것으로 추정되나 홍수에 쓸려 사라지고, 대서문 밑 계곡에 있는 '수구산장'이라는 이름의 간이음식점 좌우 석벽에 그 흔적만 남아 있을 뿐이다.

14) 앞의 각주 12 참고.

(衙門)'으로 불리다가 후일 다시 '위문(衛門)'으로 변한 것이라고도 하나 이러한 말을 입증할 만한 글을 필자는 아직 보지 못했다.

북문에 문루를 처음 세운 정확한 연대는 분명하지 않지만,15) 축성 직후에 문루를 세운 것만큼은 분명하다. 『북한지』에는 북문이 홍예와 문루를 모두 갖춘 문으로 기록되어 있기 때문이다. 그러나 「북한도」에는 홍예만 있고 문루는 없는 문으로 그려져 있는 것은 『북한지』가 간행되기 한 해 전인 영조 40년(1764, 甲申年)에 북문 문루가 타버리고 없었기 때문이다.16) 『북한지』는 북문의 문루가 곧 복원되리라 생각하고 이를 축성 당시의 모습으로 기록한 것이고, 「북한도」는 당시의 모습 그대로 그려놓은 것이다.

한편, 『정조실록』 9년(1785) 6월 17일자에 수록된, 신기의 서계에는 "북문 문루는 갑오재변(甲午災變) 이후 중건되지 않았으나… 홍예는 아직도 완전합니다"라는 기록이 있는데. 이 기록에서 '갑오재변'은 갑신재변(甲申災變)을 잘못 기록한 것이 분명하다. 민족문화추진위원회의 『국역 정조실록』에서는 신기의 서계에 기록된 '갑오재변'을 '갑오년 재변'으로 번역하였다. 그러나 북문 문루가 불타 없어진 영조 40년(1764, 甲申年) 이후 정조 9년 사이에는 갑오년이 영조 50년(1774)뿐이지만 영조 50년 기록에는 북문의 재변에 관한 기록이 없을 뿐만 아니라, 북문 문루가 불타고 없어진 지 2년 후인 영조 41년(1765) 4월 22일의 『비변사등록』에는 북문의 문루를 다시 세우려고 준비하였던 목재와 기와를 종래 문수문 또는 문수암문으로 불리던 현 대남문에 문루를 세우는 데 전용할 것을 임금이 허락

---

15) 어영청과 금위영이 만든 성문에 문루 공사가 완료되었다는 기록은 『숙종실록』 38년(1712) 10월 8일자에 있으나 훈련도감이 세운 북문의 문루가 언제 완공되었는지에 관한 기록은 찾아볼 수 없다.

16) 영조 40년(1764, 甲申年) 11월 12일의 『비변사등록』에는 본래 훈국(訓局) 포수(砲手)였으나 정신병이 있어 명단에서 빠진 한도형(韓道亨)이라는 자의 방화로 북문 문루가 다 타버렸다는 기록이 있다.

한 기록이 있다. 이러한 기록들을 볼 때 신기의 서계에 '갑오재변'이라고 한 것은 '갑신재변'의 오기(誤記)로 생각된다.

2. 현재의 대동문, 대성문 및 보국문

『선조실록』 29년(1596) 3월 3일 기록에는 병조판서 이덕형이 중흥동고석성을 돌아보고 와서, **동문**(東門)을 통하여 나가면 성 밖에는 수도암·도성암 등의 암자가 있고 그 밑은 곧 우이동이며, 석가현에 있는 **동남문**(東南門)을 통하여 아래로 내려가면 사을한리로 이르는 길이라고 하였다. 이제 이 기록에 등장하는 동문과 동남문의 현 위치부터 추적해 보기로 하겠다.

북한산성 축성공사가 시작되기 전의 기록인 『비변사등록』 숙종 37년(1711년) 2월 9일 기사에는 사직 이우항(李宇恒)이 삼각산 지세를 살피고 와서 임금에게 보고하는 중에 "**옛 동문** 곁에 작은 골짜기가 있어 조계로 넘어가는 길"이라고 말한 기록도 있다. 이 기록에서 옛 동문이란 중흥동고석성의 동문을 말하는 것이며, 조계란 현 수유리 아카데미하우스 뒤의 구천폭포 부근을 말한다.[17] 따라서 이덕형의 보고와 같이 우이동 방면으로 나갈 수도 있고, 이우항의 기록과 같이 현 아카데미하우스 방면으로 나갈 수도 있었던 중흥동고석성의 **동문**은 **현 대동문 자리**임을 알 수 있다. 그리고 이덕형이 말한 중흥동고석성의 **동남문**은 **현 보국문 자리**를 말한다. 현 정릉지역을 말하는 사흘한리[18]로 통할 수 있는 가장 가까운 길은 현 보국문 자리이기 때문이다. 이 자리를 조선시대에는 **석가고개**(釋迦嶺 또는 釋迦峴)으로 불렀던 것으로 보인다. 이 자리를 석가고개라 하

---

17) 월사 이정구의 「유조계기」나 성호 이익의 「유삼각산기」에 조계사와 조계폭포에 관한 상세한 기록이 있다. 이 두 기행문은 이 책의 제3권 시문집에 번역 수록하였다.

18) 사을한리(沙乙閑里)는 현 성북구 정릉동의 옛 지명임. 한글학회 편, 『서울지명총람』 제1권(서울편), 1966, 126쪽.

였기 때문에 북한산성을 만들 때 그 바로 옆의 현 칼바위능선 정상부에 석가봉이라는 이름을 부친 것이다.19)

다음으로 북한산성 공사가 거의 끝나갈 무렵인 숙종 37년(1711) 10월 3일의 『비변사등록』에 기록된 판부사 이이명의 보고를 보면, 산성 동쪽에 임금의 가마가 드나들 수 있는 문은 **동문**이고 임금의 수레가 드나들 수 있는 문은 **동북문**인데, 동문으로 가는 길은 창의문으로 도성을 나가 북교단을 경유하여 가는 길로서 지금 닦고는 있지만 산을 돌고 꺾어지며 그 사이는 가파른데다 돌을 쌓아 비탈을 도는 곳이 많아 급할 때는 갈 수 있겠지만 평상시에는 이 길로 어가(御駕)가 다닐 수 없어, 조금 작기는 하지만 동북문 하나만이 평소에 다닐 수 있는 문이라고 하였다. 결국 이이명이 말한 **동문**은 **현 대성문**을 말하고, **동북문**은 **현 대동문**을 말하는 것임을 알 수 있다. 동쪽 성문 중에 임금의 연(輦)이 출입할 수 있는 곳은 현 대동문과 대성문뿐이기 때문이다.

그러나 같은 달 18일에는 **동문은 대동문**으로 그리고 **동북문은 소동문**으로 이름이 변경 확정된 것으로 보인다. 북한산성 외부 성벽 공사가 종료된 같은 달 18일 보고된 「북한축성별단」에는 금위영이 공사를 담당하였던 용암봉과 보현봉 사이에 있는 성문 이름으로 용암암문, 소동문, 동암문, 대동문의 4개가 기록되어 있는데 이 중 임금의 연(輦)이 출입할 수 있는 곳은 암문인 용암암문과 동암문을 제외하면 소동문과 대동문뿐이며, 그 이름대로 소동문을 대동문보다 작은 문으로 기록하여 놓았기 때문이다. 4년 후인 숙종 41년(1715)에 쓴 「금위영이건기」에도 역시 금위영이 세운 성문은 대동문과 소동문 및 암문 2개라고 하였다.

하지만 「북한축성별단」과 「금위영이건기」와는 달리 1745년에 발

---

19) 삼각산의 봉우리 이름에 관한 상세한 고찰은 이 책의 제7편 삼각산 봉우리들의 옛 이름 참고.

간된 『북한지』의 「성지」편에는 용암봉과 보현봉 사이에 대성문이라 는 이름이 추가되어 5개의 문(대동문, 대성문, 소동문, 용암봉암문, 동암문)이 있는 것으로 기록되어 있다. 그러나 실제 용암봉과 보현 봉 사이에는 4개의 문 밖에는 없다. 『북한지』「성지」편 기록을 체 외한 전후 모든 역사기록은 물론이고 『북한지』자체에 부록으로 수 록된「북한도」에도 역시 용암봉과 보현봉 사이에 4개의 문만이 그 려져 있다.

결국 『북한지』「성지」편의 기록에 착오가 있었음을 알 수 있다. 1715년(금위영 이건)~1745년(『북한지』 발간연도) 사이에 또 다시 **소동문이 대동문으로, 대동문이 대성문으로** 이름이 바뀌어서 대성 문은 추가하고 소동문은 삭제하여야 함에도 대성문만 추가한 채 소 동문을 삭제하지 않은 것이다.[20]

---

20) 「북한축성별단」은 소동문과 대동문이 홍예문이라고만 기록하고 있 고, 『북한지』는 대동문(「북한축성별단」의 소동문)과 대성문(「북한축 성별단」의 대동문)을 홍예뿐 아니라 문루까지 갖춘 것으로 기록하 고 있다. 두 문에 문루를 세운 것은 축성 이듬해인 숙종 38년(1712) 이다. 북한산성이 완공되기 직전인 1711년 10월 8일자『숙종실록』 에는 금위영에서 축조를 담당한 성문(4개 중 암문 2개를 제외하면 소동문과 대동문을 의미함)의 문루는 날씨가 추워 명년 봄에 짓겠 다고 보고한 기록이 있고 이로부터 꼭 1년 후인 1712년 10월 8일자 에는 어영청과 금위영이 주관하는 성문의 문루를 만드는 역사가 완 료되었다는 기록이 있다. 소동문(현재의 대동문) 바로 밑에 세웠던 금위영의 유영이 그 지세가 높고 비바람이 차고 모퉁이에 물길이 나서 기울어지고 무너지기 쉬운 까닭에 보국사 아래로 이건하면서 숙종 41년(1715)에 쓴 「금위영이건기」에도 역시 금위영이 축조한 성문으로 문루를 세운 대동문 소동문 그리고 두 개의 암문이 있음 을 기록하고 있다. 이 때문에 「북한축성별단」에서는 소동문과 대동 문을 '홍예문'이라고 기록하고 있지만, 『북한지』에서는 대동문과 대 성문을 "홍예와 문루가 있는(作虹蜺設譙樓)" 문으로 기록하고 있고, 『북한지』의 부록인 「북한도」에서도 동문(「북한도」에는 『북한지』 본 문의 '대동문'이 '동문'으로 표시됨)과 대성문을 문루까지 갖춘 문으 로 그리고 있는 것이다.

「북한축성별단」에 기록된 용암암문, 또는 『북한지』에 기록된 용암봉암문은 현 용암문을 말하고, 양자에 모두 같은 이름으로 기록된 **동암문**은 **현 보국문**을 말하는 것임은 재론이 필요 없다.21)

한편, 『북한지』「사찰」편에서는 도성암이 '동문' 밖에 있다고 기록하고 「북한도」에서도 현 대동문을 동문으로 표기한 것은 1711~1745년 사이에 대동문을 대성문으로, 소동문을 대동문으로 이름을 바꾼 후에 새로운 대동문을 그냥 동문이라고 부르기도 했기 때문인 것으로 보인다. 대성문의 위치가 산성의 동남쪽에 있고,22) 대동문은 산성 중앙의 동쪽에 있으므로 이를 동문으로 부르는 것이 지형에도 맞고 편했기 때문일 것이다.23) 현재의 대동문과 보국문을 선조 때

---

21) 『북한지』에 기록된 소동문과 동암문을 모두 암문으로 보면서 소동문은 현 보국문이며, 동암문은 어느 곳인지 모르겠으나 성벽의 붕괴로 매몰되어 그 자취를 찾을 수 없는 것으로 보는 견해도 있고 (이숭녕, "북한산의 지리적 고찰", 『산 좋아 산을 타니』, 박영문고 제170권, 1978, 176쪽), 소동문이 현 대성문일 것으로 보거나[김윤우, 앞의 책 (앞의 각주 5), 186쪽 및 188쪽], 현 보국문일 것으로 보는[이마니시류, 앞의 글 (앞의 각주 12), 36쪽] 견해도 있다. 그러나 이는 모두가 착각에 불과하다. 반면, 현 대동문의 정확한 명칭은 소동문이고, 현 대성문의 정확한 명칭은 대동문일 것으로 보는 견해도 있다(조면구, 『북한산성』, 대원사, 1995, 41~42쪽). 조면구 씨는 『비변사등록』에는 현 대성문 석벽에 암각된 '張泰興(장태흥)'이라는 이름이 대동문 축조 감독자로, 현 대동문 석벽에 암각된 '韓世欽(한세흠)'이라는 이름은 소동문 감독자로 각각 기록되어 있는 점, 그리고 북한산성 성문 가운데 가장 큰 대성문의 크기를 실측한 결과 「북한축성별단」에 기록된 대동문의 크기와 같은 점을 근거로 그와 같이 추론한 것이다. 『북한지』에 기록된 대동문과 소동문의 현 위치 추적에 관한 한 그의 추론은 매우 성실하고 주의 깊은 관찰에 의한 추론이 아닐 수 없다. 그러나 그 역시 이름이 변경된 경위에 대해서는 파악하지 못했던 것으로 보인다.
22) 송상기(宋相琦)가 1713년에 쓴 「유북한기(遊北漢記)」라는 글에서는 대성문을 남문으로 부르기도 했다.
23) 앞에 소개한 일본인 이마니시류의 기록(앞의 각주 12)에 의하면,

는 중흥동고석성의 동문과 동남문으로 부른 것도 역시 실제적인 지형을 고려한 이름인 것이다.

이상에서 검토한 성문 이름의 변화를 요약하면 아래와 같다.
- 동문(1596년)→동북문(1711년 10월 1일)→소동문(1711년 10월 18일)→대동문(1745년 이전)
- 동문(1711년 10월1일)→대동문(1711년 10월 18일)→대성문(1745년 이전)

3. 현재의 대남문

1711년 10월 18일 보고된「북한축성별단」에는 어영청이 수문 남쪽에서 보현봉에 이르는 구간에 대서문, 청수동암문, 부왕동암문, 가사당암문 및 소남문(높이 11척, 넓이 11척. 홍예문)을 만든 것으로 기록하였고 대남문이라는 이름은 없다. 1745년 발간된『북한지』에도 역시 소남문(홍예만 있고 문루는 없음)이라는 이름만 있고 대남문에 관한 기록은 없다.『북한지』부록인「북한도」에도 보현봉과 문수봉 사이에 이름 표시 없는 암문 하나가 그려져 있다.

한편,『영조실록』36년(1760, 庚辰) 8월 26일 기사에는 임금이 신하들을 불러서 북한산성 소남문으로 가는 길을 닦는 일에 대하여 하문한 일과, 북한산성은 도성의 요해처인데 대성문 가는 길이 산등성이에 나 있어 병법에 어긋나게 외부로 노출되어 있었으나 종래 신하들의 생각이 이에 미치지 못하다 임금이 이를 직접 확인하고 새로 길을 닦을 계책을 물으니 신하들이 마치 평소 계획하고 있던 일처럼 말하니 식자의 비난을 면하기 어렵다고 비난한 사관(史官)의 논평이 기록되어 있다.

그리고 영조 41년(1765) 4월 22일의『비변사등록』에는 "신사년(영

1916년 당시에도 현 대동문을 '동문'이라고 불렀다고 한다.

조 37년)24) 거둥 이후에 대성문을 영구 폐쇄하였고 문수문이 정문 (正門)이 되었으니 이제 사체(事體)가 전보다 중하게 되었습니다"라 는 기록이 있으며, 영조 43년(1767) 3월 6일의 『비변사등록』에는 "재작년(영조 41년)부터 문수문이 남대문(南大門)이 되었으니 암문 이 정문으로 된 것이어서 파수(把守)하는 부담이 전과 다르게 되었 습니다"라는 기록이 있다. 또한 『정조실록』 9년(1785) 6월 17일 기 사에 수록된, 북한산성 안찰어사 신기(申耆)의 서계에도 "문수봉 오 른쪽은 문수암문인데 지금은 대남문이 되었습니다. 대남문 오른쪽 은 보현봉이고 보현봉 아래 대성문이 있는데 경진년(영조 36년, 1760)에 영구히 폐쇄되었습니다"라는 구절이 있다.

위의 기록들을 종합하여 보면, 신기의 서계에 기록된 문수암문이 바로 현 대남문이고, 이 문이 바로『북한지』와「북한축성별단」및 『영조실록』에 기록된 소남문임을 알 수 있다.「북한도」에서도 현 대남문을 암문이라고 표기하고『정조실록』에서도 이를 문수암문이 라고 한 것은『북한지』나「북한축성별단」의 기록과 같이 처음부터 소남문을 홍예문으로 만들기는 하였으나 멀리서 노출되지 않게 문 루를 세우지 않아서 이를 암문과 같이 취급한 때문임을 알 수 있 다. 그러나 영조 36년에는 대성문에 이르는 길이 외부에 노출되는 문제를 해결하기 위해서 대성문과 대성문 길을 왕명에 따라서 폐쇄 한 후25) 그 당시 문수암문(축성 당시의 소남문)이라고 불리던 문에

---

24) 경진년(영조 36년)의 오기(誤記)로 보인다. 신사년(영조 37년)에는 임금의 북한산성 거둥에 관한 기록을 찾아볼 수 없다.
25) 한 가지 흥미 있는 사실은 조선 말기의 저술인『만기요람』의「총 융청」편「금조(禁條)」항과『동국여지비고』의「관방」편에서는 대성 문의 폐쇄 이유와 관련하여 "영조 경진년에 대성문 길이 도성 주맥 을 끊는다해서 곧 이를 폐지하고 대남문을 이용해 출입하게 했다" 라고 기록하고 있는 점이다. 그러나 이 기록은『영조실록』 36년 8 월 26일자 기록에 비추어 보면 대성문을 폐한 이유를 잘못 기술한 것으로 보인다. 고려조에서나 마찬가지로 조선조에서도 풍수지리설

문루를 세우고, 길도 새로 닦아서 정문으로 사용하면서 영조 41년부터는 이름도 대남문(大南門)26)으로 변경한 것이다. 그러나 이때 문의 크기를 넓히지는 않았다.

「북한축성별단」에는 소남문을 높이와 넓이가 각 11척인 홍예문으로 기록하고 있는데(『북한지』에는 소남문을 홍예만 있고 문루는 없는 문으로 기록하고 있으나 그 크기에 대한 기록은 없음), 현 대남문의 크기가 「북한축성별단」에 기록된 소남문의 크기와 일치한다.

위의 이름 변화를 간단히 요약하면 아래와 같다.

● 소남문(1711년/1745년/1760년) → 문수암문(1760년) → 대남문(1785년)

4. 현재의 청수동암문과 가사당암문

「북한축성별단」에 기록된 성문의 이름 가운데 지금까지 확인한 11개의 문을 제외하면 수문과 보현봉 사이에 있는 청수동암문(높이

이 성행하기는 했지만 중요한 국사(國事)에서는 무시되기도 했음을 우리는 여러 기록을 통해 알 수 있다. 북한산성 축성 당시에도 한양도성의 내맥(來脈)을 손상시킨다는 이유로 축성에 반대하는 신하들이 있었으나 숙종은 이를 누르고 결국 축성을 강행하였으며, 『숙종실록』 38년(1712) 4월 12일자에는 임금이 북한산성에서 돌아올 때 가마 앞으로 돌입하여 한양의 풍수지리를 들어 나라의 운명을 논한 수어군관 김정휘라는 사람을 형신(刑訊)을 가하다 죽이고 말았다는 기록도 있다. 특히 대성문에 관해서는 『영조실록』 9년(1733) 9월 11일자 기록을 보면, 대성문 가는 길은 도성의 지맥에서 나와서 국도(國都)에 해가 있으니 길을 다시 내야 한다고 말하는 김기리금이라는 사람을 난언(亂言)을 했다 하여 형배(刑配)에 처했다는 구절이 있다.

26) 영조 43년(1767) 3월 6일의 『비변사등록』에 '남대문(南大門)'이라고 한 것이 '대남문(大南門)'의 오기(誤記)일 것이다. 북한산성에는 도성의 정문인 '동대문' '서대문' 등과 혼동을 피하기 위해 이미 '대동문', '대서문' 등의 이름을 사용하고 있었기 때문에 이때 남쪽의 정문에 대해서도 '남대문'이라는 이름은 사용하지 않았을 것이다.

7척, 넓이 7척), 부왕동암문(높이 9척, 넓이 8척) 및 가사당암문(높이 7척, 넓이 7척)이라는 3개의 암문이 남는다. 각 암문의 위치는 기록되어 있지 않고 크기만 기록되어 있는데 부왕동암문이 약간 크고 나머지 둘은 크기가 같은 것으로 기록되어 있다.

그런데 현재의 세 암문의 크기를 실측해 보면 부왕동암문은「북한축성별단」에 기록된 부왕동암문의 크기와 같고 나머지 둘은 그보다 작으면서 크기가 같다. 또한 부왕동암문 가까이에는 부왕사 터가 있다. 이런 정황으로 보면「북한축성별단」에 기록된 부왕동암문이 현 부왕동암문일 것으로 잠정적인 결론을 내릴 수 있다.[27] 그러나 여기에 기록된 청수동암문과 가사당암문의 위치가 현재와 같은 것인지는 아직은 판단이 아니 된다. 두 문은 크기도 같을 뿐 아니라 주변에 그런 이름을 빌려왔을 만한 지형지물도 없기 때문이다.

한편,『북한지』의 성문 이름에서도 앞서 확인한 11개를 제외하면 역시 청수동암문, 부왕동암문, 가사당암문의 3개가 남는다.『북한지』에는 이 3개 암문의 위치나 크기가 기록되어 있지는 않지만,「북한축성별단」의 경우와 같이,『북한지』에 기록된 부왕동암문 역시 현 부왕동암문일 가능성이 높다. 그러나 청수동암문과 가사당암문의 위치가 현재와 같은 것인지는 아직 판단이 안 된다.

한편, 신기의 서계에 기록된 성문 이름중 위에서 확인한 11개를 제외하면 3개 암문 이름이 남는 것은「북한축성별단」이나『북한지』의 경우와 같으나 그 이름에 약간의 차이가 있고 또 위치도 현재와 차이가 난다. 여하간 그 이름이나 기록된 위치로 볼 때 신기의 서계에 기록된 국령사암문은 현 가사당암문이고, 원각사암문은 현 부왕동암문이며, 가사암문은 현 청수동암문을 말하는 것이 분명하다. 이 기록에 의존하여 3개 암문의 이름을 역추적해 보면 현 청수동암

---

[27] 현 부왕동암문의 옛 이름에 대해서는 다음 제5항에서 다시 상세히 논하게 될 것이다.

문의 이름은 처음 가사당암문이라 하다가 후일 가사암문이라 하였고,[28] 현 부왕동암문은 처음 부왕동암문이라 하다가 후일 원각사암문이라 하였으며, 현 가사당암문은 처음에는 청수동암문이라고 하다가 후일 국령사암문이 된 것이라는 해석이 가능하여 진다.

만약 위의 해석이 역사적 사실과 부합한다면, 왜 현재에는 가사당암문과 청수동암문의 이름이 서로 바뀌게 된 것일까? 이런 의문에 대하여「북한축성별단」에서 어영청이 수문 남쪽~보현봉 구간에 쌓은 것으로 기록한 대서문, 청수동암문, 부왕동암문, 가사당암문 및 소남문의 순서는 실제의 위치 순서대로 기록한 것이며,『북한지』에서는 북한산성의 성문들을 기록할 때, 대서문에서 시작해서 시계방향을 따라 동암문(보국문)까지 기록한 다음 다시 대서문으로부터 시계반대방향으로 나머지 세 개의 암문을 기록한 것이기 때문에, 현 청수동암문의 본래 이름은 가사당암문이고 현 가사당암문의 본래 이름은 청수동암문이 분명하지만, 후학들이『북한지』에 기록된 성문의 위치가 모두 시계방향으로 기록된 것으로 잘못 읽은 때문이라고 보는 견해도 있다.[29]

그러나 이러한 견해에는 몇 가지 문제점이 있다. 우선「북한축성별단」에서는 금위영이 용암봉과 보현봉 사이에 만든 4개 성문은 지형에 따라 순서대로(용암암문 <현 용암문>→소동문 <현 대동문>→동암문 <현 보국문>→대동문 <현 대성문>의 순서) 잘 기록하고 있는 반면, 훈련도감이 수문과 용암봉 사이에 만든 4개 성문은 지형순서를 무시하고(수문→북문→서암문→백운봉암문 <현 위문>의 순서) 기록하고 있다. 뒤의 4개 성문을 위치 순서대로 표기하면 서

---

28) 신기의 서계에서는 가사암문이 문수봉 가사봉 사이에 있다고 했다. 가사봉은 현 문수봉 서북쪽에 있는 716m 무명고지를 말한다. 이 봉우리는 한때 칠성봉으로 불리기도 했으나 지금은 어떤 이름도 없다. 상세한 내용은 뒤의 제7편 삼각산 봉우리들의 옛 이름 참고.
29) 김윤우, 앞의 책(앞의 각주 5), 188~189쪽.

암문과 북문의 순서가 바뀌어야 한다.『북한지』에서도 먼저 홍예와 문루가 있는 문을 북문→대동문→대서문→대성문→중성문의 순서로 기록하였지만, 이 부분은 어떤 순서에 따른 기록이 아니다. 그에 이어『북한지』에 기록된 성문은 문루는 없이 홍예만 있는 소동문과 소남문이다. 이어서 홍예도 문루도 없는 문을 서암문→백운봉암문→용암봉암문→동암문→청수동암문→부왕동암문→가사당암문의 순으로 기록하고 있다.30)「북한축성별단」이나『북한지』의 성문 이름 기록에서는 위치 순서에 관한 규칙성을 발견할 수는 없다.

따라서「북한축성별단」이나『북한지』의 기록에서 성문 이름 표기에 관한 어떤 규칙성을 주장하기보다는 오히려 이 두 기록에서는 어떤 규칙성을 발견할 수 없다는 사실 자체에 근거하여 성문의 구체적 위치를 표기한 신기의 서계를 근거로 하여 현 가사당암문은 처음에는 청수동암문이었다가 후일 국령사암문으로 바뀌었고, 현 청수동암문은 처음에는 가사당암문이었다가 후일 가사암문으로 바뀌었다고 하는 것이 차라리 합리적 설명이 될 수 있을 것이다.

여하간 신기의 서계에 기록된 이름들은 일제시대까지도 계속 사용된 것으로 보인다. 앞에서 소개한 이마니시류의 기록에 의하면, 1916년 당시에도 현 청수동암문은 '가시다아문(**가시다아**門/ ka-si-ta-a-mon)'으로, 현 부왕동암문은 '원각사문(圓覺寺門)'으로 그리고 현 가사당암문은 '국영문(國**영**門)'으로 불렸다 한다.31)

---

30) 현 청수동암문과 가사당암문의 이름은 바로 이 기록에서『북한지』가 홍예도 문루도 없는 문의 이름들을 시계방향에 따라서 위치 순서대로 기록한 것으로 보고 붙여진 이름일 것으로 추정된다.
31) 이마니시류, 앞의 책(앞의 각주 12), 35쪽 참고. 이마니시류의 기록에서는 현 청수동암문의 이름을 한자로는 기록하지 못한 채 한글로 '**가시다아**門'이라고 기록한 후 영어로 그 발음을 표기하였고, 현 가사당암문의 이름에서도 '영'을 한자로 기록하지 못하고 '國**영**門'이라고 표기하고 있다. 한편 이마니시류는 당시에 파출소에 보관되어 있는 취재조서에는 현 청수동암문이 '佳西門(가서문)'으로, 현 가사

하지만 그와 같이 본다고 해도 청수동암문의 경우에는 어떤 이유로 그런 이름을 부친 것인지,32) 그리고 왜 가사봉 옆에 있는 암문의 이름을 백운봉암문이나 용암봉암문의 예와 같이 **가사봉**암문이라 하지 않고 **가사**암문이라고 하였는지, 그리고 가사암문이라는 이름보다 역사기록에 먼저 등장하는 **가사당**암문이라는 이름은 어디에서 유래된 것인지에 대한 의문은 여전히 남는다.33)

당암문은 '官寧門(관영문)'으로 각각 기록되어 있었다고 소개하고 있다. '가시다아문'이나 '가서문'은 '가사당(암)문'의 발음이, '국영문'이나 '관영문'은 '국녕문'의 발음이 각각 와전된 것으로 보인다.

32) 청수동암문이라는 이름은 현 보국문의 이름으로 가장 적합한 이름이다. 비록 한자 표기는 다르지만 현 보국문이 정릉 부근의 청수동(淸藪洞) 골짜기에서 제일 가까운 암문이기 때문이다. 그러나 현 보국문에는 동암문이라는 분명한 명칭이 있을 뿐 아니라 북한산성 성문 이름 중 성밖 지명을 사용한 경우는 전혀 없다. 한편,「북한도」의 성문 표기를 보면 현 청수동암문, 부왕동암문 및 가사당암문 자리에는 암문 그림과 더불어 '暗門'이라고 분명히 표기해 놓고 있으면서도 현 나월봉과 나한봉 사이에는 '暗門'이라는 표기가 없는 문 그림하나가 그려져 있다. 현 보국문 자리에도 역시 '暗門'이라는 표기는 없이 문 그림만 그려져 있는 것을 보면 위의 문 그림을 단순히 잘못 그려진 것으로 보고 무시할 수만은 없다. 이 문제에 관해서는 제5항에서 부왕동암문에 대해 검토할 때 다시 상세히 논하기로 하겠다.

33) 어떤 역사기록에도 가사봉암문(袈裟峰暗門)이라는 이름은 없고 가사암문(袈裟暗門) 또는 가사당암문(袈裟堂暗門)이라는 이름만 있다. 가사(袈裟)란 원래 고대 인도어인 범어(梵語)에서 부정잡색(不正雜色)을 뜻하는 'kasaya'를 음역(音譯)한 말로서, 사람이 그를 만나면 모든 죄에서 벗어나게 된다는 부처님 현신(現身)을 지칭하는 말인 '가사당여래(袈沙幢如來)'라는 말은 있으나 '가사당(袈裟堂)'이라는 말은 좀처럼 쓰이지 않는 말이다. 일제시대 초기에 현지인들이 '가사당암문'을 '**가시다아**문'이라고 한 것을 보면 원래 '가사당암문'으로 이름을 부친 암문 주변에는 토속신앙의 유적인 '각시당'이라는 당집이 있었기 때문에 이를 '각시당암문'으로 이름을 붙인 것인데 그 한자 표기를 '袈裟堂暗門'이라고 한 것은 아닌가 생각되기도 한다.

5. 현재의 부왕동암문

앞서 우리는 현 부왕동암문의 본래 이름은 부왕동암문이었으나 후일 원각사암문으로 바뀌게 된 것으로 잠정적인 결론을 내렸었다. 그러나 현 부왕동암문의 상단 석재에는 좌에서 우로 '小南門(소남문)'이라고 쓰여진 암각 글자가 희미하게 남아 있는 점과, 『북한지』「성지」편에 소남문이 홍예문이라고 기록되어 있는데 이 문의 형태가 홍예문이라는 점을 근거로 현 부왕동암문의 본래 이름이 소남문이라고 주장하는 견해가 있다.34)

그는 또한 북한산성도 한양도성의 예와 같이 4대 성문 사이에 간문(間門)을 만들었으며, 소남문은 대남문과 대서문 사이에 만든 간문인데 부왕사 가까이 있어 부왕동암문이라는 별칭이 생긴 것이고, 소동문은 북문과 대남문 사이에 만든 간문인데 도성에서 가장 가까운 문이므로 후일 이를 크게 증축하면서 이름도 대성문으로 바뀌게 된 것이라고 한다.35) 그러나 앞서 이미 확인한 바와 같이, 본래의 소남문은 지금의 대남문이고 본래의 소동문은 지금의 대동문이다.

뿐만 아니라 위의 견해에는 스스로 몇 가지의 모순점이 내포되어 있다. 첫째, 현 부왕동암문은 홍예문이 아니다. 비록 그 상단 석재가 일자형이 아니고 가운데가 약간 위로 파여져 있기는 하나 서암문 역시 그와 동일한 형태이며 홍예문은 그러한 형태의 문을 말하는 것이 아니다. 홍예문이란 상단부를 작은 여러 개의 돌들을 서로 맞물려가며 둥글게 쌓아올려 무지개 모양으로 만든 문을 말한다.

---

34) 김윤우, 앞의 책(앞의 각주 5), 186쪽 및 188쪽.
35) 소동문과 소남문이 4대 성문(대서문, 대동문, 대남문 및 북문) 사이의 간문(間門)이란 생각은 김윤우 씨의 완전한 창작에 불과하다. 그는 대남문이라는 명칭이 왜 북한산성 완공 당시의 『숙종실록』과 『비변사등록』, 그리고 『북한지』에 등장하지 않는지에 대해 의문을 가져보지 못한 채 자신의 견해를 입증하기 위해 그런 구상을 했던 것으로 보인다. 그의 글에는 대남문에 관한 고찰이 전혀 없다.

사진 11. 부왕동암문 상단 석재

둘째, 그는 가사당암문과 청수동암문의 본래 이름을 말할 때 「북한축성별단」에서 어영청이 수문 남쪽~보현봉 구간에 쌓은 것으로 기록한 대서문, 청수동암문, 부왕동암문, 가사당암문 및 소남문의 순서는 실제의 위치 순서대로 기록한 것이라 하였는데 그렇다면 어떻게 소남문이 현 부왕동암문을 말하는 것이라고 할 수 있는가?

다만 필자에게도 여전히 몇 가지 궁금한 점이 남아 있는데, 첫째는 『북한지』 본문의 「사찰」편에서 "삼천사는 소남문 밖에 있다"고 기록하고 있는 부분이다. 옛 삼천사 터가 현 부왕동암문 밖에 있는 점을 근거로 하면 『북한지』가 저술되기 이전부터 이미 현 부왕동암문을 소남문으로 불렀을 것이라는 추론도 가능한 것이다. 그러나 소남문이 대남문으로 바뀐 것은 『북한지』가 출간된 1745년보다 최소한 15년 후인 영조 36년(1760) 8월 26일 이후이니 그러한 추론은 불가하다. 결국 "삼천사는 소남문 밖에 있다"는 『북한지』의 기록은 오기(誤記)일 것으로 생각할 수밖에는 없다.

이 문제는 북한산성 성문의 옛 이름을 추적해 본 사람에게는 누구에게나 처음부터 혼란을 불러일으킨 문제였다. 앞서 소개한 일본인 이마니시류(今西龍)는 한편으로는 대남문은 『북한지』에 기록된 '동암문'이 후일 증축된 것이고, 「북한도」에서 현 나월봉과 나한봉 사이(또는 현 부왕동암문과 현 청수동암문 사이)에 암문 표기 없이 그려놓은 문이 소남문 아니면 부왕동암문인데 후일 사라진 것으로 보면서도,36) 다른 한편으로는, 비록 어떤 근거를 제시한 것은 아니지만, 현 대남문이 『북한지』에 기록된 소남문일 가능성도 배제하지 않으면서, 만약 현 대남문이 『북한지』에 기록된 소남문이라면 현 대남문에서 문수암을 거쳐 비봉 북쪽으로 나가 삼천사 터로 갈 수 있는 길이 있었을 것이고 현지의 지형은 그러한 길이 있을 수 있는 지형이라고 하였다.37) 그러나 이마니시류가 말하는 것과 같은 통로는 현재도 숙달된 암벽등산가 아니면 통과할 수 없는 통로일 뿐 아니라, 현지 지형상 불필요한 통로이다. 현 대남문이나 문수사에서 옛 삼천사 터로 가려면 산성 안으로 들어가서 현 청수동암문이나 부왕동암문을 통해 접근할 수 있는 손쉬운 통로가 있기 때문이다. 설령 이마니시류가 말한 것과 같은 통로를 인정한다 해도 옛 삼천

---

36) 이마니시류, 앞의 글(앞의 각주 12), 36~37쪽. 이마니시류가 부왕동암문 아니면 소남문으로 불리던 문이 후일 사라진 것으로 본 것은 『북한지』에는 성문이 14개라 하였지만 현지에는 13개밖에 없고 이자훈 스님도 13개가 맞다고 지적한 때문인 것으로 보인다. 그러나 『북한지』에서 성문이 14개(수문은 빼고 중성문은 포함된 숫자이기 때문에 산성 외곽의 성문은 수문을 넣고 중성문을 빼면 모두 14개가 된다)라고 한 것은 앞에서 분석한 바와 같이 본래의 대동문이 대성문으로 바뀌고 본래의 소동문이 대동문으로 바뀌었으므로 대성문은 넣고 소동문을 빼야 하는데 실수로 대성문과 소동문을 모두 기록한 것이기 때문이다. 실제로 산성 외곽의 성문은 13개인 것이다. 반면, 이자헌 스님은 수문은 이미 없어졌기 때문에 빼고 중성문은 포함시켜 13개라 한 것이기 때문에 산성 외곽의 성문은 수문을 넣고 중성문을 빼면 그대로 13개가 되는 것이다. 여하간 이마니시류는 현 부왕동암문이나 「북한도」에서 현 부왕동암문과 청수동암문 사이에 그려 놓은 문 그림 가운데 하나를 소남문이라고 가정하고 그러한 가정을 전제로 하여, 『북한지』에 "소남문 밖에 있다"고 기록된 옛 삼천사 터를 찾아내었다고 하였다.
37) 같은 글, 36~37쪽 및 41쪽.

사 터를 현 대남문 밖에 있는 것으로 기록할 수는 없을 것이다.38)

반면, 의상능선의 현지지형을 잘 살펴보면「북한도」에서 의상능선 상에 현 청수동암문과 가사당암문 이외에 2개의 암문 그림을 그려놓은 것이 상당한 타당성을 갖는 것임을 알 수 있다.39) 현재는 부왕사 터에서 의상능선을 넘어가려면 원각사 터와 현 부왕동암문을 경유하는 길을 주로 이용하고 있으나, 현 나한봉과 나월봉 사이의40) 안부 지점은 부왕사 터에서 평탄한 계곡을 거쳐 의상능선에 올라탄 후 성밖으로 통행할 수 있는 지점이 된다. 따라서 이곳에

---

38) 한편, 삼천사의 이름이『북한지』에는 '三千寺'로 기록되어 있으며, 조선조 후기의 문인 이덕무의「기유북한(記遊北漢)」에서는 "(이 절에) 고려 때는 승려가 삼천 명이 있었다 한다. 그 때문에 그 골짜기를 삼천승동(三千僧洞)이라 한다"고 하였다. 그러나 이마니시류는 고려 때 비석인 황해도 개성군 현화사고비(玄化寺古碑)에도 '三川寺'라는 사찰이 삼각산에 있는 것으로 기록되어 있고,『고려사』의 현종 18년 丁卯일 기사에도 삼각산 '三川寺'의 중이 법을 어기고 술을 빚은 일이 있어 이를 처벌하였다는 기록이 있으며,『신증동국여지승람』에도 "三川寺在三角山"으로 기록되어 있고,『대동금석서』에도 '三角山三川寺'로 기록된 점등을 들어 삼천사의 한문 표기는 '三川寺'가 정확한 것이라고 보았다. 비록 사소한 문제이긴 하지만 이 얼마나 성실한 고증인가. '승려 삼천명' 등의 이야기는 후일 꾸며낸 설화로 보인다.
39) 필자는 처음에는 이 문 그림을 잘못 그려진 것으로 보고 무시하려 했었다. 그러나 현 보국문(본래의 동암문) 자리 역시 문 그림만 그려져 있고 암문 표기가 없는 것과 비교해보고 다소 혼란에 빠져 있다가 일본인 이마니시류의 글(앞의 각주 12)에서 그가 이 문 그림을 최초에 설치했다 후일 폐지된 문으로 추론한 것을 본 후에 현지 지형을 다시 조사해 본 결과 이 지점이 암문을 설치할 수 있는 곳이라는 결론을 얻을 수 있었다. 부왕동암문의 유래에 관한 이하의 추론에 있어서 필자는 이마니시류의 글로부터 큰 힌트를 얻은 것이다.
40)「북한도」에 나월봉과 나한봉이라고 표기된 봉우리는 현 나월봉과 현 나한봉에 해당된다. 이러한 봉우리 이름의 연혁에 관한 상세한 고찰은 뒤의 제7편 삼각산 봉우리의 옛 이름 참고.

문을 설치해 놓고 이름을 부왕동암문이라 했다면 이는 매우 적절한 이름이었을 것이다.41) 뿐만 아니라 현 부왕동암문에는 부왕동암문이라는 이름보다 원각사암문이라는 이름이 훨씬 합당한 이름이다.

그렇다면 혹시 최초에는 부왕동암문과 원각사암문이 별개 문으로 있었는데 원각사암문(현 부왕동암문 자리)으로 인해 부왕동암문(현 나월봉과 나한봉 사이)이 별로 이용할 일이 없게 되자42) 후일 부왕동암문은 폐지된 것이고 그로 인해 「북한도」는 본래 부왕동암문 자리에 문 그림은 그려놓았으나 암문 표기를 생략하고 원각사암문에만 암문 표기를 한 것은 아닐까? 그러나 이런 추론으로는 현 부왕동암문의 크기가 「북한축성별단」에 기록된 부왕동암문의 크기와 같을 뿐 아니라 북한산성 성문 이름에 관한 최초 기록인 「북한축성별단」에서 의상능선 상의 암문으로 청수동암문과 가사당암문 이외에 부왕동암문 하나만 기록하여 놓은 점을 설명할 수 없게 된다.

그렇다면 혹시 처음에는 부왕동암문이 나한봉과 나월봉 사이에 있었고 현 부왕동암문 자리에는 문이 없었는데 후일 부왕동암문을 현 위치로 이동하면서 그 석재까지 옮겨 새로 만들고 그 이름도 여전히 부왕동암문이라고 하다가 후일 이 문에서는 부왕사보다는 원각사가 더 가까이 있기 때문에 원각사암문으로 이름을 바꾼 것이 아닐까? 이런 추론은 충분히 합리적인 추론이 될 수 있다. 「북한축

---

41) 이 지점은 국립지리원 발행 1:5000 지도에 고도 624m로 표기되어 있는 지점으로, 현재 "대남문 1.59km・중성문 1.7km・가사당암문 1.13km"라는 등산로 안내표지가 설치되어 있다. 중성문 방향 길은 부왕사 터를 거쳐가게 되는데 매우 단순하고 평탄한 등산로이다. 반면 이 지점에서 삼천사 계곡으로 빠져나가는 길은 여러 냇물을 좌로 우로 건너는 좁고 험한 길로서 비가 많이 올 때는 끊기기 쉬운 길이지만 이곳 지리에 밝은 등산객들은 이 길을 곧잘 이용하고 있다.
42) 부왕사 터에서 현 나한봉 나월봉 사이 안부지점까지 거리는 부왕사 터에서 현 부왕동암문까지 거리에 비해 약 2배가 된다.

성별단」이나 『북한지』 모두가 의상능선 상의 암문으로 청수동암문과 가사당암문 이외에 부왕동암문 하나만 기록하여 놓았고, 「북한축성별단」에 기록된 부왕동암문의 크기가 현 부왕동암문의 크기와 같으며, 현 부왕동암문의 이름을 원각사암문이라고 한 최초의 기록은 신기의 서계(1785년 작성)이기 때문이다. 여하간 이 추론이 사실과 부합한다면, 부왕동암문을 현 위치로 옮긴 것은 1711년에서 1745년(「북한도」작성 연대) 사이의 일로 볼 수 있게 된다.

이제 부왕동암문의 역사에 관한 위의 추론을 다시 풀어서 설명해 보자면, 북한산성을 축성할 당시(1711년)에는 현 나월봉과 나한봉 사이에 현 부왕동암문과 같은 크기의 암문을 만들고, 이 암문이 부왕사로 통하는 통로이기에 이름을 부왕동암문이라 한 것이며 현 부왕동암문 자리에는 암문이 없었을 것으로 볼 수가 있다.[43] 그러나 후일 삼천사 계곡으로 나가려면 현 부왕동암문 자리가 더 편한 자리임을 알고[44] 1711~1745년 사이에 본래의 부왕동암문을 폐하고 그 석재를 뜯어서 현 부왕동암문 자리로 옮겨 세웠으나, 이 자리 역시 부왕사로 통하는 통로이기에 이름까지 그대로 옮긴 것으로 볼 수가 있다.[45] 하지만 또 다시 후일에는 현 부왕동암문 바로 안에는

---

[43] 그렇기에 「북한축성별단」(1711년 작성)은 의상능선상 암문으로 가사당암문과 청수동암문 외에는 부왕동암문 하나만을 기록하고 그 크기를 현 부왕동암문과 같이 기록하였던 것으로 볼 수가 있다.

[44] 앞의 각주 41 및 42에서 말한 바와 같이 이 지점에서 삼천사 계곡으로 빠져나가는 길은 여러 냇물을 좌로 우로 건너는 좁고 험한 길로서 비가 많이 올 때는 끊기기 쉬운 길이고, 또한 부왕사까지는 비록 평탄한 길이기는 하지만 거리가 현 부왕동암문으로부터의 거리에 비해 2배 가량이 된다.

[45] 그렇기에 현 부왕동암문의 크기가 「북한축성별단」에 기록된 부왕동암문의 크기가 같은 것이고, 『북한지』(1745년 작성)에서도 의상능선 상 암문으로 가사당암문과 부왕동암문 외에 부왕동암문 하나만 기록하였고, 「북한도」(1745년 작성)에서는 옛 부왕동암문 자리에는 암문 표기 없이 문 그림만 그려놓고 현 부왕동암문 자리에 문 그림

원각사가 있기에 1785년 이전에 부왕동암문의 이름을 원각사암문으로 바꾸었을 수가 있다.46)

하지만 아직도 여전히 한가지 궁금한 점은 남아 있다. 현 부왕동암문의 상단 석재에 뚜렷하게 남아 있는 '小南門'이라는 암각 글자의 정체이다. 필자의 생각으로는 본래의 소남문을 대남문으로 바꾼 이후 어느 때인가 암문 가운데 그 크기가 가장 큰 부왕동암문에 소남문이라는 이름을 옮겨 사용하면서 새겨넣은 것이며, 그 시기는 본래의 소남문을 대남문으로 바꾼 영조 36년(1760) 직후일 수도 있

과 함께 암문 표기를 한 것으로 볼 수 있다. 한편, 필자는 현 나한봉과 나월봉 사이의 안부지점에 남아 있는 약 100m 내외의 성벽에서 옛 암문의 흔적을 찾아보려 하였으나 쉬운 일이 아니었다. 이 부분의 성벽은 현 부왕동암문 좌우와는 달리 자연능선을 그대로 성벽으로 이용하여 능선 바깥쪽에만 아래로 4~5m의 체성(體城)을 쌓아 능선을 보강하였고 안쪽으로는 성벽이 없었다. 다만 체성 위의 여장(女墻)은 모두 허물어져 그 돌들이 바깥쪽으로 흘러내렸음에도 유독 성벽 한 중간의 안쪽을 보면 성벽을 쌓을 때 이용한 것으로 보이는 네모난 돌들이 무더기로 땅속에 묻혀 있는 것이 보인다. 이 돌무더기가 바로 능선을 절단하여 설치되었던 본래의 부왕동암문을 폐하면서 다시 메꾼 자리가 아닌가 하는 생각도 든다. 이 돌무더기를 헤쳐보면 이곳이 과연 성문을 메꾼 자리인지 아닌지를 확실히 알 수 있게 될 것이다. 차후 이 지역 성벽을 복원할 때 반드시 검증해 보아야 할 것이다. 만약 이곳에서 성문을 메꾼 흔적이 발견되면 성벽을 복원할 때 성문도 함께 복원하는 것이 좋을 듯하다. 현재 이 지점은 산성 안팎을 드나드는 등산로로 이용되고 있으나 적절한 통로가 없어 성벽의 현 나한봉 쪽 끝 일부가 허물어진 틈이 통로로 이용되고 있다.

46) 그렇기에 신기의 서계(1785년 작성)는 의상능선상 암문으로 가사암문(현 청수동암문)과 국녕사암문(현 가사당암문) 외에 원각사암문 하나만을 기록하고 그 위치도 현 부왕동암문 위치로 기록한 것이다. 현 가사당암문(본래의 청수동암문?)을 국령사암문으로, 본래의 동암문을 보국문으로 각각 이름을 바꾼 것도 역시 이때의 일로 보인다.

고,47) 북한산성 안찰어사 신기가 다녀간 정조 9년(1785) 6월 17일 이후일 수도 있다고48) 일단 추정된다.

한편, 일제시대에 이마니시류의 현지 답사가 있은 이후 이마니시류의 잘못된 고증을 바탕으로 누군가에 의해 새겨진 것일 가능성도 부인할 수 없다. 현 부왕동암문 상단 석재에는 '小南門'이라는 글자 이외에도 그 왼쪽으로 10여 자의 글자가 더 새겨져 있는 것이 보이는데 연대(年代)는 육안으로 확인이 아니 되지만 "八月 二十九日"이라는 날짜는 육안으로 대략 확인이 가능하며 1916년(大正 5년) 8월 29일이 바로 이마니시류가 북한산성에 현지조사를 나갔던 일자이기 때문이다.49)

IV. 맺음말(성문이름 변천과정 요약)

이 연구를 통하여 일제시대 이후 논란이 많았던 북한산성 성문의 옛 이름들은 물론이고 그러한 이름들의 변천과정이 거의 밝혀진 것

---

47) 앞의 각주 38에서 소개한 조선조 후기 문인 이덕무의 「기유북한(記遊北漢)」에서는 원각사 답사기록으로 "남성문(南城門)에 오르면 서해가 하늘과 닿은 듯 보인다"고 하였다. 여기에 기록된 남성문은 원각사 바로 곁에 있는 현 부왕동암문을 말하는 것이 분명한데 왜 이문을 남성문이라고 하였는지 매우 궁금하다. 혹시 이덕무의 답사일인 영조 37년(1761, 신사년) 9월 말 이전에 이미 현 부왕동암문을 소남문이라고 하였기에 이덕무가 이를 다시 남성문이라고 잘못 기록한 것은 아닌지 모르겠다. 그렇다면 영조 36년(1760)에 소남문을 대남문으로 바꾼 직후에 이미 부왕동암문을 소남문이라고 하였을 가능성도 있는 것이다.
48) 신기의 서계에는 부왕동암문을 원각사암문이라고 하였기 때문이다.
49) 이마니시류는 「북한도」에서 나한봉 나월봉 사이에 그려놓은 문이 소남문인지 부왕동암문인지 단정적으로 말할 수는 없지만 만약 이 문이 부왕동암문이었다면 당시 원각사암문으로 부르는 문(현 부왕동암문)은 『북한지』에 기록된 소남문일 것으로 생각된다고 하였다. 이마니시류, 앞의 글(앞의 각주 12), 36쪽.

으로 생각한다. 특히 그 사이 논란이 많았던 부분들 중에 현 대동문, 보국문, 대성문 및 대남문의 옛 이름들은 완벽하게 밝혀졌다. 현 청수동암문과 가사당암문은 정조 9년(1785) 이후 일제시대에 이르기까지는 그 이름이 서로 반대로 사용된 사실도 확인되었다. 그러나 북한산성 축성 초기에 이 두 문의 이름이 어떠하였는지에 대해서는 이를 확인할 자료를 발견할 수가 없었지만 정조 9년 이후와 같았을 것으로 추정된다. 부왕동암문의 옛 이름들도 다소 불분명한 부분이 남아있기는 하지만 거의 확인되었다고 볼 수가 있을 것이다.

한편, 이 연구를 통하여 필자는 과거 20세기 전반기에 일본인들이 조선의 역사와 지리에 대해 얼마나 깊이 연구하고 있었는지를 알고 난 후에, 그 치밀한 접근태도에 감탄을 금하지 않을 수 없었다. 특히 장의사나 삼천사의 역사에 대한 그들의 연구는 대단히 치밀한 것이었다. 그러나 그들의 연구에 있어서도 잘못되고 허술한 부분이 많음을 동시에 발견할 수 있었다. 북한산성 성문(城門)의 옛 이름들에 관한 이마니시류(今西龍)의 연구는 매우 초보적인 것으로서 허술하였으나, 이마니시류는 자신의 연구가 아직 미흡함을 솔직히 인정하고 있었다. 하지만 그러한 일본인들의 초보적이고도 허술한 연구의 결과를 그대로 답습하면서도 이를 자신의 연구결과로 둔갑시키거나 아니면 이를 부정하면서도 더 허술한 결론에 귀착하고 만 한국인들이 있었음을 발견하고는 개탄을 금할 수 없었다. 역사지리학 분야에서의 진정한 극일(克日)의 길은 그들이 어떤 목적에 의해서건 우리의 역사지리에 대해 연구하여 놓은 성과들은 우리가 인정하되 그들이 제대로 연구하지 못한 부분들에 대한 연구를 우리 손으로 제대로 연구하여 역사적 진실을 밝혀내는 일이다.

이제 마지막으로 본문에서 분석한 내용들을 도표로 요약해 보면 다음과 같다.

제 6 편 북한산성 성문 이름의 변천 313

역사기록 현 이름	선조실록 1596	숙종실록 1711. 10. 3	북한축성별단 1711. 10. 18	북한지본문 1745	북한도 1745	신기서계 1785
대서문		서문	대서문	대서문	서문	대서문
서암문			서암문	서암문	암문	암문
북문			북문	북문	북문	북문
위문			백운봉암문	백운봉암문	암문	암문
용암문			용암암문	용암봉암문	암문	암문
대동문	동문	동북문	소동문	대동문(동문)	동문	대동문
보국문	동남문		동암문	동암문	암문	암문
대성문		동문	대동문	대성문	대성문	대성문
대남문			소남문	소남문	암문	대남문 (문수암문)
청수동암문			가사당암문(?)	가사당암문(?)	암문	가사암문
부왕동암문			부왕동암문	부왕동암문	암문	원각사암문
가사당암문			청수동암문(?)	청수동암문(?)	암문	국녕사암문
중성문	서문		중성문	중성문	중성문	

도표 1. 북한산성 성문 이름의 변천
  * 현 이름은 대서문으로부터 시작해서 시계방향으로 기록한 것이며,
    『선조실록』의 성문 이름은 중흥동고석성의 성문 이름이다.

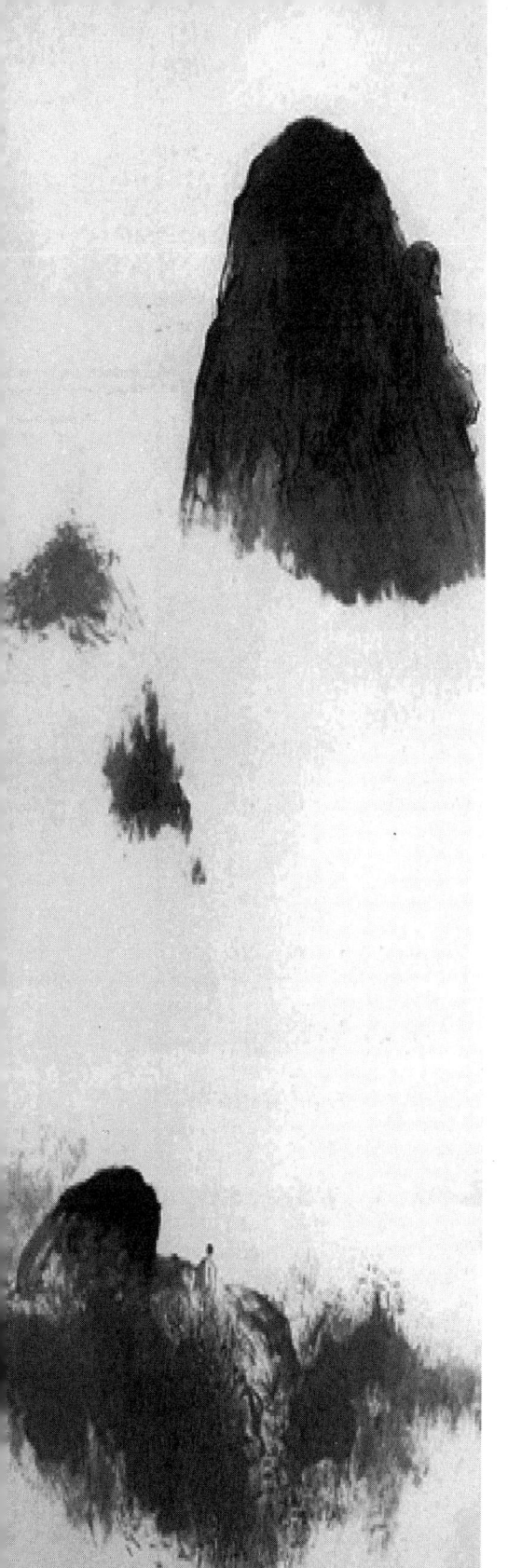

| 제 7 편 |

삼각산 봉우리들의 옛 이름

I. 머리말
II. 백운대, 인수봉 및 만경대 이름의 유래
III. 비봉능선 봉우리들과 향림사 및 신혈사
IV. 의상능선 여덟 봉우리들의 옛 이름
V. 동쪽 주능선 봉우리들의 옛 이름
VI. 북쪽 능선과 산성 내부 봉우리들의 옛 이름
VII. 맺음말

제 7 편 삼각산 봉우리들의 옛 이름

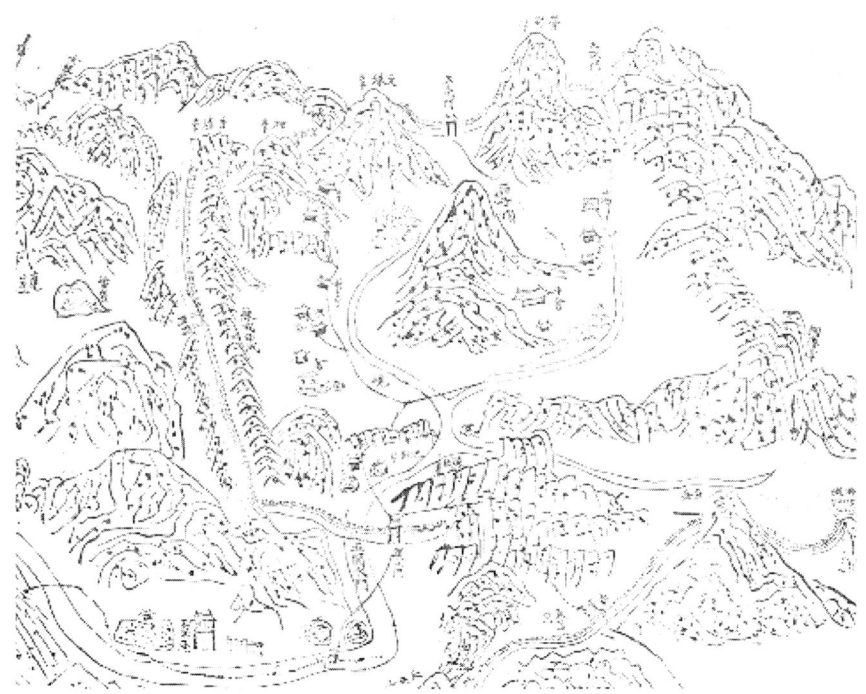

I. 머리말

 이 글은 삼각산 내 여러 봉우리들의 옛 이름들을 알아보기 보기 위해 작성된 것이다. 고문헌 속에는 삼각산의 많은 봉우리 이름들이 기록되어 있으나 그러한 이름들의 상당수는 현재의 어느 봉우리를 지칭하는 것인지도 분명하지가 않으며, 현재 이름을 지니고 있는 몇몇 봉우리도 그 이름의 역사적 유래가 분명하지 않은 경우가 허다하기 때문이다.
 필자는 이 연구를 위해서 삼각산의 역사지리에 관한 기존의 연구문헌들을 수집해 보았다. 그러나 조선조 숙종 당시의 북한산성 축성문제를 제외하면 삼각산의 역사지리에 관한 연구문헌들은 그 내용이 매우 부실하였고 특히 옛 지명에 관한 본격적인 연구는 거의 없는 것이나 마찬가지 상태임을 알 수 있었다. 이는 복잡다단하게 얽혀 있는 삼각산의 지형(地形)을 충분히 식별할 만한 등산경력과 더불어 역사문헌 내지는 지도 판독에 대한 소양을 동시에 갖춘 사람이 드물었기 때문이 아닌가 생각된다. 비록 단편적이나마 삼각산의 옛 지명에 관한 언급이 포함된 글들이 몇 편 있기는 하나, 필자가 1차 사료(史料)들을 중심으로 검토하여 본 결과 그 내용이 사실과 크게 어긋난 부분을 수없이 발견할 수 있었다.

그러던 차에 최근 매우 귀한 논문을 한 편 얻게 되었다. 고 이숭녕 교수가 1974년도에 작성한 "북한산의 지리적 고찰"이라는 논문이다. 이숭녕 교수는 역사지리를 전공한 분은 아니었지만 당대의 저명한 국문학자이면서 대한산악연맹과 한국산학회 고문을 역임하기도 한 유명한 등산가였다. 이 논문은, 그 내용에 있어서는 충분한 고증이 결여된 것이기는 하지만, 아마도 삼각산의 옛 지명에 대한 체계적 복원을 시도한 첫 논문이자 거의 유일한 논문이었다.

그러나 이 논문을 읽고 필자는 흥미 있는 사실을 하나 발견할 수 있었다. 비록 단편적이긴 하지만 삼각산의 옛 지명에 대한 언급이 조금이라도 포함되어 있는 글들은 그 내용을 보면 거의가 이숭녕 교수의 논문을 직접 참고하였거나 아니면 어떤 경로를 통해 이숭녕 교수의 견해가 그 내용 중에 반영된 흔적이 분명함에도 불구하고 그 출전을 밝히지 않고 있다는 점이다. 왜 이런 현상이 생기게 되었는지는 알 수가 없다. 그러나 이숭녕 교수 자신은 그의 논문에서 "본고의… 의도는 이러한 조사연구에 동조자를 얻으려 함인데, 만일 동조자가 나선다면 다행한 일이라고 하겠다"면서 삼각산의 옛 지명들에 관한 자신의 견해에 대해서는 "틀림없으리라고 믿으나 다소의 숙제를 남긴 셈이 된다"고 하였다.

이제 필자는 고 이숭녕 교수의 '동조자'가 되어서 그가 남긴 '숙제'를 나름대로 완성하여 보려는 심정으로 이 글을 발표한다. 연구의 범위에는 봉우리 이름 이외에도 '향림사' 등 몇 개 사찰의 위치와 유래 문제를 포함시켰다. 사찰의 위치 문제를 포함시킨 것은 이 문제가 봉우리 이름과도 관련이 있기 때문이다. 봉우리의 이름과는 전혀 관계가 없는 '산영루'라는 정자의 위치 문제를 마지막에 포함시켰는데 이는 오로지 별도로 편을 만들기가 불편하였기 때문이다. 그러나 북한산 자체의 옛 이름들과 그 유래에 대해서는 앞의 제1편에서 이미 소개하였기 때문에 이곳에서 제외하였다.

이 글에서 제대로 다루지 못한 봉우리 이름으로는 인수봉 동북쪽 직선거리 약 500m지점의 '영봉'(601m), 서북쪽 직선거리 약 3km지점의 '상장봉'(543m) 및 조선 후기의 문인 홍양호의 문집에 기록된 '천관봉'(天冠峰) 등 세 이름이 있다. '영봉'과 '상장봉'은 고문헌 어디에서도 찾아볼 수 없는 이름이고[1] '천관봉'은 짐작은 가나 확신이 서지 않는 이름이기 때문이다.[2]

---

1) 현재 영봉 정상에는 자그마한 시비(詩碑)가 하나 서 있다. '영봉보호사업회'라는 단체에서 1987년 4월 5일에 세워놓은 비석인데, 이 비석에는 '영봉(靈峰)'이란 이름은 윤주광(尹柱廣)이라는 사람이 붙인 이름이라고 한다. 그러나 필자의 기억으로는 그 훨씬 이전부터 영봉이라는 이름이 있었던 것 같다. 한편, 백운대 북쪽에 있는 봉우리로서 그 형상이 한양을 저버리고 북쪽을 향하여 숙였으므로 옛부터 역적봉(逆賊峰)이라고 부르는 봉우리가 있었다[한글학회, 『한국지명총람』 제1권(서울편), 1966, 137쪽]. 영봉에서 상장봉으로 이어지는 능선을 따라가다가 육모정고개를 지나면 나타나는 첫 봉우리를 멀리서 보면 도성을 등지고 북쪽을 쳐다보고 있는 형상이다. 이 봉우리가 바로 역적봉(逆賊峰)일 것으로 생각된다.
2) 홍양호가 쓴 「우이동구곡기(牛耳洞九曲記)」라는 글에는 우이동 골짜기 하단인 제7곡에서 "서쪽을 바라보면 허공 중에 우뚝한 천관봉(天冠峰)이 보이는데 마치 높은 관(冠)을 쓴 도인(道人)이 구름을 헤치고 단정히 앉아 있는 모습과 같다"는 구절이 있다. 현재 도봉산 남쪽 줄기인 우이남능선에는 우이암(牛耳岩)이라는 암봉이 있는데

II. 백운대, 인수봉 및 만경대 이름의 유래

  백운봉(白雲峰) 또는 백운대(白雲臺)라는 이름은 태조 이성계가 조선 창업 이전에 이곳에 올라가 읊은 시 가운데 "引手攀蘿上碧峰 一庵高臥白雲中(넝쿨 움켜쥐고 푸른 봉우리 위로 올라가 보니, 흰 구름 가운데 암자 하나 누워 있네)"이라는 구절이 있어 이로부터 유래된 것이고, 인수봉(仁壽峰)이라는 이름은 "仁者樂山 仁者壽"의 뜻을 따서 붙인 이름이라는 해석도 있다.3)

　　이 암봉의 형상이 홍양호가 말한 천관봉과 흡사하다. 그러나 우이암은 우이동 골짜기 하단에서 보면 북쪽에 있다. 필자는 우이동 골짜기에서 주변을 아무리 살펴보아도 우이암 이외에는 그와 같은 형상의 봉우리를 찾아볼 수 없었다. 홍양호가 '북쪽을 바라보면'이라고 해야 할 것을 '서쪽을 바라보면'이라고 잘못 기록한 것이 아닌가 싶다. 이러한 해석은 「우이동구곡기」 전체의 문장과 『이계집』에 수록된 홍양호의 또 다른 기문(記文)인 「겸산루기(兼山樓記)」에서도 일부 확인할 수 있다. 「우이동구곡기」 의하면, 제1곡서부터 내려오다 처음으로 천관봉이 처음 바라다보이는 곳은 제7곡이고, 다시 시내를 따라 수백 보를 내려오면 제8곡인 명옥탄(鳴玉灘)과 겸산루(兼山樓) 및 수재정(水哉亭)이 차례로 나타나는데, 천관봉(天冠峰) 아래에서 시작해서 뚝을 따라 동쪽으로 흐르는 작은 시냇물 연미천(燕尾川)이 수재정에서 명옥탄(鳴玉灘) 물과 합류한다고 하였다. 그리고 「겸산루기」에서는 겸산루는 천관봉(天冠峰) 밑에서 수락산(水落山)을 마주보고 북쪽으로는 도봉산 만장봉(萬丈峰)이 서쪽으로는 삼각산 등 뭇 산들의 모습을 빙 둘러 다 감상할 수 있는 곳이기에 그런 이름을 지은 것이라고 하였다. 이러한 홍양호의 설명을 종합해 보면, 천관봉이 바로 우이남능선에 있는 우이암을 말하는 것 같고, 제7곡에서 볼 때 천관봉은 "북쪽으로 바라보인다"고 해야 할 것을 "서쪽으로 바라다 보인다"고 잘못 기술한 것 같이 생각된다. 그러나 향후 좀더 세밀한 관찰이 있어야 결론을 내릴 수 있을 것으로 생각한다.

3) 이재곤, "(서울의) 名所", 『서울 600년사』, 문화사적편, 서울특별시사편찬위원회, 1987, 1401쪽. 이성계의 이 시는 조선조 역대 왕들의 시문(詩文)들을 모아놓은 『열성어제(列聖御製)』의 제일 앞에 수록되어 있다. 이 시는 이 책의 제3권 시문집에 번역 수록하였다. 한편, 인수봉은 독을 엎어놓은 것과도 같은 모습이라 서울 사람들은 종래 이를

그러나 『고려사』 현종 원년 기사의 머리에는 현종이 왕위에 오르기 전 삼각산에 머물 때 지은 시가 기록되어 있고 그 첫 구에서 "한가닥 물줄기 백운봉에서 흘러나오고(一條流出白雲峯)"라고 한 것을 보면, 백운봉이라는 이름은 고려 초기 때 이미 사용된 이름임을 알 수 있다.

한편, 태조 이성계의 시에서 말하는 "암자"가 어떤 암자를 말한 것인지 잘 알 수가 없으나, 백운대 남면 정상 밑 100여 m쯤에 있는 암자터가 혹시 그 암자터가 아닌가 하는 생각도 든다.4) 그러나 세조(世祖)가 태조의 이 시에 차운(次韻)하여 읊은 시에서는 "넝쿨 움켜쥐고 어찌 푸른 봉우리만 올랐을까, 그 암자 북두성과 견우성 사이에 있었으리(何必攀藤上碧峰 一庵非是斗牛中)"라고 하였는데, 세조는 태조가 말한 암자를 상상 속의 암자로 보았던 것 같다.5)

다른 한편, 백운대 상단 등반로에 쇠밧줄이 설치된 시기는 흔히 일제시대인 1927년 3월로 알려져 있다.6) 그러나 헌종 14년(1848)에

'독바위'라고도 불렀는데, 인수봉 상단 옆에 붙어 있는 속칭 '귀바위'를 '독과 같이 얹혀 있는 바위'라 해서 '독바위'로 부른다는 설도 있다[한글학회, 『한국지명총람』 제1권(서울편), 1966, 137쪽]. 그러나 종래 서울사람들이 인수봉을 독바위라고 부른 것은 그 전체 형상이 독을 엎어놓은 것과 같다는 뜻으로 그와 같이 부른 것이다.

4) 백남신(白南信), 『서울 대관(大觀)』(정치신문사, 1955년), 176쪽에서는 백운대 남면 산복(山腹)에 백운사(白雲寺) 유지(遺址)가 있고 그 아래 바위틈에서 나오는 약수를 백운수(白雲水) 또는 만수(萬水)라고 부른다 하였다. 필자는 산비둘기산악회 회원인 김원식 선생의 제보와 안내로 이 암자터와 약수를 직접 확인하였다. 백운대 정상에서 서남쪽 아래로 설치되어있는 쇠밧줄을 따라 100여 m쯤 내려가면 암자터가 있고 그 아래 바위 동굴 속에는 가뭄에도 마르지 않는다는 약수가 있다. 한편, 『서울 대관』에는 인수봉 정상에는 작은 돌로 만든 탑이 있는데 과거 어느 승려가 작은 돌들을 모아 쌓았다고 한다는 세간의 이야기를 기록하여 놓았다.

5) 세조의 이 시 역시 『열성어제』에 수록되어 있는데, 이 책의 제3권 시문집에 번역 전재하였다.

발간된 『인경부주(仁經附註)』의 저자로 추정되는 월포(月圃) 심능규(沈能圭)가 읊은 시 가운데는 "白雲臺立石頭危 鐵索雙雙九節垂(백운대 바위 모습 위태로워 보이고, 쇠밧줄은 짝을 이루어 구비 구비 늘어져 있네)"라는 구절이 있다.7) 이를 보면 백운대 등반로에는 조선조 말에 이미 쇠밧줄이 설치되어 있었음을 알 수 있다. 이 시의 저자가 『인경부주』를 쓴 심능규와 동명이인(同名異人)이라고 해도, 이 시가 수록된 『대동시선』(위암 장지연 편집본)의 발간년도가 1918년이니 백운대 등산로에 쇠밧줄을 설치한 것은 적어도 그 이전의 일이 된다.

1927년 3월에 백운대에 쇠밧줄이 설치되었다는 것은 일제시대에 간행된 『경성부사(京城府史)』에서 "근년 민대식(閔大植), 와다나베이찌로(渡邊定一郞), 와다이찌로(和田一郞) 등 3명이 돈을 거두어 산성 내 북한리(北漢里)에서 산중 최고봉인 백운대까지 등산도로를 개설하였고 또 백운대 위에 망원경을 갖춘 망원대(望遠臺)를 만들기 위해 함께 약간의 토지를 고양군청에 기부하였으며 고양군청은 1927년 10월에 이를 완성하였다"고 한 기록8) 때문인 것으로 보인다. 그러나 이 기록은 백운대까지 등산도로를 개설하였다고 하면서, 망원대 설치에 대해서만 언급하고 가장 중요한 부분인 쇠밧줄 설치에 관해서는 언급이 없다. 쇠밧줄이 이미 설치되어 있었음을 암시하는 것이라 할 수 있다. 일본인들의 역사기술 방법을 알 수 있는 구절이다.

---

6) 박창규, 『북한산 가는 길』, 평화출판사, 1996, 55쪽 참고.
7) 심능규의 이 시는 『대동시선(大東詩選)』, 권9에 수록되어 있다. 이 시 역시 이 책의 제3부 『시문집』에 번역 전재하였다.
8) 京城府(경성부) 編, 『京城府史(경성부사)』, 소화(昭和) 9년(1934), 330쪽. 이 책은 권두의 '例言(일러두기)' 항에서 편집위원의 명단이 기록하여 놓았으나 내용 각 부분의 편집자는 별도로 기록하지 않았다. 다만 편집위원회의 고문인 경성제국대학의 오다세이고(小田省吾) 교수가 최종 감수를 한 것으로만 기록하고 있을 뿐이다.

한편, 만경대(萬景臺) 또는 만경봉(萬景峰)이라는 이름에 대해서는 이 봉우리는 단일 암봉이 아니고 여러 모양의 암봉들이 남북으로 뾰족 뾰족 늘어져 서 있는 연봉(連峰)일 뿐 아니라 보는 방향에 따라서 각기 다른 모습으로 보이기 때문에 그러한 이름이 붙은 것이라는 설도 있고, 만경대를 국망봉(國望峰)이라고도 하는데 조선 건국 초에 무학대사(無學大師)가 이 봉우리에 올라가 나라를 세울 터를 찾아본 곳이기에 그런 이름이 생겼다는 설도 있다. 그러나 이는 모두 속설(俗說)에 불과하다.
　우선, 무학대사 이야기는 이중환(李重煥)의 『택리지(擇里志)』에 수록된 전설로서, 이 전설에 의하면 무학대사가 만경봉을 거쳐 비봉에 이르니 '無學誤尋到此(무학이 길을 잘못 들어 이곳에 이른다)'라는 여섯 글자가 새겨져 있는 비석이 있는지라, 다시 만경봉에서 정남쪽을 따라 백악(북악산)에 이르러 도읍 터를 정했다 한다. 비봉의 진흥왕순수비를 신라말 도선대사(道詵大師)의 예언비(豫言碑)로 꾸며댄 허황된 전설에 불과하다.
　필자의 생각으로는 고려 송도(松都)의 북쪽 진산(鎭山)인 천마산(天磨山)에도 만경대로 불리는 봉우리가 있는 것을 볼 때, 조선 건국 초기 도읍을 송도에서 한양으로 옮기면서 천마산 만경대와 비슷한 모습의 이 봉우리에 같은 이름을 옮겨 사용한 것으로 보인다. 천마산에는 만경대뿐 아니라 보현봉(普賢峰)과 나월봉(蘿月峰)이라는 봉우리도 있는데 삼각산의 보현봉과 나월봉 역시 천마산 봉우리 이름을 옮겨 사용한 것으로 보인다.
　대규모의 인간집단이 주거지를 옮길 때는 원주거지의 지명을 새 주거지 주변의 지명(地名)으로 옮겨 그대로 사용하는 것은 일반적 현상이다. 이와는 별개의 문제이지만 송도와 한양의 풍수지리적 형세는 거의 같다고 볼 수 있다. 한양 도성의 주산(主山)이 북악산이고 그 북쪽의 진산(鎭山)이 삼각산이듯이, 고려 송도 도성의 주산은 송악산이고 그 북쪽의 진산은 천마산인데 송악산은 북악산과 천마산은 삼각산과 각각 그 형세가 거의 비슷하다.

한편, '삼각산 국망봉(三角山國望峯)'이라는 이름은 『고려사』의 초기 기록에도 등장하는 이름이다. 예종(睿宗) 원년(1107) 4월 기사에 '삼각산 국망봉(三角山國望峯)'이 무너졌다는 기록이 있다. 이 국망봉이 어느 봉우리를 말하는지 분명하지는 않지만 필자의 생각으로는 고려 시절 백운봉의 본명(本名)이 아니었을까 생각된다. 『삼국사기』 「백제본기」 서두에는 비류와 온조가 '부아악(負兒嶽)'에 올라가 도읍터를 살펴보았다는 기록이 있는데, 이 기록 때문에 백운대를 국망봉(國望峰)이라고 하였을 가능성이 매우 높기 때문이다.9) 고산자 김정호의 『대동지지(大東地志)』 역시 『고려사』에 기록된 국망봉을 백운대로 보고 있다.

『삼국사기』 「백제본기」 서두에 기록된 '부아악'을 삼각산으로 보는 견해들 가운데도 비류와 온조가 올라간 곳을 인수봉으로 보는 견해도 있고,10) 백운대로 보는 견해도 있는데,11) 최근 어떤 사람은 『고려사』 및 『조선왕조실록』에 기록된 삼각산 봉우리의 10여 차례 붕괴 기록들을 열거하면서 이를 근거로 비류와 온조 당시에는 인수봉도 쉽게 올라갈 수 있는 봉우리일 수 있다고 추측하기도 한다.12)

---

9) 앞서 소개한 바와 같이 현종의 시에 '백운봉'이라는 이름이 이미 사용되고 있지만, 이는 문학작품에 불과한 시에서 사용된 이름으로서 공식적인 명칭이 아니라 별칭에 불과하였을 것으로 생각된다.
10) 『북한지』 「산계」편, '인수봉' 조.
11) 성호 이익의 「유북한기(遊北漢記)」(『성호문집』 권35에 수록); 여암 신경준의 「산수고(山水考)」, '삼각산'조(『여암전서』 권11에 수록).
12) 김윤우, 『북한산 역사지리』, 범우사, 1995년, 45쪽. 김윤우 씨는 오늘날과 같은 등산장비도 없던 시절에 어떻게 인수봉을 올라갈 수 있었겠냐고 의문을 품고 해석을 달리하는 사람들의 견해는 "북한산이 고대시절로부터 오랫동안 수많은 풍화작용을 거쳐서 오늘날과 같은 모습을 지니고 있는 산이라는 사실을 깨닫지 못하고 2천여 년 전이나 오늘날이나 조금의 변화도 없이 똑같은 모습을 하고 있는 것으로 착각하고 있는 단순한 견해로 재고의 가치도 없는 견해일

그러나 그러한 기록들 가운데 인수봉을 지칭하는 기록은 두 차례 (예종 원년 2월 기록 및 의종 6월 9월 기록)에 불과하며, 설령 비류와 온조 당시 인수봉이 쉽게 오를 수 있는 봉우리였다고 하더라도, 사방을 두루 살펴볼 수 있는 전망이 탁월한 봉우리인 백운대를 바로 옆에 두고 이 백운대에 막혀 서남쪽 일부 시야가 제한되는 인수봉에 올라가서 도읍터를 살핀다는 것은 이치에 맞지 않는 말이다.

이 책의 서두에서 언급한 바와 같이, 삼각산에서 가장 특징적인 모습을 하고 있는 인수봉의 모습에서 '부아악'이라는 이름의 유래를 찾는다 해도, 이는 삼각산 전체를 지칭하는 이름이 그렇게 하여 생겨난 것으로 보면 충분하다. '부아악'이란 이름을 인수봉을 지칭하는 이름으로 한정할 필요는 없을 것이다.13)

III. 비봉능선 봉우리들과 향림사 및 신혈사

『선조실록』 29년(1596) 1월 28일(을미) 기사에는 선조 임금이 신

뿐이다"라고 하였다.
13) 한편, 『고려사』 기록 가운데는 '삼각산 중봉(三角山中峰)'이 무너졌다는 기록이 세 차례(희종 6년 3월, 공민왕 23년 7월 및 우왕 6년 7월) 등장하는데, 이 '삼각산 중봉'이 백운대의 또 다른 이름일 것으로 보는 견해도 있다. 김윤우, 같은 책(앞의 각주 12), 46쪽. 조선 중기의 문인 나식(羅湜: 1498~1546) 역시「登白雲臺」(『장음정유고』에 수록)라는 시에서 백운대를 "삼각중봉(三角中峰)"이라고 하였다. 그러나 『고려사』에 기록된 '삼각산 중봉'은 삼각산 가운데 있는 노적봉의 고려 때 이름일 것으로 보인다. 조선 후기 이이명(李頤命)이 저술한 『강역관방도설』의 '북한산성' 조에서는 "백제고성이 삼각산 중흥사 북쪽에 있다. 석축 둘레는 9,517척이며 일부는 온전하고 일부는 허물어져 있으나 그 터는 뚜렷하다. 중흥사 앞으로 개울을 타고 넘는 성벽의 흔적이 있고 '중봉(中峰)'에는 중성(中城)의 옛터가 있다"고 하여 '중봉(中峰)'을 '노적봉'을 지칭하는 이름으로 사용하고 있는 것으로 보인다. 이 문제에 관한 상세한 논의는 이 책의 제3편 중흥동고석성의 구체적 위치와 형태 참고.

하늘에게 "삼각산에 중흥동이 있는데, 고려 때 현종이 피난한 곳이다"라고 말한 기록이 있으나, 『고려사』 기록을 검토해 보면 선조의 말을 사실로 보기 어렵다. 고려 현종14)이 제8대 왕으로 옹립되던 해(1010) 11월 거란(遼나라)의 성종(聖宗)은 강조(康兆)의 정변을 문책한다는 구실을 앞세워15) 소배압을 전방사령관으로 하여 친히 군사 40만을 거느리고 두 번째로 고려를 침입하였다.16) 이에 현종은

---

14) 고려 제8대왕 현종은 아버지 왕욱(王郁)과 제5대 왕 경종(景宗)의 비(妃) 황보씨(皇甫氏) 사이에 사통(私通)으로 낳은 아들이었다. 경종에 이어 성종(成宗)과 목종(穆宗)이 왕위를 이었는데 목종에게는 아들이 없자 그 모후(母后) 천추태후(千秋太后)는 권신(權臣) 김치양(金致陽)과 사통하여 낳은 아들을 왕위에 세우려고 당시 왕위계승 서열이 가장 높았던 현종(당시에는 大良院君)을 강제로 출가시켜 개성 숭교사(崇敎寺)로 보냈다가 다시 삼각산 신혈사(神穴寺)로 보냈다. 천추태후는 여러 차례 사람을 보내 그를 해하려 하였으나 절에 있던 노승이 방에 구덩이를 파고 숨겨놓고 그 위에 침상을 올려놓아 불측의 사고를 예방하였다. 『고려사』「세가」, 성종 11년 7월 기사; 동 현종 즉위년 기사; 『고려사』「열전」, "헌애왕태후 황보씨전(獻哀王太后 皇甫氏傳)" "헌정왕후 황보씨전(獻貞王后 皇甫氏傳)" 및 "왕욱전(王郁傳)" 등 참고. 한편, 『고려사』의 현종 즉위년 기사에는 현종이 즉위 전에 신혈사에 머물 때 노승의 도움으로 목숨을 부지하여 후일 왕이 된 사연과 더불어, 현종이 즉위 전에 꿈에 닭 울음소리와 방아소리를 듣고 술사(術士)에게 물으니 풀이하기를 "닭은 '高貴位'<한자음으로 '꼬끼요'를 표기한 것이나, 뜻으로는 '고귀한 지위'를 의미함>하고 울고, 방아소리는 '御近當' <한자음으로는 물레방아소리와 유사한 '어근당'이나, 뜻으로는 '임금이 될 날이 가까왔다'는 의미>이니 임금자리에 오를 조짐입니다(鷄鳴高貴位 砧響御近當 是卽位之兆也)"라고 풀이하였고, 그 후 곧 왕이 되었다는 이야기가 수록되어 있다. 이와 유사한 이야기가 함경도 안변의 석왕사(釋王寺)라는 절의 유래와 관련된 전설로서 전해지고 있는데, 이는 후일 누군가가 『고려사』에 기록된 전설을 이성계와 무학대사 간의 전설로 둔갑시킨 것에 불과하다.
15) 강조의 정변은 강조가 쿠데타를 일으켜 전왕인 목종을 폐위시키고 대량원군을 새 임금 현종으로 옹립한 사건이다.

강조를 시켜 방어케 하였으나 참패하고 양주(楊州: 지금의 서울 강북)로 파천하였다. 고려 현종이 중흥동으로 피신하였다고 선조 임금이 말한 것은 현종이 양주로 파천했던 일을 그렇게 말한 것으로 보인다. 그러나 『고려사』는 현종 원년에 거란이 침입할 때 "양주로 갔다(次楊州)"라고 기록하고 있을 뿐 중흥동고석성으로 피신했다는 기록은 찾아볼 수가 없다.

만약 중흥동고석성으로 피신한 것이라면 농성(籠城)이 목적이었을 것인데, 이듬해 1월 현종이 다시 전라도 나주로 파천한 것으로 보아서는 "양주로 갔다"는 기록을 중흥동고석성으로 들어간 것으로 해석하기가 어려운 것이다.17) 여하간 나주까지 파천한 후에는 현종이 거란에 친조(親朝)할 것을 조건으로 화의가 성립되고 거란이 곧

---

16) 고려는 건국 이후 송(宋)나라와 수교하고 거란과는 강경하게 맞서고 있었는데, 태조 왕건은 거란이 수교를 청하며 보내온 낙타를 만부교 아래 버려 굶어죽게 한 일도 있고, 훈요십조(訓要十條)에서는 후손들로 하여금 거란의 풍속을 경계하라는 유훈까지 남겼다. 고려가 여진족이 차지하고 있던 강동지역, 즉 압록강 동쪽 해안지방에 대한 정벌을 계획하고 있던 제6대 성종 12년(993)에 거란이 다시 수교를 강요하며 고려를 1차 침입한 적이 있었다. 이때는 서희가 세 치 혀로 적을 물러가게 하였다. 거란과 화의가 성립된 후 서희는 성종 13년에 군사를 이끌고 나아가 여진족을 몰아내고 소위 '강동 6주'를 차지하였다. 그러나 고려가 거란과는 여전히 국교를 열지 않을 뿐 아니라, 장흥・귀화・선천・안의・흥화・구주 등 강동 지역 여섯 곳에 성을 쌓고 거란에게 적의를 보이자 거란은 약속불이행을 추궁하고 고려 국왕이 친조(親朝)할 것을 요구하였다. 그러나 고려는 여전히 이를 듣지 않고 있던 중 현종이 제8대 왕으로 옹립되던 해(1010년) 거란은 강조의 정변을 문책한다는 구실을 앞세워 군사 40만을 거느리고 고려를 2차로 침입한 것이다.
17) 문화재관리국, 『문화유적총람』, 1977년, 226쪽에서는 고려 현종 때 중흥동고석성의 중축이 있었다고 하나 『고려사』에서는 그러한 기록은 찾아볼 수 없다. 만약 거란의 제2차 침입 당시 현종이 양주로 파천하였다는 기록이 중흥동고석성으로 피신한 것을 의미한다면, 이때 일부 수축이 있었을 가능성도 있다.

물러나서 2월에는 다시 개경의 수창궁으로 환도하였다.18)

한편, 고려 현종 원년에 거란이 침공해 오자 현종은 남쪽으로 파천하기에 앞서 개경의 현릉에 안치되어 있던 고려 태조의 재궁(梓宮: 시신을 넣은 관)을 '부아산 향림사(負兒山香林寺)'로 옮겨놓았었고 거란이 물러난 5년 후인 현종 7년 1월에야 다시 현릉으로 복장(復葬)한 사실이 있다.19) 조선조 이후의 몇몇 문헌들을 보면, 『고려사』에 기록된 이 '부아산'을 현 삼각산으로 보고 있다.20) 『고려사』

---

18) 『고려사』「세가」의 현종 원년 기사에서 거란의 2차 침입에 관한 기록을 요약해 보면 아래와 같다.
    顯宗 元年(庚戌)… 春正月… 契丹主謂群臣曰 高麗康兆 弑君大逆也 宜發兵問罪… 十一月… 辛卯 契丹主 自將步騎四十萬 渡鴨綠江… 癸丑 丹兵至西京 焚中興寺塔… 壬申夜 王與后妃 避丹兵南幸 甲戌 次楊州… 二年春正月… 壬午 次長谷驛 乙酉 丹兵退… 丁亥 踰蘆嶺 入羅州 乙未 王回駕 癸卯 契丹主渡鴨綠江引去… 二月… 丁卯 還京都 入御壽昌宮. ―이 기사에 기록된 중흥사(中興寺)는 서경(西京), 즉 평양(平壤)에 있던 사찰로 보인다.

19) 『고려사』의 현종 원년 기사에는 태조의 재궁을 향림사로 안치한 기록이 없으나 현종 7년 1월 기사에는 "임신일에 태조의 재궁을 모셔 와 현릉에 복장하였다. 경술년의 난 당시 재궁을 '부아산 향림사'로 옮겨놓았다가 이때에 이르러 다시 제자리로 묻은 것이다(奉太祖梓宮 復葬顯陵 庚戌之亂 移安梓宮于負兒山香林寺 至是還葬)"라는 기록이 있다.

20) 성종 12년(1481) 최초 간행된 『동국여지승람』의 「한성부(漢城府)」, 「불우(佛宇)」편의 '향림사(香林寺)' 조에서도 거란 침입 당시 고려 태조의 재궁을 두 차례나 삼각산에 있는 향림사로 옮겨놓은 적이 있다고 하였고, 『숙종실록』 36년 12월 28일 기사에는 어전회의(御前會議)에서 판부사 이유(李濡)가 삼각산을 둘러보고 온 결과를 임금에게 보고하면서 "고려 때에는 병란을 당할 때마다 문득 태조의 재궁을 받들어 향림사에 옮겨 피란하였으니, 이와 같이 그 험조(險阻)함을 족히 믿을 수가 있습니다"라고 하였다. 이러한 기록으로 인하여 육당 최남선이 저술한 『대동지명사전』의 '香林寺' 조에서도 "한성 삼각산에 있으며, 고려 현종 때 현릉을 이곳으로 옮긴 적이 있다(在漢城三角山高麗顯宗時葬顯陵)"고 하였다.

에 기록된 '부아산'을 현 삼각산으로 보는 것은, '부아산'이 삼각산의 삼국시대 이름인 '부아악'과 같은 이름이었을 것으로 생각한 데다가, 조선시대 초기부터 삼각산에도 향림사라는 절이 있었기 때문일 것으로 보인다. 『조선왕조실록』에는 태종 때부터 향림사라는 절 이름이 등장한다.

그러나 『고려사』 현종 원년 기사를 보면 현종이 왕위에 오르기 전 기거한 절을 '삼각산 신혈사(三角山神穴寺)'로 기록한 반면, 현종 7년 및 9년 기사를 보면 태조의 재궁을 옮겨놓았던 절은 '부아산 향림사(負兒山香林寺)'라 하여 삼각산과 부아산을 별개의 산 이름으로 사용하고 있다. 뿐만 아니라 『고려사』를 통틀어서 '부아산'이라는 이름은 현종 7년 및 9년 기사에 '부아산 향림사'가 기록된 것이 모두인 반면, '삼각산'이라는 이름은 그 전후로 모두 14차례나 기록되어 있다. 필자의 우둔한 생각으로는 『고려사』에 기록된 '부아산'과 '삼각산'은 결코 같은 이름일 수가 없으리라고 본다. 같은 산의 이름을 어떻게 그와 같이 도중에 다른 이름으로 기록할 수 있다는 말인가?

신라 때 최치원(崔致遠) 선생이 편찬한 「당대천복사고사주번경대덕법장화상전(唐大薦福寺故寺主飜經大德法藏和尙傳)」(약칭: 「법장화상전」)[21]이라는 글에서는 화엄대학(華嚴大學)이라 하여 '한주 부아

---

21) 동국대학출판부에서 1989년 간행한 『한국불교전서(韓國佛敎全書)』에 수록되어 있다. 이 「법장화상전」의 출처를 흔히 『고운선생문집(孤雲先生文集)』이라고 하나, 고운 최치원 선생의 문집으로 현재 전해지고 있는 『계원필경집(桂苑筆耕集)』(1834년 徐有榘 印行本, 서울대 규장각 소장)이나 『고운집(孤雲集)』(1926년 崔國述 刊行本, 연세대학교 중앙도서관 소장)에는 이 「법장화상전」이 수록되어 있지 않다. 「법장화상전」은 중국 화엄종의 제3조인 법장 스님(643~712년)의 행적을 엮은 전기로서 그의 전기에 우리나라의 사찰 이름이 기록된 것은 법장 스님이 그와 동문(同門)인 우리나라 의상법사(義想法師)와 교유한 기록 가운데 우리나라의 화엄대학 10여 곳이 소개되었기 때문이다. 이 「법장화상전」은 우리나라에서는 이미 오래 전

산 청담사(漢州負兒山靑潭寺)'를 포함한 10여 개 사찰의 이름과 소재를 기록하여 놓았는데, 삼각산 보현봉 아래 청담샘 부근의 절터를 「법장화상전」에 기록된 청담사 터로 보고 청담사가 있었다는 '부아산'을 삼각산의 다른 이름으로 보면서,22) '부아산'이 고려시대 이전부터 삼각산의 다른 이름으로 사용되었다는 또 다른 근거로서 그외에도 『고려사』「오행지(五行志)」에 기록된 "현종… 6년 6월 갑자일에 양주 부아산이 무너졌다(顯宗… 六年六月甲子楊州負兒山 頹)"는 구절을 들고 있는 견해도 있다.23)

그러나 「법장화상전」은 신라 때의 저작으로서, 신라시대의 한주(漢州)는 북으로는 현 경기도 개성(開城) 너머까지도 이에 포함되고, 남으로는 그 치소(治所)가 현 경기도 광주에 있었으며, 그에 부치(附置)된 군사기구인 정(亭)도 다른 주(州)와는 달리 둘이나 될 정도로 신라 아홉 개 주(州) 가운데 가장 넓은 주(州)였다. 「법장화상전」에 기록된 '한주 부아산'이라는 구절은 『고려사』에 기록된 부아산을 삼각산으로 해석할 수 있는 근거가 될 수 없다. 삼각산 보현봉 아래 청담샘 부근에 있는 절터를 '한주 부아산 청담사' 터로 보면서 부아산을 삼각산의 다른 이름으로 추론한 것은 문헌자료들을 대한 정밀한 검토 없이 이끌어낸 억측일 뿐이다.24)

에 인멸되었고 일본의 『대정신수대장경(大正新修大藏經)』에 실려 전해진 것이다. 「법장화상전」이 간행된 경과와 일본『대정신수대장경』에 실려 전하게 된 경위는 김복순, "최치원의 법장화상전 검토", 『한국사 연구』 제57집, 1987, 2~5쪽에 대략 소개되어 있다.

22) 김윤우, 「북한산국립공원 - 역사이야기」, 『월간 산』, 2001년 6월호, 153쪽.
23) 김윤우, 앞의 책(앞의 각주 12), 45쪽.
24) 삼각산 보현봉 아래에 있는 청담샘 부근 절터를 '한주 부아산 청담사' 터로 본 것은 원래 오순제 씨의 견해였다. 오순제 씨는 1995년 6월 1일 초판을 발행한 『한성백제사』(집문당)에서 「법장화상전」에 청담사의 소재지로 기록된 곳을 '한주 부아악'으로 잘못 읽고 있을 뿐 아니라 식산 이만부의 「지행부록(地行附錄)」중 '삼각도봉'

『고려사』「오행지」에 기록된 '양주 부아산' 역시 『고려사』의 '부아산'이 삼각산이라는 증거가 될 수가 없다. 『고려사』「오행지」에는 삼각산에서의 지변(地變)에 관한 기록이 10여 차례가 있으나 한결같이 '삼각산'으로 기록하고 있다.25) 앞서 『고려사』「세가」 및 『고려사』「열전」의 경우에 대해서도 이미 언급한 바 있지만, 어떻게 같은 『고려사』「오행지」 내에서 다른 곳에서 10여 차례나 '삼각산'으로 기록한 산을 아무런 설명도 없이 한 곳에서만 '부아산'이라고 기록할 수 있는가? 필자의 우둔한 생각으로는 『고려사』「오행지」에 기록된 '양주 부아산' 역시 삼각산 이외의 다른 산을 말하는 것으로 해석하여야 옳을 것이다.

현 경기도 개성(開城) 북쪽의 천마산(天磨山) 남서쪽에는 부아봉(負兒峰)이라는 봉우리가 있다. 조선 중기 1648년에 간행된 『송도지(松都誌)』 이후 개성 지역의 읍지(邑誌)에는 한결같이 기록되어 있고 조선조 말에 간행된 김정호의 『대동지지』에도 기록되어 있는 지명이다. 이 봉우리는 창을 세워놓은 것과 같이 뾰족한 모습이라 속

조에서 '청담동(靑潭洞)'이 백운대 서쪽에 있다고 기록된 것을 또한 잘못 읽고서 「법장화상전」에 기록된 청담사와 「지행부록」에 기록된 청담동의 소재지를 삼각산 남쪽의 보현봉 아래에 있는 청담샘 부근으로 비정하였던 것이다(같은 책, 24쪽). 그러나 「법장화상전」은 청담사의 소재지를 '부아악'이 아니라 '부아산'이라고 기록하고 있을 뿐 아니라, 이만부의 「지행부록」에서 백운대 서쪽에 있다고 기록한 '청담동(靑潭洞)'은 현 효자리 사기막골 일대를 말하는 것이다. 현 효자리 사기막골 일대의 옛 지명에 대해서는 이 책 제3권 시문집, 제1편 한문편, Ⅱ. 시(詩), 23. 청담동에서 상세히 소개하여 놓았다. 한편, 김윤우 씨는 1995년 10월 30일 초판을 발행한 『북한산 역사지리』(앞의 각주 12)에서는 오순제 씨의 글을 참고한 흔적이 없으나, 『월간 산』지에 기고한 글(앞의 각주 22)에서는 오순제 씨의 글을 일부 참고하여 삼각산 보현봉 아래 청담샘 부근 절터를 「법장화상전」에 기록된 '한주 부아산 청담사' 터로 본 것이다.

25) 김윤우 씨 자신이 앞의 책(앞의 각주 12), 45~46쪽에서 그러한 기록들을 잘 조사하여 정리하여 놓았다.

칭 '창바위(戟巖)'라고도 부르는데,26) 『고려사』에서 향림사의 소재지로 기록된 '부아산'은 바로 이 봉우리를 말하는 것으로 보인다. 특히 1802년 간행된 『송도속지(松都續誌)』의 '능묘(陵墓)'조에서는 "고려 태조의 능은 현종 당시 홍건적의 난으로 인해 부아봉(負兒峰)으로 옮겨두었다가 난이 끝난 이후에 다시 제자리로 옮겼다"고 기록하고 있다.27) 홍건적의 난은 거란의 침입을 잘못 말한 것이지만, 이 기록은 거란의 침입 당시 고려 태조의 재궁을 옮겨두었던 곳으로 『고려사』에 기록된 '부아산'이 개성 북쪽 천마산의 '부아봉'으로 보고 있는 것이다. 조선 초기 조정에서 공문서로서 간행한 『동국여지승람』에서 고려 현종 때 태조의 재궁을 옮긴 곳을 삼각산으로 보고 있었음에도 불구하고 현지의 읍지(邑誌)가 이와 같이 달리 기록한 것은 『동국여지승람』은 조정에서 현지 사정을 잘 모르는 사람들이 책상머리에 앉아 문헌들에 의존해 작성하다가 잘 모르는 지명이 등장하면 그 비슷한 지명을 가진 곳과 같을 곳일 것으로 단정해버린 것으로 보이는 반면, 현지의 읍지는 현지의 세세한 역사에 관한 구전(口傳) 등을 반영하였기 때문일 것이다. 현지의 구체적이고도 사소한 역사에 관한 한은 현지 사정에 밝은 사람들이 작성한 읍지(邑誌)가 보다 신뢰할 수 있는 기록일 것이다.

1802년 간행된 『송도속지』에는 이뿐 아니라 고종 당시 몽고 침입 때에는 태조 재궁을 강화도로 옮겼다가 난이 끝난 이후 다시 제자리

---

26) 1782년 간행된 『송도지(松都志)』 권2, 「山川」, 「天磨山」, '戟巖'조 ; 1855년 간행된 『중경지(中京誌)』, 권6, 「寺刹」, '聖燈庵'조.
27) 원문: 麗太祖陵 顯宗時 因紅巾亂 遷厝負兒峰 亂已還厝 高宗時 因蒙古亂 移厝于江都 後亦還厝. 이 기록에서 '紅巾'은 '契丹'의 오기(誤記)임이 분명하다. 일제시대인 1933년에 발행된 『개성지(開城志)』와 최근 1984년도에 발행된 『개풍군지(開豊郡志)』에도 거란족 침입 당시 태조 재궁을 옮겨놓은 향림사가 부아봉에 있었던 것으로 기록되어 있다고 하나, 필자는 아직 현대의 이 두 기록을 직접 확인해 보지 못하였다.

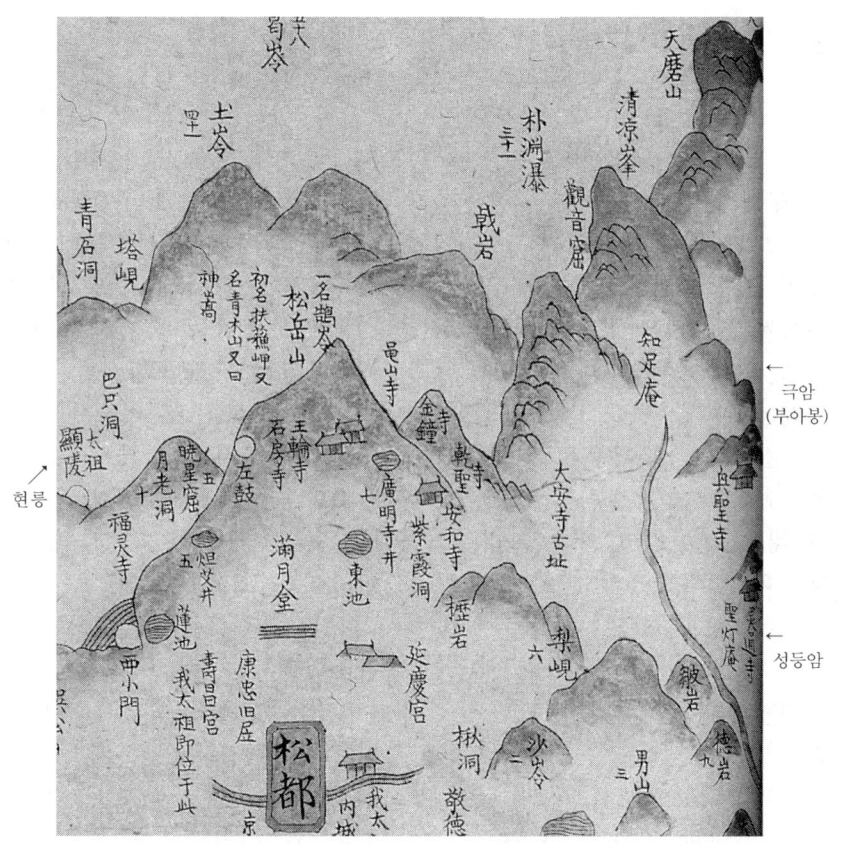

지도 6. 『동여비고(東輿備攷)』의 「경기도주군도」 중
극암, 성등암 및 현릉

로 옮겨온 일과(『고려사』에도 같은 기록이 있다), 조선조 이후에도 고려 태조가 삼한(三韓)을 통일한 공을 기리기 위해 태조능인 현릉(顯陵)을 특별히 관리한 역사가 상세히 기록되어 있다.

그러나 조선조에 발간된 개성지역 읍지들에는 부아봉 부근에 향림사가 있었다는 기록은 없다. 다만, 1855년경 간행된 『중경지(中京

志)』의 권6, 「寺刹」편에는 '극암(戟岩)' 또는 '부아봉(負兒峰)'이라는 이름 대신에 '부아산(負兒山)'이라는 이름을 사용하면서 이 '부아산'에 '성등암(聖燈庵)'이 있는 것으로 기록되어 있다. 혹시 이 성등암의 고려 초기 이름이 향림사가 아닐까 하는 생각도 들지만 이를 입증할 구체적 증거는 아직 발견하지 못하였다. 조선 초기에 권근(權近)이 쓴 「오관산성등암중창기(五冠山聖燈庵重創記)」(『동문선』 권79 및 권근의 문집인 『양촌집』 권13에 수록)는 이 성등암의 유래와 더불어 이성계가 1398년 정종에게 전위(傳位) 후 성등암을 중창하고 권근에게 명하여 이를 기록으로 남기도록 하였다고 했으나, 성등암의 유래에 대해서는 고려가 도읍을 송악 남쪽에 정할 당시 술사(術士)가 진언키를 부아봉은 삼재(三災)가 발작할 곳이니 이곳에 돌기둥을 세워놓고 장명등(長明燈)을 밝혀놓으면 명군(明君) 충신이 끊이지 않을 것이라고 하자 고려왕실에서 이곳에 암자를 세우고 대대로 등불을 밝혀놓았다고 하였을 뿐, 거란족의 침입 당시 태조 재궁을 이곳에 옮겨놓았다는 말은 없다.28)

고려 현종 당시 태조의 재궁을 옮겨놓았었다는 '부아산 향림사'의 소재 문제는 여하간에 조선조 초기부터 삼각산에도 향림사(香林寺)라는 절이 있었으며, 고려 제8대 왕인 현종(顯宗)은 왕위에 오르기 전 불우했던 한때를 중이 되어 삼각산 신혈사(神穴寺)에 기거한 것 역시 엄연한 역사적 사실이다. 이 향림사와 신혈사라는 절이 삼각산 어디에 있었는지에 대하여는 각각 몇 가지의 견해가 있다.

---

28) 한편, 조선조 말에 편찬된 경기도 용인(龍仁) 지역 읍지(邑誌)에도 '부아산(負兒山)'이라는 지명이 기록되어 있는데 이 지명이 고려 때부터 사용된 지명인지는 알 수 없으나, 만약 그러하다면 최치원의 「법장화상전」에 기록된 '한주 부아산'은 개성 천마산의 부아봉 아니면 용인의 부아산 가운데 하나일 가능성이 높다. 그러나 『고려사』 「오행지」에서 고려 현종 6년에 무너져 내렸다고 한 '양주 부아산'이 어느 곳을 말하는지는 짐작이 가지 않는다. 고려 때의 양주는 현 서울지역을 말하기 때문이다.

1. 비봉의 옛 이름과 향림사의 위치

조선조 초기부터 삼각산 어느 곳에 있었던 향림사의 구체적 위치에 대해서는 세 가지의 견해가 있다. 첫째는 비봉능선 동남쪽 기슭의 문수사와 승가사 사이 어느 지점에 있었을 것으로 보는 견해이고,29) 둘째는 불광동에서 비봉능선으로 접근하는 도중 향림담(香林潭)이라는 석담(石潭)이 있고 이 석담에서 비봉능선을 향하여 100m쯤 더 올라가면 거대한 옛 절터가 하나 있는데 이곳이 바로 향림사 터라는

사진 12. 승가봉에서 본 비봉능선
　　　　　앞에서부터 사모바위, 비봉 및 향로봉(삼지봉)
(출처: http://at.co.kr/m_bh1.jpg)

---

29) 오순제, 『한성백제사』, 집문당, 1995, 23~25쪽.

지도 7. 『동여비고(東輿備攷)』 중 「자도성지삼강도」의 비봉능선 부분

견해이며,30) 셋째는 비봉과 현 향로봉 사이 어느 곳이라는 견해이다.31)

---

30) 김윤우, 앞의 책(앞의 각주 12), 289쪽; 대한불교조계종 불교문화재발굴조사단, 『북한산의 불교유적』, 1999, 147쪽 역시 김윤우 씨의 견해를 따르고 있다.

31) 이숭녕, 『산 좋아 산을 타니』, 박영문고 제170권, 박영사, 1978, 178쪽(요도). 이 교수는 요도에서만 향림사의 위치를 표기하였을 뿐 무슨 근거로 향림사의 위치를 그와 같이 표기하였는지, 또 구체적으로 어느 곳을 말하는지에 대한 설명은 없다. 그러나 이 교수가 지적한 향림사의 위치는 현재 '포금정사 터'로 알려진 곳 아니면 그 부근을 말하는 것으로 보인다. 위 책은 인하대학교 논문집(1974년)에 게재하였던 "북한산의 지리적 고찰"이라는 논문과 본인의 산행 수필 몇 편 및 다른 논문 한 편과 함께 묶어 단행본으로 발행한 책이다. "북한산의 지리적 고찰"은 『월간 산』 1984년 1월호에도 '북한

향림사 위치를 두고 이렇게 견해가 나뉘는 것은 여러 고지도나 역사지리서들에 대한 평가와 해석에 관한 차이 때문이다.

우선 향림사 터의 위치를 문수사와 승가사 사이의 어느 지점에 있었을 것으로 보는 견해는 「자도성지삼강도(自都城至三江圖)」라는 고지도 때문이다.32) 이 지도에는 비봉능선의 동남쪽 사면에 위로부터 '문수사' '향림사' '지장암' '승가사'를 순서대로 나란히 그려놓았다. 이 때문에 향림사가 문수사와 승가사의 중간에 있었을 것으로 보는 견해가 등장한 것이다.

그러나 성능 스님이 편찬한 『북한지』[영조 21년(1745) 발간]의 「사실」편에는 숙종 36년 왕명에 따라 삼각산의 산세를 둘러보고 돌아온 훈련대장 이기하의 보고 내용이 상세히 수록되어 있는데,33) 그 가운데 "문수봉에서 시작되는… 한 줄기는 서쪽으로 달려나가 '승가봉'과 '향림사 뒷봉우리'가 된다"라는 구절이 보인다. 이 기록은 『동국여지비고』(조선조 후기, 저자 미상)에 수록되어 있는 삼각산 산세 설명과도 거의 일치한다.34) 이 기록들을 보면 향림사는 비봉능선 상

산성 연구/위용 갖춘 서울의 진산'이라는 제목으로 수록되어 있다.
32) 서울대 규장각에 소장된 「자도성지삼강도」란 지도는 『동여비고(東輿備攷)』라는 지도책(개인 소장)에 수록하여 놓은 「자도성지삼강도」를 모사한 것이다. 또 영남대학교 박물관에서 소장하고 있는 『고지도첩』 가운데 「한성전도」 역시 이와 동일한 지도이다. 「자도성지삼강도」의 제작연대는 숙종 8년(1682)쯤으로 추정된다. 이상태, "동여비고 해제", 『동여비고』 경북대학교출판부, 1998, 17쪽.
33) 이기하의 보고일자가 숙종 1710년 10월 13일인데, 같은 일자의 『숙종실록』에는 이기하가 삼각산과 홍복산(송추 부근)을 함께 살펴보고 돌아와 보고한 사실만 기록되어 있고, 상세한 보고내용은 같은 일자의 『비변사등록』에 「홍복북한기지간심서계(洪福北漢基址看審書啓)」라는 다소 긴 제목으로 수록되어 있다.
34) 후자가 전자의 해당 문구를 그대로 전재한 것으로 보인다. 다만 전자는 "승가봉과 향림사 뒷봉우리가 된다"라고 하였으나 후자는 '승가봉과 부처바위(佛巖)'와 '향림사 뒷봉우리가 된다'라고 한 차이가 있다. 후자에 삽입된 '부처바위'는 현재 홍지문 부근 옥천암 아

사진 13. 보도각 백불
(출처: http://seoul600.visitseoul.net)

에서 '승가봉'과는 별개의 봉우리인 '향림사 뒷봉우리'의 전면 아래의 어느 곳에 있었던 절이 된다.

그러나 「자도성지삼강도」라는 지도의 표기대로라면 향림사는 현 승가봉 밑에 있는 것이 되고,[35] 그렇다면 현 '승가봉'이 '향림사 뒷봉우리'가 되고 만다. 따라서 「자도성지삼강도」의 표기는 '승가봉'과 '향림사 뒷봉우리'를 별개의 봉우리로 기록한 『북한지』나 『동국여지비고』의 내용과 양립할 수가 없는 것이다. 뿐만 아니라 18세기 중엽 편찬된 것으로 추정되는 지도책 『해동지도』에 수록되어 있는 「경도5부-북한산성부」 지도에서도 현 비봉이나 향로봉과는 별도로 현 승가봉과 같은 위치에 승가봉을 별도로 표기하고 있다. 「자도성지삼강도」의 표기는 『해동지도』의 표기와도 양립할 수 없는 것이다.

래 냇가에 있는 '보도각백불(保渡閣白佛)'을 말한다. 후자는 '향림사 뒷봉우리'와 '부처바위'의 순서를 거꾸로 기록한 것이다.

35) 「자도성지삼강도」는 삼각산을 중심으로 한 지도가 아니라서 삼각산의 모습이 극히 소략하게 그려져 있는데, 향림사 위치를 승가봉 쯤으로 추정되는 봉우리 밑에 표기하여 놓았다.

제7편 삼각산 봉우리들의 옛 이름 339

지도 8. 『해동지도(海東地圖)』의 「경도5부-북한산성부」 중 비봉능선

지도 8-1. 「경도5부-북한산성부」 중 비봉능선 부분 확대도

『해동지도』는 매우 정밀하고 채색 등 모든 면으로 보아 조정 관리들이 사용하던 공용지도일 것으로 추정되지만 「자도성지삼강도」는 표기가 매우 소략하여 신뢰도가 낮은 지도이다. 다만, 「자도성지삼강도」는 향림사가 승가사 등과 함께 비봉능선 동남쪽 사면에 자리하여 있었음을 입증할 수 있는 증거는 될 수 있을 것이다.

향림사가 불광동에서 비봉능선으로 접근하는 도중에 있는 향림담(香林潭) 부근에 있었던 것으로 보는 견해는 현재의 향로봉이 조선시대에 향림사 뒷봉우리 또는 향림봉으로 불리던 봉우리일 것으로 보고,36) 이 봉우리 서남쪽 사면에 위치한 향림담 부근의 절터에서 고려시대 기와쪽을 발견했다면서, 이 절터를 향림사 터로 비정한 것이다. 그러나 『해동지도』의 「경도5부-북한산성부」에서는 현 향로봉과 비봉의 이름을 별도로 표기하지 않고 두 봉우리 사이에 '향림봉(香林峰)'이라는 하나의 이름만 표기해 놓았다. 이 지도를 보면 현 비봉과 향로봉 가운데 어느 봉우리가 향림봉인지 알 수가 없다. 뿐만 아니라 '향림담'이라는 지명이 어디에서 유래가 된 것인지도 매우 불분명하다.37)

북한산국립공원의 (웃산)불광사 매표소에서 향림담을 거쳐 현 향로봉에 이르는 골짜기를 현재 '향림동(香林洞)'이라고 부른다. 이 골짜기 내에는 앞서 말한 향림담 이외에 향림정이라는 현대식 정자도 있으며, 골짜기 입구에 (웃산)불광사와 철조망 하나를 사이로 인접해 있는 한국기독교수양관 내에는 '香林洞(향림동)'이라는 암각글자가 새겨진 큰 암괴(巖塊)도 있다.38) 그러나 '향림동'이라는 현재의

---

36) 그러나 그 근거에 대해서는 말하고 있지 않다.
37) 현재 '향림담'이라고 불리는 석담 옆 암벽에는 '香林潭'이라는 글자가 암각되어 있으나 이는 1973년 8월 15일 누군가 새겨놓은 글자이다.
38) 이 암괴는 인사동 문우서림 김영복 씨 제보에 의해 알게 된 것이다. 김영복 씨는 이를 근거로 향림담 위 절터를 향림사 터로 보고 있다.

제7편 삼각산 봉우리들의 옛 이름 341

사진 14. '香林洞(향림동)' 암각바위

사진 14-1. '香林洞' 부분

그림 3. 임득명의 평양도

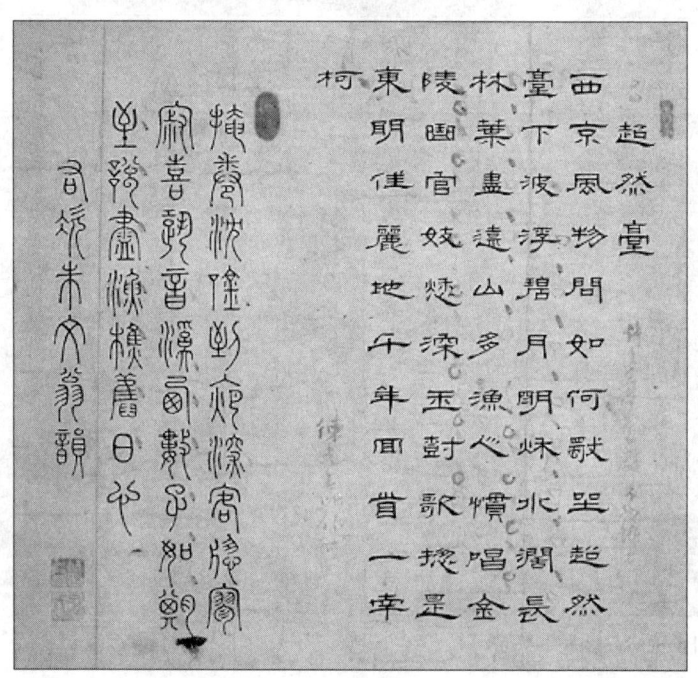

그림 3-1. 임득명의 예서 및 전서

지명은 아무리 소급해 올라가 보아도 50년을 넘지 않는 최근에 누군가에 의해 붙여진 지명인 것으로 보인다. '향림동'이라는 암각글자가 새겨져 있는 암괴 주변은 조선 후기의 서화가인 임득명(林得明: 1767~?)의 가족묘지가 있던 자리이다. 암괴 앞에는 임득명 추모비가 그 후손들에 의해 최근 세워져 있다. 그런데 이 암괴를 자세히 살펴보면 과거 채석(採石)을 위해 잘라낸 흔적이 뚜렷이 남아있고 잘려진 바위틈에는 수령(樹齡) 50년 내외의 소나무 한 그루가 뿌리를 내려 그 줄기가 암각글자가 새겨진 바위면에 바짝 붙어 자라고 있다. 그런데 이 암각글자를 유심히 보면 소나무 줄기를 피해 새겨 넣느라고 왼쪽 마지막 글자인 '洞'자의 '同'부분이 왼쪽으로 기울어져 있음을 알 수가 있다. 소나무가 이미 지금과 같은 모습으로 줄기를 뻗은 이후에 새겨넣은 글자임을 알 수 있는 것이다. 이 암각글자도 최근에 새겨진 것이 분명한 것이다. '香林潭'이나 '香林洞'과 같은 암각글자나 향림담 위 절터에서 수습되었다는 고려시대 기와쪽 정도의 고고학 자료들은 향림담 위 절터가 조선시대 향림사터임을 입증하기 위한 자료로는 너무도 빈약한 자료이다.

여기서 한 가지 짚고넘어가야 할 점은 암각글자나 기와 쪽 같은 고고학 자료의 가치에 관한 문제이다. 현대역사학은 과학적 역사학을 지향하면서 여러 고고학 자료들을 역사적 사실의 입증을 위한 중요한 자료로 활용하고 있다. 그러나 고고학 자료의 활용에는 분명한 한계가 있다. 만약 향림담 위 사찰터에서 수습한 고려시대 기와쪽에 분명히 '香林寺(향림사)'라는 글이 새겨져 있거나 부근에서 발견된 암각글자의 내용이 '香林寺'라는 글자였다면 이는 그 절터가 향림사 자리라는 꽤 유력한 증거로 활용될 수도 있을 것이다. 그러나 현재 절터에서 발견된 기와쪽은 고려시대 것으로 추정되는 기와쪽이라는 사실뿐이며, '향림담'과 '향림동'이라는 암각글자는 최근에 누군가에 의해 새겨진 것일 뿐이다. 옛 지명의 비정 작업은 문헌사료들에 대한 엄밀한 고증으로부터 시작해야 할 것이다.

필자는 오히려 현재의 향림담 부근 절터를 향림사 터로 추정해 볼 수도 있는 증거를 『조선왕조실록』에서 찾아볼 수가 있었다. 『세종실록』 9년 7월 9일 기사에는 역질로 사망한 자 가운데 장사지내 줄 친족이 없는 자는 한성부가 맡아 매장하게 한 기록이 있는데, 이 기록 중에 "금년은 역질이 크게 유행하여 사람이 사망하는 이가 많으므로 녹번현(綠磻峴), 향림사 동구(香林寺洞口), 연계원(淵溪院) 등지에 사람의 시체를 나무에 걸어놓기도 하(였다)"는 구절이 있고, 동왕(同王) 13년 4월 19일 기사에는 절도 용의자들을 체포하여 국문한 기록이 있는데, 이 기록 중에 "망오지(亡吾之), 박만(朴萬) 등 여섯 사람이 각기 꾸리어 싼 물건을 지고 영서역정(迎署驛亭)에 모였으므로, 관령(管領)이 마을 사람들을 거느리고 잡았으나, 두 사람만 잡고 나머지 네 사람은 향림사(香林寺) 산으로 올라가서 미처 잡지는 못하였고 그 물건만 빼앗았다"는 구절도 있다. 그리고 『세조실록』 9년 10월 22일 기사에는 함부로 아무 곳에서나 돌을 캐는 자를 처벌할 것을 건의한 기록이 있는데, 이 기록 중에 "도읍에 있는 주산(主山)의 내맥(來脈)은… 서쪽으로는 향림사(香林寺)에서 녹번현(綠磻峴)의 세답암(洗踏巖)과 북점(北岾) 연창위 농소(延昌尉農所)에 이(른다)"는 구절도 있다.

이러한 기록들은 향림사가 녹번현이나 영서역과 가까운 곳에 있었음을 시사하는 기록들인데, 녹번현은 현 홍제동에서 녹번동으로 넘어가는 고개를 말하고, 영서역은 연서역(延曙驛)의 옛 이름으로서 현 서대문구 연서동 지역을 말한다. 두 지역 모두가 현 향림담으로 접근할 수 있는 입구에 해당한다. 그러나 이 기록들 역시 현 향림담 부근 절터가 향림사 터라는 결정적 근거는 되지 못한다. 오히려 『연산군일기』 10년 7월 29일 기사에는, 연산군이 현 세검정 부근 봉우리 위에 탕춘대라는 정자를 만들고 그 주변을 놀이터로 만들기 위해 가까운 인가들을 모두 철거시켰던 일이 기록되어 있는데, 이때 장의사(藏義寺)와 더불어 향림사(香林寺)의 불상과 승려들도 다른 곳으로 옮기도록 명하는 구절이 있다.

　이 구절과 앞에 소개한 『조선왕조실록』의 기록들을 함께 놓고 보면, 향림사는 장의사 터, 즉 현 세검정초등학교 자리와 앞에서 말한 현 불광동 또는 연서동을 연결하는 축선상에서 장의사 터에 가까운 곳에 있었을 것으로 추측되기도 한다. 현 향림담 일대는 장의사 터에서 상당한 거리에 있고 또 탕춘대 일대를 놀이터로 만들기 위해 그곳에 있는 사찰의 불상까지 철거토록 하지는 않았을 것으로 보인다. 당시 탕춘대 지역을 굽어볼 수 있는 곳이지만 상당한 거리가 있는 승가사에 대해서도 불상 철거지시가 없었던 것을 볼 때, 만일 향림사가 탕춘대 터와는 비봉능선을 사이에 두고 이격되어 있는 현 향림담 부근에 부근에 있었다면, 향림사의 불상 역시 철거토록 하지는 않았을 것이다.

　향림사 터를 추적하기 위해서는 무엇보다도 먼저 현재 '향로봉'과 '비봉'으로 각각 불리는 두 봉우리의 명칭을 정밀하게 검토해 볼 필요가 있다. 위에서 소개한 「경도5부-북한산성부」에서는 현 비봉능선 상의 봉우리들을 위에서부터 '문수봉' '승가봉' '사모암(사모바위)' '향림봉'을 순서대로 표기하고 있다. 그런데 마지막 '향림봉'은 이를 무심히 보면 현재의 '향로봉'을 가리키는 것으로 오해할 수도 있지만, 다시 주의깊게 살펴보면 현 '비봉'을 말하는 것임을 곧 알 수가 있다. 현 향로봉과 비봉 주위에 다른 이름의 표기가 없이 두 봉우리 사이에 향림봉이라는 이름 하나만을 표기하였다면 이는 그 중 높은 봉우리인 현 비봉을 표기한 것이라고 보아야 하기 때문이다. 비봉능선 봉우리들의 높이는 정밀군사지도에 의하면 승가봉 575m, 향로봉(또는 삼지봉) 535m, 비봉 579m이다.

　한편, 앞서 소개한 바와 같이 훈련대장 이기하의 보고 내용 가운데도 역시 '비봉'에 관한 언급이 없고 반드시 '비봉'이 언급되어야 할 곳에서 '향림사 뒷봉우리'를 언급하고 있다. 비봉능선 상에서 가장 높은 봉우리로서 진흥왕이 순수비를 세울 정도로 어느 방향에서 보건 그렇게 눈에 잘 뜨이는 봉우리에 대한 언급을 이기하가 빠뜨렸을 리가 없다. 이는 이기하가 말한 '향림사 뒷봉우리'가 현재의 비봉일 것이라는 유력한 증거이다.

뿐만 아니라 선조 29년 병조판서 이덕형이 산성터를 물색하기 위해 삼각산을 둘러보고 와서 임금께 보고한 내용 중에 현 비봉능선의 산세를 설명하면서 "문수사, 승가사, 향림사가 산허리에 나열(羅列)해 있다"고 한 구절이 있다.39) 이 구절에서 "나열해 있다"는 것은 '한 사면에서 차례대로 나란히 벌려져 위치해 있다'는 의미인데 문수사와 승가사는 나열해 있다고 볼 수가 있어도 현 향림담 부근에 있었던 절이라면 이들 두 절과 나열해 있다고 볼 수가 없다. 문수사와 승가사는 비봉능선의 동남쪽 사면에 있는 반면, 향림담과 그 부근 절터는 비봉능선의 서남쪽 사면에 있기 때문이다. 오히려 이숭녕 교수의 견해와 같이 비봉과 향로봉 사이의 남쪽 아래인 현재의 포금정사 터 아니면 그 부근 어느 곳이 향림사 터일 가능성이 높다 할 수 있다. 뿐만 아니라 『북한지』의 「사찰」편에서도 향림사가 "비봉 남쪽에 있었다"라고 기록되어 있다. 그리고 연산군이 탕춘대를 만들면서 장의사와 더불어 향림사의 불상까지 철거시킨 것은 바로 현 포금정사 터 아니면 그 부근에 있던 향림사가 탕춘대 지역을 굽어보고 있기 때문이었을 것이다.

필자는 이상과 같은 추론을 근거로 조선시대 후기까지 향림봉으로 불리던 봉우리는 현 향로봉이 아니라 비봉을 말하는 것으로 본

---

39) 『선조실록』 29년(1596) 3월 3일자. 이 보고를 「중흥산성간심서계(重興山城看審書啓)」라 한다. 임진왜란 말에 울산 서생포 등지에 머물며 철수하지 않고 있는 왜적이 다시 북상할 것에 대비하여 삼각산에 산성을 쌓기 위해 삼각산을 둘러보고 온 보고서이다. 중흥산성은 북한산성의 전신으로서 백제 때 처음 쌓은 것으로 알려져 있으며, 중흥산성이란 이름은 고려 때 붙여진 이름일 것으로 추정되고 있다. 『삼국사기』에는 백제 개로왕 5년(132) '북한산성'을 쌓았다는 기록이 있으나 이 '북한산성'은 중흥산성과 같은 산성이 아니었다.

제 7 편 삼각산 봉우리들의 옛 이름 347

지도 9. 「북한성도」(규장각 소장)

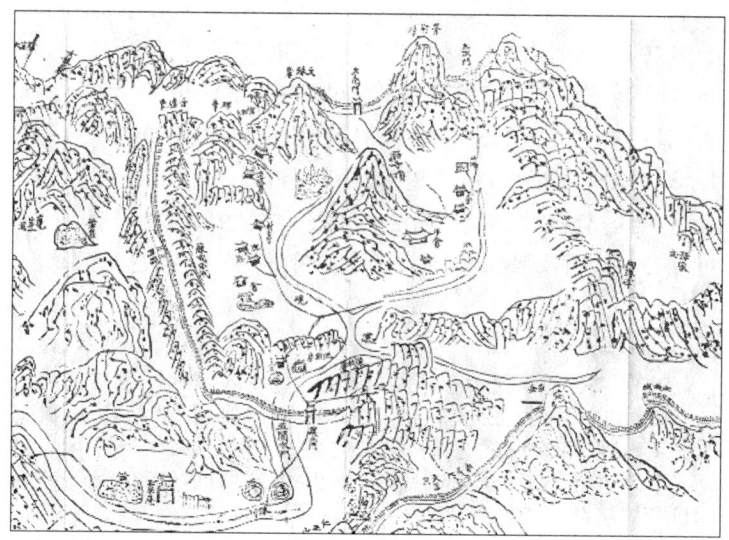

지도 10. 「탕춘대성도」(규장각 소장)

다.40) 봉우리 상단이 삼지창(三枝槍)과 같이 여러 갈래로 갈라져 있어 등산객들 사이에서는 삼지봉(三枝峰)이라고도 불리는 현 삼각산 향로봉에 대하여 누구나 처음 그 이름을 듣는 순간 저 봉우리에 왜 '향로봉'이라는 이름이 붙었는지 의아해 한다.

향로봉이라는 이름은 통상 주위에서 가장 높게 우뚝 솟아 있어 향로와 같은 모양을 한 봉우리를 지칭하는 이름인데 현 삼각산 향로봉은 주변에서 가장 높은 봉우리도 아닐 뿐 아니라 향로와 같은 모양도 결코 아니기 때문이다. 곧 설명하겠지만 오히려 '수리봉'이라는 이름이 이 봉우리의 모습과 잘 어울리는 이름이다.41) 진흥왕 순수비가 서 있던 현 비봉은 주변에서 가장 높고 우뚝한 봉우리일 뿐 아니라 그 모양새도 말 그대로 향로와 같은 모양이다. 또한 비봉에서 구기동 방향으로 내리 뻗은 한 능선상에는 향로와 같은 모양을 한 암봉들이 여러 곳이 존재한다.

한편, 필자의 생각으로는 훈련대장 이기하의 보고(1710)에서 향림봉이라는 이름을 사용하지 않고 '향림사 뒷봉우리'라고 한 것으로 볼 때 '향림봉'이란 이름은 '향림사 뒷봉우리'로 불리던 봉우리에 후일 붙여진 이름이었는데 향림사가 없어짐에 따라 향림봉이라는 이름도 차차 사라지고, 후일 그 봉우리의 형상 때문에 향로봉으로 이름이 변하였다가 다시 비봉이라는 이름이 정착되면서 향로봉이라는 이름은 현 향로봉으로 옮겨간 것이 아닐까 하는 생각이 든다.42)

---

40) 서울대규장각이 소장하고 있는 「북한성도」와 「탕춘대성도」에는 '비봉'과 '향로봉'이라는 이름이 현재와 같이 별도로 표기되어 있으나, 대남문이 표기되어 있고 또 대남문에 문루가 그려져 있는 것으로 보아 조선조 말 아니면 적어도 영조 후기 이후에 출간된 것으로 추정된다. 대남문이라는 이름은 영조 41년(1765)에 생긴 이름이다.
41) 뒤의 각주 52 참고.
42) 영조 30년(1754) 9월 1일의 『비변사등록』에는 "탕춘대 서성(西城)의 공역 가운데 향림봉에서 한북문 서변에 이르기까지 2,400보에 체성과 여장과 내외를 보축하는 등의 공역은 작년에 시작하여 이제

물론 영조 21년(1745)에 발간된 『북한지』에서도 비봉이라는 이름이 사용되고 있고, 이에 앞서 선조 8년(1575)에 승가사에서 여러 문인들이 모여 지은 시를 모아 놓은 『승가수창록(僧伽酬唱錄)』이라는 시집(서울대 규장각 소장)에 수록된 시 가운데 「비봉에 올라 북쪽을 바라보며(登碑峰北望有懷)」라는 제목의 시가 있는 것으로 보면 비봉이란 이름과 향림사 후봉이란 이름이 조선조 초기부터 같이 사용된 보인다. 그러나 이 봉우리의 이름이 비봉으로 정착된 것은 추사 김정희가 비봉 정상의 비석이 진흥왕순수비임을 밝혀내어 이 봉우리가 유명해진 조선조 말 이후일 것으로 생각된다.43)

앞서 필자는 향림사의 위치에 관한 세 가지의 견해를 소개한 바 있으나, 그 외에도 앞서 소개한 『경성부사』에는 향림사의 위치에 관한 기사가 한 곳이 있다. 구체적 근거에 관한 설명은 없으나 후지타료오사꾸(藤田亮策) 씨가 저술한 『朝鮮の古蹟及遺物(조선의 고적과 유물)』이라는 책자와 편집위원이 현지조사한 내용에 의하면 향림사 터가 '高陽郡恩平面舊基里(고양군 은평면 구기리)'라는 기사이다.44) 향림사의 위치를 현 서울시 종로구 구기동 어느 곳으로 본 것이다. 이 기사는 필자의 결론과 유사한 면이 있다. 다만 후지타료오사꾸 씨의 『조선의 고적과 유물』이라는 책자를 필자가 아직 구해 읽어보지 못하여서 그 자세한 내용을 소개할 수 없음이 아쉽다.

끝냈(다)"는 구절이 있다. 이 기록에서 향림봉은 구체적으로는 현 향로봉을 말하지만 당시 현 향로봉에 별다른 이름이 없었기 때문에 현 향로봉을 비봉의 일부로 보고 향림봉이라고 지칭한 것으로 보인다.
43) 삼각산 진흥왕순수비 측면에는 순조 16년(1816)에 김정희와 김경연이 이 비를 조사하여 진흥왕순수비임을 발견한 사실과 이듬해에는 김정희와 조인영이 비석에 남아 있는 68글자를 판독한 사실을 "此新羅眞興大王巡狩之碑 丙子七月金正喜金敬淵來讀 丁丑六月八日金正喜趙寅永同來審定殘字六十八字"라고 새겨놓았다.
44) 경성부 편, 앞의 책(앞의 각주 8), 26쪽, 「京城を中心とせる高麗朝以前の史蹟及遺品」.

2. 신혈사의 위치

고려 현종이 왕위에 오르기 전 승려가 되어 머물었던 것으로 『고려사』에 기록된 삼각산 신혈사(神穴寺)가 어느 곳인지에 대해서는 현재 두 가지 견해가 있다. 첫째는, 현 진관사(眞寬寺) 위치를 신혈사 터로 보는 민병하 교수 등의 견해이다.[45] 민병하 교수 등은 현 진관사 위치를 신혈사 터로 본 이유가 무엇인지에 대해서 언급하고 있지 않지만, 현종 전왕(前王) 목종(穆宗)의 어머니 천추태후가 자신의 또 다른 아들로 왕위를 잇게 하려고 대량원군(大良院君, 후일의 현종)을 죽이려 할 때 그를 방의 구덩이 속에 숨겨주어 구해준 것이 신혈사의 진관조사(眞寬祖師)였고 현종이 왕위에 오른 이후에 그 은혜에 보답하기 위해 큰 가람을 짓고 이름을 '진관사'로 부르게 하였다는 전설 때문인 것으로 보인다.

그러나 현종과 신혈사에 얽힌 이야기는 『고려사』「세가」의 현종 즉위년 기사와 『고려사』「열전」의 "헌정왕후 황보씨전" "헌애왕태후 황보씨전" 등에 기록되어 있는데, 신혈사 노승(老僧)이 대량원군의 목숨을 구했다는 이야기만 있고, 그 노승이 '진관조사'라든지, 현종이 즉위 후에 그 노승의 은혜를 기리기 위해 '진관사'를 지어주었다는 등의 이야기는 없다.

둘째는, 현 진관사의 북동쪽, 북한산성 대서문의 동남쪽 한 지점을 신혈사 터로 보는 김정호의 견해이다.[46] 고산자 김정호가 만든 『청

---

45) 민병하, 『한국사대계』, 삼진사, 1973, 제4권, 76쪽; 이재곤, 앞의 글 (앞의 각주 3), 1403쪽.
46) 현재 신혈사 위치를 논하는 사람들은 민병하 교수 외에는 대부분 김정호의 이 표기를 무비판적으로 수용하고 있으며, 앞서 소개한 김영복 씨(앞의 각주 38)는 그 구체적 위치를 현 삼천사 입구 매표소 부근으로 보기도 한다. 일제시대에 발간된 『경성부사』(앞의 각주 8)에서도 근거에 관한 설명은 없지만 후지타료오사꾸(藤田亮策) 씨가 저술한 『조선의 고적과 유물(朝鮮の古蹟及遺物)』이라는 책자와 편집위원이 현지 조사한 내용을 근거로 하였다면서 신혈사 터를

제7편 삼각산 봉우리들의 옛 이름 351

지도 11. 『청구도』의 신혈면(神穴面)

지도 12. 『대동여지도』의 「경조5부(京兆五部)」 중 신혈사고지(神穴寺古址)

구도』에는 북한산성 서쪽 인근지역의 지명이 '신혈면(神穴面)'으로 표기되어 있고, 『대동여지도』에도 진관사 북쪽, 북한산성 대 서문 동남쪽 한 지점이 '신혈사 터(神穴寺故址)'로 표기되어 있다. 지금의 흥국사 자리쯤을 말한 것 같다. 하지만 김정호는 신혈사의 위치를 그와 같이 표기한 이유를 어느 곳에서도 밝히고 있지 않다. 생각컨대 그 일대의 당시 행정구역 명칭이 '신혈면'인 관계로47) 김정호가 그와 같이 표기하였을 것으로 보인다.

그러나 『동문선』에 수록되어 있는 「삼각산중수승가굴기(三角山重修僧伽窟記)」에 의하면, 신혈사의 위치를 그와 같이 보기 어려운 면이 있다. 고려 선종은 승가굴(현 승가사)을 중수할 때 구산사 주지 선사 영현에게 특명을 내려 일시 신혈사로 옮겨서 승가굴 중수에 관한 일을 전담케 했다고 기록하고 있기 때문이다.48) 이 기록에 의

'高陽郡神道面眞寬內里'로 기록하고 있다. 같은 책, 26쪽, 「京城を中心とせる高麗朝以前の史蹟及遺品(서울을 중심으로 한 고려조 이전의 사적 및 유품 일람표)」 참고. 『조선의 고적과 유물』이라는 책자를 아직 읽어보지 못해 자세한 내용을 소개할 수 없지만, 김정호의 「청구도」에 표기된 위치를 그렇게 해석한 것이 아닌가 추정된다.

47) 현재 이 부근의 행정구역 명칭은 '신도면(神道面)'인데, 이는 1914년 종래의 '신혈면(神穴面)'과 그 인근의 '하도면(下道面)'이 하나의 행정구역으로 통합된 이후의 명칭이다. 한글학회 편, 『한국지명총람』 제17권(경기편, 상), 1985, 164쪽.

48) 「삼각산중수승가굴기」에 의하면, 고려 선종 7년(1090) 구산사(龜山寺)의 주지선사 영현(領賢) 스님에게 특명을 내려 일시 신혈사로 옮겨서 중수에 관한 일을 전담케 하였으며, 이 글의 저자에게 명하여 중수기를 쓰도록 하였으나 아직 지어 올리지 못하고 있던 차에 선종에 이어 다음 왕인 헌종도 죽고 그 다음 왕인 숙종 5년(1099)에 임금이 승가굴에 들러 재를 올리고 다시 영현 스님을 파견하여 절의 중수 작업을 총괄케 하여 마무리를 지었는데, 이때는 영현 선사가 신라 때 승가굴의 주지였던 여철(如哲) 선사가 세운 신혈사의 선조(先祖)로 있었으며, 「삼각산중수승가굴기」를 쓴 것은 그 다음 왕인 예종 원년(1106)이라고 하였다. 『동문선』에는 이 글의 저자가 이예(李預)로 되어 있으나, 『신증동국여지승람』이나 『대동금석서』에

하면, 신혈사는 승가굴(현 승가사) 부근에 있었던 것으로 보는 것이 가장 합리적이다. 만약 신혈사가 현 진관사나 그 부근에 있었다면, 비봉능선 반대편 그 먼 곳에서 승가굴을 오가며 중수의 일을 보도록 하지는 않았을 것이기 때문이다. 이와 같이 신혈사가 승가굴 부근에 있었다고 볼 경우 그 구체적 위치는 승가굴로 드나들기에 가까운 현 구기동 매표소 부근 어느 곳이었을 것으로 생각된다.

한편, 신혈사라는 이름의 유래는 두 가지로 추정해 볼 수 있다. 자연동굴에 의지해 절을 세웠기 때문에 생긴 이름일 가능성도 있고, 노승이 방 속에 구덩이를 파고 현종을 숨겨주었다는 고사로 인해 후일 붙여진 이름일 가능성도 있다. 그러나 신혈사는 신라 때 세워진 절로서,49) 자연동굴에 의지해서 만든 절이었기 때문에 그러한 이름이 붙여졌을 가능성이 높다.

필자는 이상과 같은 추론을 근거로 『고려사』에 기록된 신혈사는 승가사로 드나들기에 편리한 현 종로구 구기동 부근 어느 곳에 자연동굴에 의지해 만든 사찰이었을 것이며, 그러한 조건을 갖춘 곳으로 현재 종로구 홍지동에 있는 소림사(小林寺) 자리가 가장 유력한 후보지일 것으로 본다.50) 현 소림사는 승가사로 드나들기에 편

　　서는 이 글의 저자를 이오(李頲)로 기록하고 있다. 일제시대에 경성제국대학 교수로서 조선총독부 고적조사위원에 위촉되어 삼각산의 유적을 조사한 이마니시류는 위의 기록들을 근거로 그 저자를 후자로 보았다. 이마니시류(今西龍), 「京畿道高陽郡北漢山遺蹟調査報告書」, 朝鮮總督府 編, 『朝鮮古蹟調査報告—大正五年度朝鮮古蹟調査報告』, 소화(昭和) 49년, 47~48쪽. 이 책은 조선총독부가 대정(大正) 5년(1916)의 조선고적조사보고서들을 함께 묶어 이듬해 12월 최초 발행한 것을 1974년 일본 국서간행회(國書刊行會)가 재간한 책이다.
49) 앞의 각주 48 참고.
50) 포금정사터 밑에 있는 절로서 금선굴(金仙窟)이라는 자연동굴에 의지해 만든 지금의 금선사(金仙寺) 자리가 신혈사 터가 아닐까 생각도 들지만, 그곳에서 승가사를 왕래하려면 큰 계곡과 능선을 가로지르거나 우회해서 상당히 먼 거리를 다녀야 한다.

리한 곳에 있으면서 자연석굴에 의지해 만든 사찰로서, 그 터는 옛부터 사찰터로 사용되었을 것으로 추정되기 때문이다.51)

3. 수리봉(족두리봉)의 옛 이름

비봉능선은 문수봉을 기점으로 서남쪽으로 달려나가다가 비봉을 거쳐 향로봉에서 높이가 뚝 떨어지면서 그 하단에서 큰 줄기가 둘로 나뉜다. 둘 가운데 낮은 줄기는 남쪽으로 방향을 틀어 탕춘대성을 거쳐 인왕산으로 뻗어 나가고, 다른 높은 줄기는 계속 서남쪽으로 뻗어 속칭 '수리봉'(해발 369m)을 거쳐 '독박골' 또는 '옹암동(甕岩洞)'으로 흘러내린다. '독박골' 또는 '옹암동(甕岩洞)'이라는 이름은 동쪽에서 본 '수리봉'의 모습이 마치 큰 독을 엎어놓은 듯하다고 해서 이를 '독바위' 또는 한문 표기로 '옹암(甕岩)'이라고 부르고,52) 그

---

51) 소림사는 조계종 조계사의 말사(末寺)로서 태조 5년(1396) 혜철(慧哲)스님이 왕명을 받아 창건하였다 한다. 태조는 즉위 전 수도 장소로 사용하였던 창의문 밖 자연석굴에 절을 세우도록 명하였는데, 이 절을 처음에는 소림굴(少林窟)이라 하다가 순조 7년(1817) 관해(觀海) 스님이 중창하여 절 이름을 소림사로 바꾸었다고 한다.
52) 서울사람들은 최근까지도 인수봉을 독바위라고 부르기도 했는데 가까운 동쪽에서 본 속칭 수리봉의 모습은 우이동 쪽에서 본 인수봉 모습과 흡사하다. 그러나 한글학회 편, 앞의 책(앞의 각주 3), 83쪽에서는 불광동의 '독바위(옹암)'는 "수리봉 부근에 있는 바위로 그 모양이 독과 같이 생겼으므로 독바위 또는 한자명으로 옹암(甕岩)이라 한다"고 하고, '수리봉'은 "비봉 아래에 있는 봉우리이며 모양이 수리와 같이 장엄하게 생겼다"고 하여, 수리봉과 독바위를 별개의 것으로 설명하고 있다. 이 설명이 수리봉은 현 향로봉을 말하고 독바위는 현 수리봉을 말한다는 것인지, 수리봉은 현 수리봉을 말하고 독바위는 현 수리봉 아래의 다른 바위를 말하는 것인지 불분명하다. 필자는 현 향로봉을 수리봉으로 불렀다면 이는 매우 적절한 이름이었을 것으로 생각한다. 그러나 만약 수리봉은 현 수리봉을 말하고 독바위는 그 부근의 다른 바위를 말하는 것이라면 이는, 앞의 각주 3에서 언급한 바와 같이, 인수봉 상단 옆에 붙어 있

밑동네를 '독바윗골' 또는 한문 표기로 '옹암동(甕岩洞)'이라고 부른 것인데, '독바윗골'의 음(音)이 변하여 '독박골'로 변한 것이다. 지하철 6호선 '독바위역'의 이름은 수리봉의 또 다른 이름인 독바위에서 유래된 것이다. 그러나 '수리봉' '독바위' '옹암' '독박골' '옹암동' 등의 이름은 모두가 속칭에 불과하고53) 조선시대에 쓰이던 공식 명칭은 '저서봉(猪噬峰)' 또는 '돝너리봉'(혹은 '돋너리봉')이었다. 독박골 일대에 멧돼지(猪)가 자주 출몰하여 밭의 곡식이나 채소를 '씹어먹는다(噬)'해서 독박골을 '저서리(猪噬里)' 또는 '돝너리'(혹은 '돋너리')라고 부르고 그 부근의 봉우리를 '저서봉' 또는 '돝너리봉'(혹은 '돋너리봉')이라고 불렀던 것이다.54)

독박골의 지하철 6호선 독바위역에서 은평경찰서 방향으로 고개 하나를 넘으면 불광중학교가 나오는데 이 고개의 옛 이름은 '저서현(猪噬峴)' 또는 '돝너리재'(혹은 '돋너리재')였다.55) 저서현 서쪽에는

는 속칭 '귀바위'를 독바위라고 부른다는 것과 마찬가지로 잘못된 설명일 것이다.
53) 속칭 '수리봉'에는 '족두리봉' 또는 '젖꼭지봉'이라는 별칭도 있다. '수리봉'이라는 이름은 앞의 각주 52에서 언급한 바와 같이 현 향로봉의 별칭인데 현재 잘못 쓰이고 있는 것일 수도 있으며, 옹암(甕岩)을 응암(鷹岩)과 혼동하고 또 매(鷹)를 수리(鷲)와 혼동하여 생긴 이름일 수도 있다고 생각된다. 응암(鷹岩)은 옹암(甕岩)과는 별개의 봉우리로서 홍제동 스위스그랜드호텔 뒷산인 백련산(白蓮山)의 한 봉우리를 말하며 이 응암으로 인해 생긴 응암동(鷹岩洞)이라는 지명이 별도로 있다. '족두리봉'이나 '젖꼭지봉'이라는 이름은 수리봉 꼭대기에 얹혀 있는 큰 암괴가 멀리서 보면 옛 여자들이 머리에 얹어 쓰던 족두리의 모습 또는 여자 젖꼭지의 모습과 같이 생겼다 해서 등산객들 사이에 불리는 이름이다.
54) '독바위'라는 이름 자체가 '돝밭'이 와전(訛傳)된 것이라는 해석도 있다. 김영복, 「북한산 閑談 六題」, 『山書』 제13호, 2002년 12월, 21쪽. 이 글에서 김영복 씨는 근거를 밝히고 있지는 않으나, 문헌에 나와 있는 '수리봉'의 이름은 '돝도리봉'이라고 한다.
55) '돝너리재'(혹은 '돋너리재')가 음이 와전(訛傳)되어 '돈노리고개'로

사진 15. 저서봉(猪噬峰: 일명 수리봉, 족두리봉 또는 독바위)

남쪽으로 미성아파트와 북쪽으로 삼익아파트 사이에 걸쳐 나지막한 구릉이 있으며, 구릉 위 중간에는 '아미정'이라는 한글 편액이 걸린 정자가 있고, 구릉 위 북쪽 끝에는 독박골배수장(해발 100m)이 있다. 이 구릉지대의 옛 이름은 '아미산(蛾眉山)'이다. 가늘게 굽은 미인 눈썹같이 생긴 산이라 붙여진 이름이다. 저서봉 동쪽에는 탕춘대성의 유일한 암문(暗門)인 '독박골암문'이 있으며, 아미산 남쪽에는 역촌동이 있는데 조선시대에 영서역(迎曙驛: 후일 延曙驛으로

불리기도 했다. 한편, 한글학회 편, 앞의 책(앞의 각주 3), 83쪽에서는 이러한 지명들을 '돗너리' '돗너리봉' 및 '돗너리재'라고 표기하였으나, 멧돼지를 가리키는 우리말은 '돝'(또는 '돗')이므로 '돝'(혹은 '돗')을 쓰는 것이 정확한 표기일 것이다. 한편, 앞서 소개한 김영복 씨는 이 고개의 이름은 '톹노리고개'였다고 소개하고 있다.

제7편 삼각산 봉우리들의 옛 이름 357

지도 13. 「사산금표도」

이름이 바뀜)이 있던 곳이다.56)

조선조 후기(18세기 중엽) 제작된 것으로 보이는 「사산금표도(四

---

56) 역촌동에는 '인조별서유기비(仁祖別墅遺基碑)'라는 비석이 있다. 이 비석은 인조가 반정(叛正)을 일으켜 즉위하기 전 능양군(綾陽君)으로 있을 때 머물던 별장터를 기념하기 위해 숙종 21년(1695) 세워졌다. 능양군은 반정 당시 장단부사(長湍府使) 이서(李曙) 등이 이끄는 반군과 이 별장에서 합류하였는데, 영서역(迎曙驛)에서 이서(曙)를 맞이(迎)하였으니 이는 천명(天命)이었다고 말했다는 일화도 있다. 이 역은 후일 연서역(延曙驛)으로 이름이 바뀌게 되는데 여기서 이서와 합류할 때에 '이서(曙)'가 약속보다 '늦게(延)' 도착한 데서 유래되었다는 일화도 있다. 능양군은 홍제원(弘濟院)에서 다시 김류(金瑬)의 병력과 합세하여 이괄(李适)을 대장으로 하여 창의문(彰義門)을 깨고 도성으로 들어가 거사를 성공시켰다 하며, 현재 창의문(일명 자하문) 문루에는 인조반정 당시 공신들의 이름을 새긴 현판이 걸려 있다.

山禁標圖)」란 지도에는 서쪽의 금표선을 저서봉(猪噬峰)—저서현(猪噬峴)—아미산(蛾眉山)—연서구관터(延曙舊館基)57)—대조동(大棗洞)—돌고지고개(石串峴)58)—두 개울 합류처(兩川合流處)59) 등을 거처 개울을 따라 망원정 서쪽의 한강에 이르는 선으로 그어 놓았고,60) '저서봉' '저서현' '아미산'도 뚜렷이 표기되어 있다.61)

57) 아미산 서쪽에 있다. 숙종 때 인현왕후를 몰아내고 중전에 책봉되었다가 후일 사사(賜死)된 장희빈의 아버지인 장형(張炯)의 묘가 있어 관(館)을 두었던 적이 있기에 '관터(舊館基)' 또는 '관텃굴(館洞)'로 불리던 곳을 말하며, 그 앞의 고개를 '관터고개(館基峴)'라고 하였다 한다. 한글학회 편, 앞의 책(앞의 각주 3), 83쪽.
58) 역촌사거리에서 서오능으로 넘어가는 고개를 말하는 것으로 보인다.
59) 연신내와 불광천의 합류점을 말하는 것으로 보인다.
60) 「사산금표도」는 도읍지인 한양(漢陽)의 경관과 주거환경을 보호하기 위해 금장(禁葬: 분묘 설치금지) 및 금송(禁松: 소나무 벌목금지)의 금표(禁標)가 설치된 선(線)을 그려놓은 지도이다. 동쪽은 수유리 부근 대보동(大菩洞) 골짜기에서 시작해서 우이천 하류와 중랑천을, 남쪽은 한강을 선으로 표기하여 놓았다. 이 「사산금표도」에는 북쪽 금표선이 표시되어 있지 않지만, 18세기에 간행된 것으로 추정되는 『해동지도』에 수록된 「경도5부-북한산성부」라는 지도에 첨부되어 있는 설명문에서는 북쪽 금표선이 대보동—보현봉—저서봉에 이르는 것으로 기록되어 있다. 보다 구체적으로는 대동문에서 북한산성 성벽을 따라 보현봉과 문수봉을 거쳐 비봉능선을 따라 비봉과 향로봉을 거쳐서 저서봉에 이르는 선이 북쪽 금표선이었을 것으로 추정된다. 한편, 이러한 금표선들 내의 지역은 조선시대의 한성부(漢城府) 관할지역과 대체로 일치하는 것으로 보인다. 다만, 북한산성 내부는 이 선 밖에 위치해 있지만, 숙종 37년 산성 완공 이후 한성부 관할지역으로 편입되었다가 현재는 다시 경기도 고양시로 관할이 환원되어 있다. 정확한 일자는 조사해 보지 못하였으나, 갑오개혁으로 북한산성이 폐기된 고종 31년(1894) 이후일 것으로 추정된다.
61) 다만, 저서봉 북쪽에는 비봉과 문수봉이 표기되어 있는데 비봉의 위치가 현지 지형과는 다르다.

IV. 의상능선 여덟 봉우리들의 옛 이름

삼각산 북한산성의 서쪽 성벽에 해당하는 의상능선(문수봉으로부터 의상봉까지의 능선)에는 모두 8개의 뚜렷한 봉우리가 있어 이들을 때로는 '의상8봉(義相八峰)'이라고 부르기도 하나, 현재 7개 봉우리에만 이름이 남아 있고 문수봉과 나한봉 사이의 속칭 716m 고지에는 이름이 없다. 국립공원관리공단에서 작성한 등산안내지도와 현재 삼각산 비봉능선의 사모바위 부근에 설치되어 있는 의상능선전망도의 표기를 기준으로 의상능선에 있는 봉우리들의 현재의 이름을 남쪽서부터 시계방향으로 기록해 보면 "문수봉(735.7m)—속칭 716m 고지(725.7m)—나한봉(688m)—나월봉(657m)—증취봉(592m)—용혈봉(560m)—용출봉(571m)—의상봉(503m)"이 된다.62)

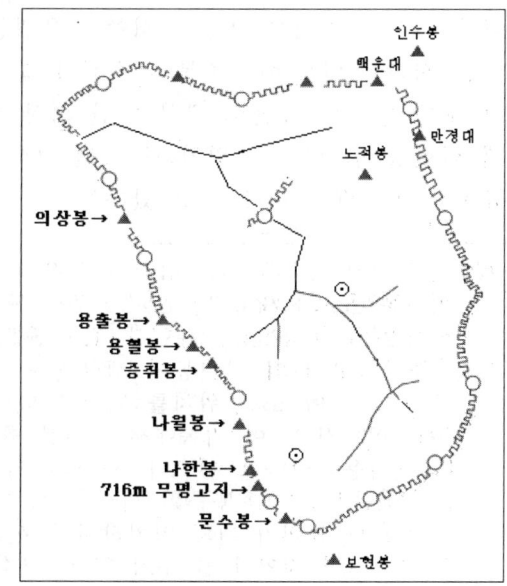

요도 8. 의상능선 봉우리들의 현재 이름

---

62) 괄호 안에 표기한 높이는 국립지리원에서 발행한 1 : 5000 정밀지도에 표기된 높이이다.

지도 14. 「북한도」의 나한봉과 나월봉

그러나 『북한지』의 본문 중 「산계(山谿)」편에서는 현 의상능선상 우리들의 이름과 위치에 대해서 "문수봉(보현봉 서쪽)—나월봉(**환희봉** 남쪽)—증취봉(나월봉 서쪽)—용혈봉(증취봉 서쪽)—용출봉(용혈봉 서쪽)—미륵봉(용출봉 서쪽)"의 순으로 6개를 기록하고 있고, 그 부록지도인 「북한도」에서는 현 의상능선 상의 여러 봉우리 가운데 **나한봉**(현 나한봉 위치)과 나월봉(현 나월봉 위치)이라는 2개의 봉우리 이름만 표기해 놓고 있다.63)

---

63) 이마니시류(今西龍)는 삼각산 봉우리 가운데 '인수봉'(표고 803m), '백운봉'(표고 836m), '염초봉'(상운사 동북이다), '원효봉'(표고 580m), '의상봉'(표고 499m), '용혈봉'(표고 565m), '증취봉'(표고 773m), '나한봉'(『북한지』의 나월봉에 해당한다), '문수봉'(표고 715m)에 대해서만 그 높이 또는 위치를 말하고 있다. 이마니시류, 앞의 책(앞의 각주 48), 31쪽. 이 기록에서는 일본 육지측량부 발행의 1:50000 지도를 사용하였다고 했으나, 현재의 지도를 가지고 찾아보면 '인수봉', '백운봉', '염초봉' 및 '의상봉'은 같은 이름의 현재의 봉우리들과 표고나 높이가 거의 일치하지만 '원효봉'과 '증취봉'은 어느 봉우리를 지칭한 것인지 알 수가 없고, '용혈봉'은 현재의 '용출봉'(571m)과 용혈봉(560m) 가운데 어느 봉우리를 말하는지 불분명하며, '문수봉'도 현재의 '문수봉'(736.5m)과 속칭 716m 고지 가운데 어느 봉우리를 말하는지 애매하다. 그리고 '나한봉'이 『북한지』의 나월봉에

이 기록을 유심히 보면,『북한지』「산계」편에서는 그 설명순서와 설명방법으로 볼 때 나월봉과 증취봉 사이에 **환희봉**이 마땅히 등장하고 그 위치에 대한 설명이 있어야 옳은데도 누락된 채 나월봉의 위치를 설명할 때만 환희봉이라는 이름이 등장하고,「북한도」에는『북한지』「산계」편에 없는 **나한봉**이 등장하였음을 알 수 있다. 그러나『북한지』「산계」편과「북한도」에 등장하는 봉우리 이름들의 숫자만 계산해 보면『북한지』「산계」편에서 나월봉의 위치를 설명하면서 언급한 환희봉과「북한도」에만 표기된 나한봉을 합하여 모두 8개이다. 이는 현 의상능선의 봉우리 숫자와 같은 것이다.

이제『북한지』「산계」편과「북한도」에 등장하는 봉우리 이름들을 현 의상능선의 실제 모습과 비교해 가면서 재구성해 보면, 우선 현 의상봉의 이름은 처음부터 의상봉과 미륵봉이라는 두 이름이 혼용된 것임을 알 수 있다.64) 그러나 **속칭 716m 고지**의 본 이름이 **나한**

해당한다는 말은『북한지』본문에서 환희봉 남쪽에 있다고 한 나월봉을 말하는 것이 아니라「북한도」에 나월봉으로 표기해 놓은 현 나월봉을 말하는 것으로 보이지만, 왜 그렇게 보았는지는 이유를 설명하지 않아 알 수가 없다. 혹시 당시의 조선인 안내인이 현 나월봉을 나한봉으로 알고 있었기에 그 안내인의 말을 근거로 그렇게 기록한 것은 아닌가 하는 생각도 든다.

64) 어느 문헌이건 의상봉과 미륵봉을 동시에 기록한 경우는 없다.『북한지』(1745년 발간)「산계」편에서는 미륵봉과 별도로 의상대를 기록하고 그 위치를 "미륵봉 아래 쪽에 있다"고 하였다. 현 의상봉 아래에 전망 좋은 어느 암반지대를 지칭하는 것으로 보인다. 그러나 뒤에 곧 소개할 훈련대장 이기하의 「홍복북한기지간심서계」(1710년)나『해동지도』중 「경도5부-북한산성부」(조선조 후기 발간으로 추정)의 공백에 기록된 설명문이나『동국여지비고』(고종 때 발간)에는 의상능선 봉우리 가운데 미륵봉은 없고 의상봉만 있다. 이로 보면 현 의상봉에 대해서는 의상봉이라는 이름이 미륵봉이라는 이름보다 먼저인 것을 알 수 있다. 북한산성을 만든 이후 봉우리 이름들을 재정비하면서 의상봉을 미륵봉으로 하고 새로이 의상대란 이름을 별도의 지점에다 붙인 것으로 추정된다.

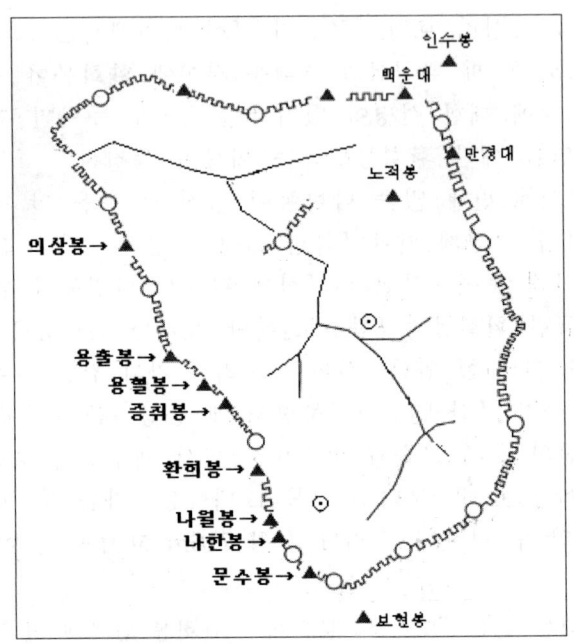

요도 9. 의상능선 봉우리들의 옛 이름

봉이며 따라서 『북한지』「산계」편에서 문수봉 다음에 이를 기록하여야 하는데 착오로 누락한 것이고, **현 나월봉**의 본 이름이 **환희봉**이며 따라서 『북한지』「산계」편에서 나월봉 다음에 이를 기록하여야 하는데 이 역시 착오로 누락한 것으로 추정된다.

다시 말해 『북한지』「산계」편은 의상능선 봉우리의 이름과 위치를 "문수봉(보현봉 서쪽65))—나한봉(문수봉 북쪽66))—나월봉(나한봉 서쪽)—환희봉(나월봉 북쪽)—증취봉(환희봉 서쪽67))—용혈봉(증취봉 서쪽68))—용출봉(용혈봉 서쪽69))—미륵봉(용출봉 서쪽70))"의 순

---

65) 정확히 표현하자면 서북쪽.
66) 정확히 표현하자면 서북쪽.
67) 정확히 표현하자면 서북쪽.

서로 8개를 기록해야 하는데 실수로 **나한봉**과 **환희봉에 대한 기록을 누락**하고 나월봉의 위치도 '나한봉 서쪽'으로 기록하여야 할 것을 '환희봉 남쪽'으로 기록하였으며 증취봉 위치도 '환희봉 서쪽'으로 기록하여야 할 것을 '나월봉 서쪽'으로 기록하였다는 것이다.

이러한 판단에 기초해서 현 의상능선의 본 이름을 복원해 보면 "문수봉(현 문수봉, 735.7m)—나한봉(속칭 716m 고지, 국립지리원 표기는 725.7m)—나월봉(현 나한봉, 688m)—환희봉(현 나월봉, 657m)—증취봉(현 증취봉, 592m)—용혈봉(현 용혈봉, 560m)—용출봉(현 용출봉, 571m)—미륵봉 또는 의상봉(현 의상봉, 503m)이 된다.

그러나 의상능선상 봉우리들의 본래 이름을 위와 같이 추정한 것은 단지 『북한지』 「산계」편과 「북한도」의 내용만을 검토한 결과이다. 의상능선상 봉우리들의 본래 이름들을 복원함에 있어서도 좀 더 분명한 해명을 필요로 하는 몇 가지 문제점이 있다. 이하에서는 그러한 문제점들을 모두 검토해 보기로 하겠다.

1) 첫째의 문제점은 『북한지』 「산계」편에서도 나월봉의 위치를 '환희봉 남쪽'으로 그리고 증취봉의 위치를 '나월봉 서쪽'이라고 기록한 점이다. 필자의 생각으로는 『북한지』 「산계」편의 설명순서와 설명방법으로 볼 때 나월봉을 나한봉 다음에 기록하고 그 위치를 '나한봉의 서쪽'이라고 기록하는 것이 옳은데, 나한봉에 대한 기록을 누락함에 따라서 그 위치에 대해서도 북쪽 봉우리인 환희봉을 기준으로 '환희봉 남쪽'으로 기록한 것이고, 증취봉의 위치 역시 보다 정확하게 순서대로 표기하려면 '환희봉 서쪽'이라고 해야 할 것을 환희봉에 대한 기록을 누락함에 따라서 한 봉우리 건너에 있는 나월봉을 기점으로 증취봉 위치를 기록한 것으로 보인다.

2) 또 하나의 문제점은 「북한도」에 표기된 나한봉 및 나월봉의

---

68) 정확히 표현하자면 서북쪽.
69) 정확히 표현하자면 서북쪽.
70) 정확히 표현하자면 서북쪽.

위치가 현재의 나한봉 및 나월봉의 위치와 같다는 점이다. 이는 『북한지』의 「산계(山谿)」편이 아니라 「사실(事實)」편에 기록된 훈련대장 이기하의 보고 내용에 의존해 표기를 하였기 때문일 수도 있을 것으로 보인다. 「사실」편에는 앞서 비봉능선에 관한 설명에서 일부 소개한 바와 같이 숙종 36년(1710) 10월 13일 훈련대장 이기하가 임금의 명에 따라 삼각산의 형세를 관찰하고 돌아와서 보고한 내용이 수록되어 있는데, 이 보고에서는 "만경봉은 동쪽으로[71] 구불구불 뻗어 내려가다가 석가고개를 거쳐 보현봉 문수봉① 등의 봉우리가 된다. 문수봉②은 날개를 펴서 형제봉 두 봉우리가 되고 다시 남쪽으로 뻗어 구준봉과 북악산이 된다. 문수봉③에서 한 줄기는 서쪽으로 돌아 **칠성봉**이 되고 칠성봉에서는 다시 두 줄기로 나뉘어진다. 그 가운데 낮은 줄기는 나한봉, 증봉, 혈망봉, 의상봉 등 여러 봉우리를 이루다가 중흥수구에서 그친다. 문수봉④에서 시작되는 또 다른 한 줄기는 서쪽으로 달려나가 승가봉과 향림사 뒷봉우리가 된다"라는 구절이 보인다.[72]

이 보고 가운데는 문수봉이라는 이름이 네 차례 등장하는데 두 번째의 문수봉②은 보현봉의 오기(誤記)임이 분명하다. 그리고 **칠성봉**은 속칭 716m 고지를 말하는 것이 분명하다.[73] 속칭 716m 고지

---

[71] '동쪽으로'보다는 '남쪽으로'가 더 정확한 표현이었을 것이다.
[72] 여기에 기록된 삼각산 산세 설명은 북한산성이 완공된 이후에 제작된 것으로 보이는 『해동지도』 중 「경도5부-북한산성부」의 공백에 기록된 설명문과도 같고 고종 때 발간된 『동국여지비고』의 내용과도 거의 같다. 「경도5부-북한산성부」나 『동국여지비고』가 이기하의 설명을 그대로 인용한 때문일 것이다. 형제봉은 보현봉에서 북악터널 위로 연결되는 소위 형제봉 능선의 중간에 형제와 같이 나란히 솟은 비슷한 크기의 두 봉우리를 말하고 구준봉은 북악산길(북악스카이웨이) 팔각정 동쪽 약 50m 쯤에 있는 봉우리(343m)를 말한다. 북악산(북악봉 또는 백악봉이라고도 함)은 바로 청와대 뒷산이다.
[73] 조선조 후기의 문인 이덕무(李德懋)가 쓴 「기유북한(記遊北漢)」

에서는 산줄기가 둘로 나뉘어 낮은 능선은 의상능선으로 계속되고 높은 능선은 남장대와 상원봉을 거쳐 북한산성 안쪽으로 뻗어 행궁(行宮) 자리로 떨어지기 때문이다.

위와 같이 이기하의 보고 내용을 해석하면 그가 말하는 칠성봉(속칭 716m 고지)에서 갈라져 나간 '낮은 줄기', 즉 현 의상능선의 봉우리 이름으로 가장 먼저 등장하는 나한봉은 (앞서 말한 바와 같이 『북한지』 「산계」편 기록에 의하면 문수봉 바로 다음에 있는 속칭 716m 고지의 이름이 나한봉이 분명하지만) 문수봉에서 두 번째 봉우리인 현 나한봉을 말하는 것으로 보아야 할 것이다.74)

그러나 「북한도」의 표기가 반드시 『북한지』의 「사실」편을 근거로 한 것이라고만 할 수도 없다. 「북한도」에 표기된 봉우리 이름으로서 성벽이 지나가는 능선상의 봉우리 이름은 오로지 백운봉, 만경봉, 보현봉, 나한봉, 염초봉 등 5개뿐인 반면, 『북한지』의 「사실」편에 기록된 봉우리 가운데 성벽이 지나가는 능선상에 있는 봉우리들의 이름만 시계방향으로 순서대로 보자면 백운대(「북한도」의 백운봉), 만경대(「북한도」에서도 만경대), 보현봉(「북한도」에서도 보현

[『청장관전(青莊館全書)』 제3권에 수록]이라는 기행문에도 등장하는데 이 기행문은 삼각산에 있는 사찰들에 관한 기행문으로서 '문수사'에 대한 기록 가운데 "부처님을 모셔놓은 곳은 큰 석굴로 되어 있다. 석굴의 이름은 보현굴인데 문수굴이라고도 한다. …굴 **옆에 대(臺)**가 있는데 **칠성대**라 한다. 여기서 밥을 먹고 북으로 문수성문으로 들어갔다"라는 구절이 있다. 이 글에서의 '문수성문'은 현 대남문의 별칭이었다. 뒤에 다시 소개한 신기의 세계에서도 현 대남문이 종래의 '문수암문'이었다고 기록하고 있기 때문이다. 그러나 이덕무가 말한 칠성대는 속칭 716m 고지를 말하는 것이 아니라 문수사 바로 뒤에 있는 전망 좋은 암반지대를 두고 말하는 것으로 보인다.

74) 그 다음으로 등장하는 증봉, 혈망봉 및 의상봉은 각각 현재의 증취봉, 용출봉 및 의상봉을 말하는 것이고, 현재의 나월봉 및 용혈봉은 이기하가 관찰 당시에는 이름이 없었을 것으로 보아야 할 것이다.

봉), 문수봉, 칠성봉, 나한봉(「북한도」에서도 나한봉), 증봉, 혈망봉, 의상봉, 영취봉(「북한도」의 염초봉), 원효봉 등 모두 11개나 된다. 그 차이를 보면 「북한도」의 표기가 반드시 『북한지』의 「사실」편을 근거로 한 것이라고만 할 수는 없다.

필자의 생각으로는 이기하가 관찰할 당시 속칭 716m 고지의 이름은 칠성봉이었고 현 나한봉은 그때에도 나한봉이었는데, 북한산성을 축성한 이후 승군들이 주둔하면서 병력배치나 방어계획의 수립 등 전술적인 필요에 의해서 종전부터 전해져 내려오는 이름을 일부 실제 봉우리의 모습에 맞게 고치고 이름 없는 봉우리에는 새 이름을 부여한 것이 『북한지』「산계」편에 기록된 이름들이지만, 『북한지』「산계」편을 제대로 해독하지 못한 화공(畵工)이 주요 봉우리들의 이름만을 표기하면서 나한봉과 나월봉의 표기에 오류가 발생한 것이 아닌가 싶다.75) 또 이 때문에 두 봉우리 이름이 그 후 「북한도」 표기대로 굳어져 오늘날까지 이어진 것으로 추정된다. 「북한도」 표기를 일단 오기라고 보는 데는 세 가지 이유가 있다.

가) 「북한도」에 나한봉으로 표기된 봉우리(현 나한봉)는 그 모습이 비봉능선이나 응봉능선에서 쳐다볼 때 둥근 달같이 생겨서 나월봉(蘿月峰)이라는 이름76)이 매우 잘 어울리며, 「북한도」에 나월봉으로

---

75) 그러나 필자는 『북한지』의 본문과 「북한도」의 작성 시기는 거의 같을 것으로 추정한다. 특히 「북한도」에 표기된 현 대남문의 모습을 보면 문루가 없는 '암문'으로 표기되어 있는데, 『북한지』 본문에 의하면 이 문은 홍예는 갖추었으나 문루는 세우지 않고 '소남문'이라는 이름으로 암문과 같이 관리하였음을 알 수 있다. 문루를 세우고 이름을 대남문으로 바꾼 것은 『북한지』가 발간된 후 20년이 지난 영조 41년(1765)의 일이다.
76) 나월봉(蘿月峰)이라는 이름은 『북한지』(1745년)에서 처음 등장하는 이름이다. 그 이전의 역사기록에는 이러한 이름이 보이지 않는다. 다만, 개성 천마산(天磨山)에도 같은 이름의 봉우리가 있는 것으로 볼 때 삼각산의 나월봉은 북한산성을 쌓을 때 천마산 나월봉

표기된 봉우리(현 나월봉) 역시 비봉능선이나 응봉능선에서 쳐다볼 때 몹시 기뻐하는 사람들이 두 손을 치켜들고 환호하는 형상의 봉우리로 환희봉(懽喜峰)이라는 이름이 매우 잘 어울린다.

사진 16. 현 나월봉(본래의 환희봉)과 현 나한봉(본래의 나월봉)
　　　　비봉능선에서 본 모습
(출처: http://www.geocities.com/poolpiri)

의 이름을 따서 새로 붙인 이름일 것으로 보인다. 추측컨대 천마산의 나월봉과 모습이 비슷해서 그런 이름을 따온 것이 아닌가 싶다. 천마산에는 그 이외에도 보현봉(普賢峰)이라는 이름이 있는데 삼각산 보현봉도 조선시대 이후에 사용된 이름으로서 조선 초기에 천마산 보현봉에서 따온 이름일 것으로 생각된다.『동국여지비고(東國輿地備攷)』, 卷2(漢城府), 「山川」편, '三角山'조에는 "세종(世宗)이 규표(圭表: 천문관측기구)를 바로잡기 위해 수양대군과 안평대군 및 여타 유신(儒臣)들에게 보현봉(普賢峰)에 올라가 해가 드나드는 길을 살펴보도록 명하였는데, 바윗길이 위험하고 낭떠러지 길이라 안평대군 이하는 어지럽고 다리가 얼어붙어 앞으로 나가지를 못하였으나, 세조는 나는 듯이 발길을 옮겨 순식간에 오르내리는 지라 이를 본 사람들이 모두 감탄하고 자신들은 도저히 상대가 아니 되는 것으로 여겼다"는 일화가 기록되어 있다.

사진 17. 가까이에서 본 현 나월봉의 모습

나) 『북한지』「**성지(城池)**」편에서도 남장대의 위치를 '나한봉의 동북쪽'이라고 기록하고 있는데,77) 이 남장대는 속칭 716m 고지에서 상원봉을 향해 동북쪽으로 뻗어나간 능선상에 있는 것이기 때문에 이 기록에 언급된 나한봉을 속칭 716m 고지로 보아야 합리적이다. 현재의 나한봉(본래의 나월봉)을 기준으로 하면 남장대는 그 동북쪽이라기보다는 동쪽이라고 보는 것이 정확하다.

다) 조선 후기의 문인 성해응(成海應)이 쓴 「산수기(山水記)」의 「삼각산」편에서는 삼각산에서 가장 경치가 아름다운 곳 네 곳78) 가운데 하나로 환희령(懽喜嶺)을 꼽고 있는데, 이는 현 부왕동암문 자리를 두고 하는 말로 보인다.79) 부왕동암문 부근은 삼각산에서도 경

---

77) 「성지」편 역시 북한산성 완공 이후 새로 정리된 봉우리 이름들에 기초하여 작성되었을 것이다.
78) 민지암, 환희령, 산영루 및 향옥탄.
79) 성해응의 생몰년대는 1760~1839년이다. 따라서 이 글을 쓸 때는

치가 뛰어난 곳 가운데 하나이다. 환희령이라는 이름은 부왕동암문의 바로 동남쪽 옆에 있는 현 나월봉의 본래의 이름이 환희봉이기 때문에 생긴 이름인 것으로 생각된다.

3) 의상능선상 봉우리들의 본래 이름을 복원함에 있어 좀더 분명한 해명을 필요로 하는 또다른 문제점은 북한산성 안찰어사 신기(申耆)가 작성한 서계(書啓)80)의 내용으로서 의상능선의 봉우리 이름을 남쪽에서부터 "문수봉 —가사봉 —나한봉 —증취봉 —용혈봉 —용출봉 —의상봉"의 순서로 7개를 기록하고 있는 점이다.

이 기록에 등장하는 **가사봉**은 본래의 나한봉(속칭 716m 고지)에 후일 일시적으로 붙여졌던 또 다른 이름이었을 것으로 보인다. 이 서계에서는 북한산성의 성문 이름을 설명하면서 가사봉과 문수봉 사이에 가사암문이 있다고 하였는데, 이 가사암문이 현재의 청수동암문을 지칭하는 것임이 분명하기 때문이다.81)

그러나 이 서계에 등장하는 나한봉은 현재의 나한봉을 지칭하였던 것으로 추정된다. 앞서 언급한 바와 같이 「북한도」에서 본래의 나월봉을 나한봉으로 표기한(1745년경) 이후 신기가 북한산성을 둘러볼 때쯤은(1785년) 이미 봉우리 이름이 「북한도」의 표기대로 굳어진 것일 가능성도 있다. 또한 신기도 북한산성을 둘러보면서 『북한지』를 읽어보았을 것으로 추측되는데 그 본문의 「산계」편에는 봉우리 이름이 일부 누락되어 있을 뿐만 아니라, 본문만 읽어서는 의상능선 봉우리의 이름들을 쉽게 구분할 수가 없기 때문에 의상능선에 대해서는 그 부록인 「북한도」의 표기를 동시에 참고하여 서계를

북한산성 완공 이후 새로 정비된 지명에 의거하였을 것이다.
80) 『정조실록』 9년(1785) 6월 17일자에 수록.
81) 앞에 소개한 김윤우 씨(앞의 각주 12)는 이 기록을 근거로 현 가사당암문의 이름은 처음부터 청수동암문이었고, 현 청수동암문은 처음부터 가사당암문이었다고 한다. 그러나 필자의 추론에 의하면, 이는 다소 성급한 결론인 것으로 보인다.

작성하였을 가능성도 있다.

한편 여전히 의문이 해소되지 않는 것은 신기의 서계에 나월봉(본래의 환희봉)에 관한 언급이 전혀 없는 점이다. 그가 『북한지』의 「산계」편과 「북한도」에 의지하여 서계를 작성하였다면 「산계」편과 「북한도」 모두에 등장하는 나월봉이라는 봉우리 이름을 서계에 기록하였을 터인데 왜 이에 관한 기록을 그의 서계에서 누락하였는지 그 이유를 모르겠다. 아마도 그의 실수였을 것이다.

이제 역사문헌에 기록된 의상능선 봉우리들의 이름을 문헌별 시기별로 정리해 보기로 하겠다.

첫째, 시기적으로 가장 앞선 훈련대장 이기하의 보고 기록(1710년)에 의하면, 속칭 716m 고지가 칠성봉이고, 현 나한봉은 그대로 나한봉이었다. 그가 말하는 증봉은 현 증취봉을, 혈망봉은 현 용출봉을 의상봉은 그대로 현 의상봉을 각각 의미하는 것으로 보이며, 현 나월봉과 용혈봉에 대해서는 언급을 생략한 것으로 보인다.

둘째, 시기적으로 훈련대장 이기하의 보고 기록보다 35년 후의 기록인 『북한지』「산계」편의 기록(1745년)에 의하면, 속칭 716m 고지의 이름이 나한봉이고 현 나한봉은 나월봉 그리고 현 나월봉은 환희봉이 되며, 나머지 봉우리들의 이름은 현재와 같았다.

셋째, 시기적으로 『북한지』「산계」편의 기록보다 40년 후에 작성된 것으로서 가장 후일의 기록인 신기의 서계(1785년)에 의하면 속칭 716m 고지의 이름이 가사봉이고 현 나한봉의 이름은 훈련대장 이기하의 기록과 같이 그대로 나한봉이었으며, 현 나월봉은 그의 보고에서 누락되어 있으며, 증취봉·용혈봉·용출봉 및 의상봉은 『북한지』 본문 기록과 같이 현재와 동일하였던 것으로 보인다.

그러나 의상능선에 대해 언급하고 있는 현재의 글들을 보자면, 우선 이숭녕 교수는 대서문으로부터 시작해서 가사당암문에 이르기까지 미륵봉, 용출봉, 용혈봉이 차례로 있고, 가사당암문과 부왕동암문 사이에는 증취봉, 나월봉이 차례로 있으며, 부왕동암문과 청수

제7편 삼각산 봉우리들의 옛 이름 371

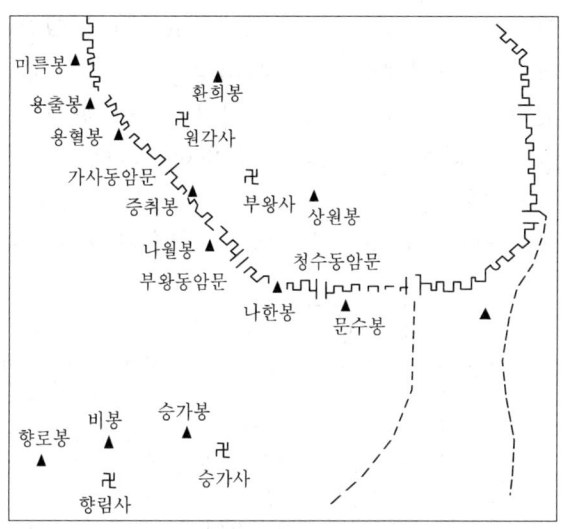

요도 10. 이숭녕 교수의
　　　　 의상능선도

동암문 사이에는 나한봉이 있는 것으로, 그리고 가사당암문 동북쪽 성내에 원각사가 있고 다시 원각사 동북쪽 성내에 환희봉이 있는 것으로 표기하고 있다.[82] 하지만 이러한 비정은 정밀한 고증을 거

---

[82] 이숭녕, 앞의 책(앞의 각주 31)『산 좋아 산을 타니』), 178쪽, 요도 4. 이 글에는 의상능선 봉우리 이름들을 그와 같이 표기한 이유에 대한 설명이 없다. 그러나 다른 봉우리들에 대해서는 아무런 언급도 없으면서 이해응(李海應)이「북성산행기(北城山行記)」에서 북한8경(北韓八景) 가운데 하나로 꼽고 있다는 '증봉낙조(甑峰落照)'에서의 증봉이 증취봉이라고 하면서(같은 책, 179쪽) 그 위치를 현 용출봉 자리에 표기하고 있는 것을 보면 이숭녕 교수는 먼저 증취봉의 위치를 비정한 이후에 이를 기준으로 해서『북한지』에 기록된 봉우리 이름들을 좌우로 적당히 차례를 잡아 표기한 것으로 보인다. 생각건대 증취봉의 위치를 현 용출봉으로 비정한 이숭녕 교수의 견해는 현 용출봉 부근(용출봉과 용혈봉의 중간)의 한 바위에 세로로 크게 새겨져 있는 '紫明海印臺(자명해인대)'라는 암각 글자 때문이었을 것이다. '紫明海印'이라는 문구는 서해 저녁노을의 모습을 말한다. 바로 이 때문에 이숭녕 교수는 이 암각 글자 부근이 저녁노

친 것도 아니고 현지 지형도 고려하지 않은 것이다. 대서문과 가사
당암문 사이에는 미륵봉(의상봉) 하나밖에 없으며, 이숭녕 교수가
원각사로 표기한 곳은 국녕사에 해당된다. 원각사가 부왕동암문 바
로 아래임은 역사기록에 분명히 나타난다.
  원영환 교수 역시 미륵봉(의상봉), 용출봉, 용혈봉, 증취봉, 나월
봉, 나한봉의 위치를 이숭녕 교수와 같이 보았다.83) 원영환 교수는

   을 감상에 적당한 곳으로 보고 또 그 바로 옆의 현 용출봉이 바로
   이해응의 '증봉낙조'에서의 증봉이라고 보았을 것이다. 그러나 의상
   봉(또는 미륵봉), 용출봉, 용혈봉 및 증취봉(또는 증봉)이라는 이름
   들은 『북한지』 출간 이후 일관되게 현재와 같이 사용되어 온 이름
   들이다. 이해응의 생몰연대는 알 수 없으나 만약 그가 『북한지』 출
   간 이후의 사람이라면 그가 말하는 증봉은 부왕동암문 바로 서북쪽
   에 있는 현 증취봉일 것이다. 증취봉은 용출봉보다 고도가 높은 곳
   으로서 서해의 저녁노을 감상에 매우 적합한 곳이다. 한편, 이숭녕
   교수는 '북성산행기(北城山行記)'라는 이름과 '북한산행기(北韓山行
   記)'라는 이름을 혼동하여 사용하고 있는데 어느 것이 정확한 이름
   인지 모르겠으나 이 글이 『동화유고(東華遺稿)』 권8에 수록되어 있
   다고 하였으며(같은 책, 161쪽), 증봉낙조(甑峰落照)·상운비폭(祥雲
   飛瀑) 등을 북한8경으로 꼽고 있다고 한다(같은 책, 170쪽). 이숭녕
   씨가 소개한 이해응이 혹 앞의 각주 79)에서 필자가 소개한 성해응
   (成海應)과 동일인이 아닌가 하는 생각도 들지만 그들의 글은 제목
   도 다를 뿐 아니라 내용상으로도 서로 유사한 면이 있으면서도 다
   른 점이 많아서 이해응과 성해응이 같은 사람은 아닐 것으로 보인
   다. 다른 한편, 조선 후기의 문인 이덕무가 쓴 「기유북한(記遊北韓)
   」이라는 기행문에서는 원각사 부근을 말하면서 "남성문(南城門)에
   오르면 서해가 하늘과 닿은 듯 보인다. 마니산은 바다 가운데 주먹
   같은 모습으로 보인다. 나한봉이 있는데 우뚝 솟은 것이 바치 부도
   (浮屠)를 세워 놓은 듯하다"고 하였다. 이덕무가 말하는 남성문은
   현 부암동암문을 말하는 것이 분명하지만 그가 말하는 나한봉은 현
   나월봉을 말하는 것으로 보인다.
83) 원영환, "북한산성", 『서울육백년사』, 「문화유적」편, 서울특별시사
   편찬위원회, 1987년, 492쪽, 요도(북한산성 및 성내 사적지). 다만,
   이숭녕 교수는 '미륵봉'이라고만 표기한 곳을, 원영환 교수는 '미륵

그 근거를 전혀 밝히지 않고 있으나 추측컨대 의상능선에 관한 한 이숭녕 교수의 견해를 그대로 옮겨놓은 것으로 보인다.

한편 김윤우 씨와 나각순 박사 역시 구체적 근거는 제시하지 않고 있으나 대체로 『북한지』「산계」편에 기록된 봉우리들의 위치를 현재와 같은 것으로 보았다. 다만 현 가사당암문과 용출봉 사이의 성 바깥쪽에 미륵봉을 별도로 표기하고 있을 뿐이다.84) 이 두 분은 의상봉과 미륵봉을 별개의 봉우리로 보고 삼천사 뒷봉우리를 미륵봉으로 본 것이다. 혹시 『북한지』「산계」편에서 미륵봉이 "용출봉 서쪽에 있다"고 한 것을 보고 그와 같이 생각한 것이 아닌가 추측되기도 하나, 만약 그렇다면 이는 나한봉 증취봉 용혈봉 용출봉도 정확히 표현하자면 "○○봉 서북쪽에 있다"고 해야 할 것을 "○○봉 서쪽에 있다"고 한 『북한지』「산계」편의 표현방법을 제대로 이해하지 못함에 따라 생긴 오류일 것으로 생각된다.

『북한지』「산계」편에 기록된 성 바깥 봉우리는 석가봉 하나밖에는 없으며 그것도 "동문 바깥에 있다"고 명시하여 놓았다. 두 분의 견해 역시 단순히 『북한지』「산계」편에 기록된 봉우리들의 현 위치가 미륵봉의 경우를 제외하고는 현재와 같을 것으로 추측한 것일 뿐 정밀한 고증을 거친 것이라고는 할 수 없다.

V. 동쪽 주능선 봉우리들의 옛 이름

『북한지』의 「산계(山谿)」편에서는 삼각산 주능선 봉우리들의 이

봉(의상봉)'이라고 두 이름을 병기(倂記)하였다.
84) 김윤우, 앞의 책(앞 각주 12), 권두 요도(북한산유적도); 나각순, 『서울의 산』(서울특별시사편찬위원회. 1997년), 76쪽(북한산성유적분포도). 비록 그들이 봉우리 이름을 표기한 앞의 유적도나 유적분포도에서 그 봉우리 이름이 옛 이름이라는 점을 명시하고 있지는 않지만, 지금은 모두 없어진 주능선 봉우리 이름들을 표기한 것이나 향림사 산영루 등 여타의 옛 지명들을 표기해 놓고 있는 것으로 볼 때 그들의 표기를 옛 이름의 표기로 볼 수밖에는 없다.

름과 위치 그리고 그 형상을 상세히 기록하고 있으나, 오늘날 백운대, 인수봉, 만경봉, 노적봉, 보현봉 및 문수봉을 제외한 나머지 봉우리 이름들은 모두 잊혀져 있다. 이 봉우리 이름들이 현재 어느 곳을 말하였는지를 알아보기 위해 관련된 역사기록들을 찾아내어 현지 지형과 대조하여 가면서 그 위치를 확인해 보기로 한다.

1. 관련된 역사기록
가.『북한지』의「산계」편

『북한지』「산계(山谿)」편에는 삼각산 동쪽 주능선 봉우리들의 옛 이름과 그 위치 및 형상을 아래와 같이 기록하고 있다.

> 만경봉(萬景峰): 백운봉 남쪽에 있다.
> 용암봉(龍巖峰): 만경봉 남쪽에 있다.
> 일출봉(日出峰): 용암봉 앞쪽에 있다.
> 월출봉(月出峰): 일출봉과 나란히 솟아 있다.
> 기룡봉(起龍峰): 월출봉 앞쪽에 있다.
> 반룡봉(盤龍峰): 기룡봉 옆쪽에 있다.
> 시단봉(柴丹峰): 반룡봉 남쪽에 있고, 정상에 동장대가 있다.
> 덕장봉(德藏峰): 시단봉 남쪽에 있고, 뭇 봉우리가 모두 이를 둘러싸고 읍하는 형상이라 이 이름을 얻었다.
> 복덕봉(福德峰): 덕장봉 남쪽에 있고, 형세와 기상이 덕장봉과 비슷하여 역시 이 이름을 얻었다.
> 석가봉(釋迦峰): 동문 밖 청수동 위에 있다.
> 성덕봉(聖德峰): 석가봉 서쪽에 있다.
> 화룡봉(化龍峰): 성덕봉 옆쪽에 있다.
> 잠룡봉(潛龍峰): 화룡봉 가까운 서쪽에 있다.
> 보현봉(普賢峰): 대성문[85] 바깥쪽에 있다.

---

[85] 원문에는 대서문(大西門)이라 하였으나, 이는 대성문(大城門)의 오기(誤記)가 분명하다.

나. 『북한지』의 「성지」편 및 「사찰」편

『북한지』의 「성지(城池)」편과 「사찰(寺刹)」편에는 주능선 봉우리들의 이름을 찾는 데 참고될 내용들이 아래와 같이 기록되어 있다.

「성지」편: 수문 북쪽 끝에서 '용암'까지는 훈련도감이 쌓았고, 용암 남쪽 끝에서 보현봉까지는 금위영이 쌓았으며, 수문 남쪽 끝에서 보현봉까지는 어영청이 쌓았다.

「사찰」편: 용암사는 일출봉 아래쪽에 있다.

다. 「북한축성별단(北漢築城別單)」

숙종 37년(1711) 10월 18일자 『비변사등록』에 수록된 「북한축성별단」에는 삼각산 주능선 봉우리들의 이름을 찾는 데 참고될 내용이 아래와 같이 기록되어 있다.

금위영은 용암의 남쪽에서 보현봉에 이르는 사이에 용암암문, 소동문, 동암문 및 대동문을 만들었다.

2. 주능선 지형답사
가. 위문과 용암문 사이

위문 남쪽에 정상부가 여러 암봉(787m봉, 786.5m봉, 777m봉, 775.5m봉 등)으로 구성되어 있는 **만경봉(만경대)**이 나타나고, 만경봉 남쪽으로는 남북으로 크게 펼쳐져 병풍바위라 부르는 큰 암봉**(A봉, 최고 높이 712m)**이 나타난다. 이 큰 암봉 남쪽 끝에서 성벽은 시작된다. 성벽이 시작하는 곳에서 남쪽으로 50m 이내에 약간 솟아오른 지점**(A'지점, 634m)**이 있고, 다시 남쪽으로 170m 정도 가면 바로 용암문이 나타난다.[86]

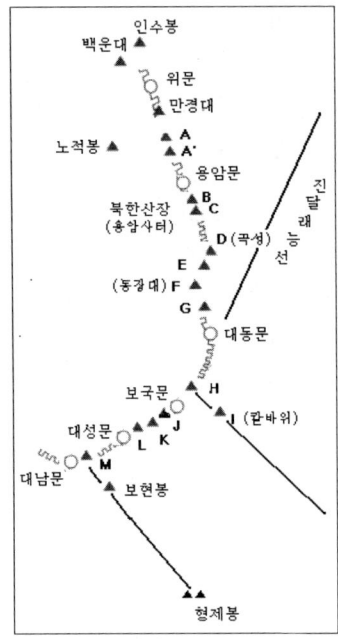

요도 11. 주능선 지형답사 기록

86) 국립지리원 발행의 1:5000 지도에는 A'지점에서 500m쯤 떨어진 지점(600m 등고선이 성벽과 만나는 지점)에 용암문을 표기하고 그로부터 다시 남쪽으로 180m쯤 떨어진 지점을 북한산장으로 표기하였으나 이는 잘못된 표기이다. 대한불교조계종 불교문화재발굴조사단이 발행한 『북한산의 불교유적』(앞의 각주 30)에서도 이 1:5000 지도의 표기를 그대로 사용하고 있다. 그러나 용암문은 A'지점에서 170m쯤 떨어진 곳(579.5 m 안부 지점)에 있고, 북한산장은 이곳에서 다시 남쪽으로 130m쯤 떨어진 617.2m 봉우리 부근에 표기하여야 할 것이다. 한편, 우이동 쪽에서 보면 A'지점이 용암문을 사이에 두고 북한산장(용암사 터) 동쪽 뒷봉우리(다음에 말할 B봉, 617.2m)와 대칭을 이루는 별개의 봉우리같이 보이기도 한다. 그러나 현지에서 보면 A'지점은 어떤 이름을 붙일 정도의 봉우리로 볼 수는 없다. 우이동 쪽에서 볼 때 A'지점이 별개 봉우리같이 보이는 것은 병풍바위 동쪽 하단과 흙산과 만나는 경계선이 북쪽을 향해 낮아지면서 그어져 있어 생기는 일종의 착시(錯視) 현상에 불과하다.

나. 용암문과 대동문 사이

용암문을 지나 남쪽으로 130m쯤에 처음 나타나는 우뚝한 봉우리가 북한산장 뒷봉우리이다.87) 이 봉우리 상단은 조금만 거리를 두고 보면 하나의 봉우리같이 보이지만 실제로 올라가 보면 50~60m 간격으로 남북으로 갈라진 두 개의 봉우리(**B봉 및 C봉, 모두 617.2m**)임이 확인된다. 두 봉우리 사이는 원래 골이 파여져 있고 이 골은 특히 동쪽으로 내려가면서 점점 깊고 넓은 골짜기가 된다. 그러나 두 봉우리 정상은 성벽으로 연결하기 위해 메꾸어 놓아서 현재는 성벽이 두 봉우리 사이의 교량 역할을 하고 있다.

위의 두 봉우리에서 다시 성벽을 따라 남쪽으로 약 400m를 내려가면 성벽은 동북쪽을 향해 100m 정도를 튀어나가 우뚝 솟은 봉우

지도 15. 「북한도」의 '곡성(曲城)'

---

87) 위에 소개한 1:5000 지도에는 '북한산장' 위치도 잘못 표기되어 있다. 북한산장은 용암문 남쪽 약 130m쯤 지점의 봉우리 서쪽 하단에 표기되어야 한다.

리(D봉, 588.2m) 상단으로 이어진다. 이 봉우리가 바로 『북한지』의 부록지도인 「북한도」에 '곡성(曲城)'으로 표기된 곳이다.[88]

이 곡성 정상에서 성벽을 따라 서남쪽으로 100m쯤 떨어진 곳에 앞의 곡성과 높이가 비슷한 봉우리(E봉, 583.7m)가 나타난다.[89]

이 봉우리에서 성벽을 따라 남쪽으로 다시 270m쯤 가면 동장대 봉우리(F봉, 598.5m)가 나타난다.[90]

동장대에서는 속칭 칼바위능선, 보현, 문수, 남장대, 상원, 증취, 용혈, 용출, 나월, 의상, 노적, 원효, 염초, 백운, 만경, 인수, 영봉 등 삼각산의 뭇 봉우리들은 물론이고 멀리 오봉, 도봉, 수락, 불암, 아차, 관악 등 서울 외곽의 산들까지 모두 시야에 들어온다.

동장대에서 성벽을 따라 약 350m를 내려가면 동쪽으로 성벽이 튀어나가 자연적으로 약간 큰 곡성(曲城) 형태를 이룬 봉우리(G봉, 586m)가 나타난다. 이 봉우리 정상에서 둘러본 전망은 동장대에서와 거의 같으나 원효봉과 염초봉은 동장대 봉우리에 가려 보이지 않았고 나월봉이나 의상봉 역시 상원봉에 가려 보이지 않을 뿐이었다. 이 봉우리 정상에서 다시 성벽을 따라 남동쪽으로 130m쯤 내려가면 대동문이 나타난다.

---

[88] 등산로는 이 봉우리를 우회해서 남쪽으로 직진하기 때문에 일반 등산객들은 이 봉우리 정상을 잘 가보지 못한다. 그러나 우이동 방향에서 보면 우뚝한 이 봉우리의 모습이 잘 식별된다.

[89] 이 봉우리도 정상부가 약간 벌려져 있어서 2개의 봉우리로 볼 수도 있을 것 같으나 같은 봉우리의 정상이 약간 갈라져 있는 것일 뿐 주변 지형으로 볼 때 별개의 봉우리로 볼 수는 없다.

[90] 국립지리원 발행의 1:5000 지도에는 '동장대'를 이 봉우리보다 약 70m 남쪽에 고도 586m의 안부(鞍部)에 표기하여 놓았는데 이는 잘못된 표기이다. 동장대는 주변 500m 이내에서는 가장 높은 지점에 세워져 있기 때문이다.

다. 대동문과 보국문 사이

전체가 1개의 봉우리(**H봉, 594m**)를 이루고 있었다. 봉우리 정상부는 평퍼짐하게 성벽을 따라 길게 늘어진 형상이었다. 이 봉우리 정상부는 대동문에서는 약 500m 내외의 거리이고 보국문과는 약 100m 내외의 거리로 보국문 쪽에 가까웠다. 이 봉우리 정상 부근에서 속칭 칼바위능선이 주능선으로부터 갈라져 나가며, 칼바위능선의 정상부(**I봉, 598m**)는 말안장의 형세였다.

라. 보국문과 대성문 사이

보국문에서 서남쪽으로 성벽을 따라 200여m를 올라가면 작은 곡성 형태의 전망대 봉우리(**J봉, 631m**)가 나타나고, 그곳에서 또 성벽을 따라 서쪽 약 80m쯤 지점에 아주 작은 암봉(성벽이 1m 가량 끊어진 곳, 고도 617m)이 있었으나 이를 독립된 봉우리로 보기는 어려웠다.

그 작은 암봉에서 다시 서남쪽으로 약 150m쯤 내려가면 뚜렷한 봉우리(**K봉, 636m**)가 하나 나타난다.

다시 서쪽으로 약 80m 쯤 내려간 곳에 앞의 봉우리와 높이가 비슷한 또 다른 봉우리(**L봉, 644m**)가 나타난다. 이 봉우리에서 120m쯤 서쪽으로 내려가면 대성문이다.

마. 대성문과 대남문 사이

대남문 가까운 곳에 하나의 봉우리(바위 때문에 성벽이 1m 가량 끊어진 곳)밖에는 없었다. 보현봉은 이 봉우리(**M봉, 701m**) 정상보다 50m쯤 더 서남쪽으로 떨어진 지점(대남문에 약 70m 못 미친 지점)에서 남쪽으로 갈라져 나간 능선상 350m 남쪽에 있었다.

3. 『북한지』에 기록된 봉우리들의 현 위치[91]
가. 용암봉

『북한지』「산계」편은 용암봉이 만경봉 남쪽에 있다 하였으며, 같은 책 「성지」편은 용암 남쪽 끝에서 보현봉까지 금위영이 쌓았다고 하였고, 「북한축성별단」에서는 금위영이 용암 남쪽 끝에서 보현봉 구간에 용암암문, 소동문, 동암문 및 대동문을 만들었다고 기록하고 있다. 이 기록들을 보면 만경봉 남쪽에 병풍바위라 부르는 암봉(A봉)

사진 18. 용암봉, 만경대, 백운대 및 인수봉(우이동에서 본 모습, 좌측부터)
(출처: http://sh.hanarotel.co.kr)

---

91) 만경봉, 노적봉 및 보현봉에 관한 설명은 너무도 분명하기에 생략함.

제 7 편 삼각산 봉우리들의 옛 이름 381

이 바로 용암봉 또는 용암이다.92) 금위영이 용암 남쪽 끝에서부터 보현봉까지 성벽을 쌓고 4개의 성문을 만들었는데 같은 구간 내에서 용암암문(현 용암문), 소동문(현 대동문), 동암문(현 보국문) 및 대동문(현 대성문)이 있기 때문이다.

나. 일출봉

용암봉 '앞쪽'이라는 표현이 다소 애매하나 용암사가 일출봉 아래에 있다는 기록과 현 북한산장 자리가 용암사 터인 것으로 볼 때, 북한산장 동쪽 뒤편에 있고 용암문 남쪽으로 처음 나타나는 봉우리 (**B봉**)를 말하는 것으로 보인다. 『북한지』에서 이를 용암봉 '남쪽'이

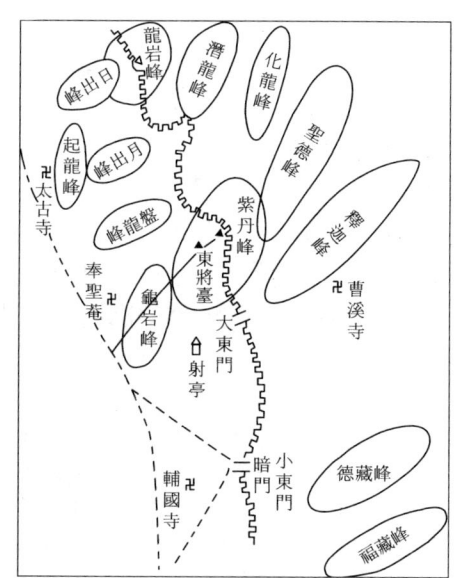

요도 12. 이숭녕 교수의 주능선도(『산 좋아 산을 타니』, 175쪽)

---

92) 선조 때는 '미로봉(彌老峰)'이라고도 하였다. 『선조실록』 29년(1596) 3월 3일자에 수록된 병조판서 이덕형의 「중흥산성간심서계(重興山城看審書啓)」 참고.

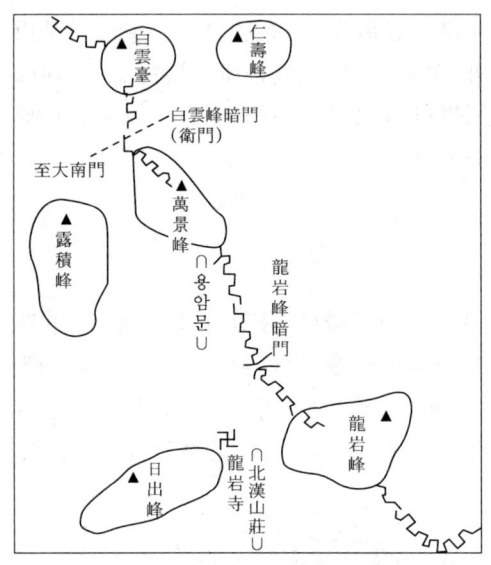

요도 12-1. 이숭녕 교수의
용암봉 및 일출봉
(『산 좋아 산을 타니』,
170쪽)

라 하지 않고 용암봉 '앞쪽'이라고 한 것은 위의 추이로 보아 '용암봉 가까운 남쪽으로 용암봉보다 높이가 낮은 곳'을 의미한 것으로 보인다. 병풍바위 남쪽 끝의 약간 턱이 진 곳(A' 지점)을 일출봉으로 볼 수도 있을 듯하나 용암사가 일출봉 아래에 있다는 기록으로 보아 『북한지』 역시 A'지점을 독립된 봉우리로 보지 않은 것으로 생각된다.93)

---

93) 이숭녕 교수의 글(앞의 각주 31)은 삼각산 동쪽 주능선에 관한 한 『산 좋아 산을 타니』에 전재된 "북한산의 지리적 고찰"과 『월간산』에 수록된 "북한산/북한산성연구, 위용 갖춘 서울의 鎭山"의 내용이 약간의 차이는 있지만 대동소이하다. 두 글을 동시에 볼 때 그는 이 봉우리(B봉)를 용암봉으로 보고 이 봉우리에서 성 안쪽 용암사 터로 흘러내리는 구릉을 일출봉이라 하였다. 이는 용암사 터와 가장 가까운 봉우리가 용암봉일 것으로 생각한 것이며, 또 『북한지』의 「산계」편에서 일출봉의 위치를 용암봉 '앞쪽'이라 한 것을 보고 '앞쪽'을 '산성 안쪽'으로 생각했기 때문인 것으로 보인다. 『북

제 7 편 삼각산 봉우리들의 옛 이름 383

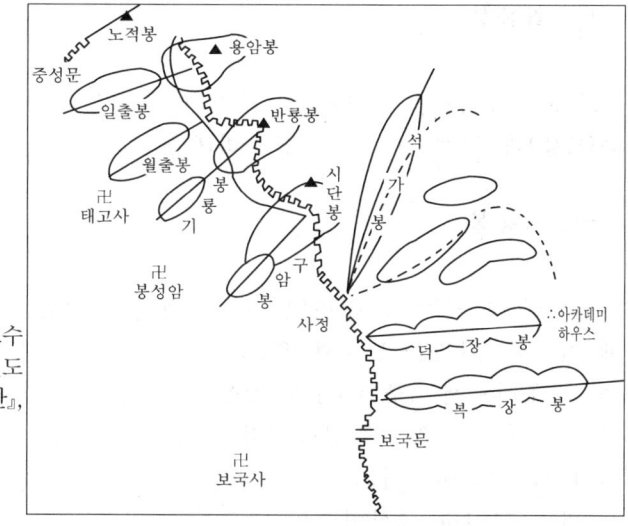

요도 13. 이숭녕 교수의 주능선도 (『월간 산』, 82쪽)

사진 19. 일출봉·월출봉 및 기룡봉(진달래 능선에서 본 모습, 우로부터)
좌측에 기룡봉(곡성)이 보이고 우측 봉우리는 북한산장 뒷봉우리이다. 이 봉우리는 정상부가 둘로 갈라져 있으며 왼쪽이 월출봉이고 오른쪽이 일출봉이다. 일출봉 우측으로 움푹 들어간 곳에 용암문이 있다.

다. 월출봉

'일출봉과 나란히 솟아 있다'는 기록으로 보아 위에 언급한 일출봉(B봉)과 근접하여 있는 봉우리(C봉)를 말하는 것으로 보인다.94)

라. 기룡봉

월출봉 '앞쪽'이라고 하였는데 앞에서 설명한 '앞쪽'의 의미로 볼 때 월출봉 '가까운 남쪽에 있고 월출봉(617.2m)보다 높이가 약간 낮은' 봉우리로서 「북한도」에 곡성으로 표기된 봉우리(D봉, 588.2m)가 기룡봉임을 알 수 있다. '기룡봉(起龍峰)'이란 '용이 상체를 일으키며 하늘로 비상하려는 형상의 봉우리'란 의미로 보이며 이 '곡성'은 바로 그러한 형상이다.95)

한지』의 「성지」편과 「북한축성별단」을 보았으면 분명히 알 수 있는 용암봉의 위치를 「산계」편의 애매한 설명만 보고 잘못 해석한 결과 연속하여 일출봉의 위치까지도 잘못 해석하게 된 것이다. 김윤우 씨(앞의 각주 12)와 나각순 박사(앞의 각주 84)의 위치 비정 역시 이 숭녕 교수와 같다. 한편, 원영환 교수(앞의 각주 83)와 조면구 씨(『북한산성』, 대원사, 1994, 17쪽, 북한산성유적도)는 일출봉은 표기하지 않았으나 용암봉 표기는 필자와 같다. 산성 봉우리에 관한 한 두 분의 표기는 전적으로 동일하며 국립공원관리공단에서 발행한 등산안내지도의 내용과도 일치하지만 단지 반룡봉 하나만을 추가하였을 뿐이다. 국립공원관리공단의 등산안내지도는 두 분 중 누군가의 자문에 의해 작성되었을 것으로 생각된다.
94) 이숭녕 교수는 월출봉을 「북한도」에 곡성으로 표기된 봉우리에서 성 안쪽의 태고사로 흘러내리는 능선을 말한다고 하였다. 김윤우 씨와 나각순 박사의 표기 역시 이숭녕 교수의 표기와 같다. 원영환 교수와 조면구 씨는 월출봉에 대해서도 언급이 없다.
95) 이숭녕 교수는 곡성에서 성 안쪽으로 흘러내리는 능선을 기룡봉으로 보고 곡성을 반룡봉으로 보고 있다.『북한지』「산계」편에서 기룡봉의 위치를 월출봉 '앞쪽'이라 한 것을 보고 그의 기준대로 기룡

마. 반룡봉

'반룡봉'은 '기룡봉' 즉 '곡성'의 가까운 남쪽에 있고 높이가 '곡성'과 비슷하며 정상이 둘로 갈라져 있는 봉우리(**E봉**)인 것으로 보인다. 이렇게 볼 때 『북한지』「산계」편에서 기룡봉 '옆쪽'이라고 한 것은

사진 20. 반룡봉(좌)과 기룡봉(우)
동장대쪽에서 본 모습이다.

봉이 성 안쪽에 있을 것으로 보고 또 반룡봉이 기룡봉의 '옆쪽'에 있다고 한 것을 보고 그와 같이 추론한 것으로 보인다. 그러나 이는 '앞쪽'의 의미를 잘못 해석한 것이다. 만약 그와 같이 '기룡봉'과 '반룡봉'의 위치를 비정할 경우에는, 곡성(D봉)과 시단봉(F봉) 사이의 E봉이 뚜렷한 봉우리임에도 이에 해당하는 이름을 찾을 수 없게 된다. 한편, 김윤우 씨와 나각순 박사는 기룡봉을 반룡봉에서 성 안쪽으로 흘러내리는 능선상의 어느 봉우리로 표기한 점에서는 이숭녕 교수의 견해와 유사하나, 반룡봉의 위치를 곡성으로 보지 않고 그보다 북쪽에 있는 것으로 표기하였다. 그러나 실제 지형에서는 2인이 지적한 곳에는 뚜렷한 봉우리가 존재하지 않는다. 이숭녕 교수는 비록 처음의 용암봉부터 잘못 추론하고 있기는 하지만 나름대

'가까운 남쪽으로 높이가 비슷한 곳'을 의미한 것으로 보인다.96) 이 봉우리 형상은 '반룡(盤龍)', 즉 '또아리를 틀고 앉아 있는 용'의 모습으로 볼 수가 있다.

바. 시단봉

사진 21. 시단봉의 동장대

"반룡봉 남쪽에 있고 정상에 동장대가 있다"는 기록으로 볼 때, 동장대가 세워진 봉우리(F봉)임에 의문의 여지가 없다.97)

로 『북한지』에서 사용된 '앞쪽' 또는 '옆쪽'이라는 말의 의미에 대해서는 일정한 기준을 정해놓고 추론을 이어가고 있는 데 비해 김윤우 씨와 나각순 박사는 대체로는 이숭녕 교수의 견해와 유사하면서도 전적으로 이숭녕 교수와 같은 것도 아니다. 한편, 원영환 교수나 조면구 씨의 표기는 반룡봉의 위치에 대해서는 이숭녕 교수와 같으나 기룡봉에 관한 표기는 없다.

96) '○○과 가까운 남쪽으로 ○○보다 높이가 약간 낮은 곳'을 '앞쪽'이라 한 것과 약간의 차이가 있는 표현이다.

사. 덕장봉

시단봉에서 성벽을 따라 남쪽 약 350m 거리에, 대동문 약 130m 못 미친 지점에 동쪽으로 툭 튀어나가 자연적으로 약간 큰 치성(雉城) 형태를 이룬 봉우리(**G봉**)를 말하는 것으로 보인다. '덕장봉(德臟峰)'이라는 이름에 대해 "뭇 봉우리가 모두 이를 둘러싸고 읍하는 형상이라 그러한 이름을 얻었다"고 한 것은 이 봉우리에서는 속칭 칼바위능선, 보현, 문수, 남장대, 상원, 증취, 용혈, 용출, 시단, 노적, 백운, 만경, 인수, 영봉은 물론 멀리 오봉, 도봉, 수락, 불암, 아차, 관악 등이 모두 시야에 들어오기 때문인 것으로 보인다.98)

---

97) '시단봉'의 한문 표기가 『북한지』에는 "柴丹峰"으로, 「금위영이건기(禁衛營移建記)」에는 "柴壇峰"으로 다르게 표기되어 있다. 『비변사등록』 숙종 37년(1711) 7월 26일 기록에도 "柴丹峰"으로 표기되어 있는 것을 보면 「금위영이건기」의 표기가 잘못 된 것으로 보인다.
98) 이숭녕 교수는 대동문과 보국문 사이에서는 성 바깥쪽으로 동쪽을 향해 두 산줄기가 흘러내리는데 그 중 북쪽에서 아카데미하우스를 향해 흘러 내려가는 능선이 덕장봉이고 그보다 남쪽의 또 한 능선이 복덕봉이라고 보았고, 대동문에서 북동쪽으로 흘러내리는 능선으로 현재 진달래능선으로 불리는 능선을 석가봉, 이 능선 북쪽에서 평행하게 흐르는 또 한 능선을 성덕봉, 그보다 북쪽의 또 하나의 능선을 화룡봉, 그보다 더 북쪽의 또 하나의 능선으로서 곡성(필자가 말하는 기룡봉)에서 시작되는 능선을 잠룡봉으로 보았다. 그러나 대동문과 보국문 사이에서 성 바깥쪽으로 흘러내리는 능선은 속칭 칼바위능선 하나밖에 없을 뿐만 아니라, 『북한지』는 주능선 봉우리들을 북에서 남으로 차례대로 기술한 것으로 볼 때 석가봉은 덕장봉과 복덕봉에 이어 그 남쪽으로 있어야 하는데 이숭녕 교수는 석가봉이 더 북쪽에 있고 그 다음에 덕장봉과 복덕봉이 있는 것으로 본 것이다. 성덕봉, 화룡봉, 잠룡봉 역시 마찬가지이다. 석가봉 남쪽으로 연이어 위치한 봉우리들을 북쪽으로 연이어 위치한 봉우리들로 본 것이다. 결국 『북한지』에 등장하는 봉우리 이름들을 주능선 상의 봉우리 이름으로 보지 않고 주능선 좌우측 곁가지들의 이름이 혼재되어 있는 것으로 보았기에 그런 결론에 이르게

사진 22. 덕장봉(좌)과 기룡봉(우)
(진달래 능선에서 본 모습. 덕장봉 좌측에 대동문이 있다)

된 것이다. 그러나 『북한지』는 오로지 석가봉에 대해서만 주능선 밖에 있는 것으로 명시하고 있을 뿐이다. 한편, 김윤우 씨와 나각순 박사는 시단봉과 대동문 사이에 덕장봉과 복덕봉이 있고, 대동문과 보국문 사이에 석가봉, 성덕봉, 화룡봉, 성덕봉이 있는 것으로 표기하였다. 두 분의 삼각산 지명 표기는 거의 완전히 동일하다. 두 분 책의 출판년도를 보면 나각순 박사의 「북한산성유적분포도」는 김윤우 씨의 「북한산유적도」를 그대로 옮겨놓은 것으로 보인다. 원영환 교수와 조면구 씨는 덕장봉 이하에 대해서는 언급이 없다. 한편 이숭녕 교수는 보국문, 동암문, 소동문을 같은 곳의 다른 이름으로 보았고 김윤우 씨와 나각순 박사는 '대성문과 소동문' '부왕동암문과 소남문'을 각각 같은 곳의 다른 이름으로 보았으나 이 역시 잘못된 추론의 결과이다. 소동문은 현 대동문 이름이 정식으로 정해지기 전 사용된 잠정적 이름이었고, 당시의 대동문이 후일 대성문이 되었으며, 소남문(또는 문수암문)은 대담문의 옛 이름이었다. 이 문제에 관한 상세한 논의는 이 책의 제6편 북한산성 성문 이름의 변천 참고.

아. 복덕봉

대동문과 보국문 사이에서 칼바위능선이 갈라져나가는 봉우리(H봉)를 말하는 것으로 보인다. '복덕봉(福德峰)'이라는 이름에 대해 "형세와 기상이 덕장봉과 비슷하여 그러한 이름이 생겼다"한 것은 이 봉우리 역시 위 덕장봉(G봉)과 전망이 대동소이하기 때문에 그렇게 말한 것으로 생각된다.

사진 23. 석가봉(중앙)과 복덕봉(우)
덕장봉에서 본 모습이며 왼쪽 아래에 대동문이 보인다.

그림 4. 백범영의 칼바위 정상
(출처: http://uy-net.yongin.ac.kr/museum/exhibit)

자. 석가봉

『북한지』는 석가봉이 "동문 밖 청수동 위에 있다"고 하였는데, 이 기록에서 '동문'은 현 대동문을, 그리고 '청수동'은 현 정릉 부근 청수장 일대 계곡을 말하는 것이므로 석가봉은 속칭 칼바위능선의 정상부(I봉)를 말하는 것으로 보인다.

석가봉이라는 이름은 현 보국문 자리를 예로부터 석가고개(釋迦嶺 또는 釋迦峴)라고 불렀기 때문에 북한산성 완공 후에 봉우리들의 이름을 새로 지어주면서 석가고개에서 가장 가까운 현 칼바위능선 정상에다 붙여준 이름일 것으로 추정된다. 석가고개라는 이름은 앞서 소개한 바 있는 선조 당시 이덕형의 서계에도 기록되어 있다. 또한 석가고개라는 이름은 서울 동북부 지역에서 삼각산 내의 가장 큰 사찰인 중흥사로 넘어가기에 가장 가깝고도 편한 고개가 바로 현

사진 24. 석가봉(칼바위 정상)
(출처: http://mountains.new21.net/photo/booghan)

보국문 자리이기에 붙여졌던 이름일 것으로 추정된다.99)

---

99) 석가봉이 현 칼바위능선의 정상을 말하는 것임은 『정조실록』 9년 (1785) 6월 17일자에 수록된, 신기(申耆)의 서계에서도 찾아 볼 수 있다. 신기는 문수봉에서 용암문까지의 지형에 대해서 "문수봉 오른쪽은 문수암문인데 지금은 대남문이 되었습니다. 대남문 오른쪽은 보현봉이고 보현봉 아래 대성문이 있는데 경진년(영조 36년, 1760)에 영구히 폐쇄되었습니다. 석가봉에 이르기 전 암문 한 곳이 있고, 석가봉 동쪽(북쪽?)이 대동문이 되며, 동장대와 용암봉 사이에 암문이 있습니다. 만경봉과 백운봉 사이에 또 암문이 있습니다"고 하였다. 대성문에서 석가봉에 이르기 전에 있다고 한 암문은 보국문을 말하는 것이고, 따라서 보국문에서 대동문에 이르기 전에 있는 봉우리는 칼바위능선 정상 아니면 북한산성 주능선상에서 칼바위능선이 갈라져 나가는 봉우리일 수밖에 없다. 그러나 『북한지』는 석가봉이 대동문밖에 있다고 하였으니 석가봉은 결국 칼바위능

차. 성덕봉

"석가봉 서쪽에 있다"고 한 것으로 보아 보국문 서남쪽으로 200여m 떨어진 조그만 치성(雉城) 형태의 전망대 봉우리(J봉)를 말하는 것으로 보인다. 이 봉우리는 방향이 칼바위능선 정상부의 서쪽이다. '성덕봉(聖德峰)'이라는 이름은 "부처님이 계신 봉우리"라는 뜻의 '석가봉(釋迦峰)' 가까이에 있는 봉우리이기 때문에 붙여진 이름일 것으로 생각된다.

사진 25. 잠룡봉, 화룡봉, 성덕봉 및 석가봉(대성문 쪽에서 본 모습, 앞에서부터) 주능선은 성덕봉(곡성형태 전망대)에서 좌측으로 이어진다. 성덕봉 바로 좌측이 복덕봉이며 이곳에서 칼바위(석가봉)가 오른쪽으로 갈라져 나간다. 주능선 왼쪽으로 덕장봉도 보인다. 성덕봉과 복덕봉 사이에 보국문이 있고 복덕봉과 덕장봉 사이에 대동문이 있으나 사진에서는 보국문과 대동문은 보이지 않는다.

선의 정상일 수밖에는 없는 것이다. 한글학회가 1966년 발행한 『한국지명총람』 제1권(서울편), 126쪽에서도 석가봉을 청수동 위에 있는 봉우리라고 하였다.

카. 화룡봉

"성덕봉 옆쪽에 있다"고 한 것으로 보아, 앞의 '성덕봉'(전망대 봉우리, J봉)에서 대성문 방향으로 약 230m 쯤 떨어진 곳에 위치한 봉우리(K봉)를 말하는 것으로 보인다. 앞서 '반룡봉' 위치 표현방법에서 설명한 바와 같이 '옆쪽'이란 "성덕봉 가까운 남쪽으로 성덕봉과 높이가 비슷한 곳"이라는 의미로 보인다. '화룡봉(化龍峰)'이란 이름은 지상에 모습을 드러내지 않고 숨어있던 용이 비상을 위해 지상으로 떠오르는 모습이라 해서 붙여진 이름일 것으로 생각된다.

타. 잠룡봉

"화룡봉 가까운 서쪽에 있다"고 한 것으로 볼 때, 위의 '화룡봉'(K봉)에서 다시 대성문 방향으로 80m쯤 떨어져 있고 '화룡봉'과 높이가 비슷한 봉우리(L봉)를 말하는 것으로 보인다. '잠룡봉(潛龍峰)'이란 "아직 땅 위로 모습을 드러내지 않고 숨어있는 용의 이미지를 지닌 봉우리"란 의미인 듯하다. 주능선상에서 보현봉이 갈라져 나가는 지점(M봉)은 그에 인접하여 성 밖으로 보현봉이 있기 때문에 별도의 봉우리 이름을 붙이지 않은 것으로 보인다.[100]

---

[100] 한편, 『북한지』에서 '잠룡봉' 다음에 바로 '보현봉'을 언급하고 있는 것으로 보아, 약 80m 간격의 K봉과 L봉을 하나의 봉우리, 즉 '화룡봉'으로 보고 대성문과 대남문 사이의 M봉을 '잠룡봉'으로 볼 수도 있겠으나, ① K봉과 L봉이 약 80m 거리를 두고 떨어져 두 개의 구분된 봉우리로 보이는 점, ② '잠룡봉'을 "화룡봉 가까운 서쪽에 있다"고 하였는데 K봉과 L봉이 M봉으로부터 600m(K봉의 경우) 내지 500m(L봉의 경우)쯤 떨어져 있는 점, ③ 만약 『북한지』에서 M봉을 '잠룡봉'이라 하였다면 '보현봉'의 위치를 "잠룡봉 남쪽에 있다"고 했어야 하는데 "대성문 바깥쪽에 있다"고 한 점 등으로 보아, 처음대로 L봉을 '잠룡봉'으로 보는 것이 타당할 것으로 생각된다. 그렇다면 『북한지』는 대성문 대남문 사이의 M봉을 독립된 봉우리로 보지 않았던 것으로 판단된다.

요도 14. 주능선 봉우리들의 옛 이름 복원

VI. 북쪽 능선과 산성 내부 봉우리들의 옛 이름

1. 북쪽 능선 봉우리들의 옛 이름

『북한지』「산계」편에 기록되어 있는 삼각산의 북쪽 능선 봉우리는 아래와 같은 셋뿐이다.

    시자봉(侍者峰): 백운대 아래쪽에 있고 이곳에 올라가면 북한산성 전체
              의 형세를 모두 살펴볼 수 있다.
    영취봉(靈鷲峰): 원효봉 위쪽에 있다.
    원효봉(元曉峰): 수구 위에 있고 원효암이 이곳에 있다.

위의 세 봉우리 가운데 시자봉이라는 이름은 현재 잃어버린 이름이지만, 남장대나 동장대 등지에서 보면 백운대와 염초봉 사이에 약간 북쪽으로 마치 옛 시자(侍者)가 사모(紗帽)를 쓰고 백운대를 향하여 읍(揖)을 하고 있는 형상의 암봉(712.0m)이 있다. 바로 이 암봉이 그 형태로 보아 시자봉이 아닐까 추측되기도 하지만, 『북한지』에서는 "이곳에 올라가면 북한산성 전체의 형세를 모두 살펴볼 수 있다"고 하였는데 현재도 이 암봉은 암벽등반에 익숙한 사람이 아니면 올라갈 수가 없는 곳이다. 필자 역시 올라가 보지 못하였다.

영취봉은 현재 염초봉으로 불리는 봉우리(662m)를 말한다. 『북한지』 「산계」편에서는 '영취봉'이라는 이름을 쓰면서 그 위치를 "원효봉 위쪽에 있다"고 하였으나, 부록 지도인 「북한도」에는 북문 동쪽

사진 26. 시자봉
  등산객들이 파랑새봉으로 부른다.
(출처: http://mountains.new21.net/photo)

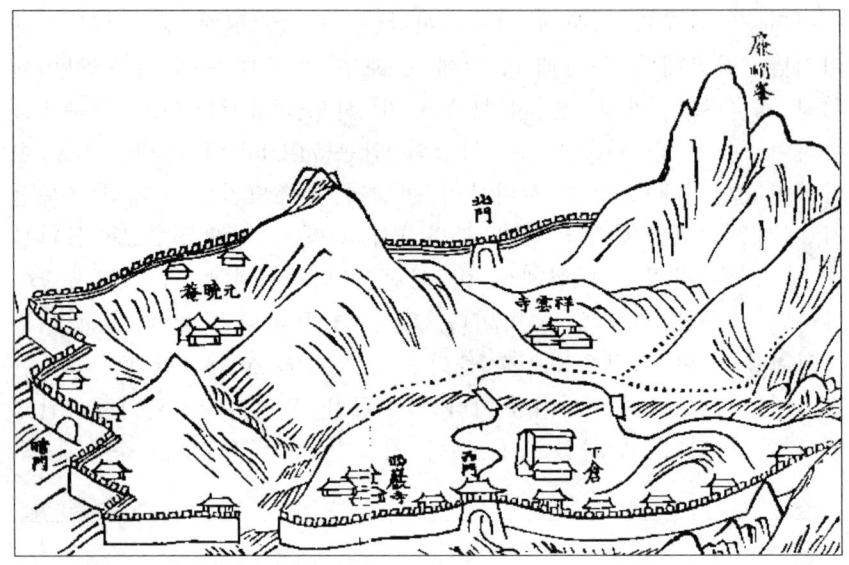

지도 16. 「북한도」의 원효암과 염초봉

으로 봉우리가 하나 그려져 있고 이름을 '날카롭고 가파른 봉우리'라는 뜻의 '염초봉(廉峭峰)'으로 표기하고 있다. 옛부터 영취봉과 염초봉이라는 이름이 혼용된 것임을 알 수 있다.

그러나 뒤에서 상운사·대동사 등의 역사와 영취봉 이름의 유래를 소개할 때 다시 상세히 소개하겠지만 이 봉우리는 고려 초기부터 원래 '취봉(鷲峰)' 또는 '영취봉(靈鷲峰)'으로 불리던 봉우리이다. '염초봉'이란 이름이 언제부터 생긴 것인지는 분명하지 않다. 다만 다음 항에서 다시 설명하겠지만 임진왜란 후 '화약더미'를 의미하는 '염초봉'이란 이름이 생겼는데 한자로 '焰硝峰'으로 표기하여야 할 것을 그 의미를 잘 모르는 사람들이 '廉峭峰'으로 표기한 것이 아닐까 하는 생각이 든다.

원효봉은 현재의 원효봉(511m)과 같다. 『북한지』에는 원효봉이 "수구 위에 있고 원효암이 이곳에 있다"고 하였고 그 부록 지도인

「북한도」에는 북문 서쪽에 이름 표기 없이 봉우리가 하나 그려져 있으나 이 봉우리 중턱에 '원효암'이 표기되어 있다. 신라의 고승 원효대사가 여기에서 수도를 한 일이 있어 생긴 이름으로 알려져 있다. 『북한지』「산계」편에서는 '원효봉'과는 별도로 '원효대(元曉臺)'가 "의상대 북쪽 수구(水口) 위쪽에 있다"고 하면서 "원효가 머물던 곳이다"고 기록하고 있는데, 원효대는 원효암 부근의 어느 전망 좋은 곳을 말하는 것으로 보인다. 『북한지』「산계」편에서는 현 의상봉을 말하는 미륵봉과 별도로 의상대를 기록하고 그 위치를 "미륵봉 아래 쪽에 있다"고 하였는데 원효봉과 원효대의 관계도 이와 같았을 것으로 추정해 볼 수 있기 때문이다.

2. 산성 내부 봉우리들의 옛 이름

『북한지』「산계」편에 기록되어 있는 봉우리 이름 가운데 아래의 것들은 산성 내부에 있는 봉우리의 이름이다.

노적봉(露積峰): 만경봉 서쪽에 있다.
기린봉(麒麟峰): 노적봉 아래쪽에 있다.
장군봉(將軍峰): 중흥사 서쪽에 있다.
등안봉(登岸峰): 장군봉의 위쪽으로 중흥사의 뒤쪽에 있다.
구암봉(龜巖峰): 동장대 아래쪽에 있다.
상원봉(上元峰): 문수봉 북쪽에 있다.
휴암봉(鵂巖峰): 남장대 북쪽에 있다.

위의 기록 중 노적봉은 현 노적봉(715.5m)과 같음이 분명하다. '노적봉'이란 이름의 유래에 대해서는 흔히 이 봉우리가 곡식을 쌓아놓은 노적가리와 같은 모습이라 그런 이름으로 부른다고 한다. 조선조 후기 정조 임금의 시(詩) 가운데는 주자(朱子)의 「석름봉(石廩峰)」이라는 시에 차운(次韻)하여 읊은 「노적봉(露積峰)」이란 시가 있다. 주자의 「석름봉」 시는 중국 호남성 형산(衡山)의 석름봉이라는 봉우리를 마치 풍년에 쌀을 쌓아놓은 것에 비유한 시인데, 정조는 이 시를 보고 삼각산 노적봉을 연상하면서 주자와 같은 뜻으로 시를 읊은 것이다. 조선조 말에 간행된 저자 미상『동국여지비고』의 '중흥동중성(重興洞中城)'조에서도 "성내에 산이 있는데 우뚝 높이 솟아 있는 것이 노적가리 같으므로 민간에서는 노적봉이라고 한다"고 하였다.

노적봉이라는 이름이 언제부터 사용된 것인지는 불분명하지만, 조선 중기 선조 당시 사람인 이정구(李廷龜)가 임진왜란 직후에 쓴 「유삼각산기(遊三角山記)」에서 이미 '노적봉'이라는 이름을 쓰고 있는 것을 보면 그 이전에 생긴 이름임은 분명하다. 다만 숙종 당시 사람인 이이명(李頤命)이 저술한 『강역관방도설』의 '북한산성'조에서는 "백제고성이 삼각산 중흥사 북쪽에 있다. 석축 둘레는 9,517尺이며 일부는 온전하고 일부는 허물어져 있으나 그 터는 뚜렷하다. 중흥사 앞으로 개울을 타고 넘는 성벽의 흔적이 있고 '중봉(中峰)'에는 중성(中城)의 옛터가 있다"고 하였는데 그가 말하는 '중봉(中峰)'은 노적봉을 말한다. 그렇다면 숙종 당시만 해도 '노적봉'이란 이름이 널리 알려져 있지는 않았고,『북한지』가 간행된 영조 25년(1745)을 전후하여 널리 사용된 것으로 보인다.

한편, 노적봉과 관련된 전설로 '삼각산 밥할머니'에 관한 이야기가 있다. 현재 통일로변 고양시 삼송동 숫돌고개의 도화공원에는 '밥할머니 석상'이라고 불리는 머리 없는 석불 입상이 있는데, 이 입상은 임진왜란 당시 명나라 군대가 숫돌고개에서 왜군에 패하여 곤경에 빠져 있을 때 어디선지 늙은 할머니가 나타나서 왜병들에게 노적봉을 가리키며 저 '노적가리'에 저렇게 식량을 수만 석 쌓아놓고 군인들이 진을 치고 있다고 속여 왜병들을 물리쳤다는 전설을 지니고 있는 '삼각산 밥할머니' 석상이다. 임진왜란 당시의 '노적봉' 또는 '노적가리'에 관한 이와 같은 전설은 전남 목포의 유달산, 경주군 서면 천포리의 오봉산 등에서도 발견할 수 있는데 이러한 '노적봉' 또는 '노적가리' 전설과 함께 붙어다니는 전설이 바로 '염초더

사진 27. 기린봉(좌)과 노적봉(우)
    산영루와 중성문 중간쯤에서 본 모습이다. 가운데 봉우리는 능선 너머의 염초봉이다.

미' 전설이다.

  염초(焰硝)는 화약(火藥)을 가리키는 말로서 아군이 염초를 산더미 같이 쌓아놓고 기다리고 있다고 적을 속였다는 전설이다. 생각컨대 '노적봉'이라는 이름은 임진왜란 당시에 생겨나서 삼각산에 북한산성이 생긴 이후에 이 '삼각산 밥할머니' 전설과 함께 비로소 일반에 널리 사용된 것이 아닌가 하는 생각이 들며, 백운대 서쪽의 '염초봉'이라는 이름도 이와 같은 전설을 통하여 생긴 이름일 것으로 보인다.

  기린봉은 현재 노적봉에서 시작해서 북쪽의 원효능선과 평행하게 서쪽으로 뻗어내린 능선을 따라 600m 쯤 떨어진 곳에 북장대 터로 추정되는 봉우리(467.6m)가 있는데 이 봉우리를 말하는 것으로 보인다. 현지에서도 북장대 터를 '기린봉'으로 부른다.[101]

사진 28. 장군봉(좌)과 등안봉(우)
중앙 하단이 중흥사이다. 우상단에 노적봉이 하얗게 보인다.

장군봉은 현재 중흥사 터의 정면 앞에 서서 중흥사 터를 마주보고 서 있을 때 중흥사 터 바로 좌측(서쪽)에 보이는 나지막한 봉우리(431.5m)를 말하는 것으로 보이며, 등안봉은 같은 위치에서 바라볼 때 중흥사 터 바로 뒤(북쪽)에 보이는 나지막한 봉우리(463.8m)일 것으로 추정된다.102)

구암봉은 봉성암과 동장대 사이 한 봉우리를 말한다. 어느 지도이건

---

101) 현재 '남장대 터'에 설치해 놓은 안내판 참고. 다만 북장대 터로 알려진 곳에 올라가 보면 그 위치나 주변 전망으로 보아 장대 터로서 합당한 자리로는 보이지만, 주초석 등 장대의 흔적은 없고 대신 누군가의 산소가 한 기 자리잡고 있다. 만들어진 지 오래지 않은 산소인데 산소를 만들 때 주초석이 훼손된 것으로 보인다.
102) 『북한지』「산계」편에는 '등편봉(登片峰)'으로 쓰여 있으나, 같은 책 「사찰」편과 조선조 후기의 군사재정문제 편람인 『만기요람(萬機要覽)』의 '북한산성(北漢)'조 등에는 "중흥사가 '등안봉' 아래에 있다(重興寺在登岸峰下)"고 쓰여 있다.

사진 29. 구암봉

봉성암과 시단봉 사이에 봉우리로 표시되거나 봉우리로 볼 만한 곳은 없으나 노적봉 부근에서 내려다보면 동장대와 봉성암 사이에 조그만 봉우리 하나가 보인다. 이 봉우리 상단에 거북이 모양을 한 암괴(巖塊)가 있어 붙여진 이름이다. 봉성암 바로 뒤에 있고 현재는 천해대(天海臺)라는 표지판이 설치되어 있다.

  상원봉은 문수봉 옆 속칭 716m 고지[103)]에서 산성 안쪽 동북쪽으

---

103) 이 고지는 국립지리원의 측량용 삼각점(서울 22)이 있는 곳으로서 국립지리원이 현지에 세워놓은 안내간판에 의하면 고도는 약 715m 이고 좌표는 동경 126° 58´ 23˝ 이다. 대부분의 지도에 의하면 이 봉우리는 무명고지로서 고도만 715.7m(국립공원관리공단 발행 등산 안내지도) 또는 715m(1:50000 군사지도) 등으로 표기되어 있다. 그

로 갈라져 나간 능선이 끝나는 마지막 봉우리를 말하는 듯하다.104)
『북한지』「궁전」편에서는 행궁(行宮)을 "상원봉 아래쪽에 펼쳐져 자리잡고 있다(在上元峰下坐申)"105)고 기록하고 있고, 「북한도」에는 행궁이 앞서 말한 봉우리 밑에 그려져 있기 때문이다.106)

휴암봉은 현재 부왕사 터 동남쪽 능선상의 턱진 지점에 부엉이 모양의 약간 네모진 암괴(巖塊)를 볼 수 있는데 이 암괴를 휴암봉이라 부른 것이 아닌가 추정된다. 1:5000 정밀지도에는 앞서 말한 상원봉과 부왕사 터 중간쯤(부왕사 터에서 약 400m)에 고도 594m로 표기된 봉우리가 하나 있는데 이곳이 앞서 말한 암괴가 있는 자리인지는 좀더 확인을 해보아야 알 것 같다.

런데 국립지리원 발행의 1:5000 지도에는 이 고지의 고도를 725.7m로 표기하였고 이름을 남장대라 하였다. 고도 표기가 잘못된 것일 뿐만 아니라 남장대 터는 이곳이 아니다.

104) 속칭 716m 무명고지에서 능선은 두 갈래로 갈라진다. 한 갈래는 바로 의상봉을 향해 뻗어나가는 소위 의상능선이고 이와 별도로 산성 안쪽으로 갈라져 나가는 높은 능선이 있는데 이 능선을 따라 동북쪽으로 약 200m를 가면 709.5m 봉우리가 있다. 이곳이 바로 남장대 터로서 현지에는 장대의 초석들이 남아있다. 이 남장대 터에서 다시 동북쪽으로 220m쯤 더 나아가면 684m 봉우리가 나타나는데 이 봉우리가 바로 상원봉일 것으로 생각된다. 속칭 716m 무명고지에서 산성 안쪽으로 갈라져 나가는 높은 능선은 상원봉에서 북쪽으로 약 80m를 더 나아간 지점인 678.5m 고지에서 끝나고 산세는 행궁터를 향해 급경사를 이루며 낮아진다.

105) 이를 "상원봉 아래쪽에 서남서 방향으로 자리잡고 있다"라고 번역할 수도 있겠으나, 「북한도」에는 행궁이 동북동 방향으로 그려 있고, 실제로도 동북동 방향으로 자리잡고 있다. 원영환 교수는 "행궁은 상원봉 아래쪽으로 전개되어 있다"라고 번역하였다. 원영환(역), 『국역 북한지』, 서울특별시사편찬위원회, 1994, 47쪽.

106) 다산 정약용의 「행궁을 바라보며(望行宮)」(『여유당전서』, 「시문집」 권2에 수록)라는 시에는 "행궁은 기러기봉(雁峰)에 접해 있네"라는 구절이 있는데, 이때 기러기봉이라고 한 것은 실제의 봉우리 이름이 아니라 상원봉을 문학적으로 묘사한 이름인 것으로 보인다.

제 7 편 삼각산 봉우리들의 옛 이름 403

사진 30. 상원봉, 남장대 터 및 716m 무명고지
(증취봉에서 본 모습. 왼쪽부터)

사진 31. 나월봉, 나한봉, 716m 무명고지 및 문수봉
(비봉능선에서 본 모습. 왼쪽부터)

사진 32. 휴암봉(증취봉에서 본 모습)

3. 산성 내부의 여타 유적

북한산성 내부에는 사찰이나 누각(樓閣) 등 수 없이 많은 유적지가 있으나 이에 대해서는 많은 연구문헌들이 있을 뿐 아니라[107] 필자 역시 아직까지는 그 내용에 대체로 큰 이견이 없기 때문에 이 글에서는 이에 관한 종합적인 소개는 생략한다. 다만 기존의 연구문헌에서 언급이 없거나 혹은 언급이 있더라도 그 내용이 불분명한 몇 가지 부분에 대해서만 간단히 논하기로 하겠다.

---

107) 그 대표적 문헌으로는, 서울대학교박물관, 『북한산성지표조사보고서』, 1991년; 조면구, 앞의 책(앞의 각주 93); 대한불교조계종 불교문화재발굴조사단, 앞의 책(앞의 각주 30); 이마니시류(今西龍), 앞의 글(앞의 각주 48) 등이 참고할 만하다.

가. 산영루(山暎樓) 터

현재 중흥사 부근 비석거리 앞 개울가에는 누각의 초석들이 남아 있어 흔히 산영루(山暎樓) 터로 알려져 있다. 그러나 이숭녕 교수는 이 자리를 항해루(沆瀣樓) 터로 보고 산영루는 중흥사를 정면에서 바라볼 때 중흥사 우측의 석축 바로 옆에 있던 것으로 보았다.108) 그 이유에 대한 설명은 없으나 산영루가 '중흥사 앞'에 있고 항해루가 '중흥사 동구'에 있다고 한『북한지』의 기록과 "중흥동고성은 북한산성 안에 있으며 산영루 좌우편에는 그 유지가 있다"는『대동지지』(권3,「양주목」,「성지」편)의 기록을 보고 그와 같이 해석한 것으로 보인다. 그러나 이숭녕 교수가 산영루 터로 지적한 자리에는 어떠한 누각의 흔적도 없고 누각을 세웠을 만한 자리도 없다.『북한지』기록은 '중흥사 앞'에 있었다는 산영루가 '중흥사 동구'에 있었다는 항해루보다 중흥사에서 가까운 거리에 있었다는 해석의 근거는 될 수 있어도 현재 남아 있는 초석들이 산영루의 초석인지 항해루의 초석인지를 판단할 수 있는 근거는 될 수가 없다.

여하간 이숭녕 교수의 그러한 글 때문인지 현재 북한산초등학교의 인터넷 홈페이지109) 및 국립공원관리공단이 현지에 세워놓은 안내판에는 현재 남아 있는 초석들이 항해루 초석인지, 산영루 초석인지 아직 고증되지 않았다고 적어놓았다.

하지만 조선조의 문인들이 산영루를 찾아보고 쓴 시나 기행문들을 유심히 살펴보면 이 초석들은 산영루의 초석일 가능성이 매우 높다. 우선 다산 정약용이 쓴「산영루」라는 제목의 시(『여유당전서(與猶堂全書)』권2에 수록)에서는 산영루 모습을 "두 겨드랑이에 날개 돋아 날아오르려 하네(雙腋泠泠欲羽翰)"라고 묘사하고 있는데 현재 중흥사 터 부근 비석거리 앞 개울가에 남아 있는 초석들은 세

---

108) 이숭녕, 앞의 책(앞의 각주 31,『산 좋아 산을 타니』), 173쪽 요도.
109) http://pukhansan.or.kr/camp-si/hiking/file.

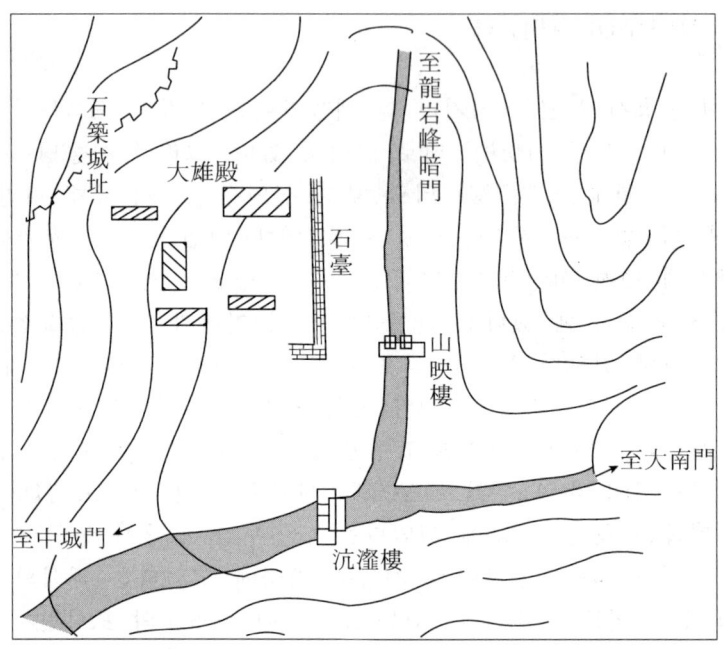

요도 15. 이숭녕 교수의 산영루

검정의 초석들과 모양과 배치가 흡사하여 이들이 산영루의 초석일 것이라는 추정을 가능하게 하고 있다.

또한 조선조 후기의 문신인 이덕무(李德懋)가 1761년 삼각산의 사찰들을 답사하고 쓴 「기유북한(記遊北漢)」이라는 기행문을 보면 산영루에 대해서는 "중흥사에서 비스듬히 서쪽으로 가면 숲이 울창하고 맑은 개울물이 소리내며 흐르는 곳이 있다. 큰 돌들이 많은데 어떤 것은 관(冠) 모양이고 어떤 것은 조각배 모양이다. 돌이 쌓여 대(臺)를 이룬 것도 그 가운데 있었다. 산영루는 모양은 대개 세검정과 비슷하였으나 그윽하기는 그보다 더하였다"하고, 산영루에서 진국사(현 노적사)로 가는 길에 대해서는 "산영루를 등지고 험한 산길을 따라 북으로 가면 높이가 세 길 되는 바위에 '白雲洞門(백운동문)'이라고 새겨놓은 곳이 나온다. 돌길을 따라가면 진국사 입구에 도달한다"고 하였다. 뿐만 아니라 조선 후기의 문인 송상기(宋相琦)가 그보다 앞서 1717년경에 쓴「유북한기(遊北漢記)」라는 기행문110)에서도 대서문에서부터 올라가 부왕사를 구경한 후에 산영루를 거쳐 대성문으로 올라갔다는 구절이 있다.

그리고 조선 후기의 문신 조재호(趙載浩: 1702~1762)가 쓴 북한산성 유람시(遊覽詩)에서도 역시 대서문 민지사 부왕사를 거쳐 산영루에 들렀다가 용암사를 거쳐 백운대로 올라간 것으로 기록하고 있으며, 특히 '산영루에 도착해서'라는 시에서는 "숲길 돌아가니 그림 같은 누각 보이고, 누각 앞엔 한 줄기 물이 가로 흐르네. 우뚝한 노적봉은 무너져 내릴 듯하고, 보일듯 말듯 용암사 더욱 그윽하네"라고 하였다.111)

앞의 기록들을 근거로 산영루 터를 추적해 보면 역시 중흥사 터 부근 비석거리 앞 개울가에 초석들이 남아있는 자리가 산영루 자리

---

110) 송상기의 문집인『옥오재집(玉吾齋集)』권13에 수록되어 있다. 이 책의 제3권 시문집에 번역 수록하였다.
111) 조재호의 문집인『손재집(損齋集)』권2에는「청담동 홍씨 정자(清潭洪氏亭)」「청담동구를 나서며(出淸潭洞口)」「북한산성 대서문으로 향하며(向北漢西門)」「민지사에 들어가서(入閔漬寺)」「비를 만나 부왕사에 머물며(滯雨扶旺寺)」「비 때문에 머무는 중에 연 스님의 백운대 시에 차운하여(滯雨次演上人白雲臺韻)」「비가 개어 부왕사를 나서며(雨後出扶旺寺)」「산영루에 도착해서(到山映樓)」「백운대에 올라(上白雲臺)」「연 스님이 용암사를 거쳐 백운대까지 동행해 주기에 그의 시에 차운하여 주다(演上人送至龍巖寺 同上雲臺 仍次其詩而贈之)」「행궁을 지나치며(過行宮)」「대동문을 나서며(出東門)」「대보동에 있는 지경의 거처에 들르다(尋大普洞持卿書寓)」「조계폭포를 보며(觀曹溪瀑)」「조계동문을 나서며(出曹溪洞門)」「대보동을 떠나며(別大普洞)」등의 순서로 19수의 시가 수록되어 있다. 그는 별도의 기행문을 남기지는 않았으나 이 시의 순서는 대략 그가 거쳐간 곳의 순서를 말하는 것으로 보인다. 다만 행궁에는 들르지 않고 대동문을 나서기 전 멀리서 쳐다보고 시만 한 수 읊은 것으로 보인다.

임을 알 수 있다. 이덕무는 중흥사에서 비스듬히 서쪽으로 가면 산영루가 있고, 산영루를 등지고 험한 산길을 따라 북으로 가면 '白雲洞門'이라는 글자가 새겨진 바위가 나온다 하였고, 송상기는 부왕사에서 대성문으로 가는 길목에 산영루가 있다고 하였으며, 조재호는 부왕사에서 용암사로 가는 길목에 산영루가 있는데 산영루에서는 우뚝한 노적봉이 무너져 내릴 듯 보이고 용암사는 보일듯 말듯 하다고 하였다. 중흥사 터 부근 비석거리 앞 개울가에 초석들이 남아 있는 자리는 그런 여러 조건들을 모두 충족시킬 수 있는 곳이다.

한편, 『북한지』에서는 이 책을 쓸 당시(1745년) 이미 산영루가 없어졌다고 했는데, 이를 근거로 현재의 정자 초석을 산영루 초석이 아닐 것으로 보는 견해도 있다.112) 그러나 산영루의 위치를 판단하기 위해 필자가 앞에서 소개한 글들은 송상기의 「유북한기」(1717년경) 이외에는 모두가 『북한지』 출간 이후의 작품이다. 뿐만 아니라

사진 33. 산영루(『경성부사』)

---

112) 서울대학교박물관, 앞의 책(앞의 각주 107), 113쪽.

사진 34. 산영루(『산서』)

1934년 발간된 『경성부사』에는 1907년도에 촬영하였다는 산영루의 사진이 수록되어 있고,113) 앞서 소개한 이마니시류(今西龍)의 「경기도고양군북한산유적조사보고서」에서도 "항해루는 이미 훼멸되었고 지금 중흥사 아래 200~300m 지점의 개울가에 있는 것은 산영루라고 들었다. 기초공사가 견고하여 대홍수(1915년도의 대홍수)에도 파손되지 않을 수 있었다"라고 하였다.114)

이러한 기록들을 볼 때 적어도 1717년경에는 남아 있다가 1745년 이전에 수해 등으로 인해 없어졌던 산영루는 적어도 이덕무가 이곳을 방문한 1761년 이전에 다시 복원되었으며 1916년 이후 어느 때인가 다시 소멸된 것으로 추정된다.115)

---

113) 경성부 편, 앞의 책(앞의 각주 8), 329쪽.
114) 이마니시류, 앞의 글(앞의 각주 48), 54쪽.
115) 다만 1907년에 촬영한 것이라는 산영루 사진을 보면 초석을 비롯하여 목재나 기와 등이 지나치게 깨끗한 모습이어서 사진 촬영 직전에 수리를 한 것으로 보인다. 이러한 점 등을 고려하면, 산영루는

나. 노적·상운·대동사의 역사와 영취봉 이름의 유래

『북한지』「사찰」편에서는 진국사(鎭國寺)가 노적봉 아래 있고 성능 스님이 창건했다고 하였는데, 오늘날의 노적사(露積寺)가 이 진국사인 것은 분명하다. 그런데『고양군지』는 현 상운사(翔雲寺) 바로 밑에 있는 대동사(大東寺)에 대해서 옛 노적사의 대웅전 자리에 세운 100여간의 큰 사찰로서 임진왜란 때 소실된 것을 1969년 재건했다 하였고, 현 상운사에 대해서는 1722년 승장 회수가 창건했으며 1813년 승장 태월지총(太月智聰)이 중건하여 상운사(翔雲寺)라 하였다고 기록하고 있다.116)

이러한 기록들의 해석 문제와 관련하여 성능 스님이 창건한 진국사가 오늘날 노적사가 되고 원래의 노적사는 조선 경종 2년(1722) 승장 회수(懷秀)가 창건한 절로서 후일 상운사로 이름을 바꾼 것이라는 견해도 있으나,117) 서울대학교박물관의『북한산성지표조사보고서』118)는 "『북한지』에 의하면 (상운사는)창건 당시부터 상운사라 하였음을 알 수 있다"(95쪽), "노적사라는 이름은『북한지』에는 보이지 않으므로 노적사 대웅전 자리에 대동사를 세웠다는 것은 잘못이다"(89쪽)

이덕무가 이곳을 방문한 1761년 이후에도 여러 차례 수재(水災) 등으로 인하여 없어졌다가 다시 복원되고는 하였을 가능성이 크다. 한편, 한국산서회의 연보(年報)인『산서』(山書) 제3호, 2002, 95쪽에는 뒤에 비석거리를 배경으로 한 산영루의 온전한 모습이 담긴 사진 1매가 수록되어 있는데, 이 사진은 원로산악인 손경석 선생이 제공한 사진으로서 1937년 경성전기주식회사에서 발간한『北漢山』(佐脇精 著)에 수록된 사진이라 하며, 손경석 선생의 증언에 의하면 산영루는 한국전쟁 기간 중에 소실되었다 한다.

116) 고양군청,『고양군지』(1987년), 1085 및 1313쪽.
117) 김윤우, 앞의 책(앞의 각주 12), 305쪽. 대한불교조계종 불교문화재 발굴조사단에서 발행한『북한산의 불교유적』역시 김윤우 씨의 견해에 따르고 있다.
118) 앞의 각주 107.

사진 35. 대동사(좌하단)와 상운사(중간)
(출처: 박인식·안승일, 『북한산』, 대원사, 1993년, 67쪽)

라고 하여 상당한 혼란이 야기되고 있다. 이 문제에 대해서는 좀더 상세한 분석이 필요할 것으로 보인다.

『북한지』는 구체적 창건년대는 밝히지 않았으나 상운사에 대해서는 "회수가 창건했다"고 하고 진국사에 대해서는 "성능이 창건하였다"고 하였다. 그러나 앞서 소개한 송상기의 「유북한기」119)에는 "노적사를 둘러보았다. 이 절 역시 새로 만든 절로써 노적봉 아래에

---

119) 앞의 각주 110.

있었다. 노적봉은 다른 곳에서 보아도 뛰어난 모습이지만 이곳에서 보니 더욱 그러하였다. 암벽이 천만 길이나 되어 보였고 우뚝 솟아난 모습 때문에 부지중에 두려운 마음이 생겨 의지할 곳이 없었다. …중장대(中將臺)120)가 절 뒤에 있어 상장대(上將臺)121)와 마주보고 있다. 올라가 둘러보니 백운대가 노적봉 위로 솟아있음에도 여기서 보면 어느 것이 더 높은지 구분이 안되었다. 능선 하나를 넘어122) 산밑으로 내려가는데 훈국(訓局) 별관123)과 창고를 지나 능선을 넘어가니 북문(北門)이 그 뒤에 있었다"는 구절이 있다. 현 노적사가 분명한 사찰에 대해 노적사라는 이름을 사용하면서 새로 만든 절이라 하였음을 알 수 있다.

송상기의 「유북한기」는 1717년경에 쓴 것이고 『북한지』는 1745년에 쓰여진 책인 점을 염두에 두고 이 두 기록과 『고양군지』의 기록을 동시에 비교 검토해 보면, 우선 『북한지』에 기록된 진국사는 북한산성을 만든 직후 성능 스님이 현 노적사 자리에 창건한 절이지만 처음 이름이 적어도 송상기가 다녀갔던 1717년경까지는 노적사였다가 『북한지』가 출간된 1745년 이전(구체적으로는 승장 회수가 1722년 노적사라는 이름으로 새 절을 창건하기 이전)에 진국사로 이름을 바꾸었는데 후일 없어졌다가 최근에124) 다시 노적사란 이름

---

120) 현 노적사 부근 기린봉(473.5m)에 있는 북장대(北將臺)를 말한다.
121) 시단봉의 동장대(東將臺)나 상원봉 위의 남장대(南將臺)를 말하는 것으로 보이나, 무슨 이유로 '중(中)'과 '상(上)'이란 표현을 썼는지는 모르겠다. 굳이 높이를 가지고 세 장대(將臺)를 비교하자면, 남장대(약 640m)가 '상(上)'이 되고 동장대(약 600m)는 '중(中)'이 되며 북장대는 '하(下)'가 될 것이다.
122) 노적사에서 상운사로 넘어가는 고개를 말하는 것으로 보인다. 이 고개에는 돌이 많이 깔려 있어 옛 이름이 적석령(積石嶺)이고 부근에는 북한산성 만들기 오래 전에 적석사(積石寺)라는 절이 있었다.
123) 『북한지』에 기록된 훈련도감유영(訓練都監留營)을 말한다.
124) 현 노적사가 중건된 것은 1960년이다. 사찰 입구 창건공덕비 참고.

으로 재건된 것임을 알 수 있다.

　반면, 현 상운사는 1722년 승장 회수가 창건 당시에는 노적사가 진국사로 이름이 바뀐 후이기에 노적사라는 이름을 가져다 쓰다가 1745년 이전에 상운사로 이름을 바꾼 것으로 추정된다. 그렇다면 『고양군지』에서 현 상운사에 대해서 "1722년 승장 회수가 창건했으며 1813년 승장 태월지총이 중건하여 상운사라 하였다"고 한 구절은 "1722년 승장 회수가 창건했으며 처음 이름은 노적사로 하였다가 1745년 이전에 상운사로 이름을 바꾸었으며 1813년 승장 태월지총이 중건하였다"라고 고쳐 읽어야 할 것으로 보인다.

　한편, 현 대동사에 대하여 "옛 노적사의 대웅전 자리에 세운 100여간의 큰 사찰로 임진왜란 때 소실된 것을 1969년 재건하였다"고 한 『고양군지』의 기록에서 '옛 노적사'는 바로 현 상운사의 전신을 말하는 것이고 현 대동사 자리가 바로 '옛 노적사'의 대웅전 자리였음을 알 수 있다. 그러나 대동사라는 이름이 어떤 역사기록에도 발견되지 않는 것을 보면, 이 자리에 있던 어떤 사찰이 임진왜란 때 불타 없어지고 공터로 있었는데 이곳에 1722년 승장 회수가 옛 노적사 대웅전을 만들었다는 것이 된다.

　그렇다면 현 대동사에 대하여 "옛 노적사의 대웅전 자리에 세운 100여간의 큰 사찰로 임진왜란때 소실된 것을 1969년 재건하였다"고 한 『고양군지』의 기록 역시 "대동사 자리에는 아주 오래 전에 세워진 100여간의 큰 사찰이 있다가 임진왜란 때 소실되었고 1722년 승장 회수에 의해 이 자리에 옛 노적사가 만들어지면서 그 대웅전이 들어서 있었으나 이 옛 노적사는 1745년 이전에 상운사로 이름이 바뀌었고 북한산성 방어를 위해 좀더 북문(北門)에 가까운 곳으로 옮겨갔다. 그 후 이 자리는 다시 공터로 남아 있게 되었는데 이곳에 1969년 재건한 것이 현 대동사다"라고 고쳐 읽어야 할 것이다.

　서울대학교박물관의 보고서[125]에는 현 대동사의 유래에 대해 "이

절을 세운 이명하 씨와 황명화 씨로부터 들은 바 원래 상운사의 절 터 중 일부를 조계종으로부터 구입하여 1970년[126] 창건하였다 한 다"고 기록하고 있는데, 이러한 기록은 여러 역사기록들에 관한 지금까지의 필자의 해석과 모순되는 점이 없다.

그렇다면 현 대동사 자리에 아주 오래 전부터 임진왜란 이전까지 있었다는 사찰의 이름은 무엇이었을까? 고려 초기 대각국사 의천 스님(1055~1101)이 남긴 시 가운데 「삼각산 취령사에 머물며(留題 三角山鷲嶺寺)」라는 시가 있다. 이 시의 제목이 된 삼각산 '취령사 (鷲嶺寺)'가 바로 현 대동문 자리에 임진왜란 이전까지 있었다는 사찰의 이름이었을 것으로 생각된다. 한국의 선시(禪詩) 가운데 하나로 꼽히는 이 시의 내용은 다음과 같다.

鷲峰泉石稱閑情	수리봉 경치 그윽하다고 이름이 났는데
尋到方思隱姓名	찾아보니 곧 이름 숨기고 살고 싶어지네
只爲敎義弘護急	그러나 설법하고 중생 구제하기 바쁘니
未遑栖止樂平生	한 곳에 둥지 틀고 즐길 겨를이 없구나.[127]

만약 현 대동사 자리에 임진왜란 이전까지 있었다는 사찰의 이름이 이 시의 제목에 기록된 '취령사'였을 것이라는 필자의 추론이 역

---

125) 앞의 각주 107.
126) 『고양군지』에서 1969년이라 한 것과는 1년의 차이가 있다.
127) 『대각국사문집(大覺國師文集)』, 外集 권19. 정신문화연구원, 『국역 대각국사문집』, 1989, 145쪽에서 원문 재인용. 선시(禪詩)들을 모아 놓은 한 인터넷사이트(http://soback.kornet.net/~eunnara/ sunpoet)에는 이 시의 제목이 '삼각산 영취사에서'로 되어 있고 첫 구절도 "영취사 풍경~"으로 시작하고 있으나(원문은 없음), 정신문화연구원의 『국역 대각국사문집』에 수록된 원문에는 제목이 '留題三角山鷲嶺寺'로 되어 있고, 첫 구절도 "鷲峰泉石~"으로 시작하고 있다. 이 시의 세 번째 구 다음에는 "余管敎門流通之事 弘宣護持以爲己任(나는 교문 사찰들 사이 상호유통의 일을 관장하고 있다. 불법을 널리 알리고 지키는 것이 나의 임무이다)"라는 작은 글자의 간주(間注)가 있다.

사적 사실과 부합된다면, 현 북한산성 북문 자리의 고려 초기 이름은 '취령(鷲嶺)', 즉 '수리고개'였을 것이며, 현재 백운대와 원효봉 사이에 있는 '영취봉'의 옛 이름도 이 시의 서두에 기록된 것과 같이 '취봉(鷲峰)', 즉 '수리봉'이었을 것이다.128)

VII. 맺음말

『북한지』에 기록된 봉우리 이름 가운데는 백운대, 인수봉 등과

---

128) 대각국사 의천의 시 가운데 삼각산과 관련이 있는 것으로는 「삼각산 취령사에 머물며」 이외에도 「삼각산 식암에 머물며(留題三角山息庵)」「삼각산 인수사에서 문수보살상에 참배하며(三角山仁壽寺禮文殊聖像)」「삼각산 사나방 방주에게(贈三角山舍那房主)」 등 3편이 있다. '식암' '인수사' '사나방'은 모두가 고려 초기 삼각산에 있던 절 이름들이겠지만 그 위치가 어느 곳이었는지는 알 수가 없다. 다만, 고려시대 국왕이 삼각산에 행차하면 승가굴(僧伽窟), 문수굴(文殊窟), 장의사(藏義寺), 인수사(仁壽寺) 등을 함께 둘러보거나 그 가운데 한두 곳만을 둘러보거나 한 것을 보면(『고려사』, 선종 7년 10월 丙午일 기사 및 예종 5년 8월 辛酉일 기사 등 참고), '인수사'는 현 구기동 계곡 어느 곳에 있던 사찰로 보인다. 또한 「삼각산 식암에 머물며」라는 시의 첫 구는 "향림사에서 강설을 마치고 식암을 찾으니(講徹香林訪息庵)"라고 하면서 그 밑에 "향림사에서는 천태 십불이문을 강설하였다(香林講天台十不二門)"는 작은 글씨의 간주를 달아놓았다. 이로 보아 '식암'과 '향림사'는 서로 그리 멀지 않은 위치에 있었을 것으로 짐작된다. 한편, 조선 초기 서거정(徐居正)이 쓴 「장의사 스님 찾아(藏義尋僧)」(『신증동국여지승람』 「한성부」편에 수록)라는 시에서는 삼각산 모습에 대해서 "세 봉우리 우뚝 옥을 깎아 놓은 듯한데, 고려 옛 절 즐비하여 8백 곳이나 된다네(三峰亭亭削寒玉 前朝古寺多八百)"라고 읊고 있다. 서거정의 이 시는 고려 때는 물론이고 조선 초기까지도 삼각산 일대에 얼마나 많은 사찰이 있었는지를 말하여 주고 있다. 조선 중기 성종의 형인 풍월정(風月亭) 이정(李婷)이 쓴 「장의사」(역시 『신증동국여지승람』에 수록)라는 시에서도 삼각산에 절이 3백 곳 이상이 된다고 한 구절이 있다. 유교를 이념으로 건국한 조선왕조였지만 삼각산은 여전히 불교의 왕국으로 존속하였음을 알 수 있다.

같이 옛부터 전해져 내려오는 이름들도 있으나, 기룡봉 반룡봉 잠룡봉 등 나머지 상당수는 산성을 만들 때 붙인 이름이었을 것으로 추정된다. 이는 지금도 군대가 어떤 지역을 점령하는 경우 병력배치나 방어계획의 수립 등 작전상 편의를 위해 작전지역내의 봉우리들에 '가 고지' '나 고지' 아니면 'A고지' 'B고지' 등의 이름을 붙이는 것이나 마찬가지였을 것이다.

그러나 북한산성을 만들 무렵 새로 생긴 이름들은 조선조 말에 북한산성이 폐기된 이후 자연스럽게 사라진 것으로 생각된다. 특히 동쪽 주능선에 울퉁불퉁 솟아 있는 봉우리들의 이름은 지금은 거의 잊혀져 있다. 이 글을 통해 복원된 환희봉·반룡봉·덕장봉·석가봉·상원봉·장군봉 등 의미 있고 아름다운 옛 이름들이 지금 다시 활용된다면, 역사의 보존은 말할 것도 없고, 삼각산을 찾는 많은 사람들에게 새로운 낭만과 즐거움이 될 수 있으며 또한 이 산을 찾는 청소년들에게는 호연지기를 키워주고 역사의식을 북돋아주는 데 다소라도 도움이 될 수 있을 것으로 생각된다. 학문적 관점에서도 옛 지명 연구는 고대사 연구에 있어 크게 중요시되는 분야이다. 옛 지명의 복원이 없이는 고대사의 복원 자체가 어렵기 때문이다.

그러나 머리말에서 소개한 이숭녕 교수의 말과 같이 필자 역시 "(본고의) 의도는 이러한 조사연구에 동조자를 얻으려 함인데, 만일 동조자가 나선다면 다행한 일이라고 하겠다"는 말과 이 글에서의 나의 고증이 일부의 경우를 제외하고는 대개가 "틀림없으리라고 믿으나 다소의 숙제를 남긴 셈이 된다"는 말을 다시 되풀이할 수밖에는 없다. 나의 추론을 보강할 더욱 구체적인 증거의 수집이나 삼각산 각 계곡의 옛 이름 복원 등 아직도 밝혀져야 할 많은 숙제가 남아 있기 때문이다.

[부록] 삼각산 주요지점의 지구중심 좌표[1]

주요지점	해발고도	지구중심 좌표	비고
인수봉	810.5m	52 S CG 2	
백운봉	836.5m	52 S CG 2	
위문	718.0m	52 S CG 2	옛 백운봉암문
만경봉	787.0m	52 S CG 2	
용암봉	712.0m	52 S CG 2	옛 미로봉/현 병풍바위
동쪽 성벽 출발점	650.0m	52 S CG 21910	용암봉 남쪽 하단
용암문	579.5m	52 S CG 22023	옛 용암봉암문
일출봉	617.2m	52 S CG 22121	
월출봉	617.2m	52 S CG 22123	
기룡봉	588.2m	52 S CG 22301	북한도의 '曲城'
반룡봉	583.7m	52 S CG 22217	
시단봉	598.5m	52 S CG 22068	동장대
덕장봉	586.0m	52 S CG 22256	
대동문	548.0m	52 S CG 22331	중흥동고석성 동문/도성령/처음 소동문
칼바위 분기점	573.0m	52 S CG 22180	작은 치성
복덕봉	594.0m	52 S CG 22185	
석가봉	598.0m	52 S CG 2	칼바위 능선 정상
보국문	567.0m	52 S CG 2	중흥동고석성 동남문/석가령/처음 동암문
성덕봉	631.0m	52 S CG 21889	치성 전망대
화룡봉	636.0m	52 S CG 21696	
잠룡봉	644.0m	52 S CG 21616	
대성문	626.0m	52 S CG 2	처음 대동문
보현봉 분기점	701.0m	52 S CG 2	보국문 대성문 사이
보현봉	732.5m	52 S CG 2	

1) 좌표는 군사용 UTM좌표 / 고도는 1997년 국립지리원 발행 1:5000 지도상 고도

주요지점	해발고도	지구중심 좌표	비고
대남문	663.0m	52 S CG 2	처음 소남문
문수봉	735.5m	52 S CG 2	
청수동암문	694.0m	52 S CG 2	옛 가사당암문?
나한봉	725.7m	52 S CG 20964	현 716m 무명고지 군사지도 및 등산안내지도에는 715.7m/ GPS 측정고도는 709.0m/ 2002년 8월 국립 지리원 설치 삼각점(서울 22): 고도 약715m, 동경 126° 58′ 23″ 북위 37° 37′ 51″
나월봉	688.0m	52 S CG 20831	현 나한봉
옛 성문터? (옛 부왕동암문?)	624.0m	52 S CG 20835	나월봉(현 나한봉)과 환희봉(현 나월봉) 사이 성벽 ※ 북한도의 성문 그림
환희봉	657.0m	52 S CG 20785	현 나월봉
부왕동암문	521.0m	52 S CG 20646	처음 부왕동암문?/처음 원각사암문?
증취봉	592.5m	52 S CG 20518	
용혈봉	575.5m	52 S CG 20383	
'자명해인대' 암각 바위	. m	52 S CG 2	
용출봉	571.0m	52 S CG 20190	
가사당암문	448.0m	52 S CG 20125	처음 청수동암문?
의상봉	503.0m	52 S CG 20009	
대서문	157.0m	52 S CG 2	
수문	83.0m	52 S CG 18538	
원효봉	511.0m	52 S CG 2	
북문	449.0m	52 S CG 2	고려초기 취령?
염초봉	662.0m	52 S CG 2	영취봉/고려초기 취봉?
시자봉(?)	712.0m	52 S CG 2	현 파랑새봉
노적봉	715.5m	52 S CG 2	
기린봉	467.6m	52 S CG 2	북장대 터

주요지점	해발고도	지구중심 좌표	비고
등안봉	463.8m	52 S CG 2	
장군봉	431.5m	52 S CG 2	
구암봉	. m	52 S CG 2	
남장대 터	709.5m	52 S CG 21101	
상원봉	684.5m	52 S CG 21213	
행궁터	489.0m	52 S CG 21535	
휴암봉	594.0m?	52 S CG 2	
중성문	264.0m	52 S CG 2	중흥동고석성 서문
산영루 터	365.0m	52 S CG 21277	GPS 측정고도 354m
옛성벽	549.0m	52 S CG 21702	중흥동고석성 내성 성벽?
청담샘 절 터	483.0m	52 S CG 21466	일선사 남쪽 아래
칠유암 반석	127.0m	52 S CG 19834	민지암?
서암사터 입간판	127.0m	52 S CG 19703	칠유암 아래로 약 250m
암괴	93.0m	52 S CG 19598	서암사 입간판 아래 150m 지점/ 민지암?
눈섭바위	79.0m	52 S CG 19574	수구문 위로 약 100m 지점/ 민지암?

후 기

　필자는 서울 한복판 소위 북촌(北村)에서 태어나서 지금껏 거의 언제나 북한산을 지켜보며 살아왔다. 서울 토박이인 필자에게는 북한산이 조금 덩치가 큰 뒷동산과 같았다.
　소년시절에는 백운대에 올라가 탁 트인 경치를 감상하며 당시의 유행대로 마음껏 고함도 질러 보았고, 밤이면 용암문 아래 지금의 북한산장 약수터 부근에서 바싹 마른 나무등걸들을 모아 모닥불을 피워놓고 또래들과 둘러앉아 두런두런 정담도 나누며 잊을 수 없는 추억을 만들기도 하였다. 화려한 꿈과 같은 시절이었다.
　성년이 된 이후에는 북한산을 멀리서 지켜보기만 하다가 최근에야 다시 찾게 되었다. 소년시절 늘 다니던 산이었지만 다시 찾은 북한산은 예전과 다른 모습으로 나의 마음속에 파고들었다. 어린 때에는 북한산에서 먼 곳을 바라보며 미래를 꿈꾸었다면, 이제는 산 자체가 새로운 의미를 던져주는 것이었다. 예전에 무심히 지나쳤을 바위와 소나무, 계곡의 물소리, 자욱한 아침 안개, 눈 덮인 현란한 겨울숲 이런 것들 하나하나가 새로운 느낌과 삶의 희망을 나에게 주었다. 산행을 마치면 그날의 느낌을 일기 형식으로 기록하는 것 또한 큰 즐거움이었다. 몇 년쯤 써 나가다 그 가운데 마음에 드는 문장들을 추려서 수필집으로 출판을 하고 싶은 마음도 있었다.
　그러나 문학가 자질을 타고나지 못한 때문인지 나의 관심은 곧 북한산의 역사지리 쪽으로 옮겨가게 되었다. 소년시절 북한산에서 나의 마음이 미래로 향하고 있었다면, 이제는 정반대의 과거 속으로 향하게 된 것이다. 아마도 자주 다니는 길이 비봉(碑峰)과 진관사 부근이었기 때문일 것으로 생각된다. 비봉에 진흥왕순수비가 세워질 당시의 역사를 더듬어 보려니 『삼국사기』를 읽게 되고, 『삼국사기』를 읽다 보니 시대를 더 거슬러 올라가서 백제역사가 북한산에서부터 시작하였다는 사실들을 새삼 알 수가 있었다. 학생시절에 배운 것 같기도 하고 아닌 것 같기도 한 역사적 사실이었다. 또한 진관사와 북한산은 고려 현종과 깊은 인연을 지니고 있는 곳임을 알고 나서 현종의 일대기를 더듬다 보니 거란족 침입 당시 고려의 역사도 다시 기억 속에서 끄집어내어 정리해 볼 수가 있었다.

북한산과의 이런저런 관련성으로 인해서 나의 관심은 백제건국 이후의 우리 민족사 흐름 전반으로 확대되었다. 그러나 가장 큰 관심은 삼국시대 이후의 북한산 및 그 일대 서울 지역의 영유권 변동과 북한산성 축성문제에 있었다. 이러한 문제에 대한 탐구는 바로 삼국 상호간 그리고 우리 민족과 외세(外勢) 사이의 전쟁역사에 대한 탐구임과 동시에 각종 역사기록에 등장하는 지명(地名)들에 대한 탐구였고 그 중심에는 언제나 북한산 또는 북한산성이 있었다. 우리들 대부분은 학교 공부를 통해 많은 역사 지식을 지니고는 있지만 일부를 제외하면 민족역사에 대한 체계적 지식은 지니지 못하고 있다. 이제 필자는 북한산과 북한산성에 대한 탐구를 통하여 극히 개략적이나마 백제건국 이후 우리 민족역사에 대한 지식을 체계적으로 정리할 수 있었다. 이는 약 2년 전 북한산 등산을 시작할 때쯤에는 미처 예상치 못했던 소득이었으며 행운이었다.

그뿐만이 아니다. 지금까지의 역사기행에서는 역사기록에 등장하는, 수많은 인물들과 상상 속의 대화를 나눌 수 있는 즐거움도 있었다. 내가 비봉과 사모바위를 번갈아 보다가 신라 진흥왕에게

"올라가 보기도 어려운 저 가파른 봉우리 꼭대기에 조그만 순수비를 세워놓는 것보다는 다니기 쉬운 능선길에 저절로 큰 비석같이 서 있는 저 사모바위에다가 그냥 비문만 새겨 놓았다면 더 좋지 않았을까요?"

하고 물어 보면, 진흥왕은

"그런 생각을 안 해 본 것은 아니지만 누구나 쉽게 접근할 수 있

는 저 사모바위에 비문만 새겨 놓았다면 그 비문은 벌써 오래 전에 누군가의 손에 의해 지워져 없어졌을 것이오. 그뿐이겠소? 김부식이 『삼국사기』를 쓸 때도 이 비석을 몰랐던 것 같은데 오히려 그 덕분에 이 비석이 살아남은 것일 수도 있을 것이오."
하고 답했고, 이런 답에 나는 고개를 끄덕이지 않을 수 없었다.

　또한 북한산과 관련된 숨겨진 역사기록들을 찾아내기 위해 문학작품들을 섭렵할 때는 그 문학작품들을 남긴 수많은 옛 사람들과 대화를 나눌 수 있는 즐거움도 있었다. 백운대에 올라가서
"넝쿨 움켜쥐며 푸른 봉우리 오르니, 흰 구름 가운데 암자 하나 걸려 있네. 눈에 보이는 곳 모두 우리 땅으로 한다면, 오월(吳越) 강남(江南) 땅도 그 속에 있으련만."
이라고 읊은 이성계에게
"그런 포부를 가졌던 당신이 왜 위화도에서 발길을 돌리고 최영 장군을 죽였소?"
하고 물으면, 이성계는
"나도 최영 장군 못지않은 꿈을 갖고 있었지만 꿈은 꿈이고 현실은 그렇지 못하였다오."
하고 변명하였다. 나의 북한산 역사기행에서는 이런 대화들이 큰 힘이 되어주었다.

　북한산은 아름다운 자연경관 못지않게 유구한 역사와 문학을 간직하고 있는 산이다. 북한산 봉우리마다 능선마다 그리고 계곡마다 짙은 역사와 문학의 향기가 배어 있다. 그 향기를 접해 본 사람들에게는 북한산이 종전과는 다른 모습으로 다가설 것이다.

　이 책이 아름다운 자연경관으로 인해 북한산을 사랑하는 많은 사람들에게 그러한 기회를 주리라 기대해 보면서, 이제 나의 또 다른 꿈은 백제건국 이전의 북한산 역사지리 탐구로 향하고 있다. 이 책에서 다루지 못한 문제로서 백제건국 이전에 북한산 일대 지역을 관할하던 정치세력이 과연 누구였는지를 알아보기 위해서이다.

찾아보기

【ㄱ】

가사당암문(伽沙堂暗門/袈裟堂暗門) 281, 283, **299**, 313, 418
가사봉(袈裟峰) 289, 301, **369**
가사봉암문(袈裟峰暗門) 303, **369**
가사암문(袈裟暗門) 289, 300, **302**, 303, 310, 313, 369
가서문(佳西門) 302
가시다아문(ka-si-ta-a-mon) 290, **302**
가야(伽倻) 204
각미성(閣彌城) 75
각시당암문 303
감악산기(紺嶽山記) 231
감악산비(紺嶽山碑) 227
갑신재변(甲申災變) 292
갑오개혁(甲午改革) 265, 358
갑오재변(甲午災變) 288, 292
강감찬 133
강계고(疆界考) 25, 207, 210
강계지(疆界誌) 25
강동 6주 129, 326
강역관방도설 52, 65, 138, 179, 180, 249, 325, 398
강조(康兆) 129, 326

강필동(姜必東) 217, 224, 226
개경(開京) 22, 130, 138, 328
개구영문(介口營門) 290, 291
개로왕(蓋鹵王) 19, 30, 41, 85, 95, 110, 122, 346
개루왕(蓋婁王) 57, 84, 97, 147
개성(開城(개성)) 82, 129, 134, 138, 326, 330, 332, 366
개성지(開城志) 332
개운폭포 165, 166
개풍군지(開豊郡志) 332
거란 8, 50, 128, 326, 422
거련(巨璉) 85
거북바위 256
거칠부(居柒夫) 101, 109, 118, 196
검단산(黔丹山) 6, 35, 42
검암산(儉巖山) 35
견훤 64, 226
겸산루기(兼山樓記) 9, 320
경기도고양군북한산유적조사보고서 11, 126, 157, 192, 290, 352
경기도주군도 167, 333
경덕왕(景德王) 206
경도5부-북한산성부 155, 338, 339, 345, 358, 361, 364

경도잡지(京都雜誌) 239
경리청(經理廳) 256, 259, 264, 282
경성방리군(京城坊里軍) 139
경성부사(京城府史) 10, 322, 349, 408
경종(景宗-고려) 129, 326
경종(景宗-조선) 410
경진년(庚辰年) 289, 298, 391
계룡산 143
계립현(雞立峴) 108
계원필경집(桂苑筆耕集) 329
고국원왕(故國原王) 64
고기(古記) 64, 66, 72, 106, 201
고령산 165
고로(高老) 97, 102
고미포 76
고사부리성 37
고승(高勝) 122
고양군지 410, 412, 413, 414
고운집(孤雲集) 329
고이만년(古爾萬年) 85
고이왕(古爾王/古尒王) 21, 22, 31
고조선 27, 28, 56
고종(高宗-고려) 50, 134, 142, 147
고종(高宗-조선) 238, 256, 264, 265, 332, 358
고지도첩(古地圖帖) 337
고축(高築) 154
고현(高峴) 101, 113, 118, 200, 224
곡성(曲城) 260, 377, 378, 379, 383, 384, 385, 387, 392

곤지왕(昆支王) 105
공민왕(恭愍王) 138, 142, 325
공손탁(公孫度) 20, 21, 54
공암진(孔嚴津) 27
공주(公州) 19, 36, 51, 66, 99, 184
공주(孔州) 220
공험진(公嶮鎭) 216
과대금구(銙帶金具) 39
관둔전(官屯田) 244
관미성(關彌城) 74~81, 87, 92, 95, 124, 147, 230
관산성(管山城) 110, 118
관영문(官寧門) 303
관터고개 358
관텃굴 358
관해(觀海) 스님 354
광개토대왕 19, 41, 55, 70, 74, 75, 77~83, 95, 97, 108, 230
광나루[廣津] 27
광실원(廣室院) 143
광주(匡州) 220
광주고읍 38, 44, 66, 94, 96
광진성(廣津城) 241
교하면(交河面) 76, 230
구기동(舊基洞) 145, 147, 253, 256, 348, 353, 415
구마나리(久麻那利) 105, 107
구산사(龜山寺) 352
구선복(具善復) 286
구선행(具善行) 259
구시경(具時經) 166

구암봉(龜巖峰) 397, 400, 419
구암유고(久菴遺稿) 207
구이신왕(久爾辛王) 76
구준봉(狗蹲峰) 173, 257, 364
구천(狗川) 118
구천폭포 175, 293
구태(仇台) 20, 21, 31
구팃굴 145
국내성(國內城) 93, 99, 107
국령사암문 289~302, 310
국망봉(國望峰) 323, 324
국영문(國營門) 290, 302
궁궐지(宮闕志) 144, 254
궁촌(宮村) 38
권근(權近) 334
권돈인(權敦仁) 214, 215
권별(權鼈) 221
권중화(權仲和) 144
귀바위 14, 321, 355
규표(圭表) 367
극암(戟岩) 333, 334
근역서화징 212
근초고왕(近肖古王) 37, 61, 64~74, 79~87, 96, 100, 106, 106, 147
금석과안록(金石過眼錄) 194, 214
금석록 211, 213
금석첩서(金石帖敍) 213
금선굴(金仙窟) 353
금송(禁松) 358
금위영 255, 264, 280~282, 292~295, 301, 375, 380, 381, 387

금위영이건기 281, 294, 295, 387
금위영이건기비 282
금장(禁葬) 358
금조(禁條) 289
금표(禁表) 358
금현성(金峴城) 117
기러기봉[雁峰] 402
기룡봉(起龍峰) 172, 177, 374, 383, 384, 385, 387, 416, 417
기린봉(麒麟峰) 168~172, 177, 185, 397, 399, 412, 418
기봉(妓峰) 143, 144, 146
기언(記言) 213, 231
기유북한(記遊北漢) 14, 288, 307, 311, 364, 372, 406
김경연(金敬淵) 191, 193, 349
김구(金構) 247
김기리금 283, 299
김류(金瑬) 357
김만채(金萬埰) 248
김부식(金富軾) 3, 53, 66, 72, 111
김석연(金錫衍) 252
김수온(金守溫) 9
김시현(金時顯) 192, 193
김신중(金信重) 246
김연익(金演翼) 217
김우항(金宇杭) 252, 253
김원춘(金元春) 192, 193
김위제(金謂磾) 145
김위제전(金謂磾傳) 8, 146
김유신(金庾信) 127

김유신전(金庾信傳) 125
김윤후 134
김정호(金正浩) 5~7, 27, 30, 34, 37, 53, 61, 66, 67, 76, 84, 89, 105, 140, 198, 200, 231, 324, 331, 350, 352
김정휘 299
김정희(金正喜) 11, 12, 56, 191~200, 205, 209~217, 224, 233, 349
김종서(金宗瑞) 4, 241
김중기(金重器) 255, 279
김진구(金鎭龜) 248, 251
김진규(金鎭圭) 248, 255
김창집(金昌集) 123, 252, 255, 257
김치양(金致陽) 129, 326
김택영(金澤榮) 70~72, 86, 106~108, 113
김흥경(金興慶) 251

【ㄴ】

나당연합군 88, 127
나식(羅湜) 325
나월봉 167, 284, 303~311, 323, 359~372, 403, 418
나이도(內藤) 195
나한봉 167, 178, 284, 289, 305~309, 359~372, 403, 418
낙랑(樂浪) 26~28, 31, 32, 38, 54~56, 148
낙랑고(樂浪考) 54

낙랑국(樂浪國) 28, 56
낙랑군(樂浪郡) 28, 32, 54~56
낙산(駱山) 144
남경(南京) 66, 67, 93, 96, 109, 110, 135, 142, 145~148
남경개창도감(南京開倉都監) 145
남경건도소(南京建都疏) 146
남경유수관(南京留守官) 8, 52, 65
남구만(南九萬) 253
남대문(南大門) 238, 287, 298, 299
남두성(南斗星) 247
남병사(南兵使) 208, 219, 222~224
남병영(南兵營) 222, 223
남부여(南夫餘) 64, 99
남산신성(南山新城) 93
남성(南城) 42, 58~63, 66, 72, 85~98, 149
남성문(南城門) 311, 372
남장대(南將臺) 168, 365, 368, 378, 387, 395, 397, 400, 402, 403, 412, 419
남천군주(南川軍主) 195~200,
남천정(南川停) 199
남천주(南川州) 118~120, 196~200
남천현(南川縣) 198
남평양(南平壤) 52, 64~68, 72, 100~110, 119
남평양성(南平壤城) 52, 53, 66
남한(南漢) 70, 71, 183
남한강(南漢江) 112~117, 142
남한산(南漢山) 5, 66, 248

남한산성(南漢山城)　78, 93, 94, 122, 123, 137, 183, 184, 241, 248, 254
남한성(南漢城)　59, 96, 97, 148
남한지(南漢誌)　30, 53, 137
낭선(朗善)　212
낭선군(朗善君)　211, 214
낭원(朗原)　213
낭원군(朗原君)　213
낭적사　206
내룡(來龍)　172, 249, 257
내맥(來脈)　299, 344
내성(內城)　80, 123, 160, 168, **179**, 278, 419
노리부(弩里夫)　196
노인법(奴人法)　203
녹번현(綠磻峴)　279, 344
뇌음신(惱音信)　124
누르하치(奴兒哈赤)　268
눌지마립간(訥祇麻立干)　76
능양군(綾陽君)　357

【ㄷ】
다고리현(嗲呼哩縣)　105
다니마사(谷正)　193
다루왕(多婁王)　7
단양　108
단양적성비　113~116, 203
단천　207, 216, 217, 225, 226
달홀주(達忽州)　196
담덕(談德)　74

담로(談魯)　19, 36
대각국사(大覺國師)　414, 415
대나마(大奈麻)　124
대남문(大南門)　80, 154, 176, 253, 262, 283, 284, 289, 290, 292, **297**
대동금석록(大東金石錄)　212, 213
대동금석명고(大東金石銘攷)　212
대동금석서(大東金石書)　212, 307, 352
대동금석서법(大東金石書法)　213
대동금석첩(大東金石帖)　211, 215
대동문(大東門)　16, 80, 174~177, 185, 281~283, 289, 293~304, 312, 375~381, 387~392, 414, 417
대동사(大東寺)　396, 410~414
대동시선(大東詩選)　322
대동야승(大東野乘)　144, 208
대동여지도(大東輿地圖)　5, 351, 352
대동지명사전(大東地名辭典)　328
대량원군(大良院君)　129, 326, 350
대방(帶方)　20, 21, 28, 32, 55
대방고(帶方考)　54
대방고지(帶方故地)　32, 36
대방군(帶方郡)　55
대보단(大報壇)　254
대보동(大菩洞)　358, 407
대봉(大峰)　143, 144, 146
대부(大夫)　219
대사(大舍)　209

대서문(大西門) 80, 165, 255, 281~
　　291, 297, 301~305, 313, 350,
　　370, 372, 407, 418
대성문(大成門) 80, 174, 185, 261,
　　283~286, 289~304, 313, 379,
　　392, 407, 417
대성산성(大成山城) 93
대조동 358
대한강역고(大韓疆域考) 30, 69~
　　71, 109
덕장봉(德藏峰) 173, 177, 374, **387**,
　　416, 417
덕풍천 38
도라산(都羅山) 142
도림(道林) 42, 86
도미진(渡迷津) 27
도봉산(道峰山) 13, 16, 35, 165,
　　249, 252, 319, 320
도살성(道薩城) 117
도선대사(道先大師) 8, 190, 323
도성령(道成嶺) 163, 417
도성암(道成庵) 161, 278~280, 293,
　　296
도성암 윗고개(道成庵上嶺) 162, 163,
　　171~177
도성암기(道成庵記) 9
도요토미 히데요시 158
도참설(圖讖說) 135, 145
도화공원 398
독바위 321
독바윗골 355

독박골 354
독산성(獨山城) 103
돈노리고개 355
돈의문(敦義門) 238
돈너리 355
돈너리봉 355
돈너리재 355
돌고지고개 358
동가강(佟佳江) 16
동국명산기(東國名山記) 10
동국문헌비고(東國文獻備考) 5, 207
동국세시기(東國歲時記) 239
동국여지비고(東國輿地比攷 49
동국여지승람(東國輿地勝覽) 4
동국여지지(東國輿地誌) 9, 156
동국역대사략(東國歷代史略) 71, 107
동국역대총목(東國歷代總目) 52
동국지리지(東國地理志) 76
동국통감(東國通鑑) 86
동남문(東南門) 161, 172, 278, 293
동대문(東大門) 299
동명묘(東明廟) 35, 91
동문(東門) 161, 171~174, 278~
　　284, 289~297, 313, 374, 390,
　　417
동문선(東文選) 206, 334, 352
동북문(東北門) 279, 280, 294, 297,
　　313
동사강목(東史綱目) 19, 32, 65
동성왕(東城王) 42, 84, 85, 102,
　　105, 110, 116, 147

동소문(東小門) 34
동암문(東暗門) 280, 283, 294~296, 301~313, 381, 417
동여비고(東輿備攷) 24, 166, 167, 209, 216, 220~223, 332, 336, 337
동옥저(東沃沮) 207
동여진(東女眞) 138
동이전(東夷傳) 22
동장대(東將臺) 180, 181, 289, 374, 378, 385, 386, 391, 395, 397, 400, 401, 412, 417
동타천(冬陁川) 124
동호(東湖) 27
돛너리 356
돛너리봉 356
돛너리재 356
돌너리 355
돌너리봉 355
돌너리재 355
돌도리봉 355
돌밭 355
두미강(斗尾江) 27
등안봉(登岸峰) 180, 397, 400, 419
등편봉(登片峰) 400

【ㄹ】
류랴꾸(雄略) 42, 105, 107

【ㅁ】
마두성(馬頭城) 42

마름쇠 124
마식령 189
마운령 101, 113, 207
마운령비 101, 189, 198, 199, 203~210, 216~233
마포강 27
마한(馬韓) 27, 28, 54~56
마한고(馬韓考) 54
만경대(萬景臺) 190, 315, **320**, 323, 365, 375, 380
만경봉(萬景峰) 14, 15, 166, 289, 323, 364, 365, 374, 375, 380, 397, 417
만기요람(萬機要覽) 7, 246, 263, 289
만수(萬水) 321
말갈(靺鞨) 7, 26
말다(末多) 105
망오지(亡吾之) 344
망원대(望遠臺) 322
메주골 33
면악(面岳) 136, 143~146
명옥탄(鳴玉灘) 320
모용 씨 55
모작설(模作說) 218
목옹지지(木翁地志) 25
목종(穆宗) 129, 326, 350
몰자비(沒字碑) 234
몽고 50, 134~137, 147, 268~332
몽촌토성 37, 41, 45, 87, 91, 93
무령왕(武寧王) 7, 97, 98, 102, 103, 110, 147

무악(母嶽) 142, 144
무위도통사(武衛都統使) 264
무위소(武衛所) 264
무위영(武衛營) 264
무학대사(無學大師) 190, 191, 323, 326
묵재집(默齋集) 9
문근왕(文斤王) 105
문수굴(文殊窟) 288, 365, 415
문수동(文殊洞) 177, 256
문수문(文殊門) 261, 287, 292, 298
문수봉(文殊峰) 7, 161~166, 171~179, 185, 205, 252, 256, 278, 289, 297~301, 337, 345, 354, 359~369, 374~397, 401, 403, 418
문수사(文殊寺) 9, 162, 199, 288, 306, 335, 346, 364
문수성문(文殊城門) 288, 364, 365
문수암문(文殊暗門) 261, 289, 292, 298, 313, 388
문암록(問菴錄) 191
문자명왕(文咨明王) 7, 98
문종(文宗) 237
문주(文周) 30, 66, 67, 85, 99, 102, 105, 107, 111
문화유적총람 57, 327
미로봉(彌老峰) 162, 171, 177, 180, 381, 417
미륵봉(彌勒峰) 360~363, 370~373, 397

미륵원(彌勒院) 163, 165, 166
미천왕(美川王) 55
미추홀(彌鄒忽) 17~19, 21, 32, 33, 36
민대식(閔大植) 322
민지사(閔漬寺) 407
민지암(閔漬庵) 368, 419
민진후(閔鎭厚) 51, 247, 251~256
밀두리 19, 32
밀물지교(密勿之敎) 243

【ㅂ】
박만(朴萬) 344
박연폭포 240
박종검 176
반룡봉(盤龍峰) 172, 177, 374, **385**, 393, 416, 417
반반축(半半築) 154
발권형(鉢卷型) 156
발해(渤海) 9, 129
밥할머니 398
방군수포제(放軍收布制) 249
방수군(防戍軍) 244
배암드리 40
배천(白川) 72
백년록(百年錄) 213
백두산정계비고(白頭山定界碑考) 30
백련산(白蓮山) 355
백악(白岳) 135, 136, 142, 191, 323
백악봉(白岳峰) 364
백운대(白雲臺) 4, 7, 15, 111, 315,

찾아보기 433

319, **320**, 331, 365, 374, 380, 394, 395, 399, 407, 412, 415
백운동문(白雲洞門) 406
백운문(白雲門) 290
백운봉(白雲峰) 14, 15, 161, 165, 173, 278, 283, 289, **320**, 365, 374, 391, 417
백운봉암문(白雲峯暗門) 280, 283, 290, 301~303, 313, 417
백운사(白雲寺) 321
백운수(白雲水) 321
백잔(百殘) 19
백제전(百濟傳) 37
백천(白川) 72
법장화상전(法藏和尙傳) 329~334
벽파(僻派) 263
벽하동(碧霞洞) 161, 278
변계량(卞季良) 9
변품(邊品) 120, 199
변한(弁韓) 28
병인양요(丙寅洋擾) 264
병자호란(丙子胡亂) 122, 254
병풍바위 172, 375, 376, **380**, 382, 417
보국문(輔國門) 80, 173~177, 283, **293**, 301, 312, 379~381, 387, **390**~393, 417
보국사문(輔國寺門) 290
보도각백불(保渡閣白佛) 338
보신각(普信閣) 238
보장(保障) 159, 247, 262, 286, 365

보현굴(普賢窟) 288, 365
보현봉(普賢峰) 6, 173~177, 256, 280, 289, 294~301, 305, 323, 330, 358~367, 374, 379~381, 391, 393, 417
복덕봉(福德峰) 374, 387, **389**, 392, 417
복정산(覆鼎山) 7, 9, 10
복종산(覆鍾山) 7, 10
복흥사 218
봉성암(奉聖庵) 401
부소(扶疎) 135
부아봉(負兒峰) 132, 133, 331~334
부아산(負兒山) 5, 6, 32, 131~133, 328~334
부아악(負兒岳) 4, 11, **13**, 17, 28, 29, 32, 38, 44, 131, 144, 324, 325, 329
부여(夫餘) 18, 19, 51
부여전(夫餘傳) 21
부왕동암문(扶王洞暗門) 80, 281~284, 297~302, **304**, 313, 368~370, 418
부왕사(扶王寺) 176, 284, 300, 304, 307~309, 407, 408
부처바위(佛巖) 337
북교단(北郊檀) 174, 279, 294
북독(北瀆) 27
북문(北門) 238, 280, 283~288, 290~**294,** 297, 301~304, 313
북벌(北伐) 183, 245, 254

북병사(北兵使)　214, 222
북병영(北兵營)　222
북부여(北夫餘)　16, 18, 64
북사(北史)　20, 27, 37, 99, 104, 107, 109
북성(北城)　42, 58, 61, 63, 85~98, 122~127, 148, 149
북성건치연혁　217
북악봉(北岳峰)　173, 238, 364
북악산(北岳山)　15, 135, 136, 143~146, 173, 191, 323, 364
북자(北呰)　254
북장대(北將臺)　168~172, 177, 185, 399, 400, 418
북점(北岾)　344
북청(北靑)　217, 222, 223
북한(北漢)　12, 58, 59, 67, 69, 104
북한도(北漢圖)　283, 292~298, 305~309, 313, 360~370, 384, 395~397, 402, 417
북한산(北漢山)　6, 10, 59, 66
북한산군(北漢山郡)　52, 53, 99, 100
북한산비(北漢山碑)　189, 190, 195~205, 210, 228~232
북한산성(北漢山城)　122, 124, 127, 237
북한산성지표조사보고서　410
북한산주(北漢山州)　7, 11, 70, 105, 106, 110, 118~121, 147, 196
북한성(北漢城)　56~59, 63~67, 84, 87, 96, 97, 147~149, 178

북한성도(北漢城圖)　347, 348
북한이속무위소절목(北漢移屬武衛所節目)　264
북한축성별단(北漢築城別單)　154, 280, 281, 294~302, 305, 308, 309, 313, 375, 380
분서왕(汾西王)　31
불광사　340
불뫼　15
불암산(佛巖山)　35
비류(沸流)　4, 5, 16~21, 28~36, 44, 57, 63, 77, 324, 325
비류백제(沸流百濟)　5, 19, 31, 36, 77, 78, 107
비류왕(比流王)　18, 31, 57, 63, 69, 88, 147
비봉(碑峰)　11, 121, 189, 190, 210, 231, 233, 306, 323, **335**, 354, 358, 421, 422
비봉능선　7, 177, 238, 256, 325, 359, 364, 366, 367, 403
비열홀주(比列忽州)　196
빈일쇄록(賓日鎖錄)　25
뿔뫼　15, 16
삐뚤대왕비　229

【ㅅ】

사군총고(四郡總考)　54, 55
사기막골　166, 331
사나방(舍那房)　415
사다함(斯多含)　204

사도세자 263
사모바위 335, 345, 359, 422, 423
사불가론(四不可論) 140
사비(泗泌) 19
사비성(泗泌城) 51, 99
사비백제(泗泌百濟) 85, 97
사산금표도(四山禁標圖) 357, 358
사성(蛇城) 40, 42
사유(斯由) 64
사을한리(沙乙閑里) 161, 162, 172, 278, 293
사자고개(獅嶺) 176
사자능선 177, 256
사자항(獅子項) 177
사자항동(獅子項洞) 177
사현(沙峴) 162
산수고(山水考) 324
산수기(山水記) 10, 368
산영루(山暎樓) 157, 179~181, 319, 368, 373, 399, **405**, 419
살리타이(撒禮塔) 134
살알(撒歹) 135
삼각봉(三角峰) 161~166
삼각산(三角山) 6~12, **13**
삼각산 남록(南麓) 34
삼각산 동록(東麓) 34, 58
삼각산명당기(三角山明堂記) 8
삼각산중수승가굴기(三角山重修僧伽窟記) 352
삼각중봉(三角中峰) 325
삼국사절요(三國史節要) 26, 40
삼국유명미상지분(三國有名未詳地分) 7
삼성동토성 42
초방원(草坊院) 209
초방원비(草坊院碑) 212, 213
삼전도(三田渡) 27, 269
삼지봉(三枝峰) 335, 345, 348
삼천사(三川寺/三千寺) 305~309, 312, 350, 373
삼천승동(三千僧洞) 307
상가(相加) 221
상운사(相雲寺/翔雲寺) 360, 396, 419
상운사문(相雲寺門) 290
상원봉(上元峰) 365, 368, 378, 397, **401**, 412, 416, 419
상장대(上將臺) 412
상장봉 319
새문(塞門) 239
새문(新門) 238
새문동(塞門洞) 239
새문동궁(塞門洞宮) 239
서강(西江) 27
서거정(徐巨正) 4, 25, 29, 40, 143, 415
서곽잡록(西廓雜錄) 220, 221
서대문(西大門) 238, 290, 299
서륜(瑞胤) 283
서명응(徐命膺) 30
서문중(徐文重) 247, 251
서산(西山) 163, 165, 167

서산정사(西山精舍)　166
서생포　158, 346
서성(西城)　238, 259, 348
서암문(西暗門)　280, 283, 284, 290,
　　291, 301, 302, 304, 313
서영보(徐榮輔)　263, 289
서유거(徐有渠)　191
서유구(徐有榘)　10
서전문(西箭門)　238
서종태(徐宗泰)　252, 255
서총대(瑞蔥臺)　260
서호(西湖)　27
서희(徐熙)　8, 130
서희전(徐熙傳)　8
석가고개(釋迦嶺)　161, 163, 172
석가봉(釋迦峰)　173, 174, 374
석름봉(石廩峰)　397
석벽이궁(石壁離宮)　260
석왕사(釋王寺)　326
석장봉　35
선조(宣祖)　349
선춘령(先春嶺)　216, 219~221, 225,
　　226, 233
성능(聖能/性能)　5, 156, 283, 337,
　　410~412
성덕봉(聖德峰)　173, 374, **392**
성등암(聖燈庵)　333, 334
성명왕(聖明王)　106, 119
성왕(聖王)　99, 101~103, 106, 110,
　　112, 117~119, 147
성종(成宗-고려)　129, 142, 326

성종(成宗-조선)　4, 34, 131, 244,
　　328, 415
성종(聖宗-거란)　129, 327
성진령(成震齡)　257
성해응(成海應)　10, 368
성현(成俔)　4
성호사설　213
성호사설류선　213
세검정(洗劍亭)　34, 50, 127, 242,
　　247, 256, 260, 344, 406
세답암(洗踏巖)　344
세조(世祖)　136, 268, 321, 344
세종(世宗)　4, 23, 238, 367
소귀천(素歸川)　16
소남문(小南門)　176, 261, 281, 283,
　　285, **297**~306, 310
소동문(小東門)　280~283, 294~297,
　　301~304, 313, 375, 380, 381,
　　417
소림굴(小林窟)　354
소림사(小林寺)　353, 354
소배압(蕭排押)　129, 132, 133, 326
소서노(小西奴)　18, 19, 21, 36
소손령(蕭孫寧)　8, 132, 201
소재집(疎齋集)　282
소총유고(篠叢遺稿)　9
소하강(蘇下江)　220
소항덕(蕭恒德)　8
손재집(損齋集)　407
송도(松都)　82, 240, 323
송도속지(松都續誌)　332

송도지(松都誌) 331
송상기(宋相琦) 251, 296, 407, 411
송서습유(宋書拾遺) 183, 242
송시열(宋時烈) 166, 183, 242, 270
송화강(松花江) 16
쇠귀천 16
쇠밧줄 322
쇠뿔뫼 16
수구문 290
수구산장 291
수도암 161, 171, 278, 293
수락산(水落山) 320
수리봉 348, **354**~356, 414, 415
수서(隋書) 20
수양대군(首陽大君) 4, 366, 367
수재정(水哉亭) 320
수태(秀台) 206
숙정문(肅靖門) 238, 286
숙종(肅宗-고려) 50, 142~147, 352
숙종(肅宗-조선) 5, 11, 49, 64, 141, 153, 168, 183, 243, 279, 293, 313, 337, 364, 375, 398
숙청문(肅淸門) 238
순수관경비(巡狩管境碑) 204
술천(述川) 126
술천성(述川城) 124
숫돌고개 398
숭교사(崇敎寺) 129, 326
숭산(崇山) 42
승가굴(僧伽窟) 352, 353, 415
승가방비기(僧伽訪碑記) 192, 196

승가봉(僧伽峰) 335, 337, 345, 364
승가사(僧伽寺) 11, 145, 162, 191, 206, 256, 335, 337, 340, 345, 349, 352
승가수창록(僧伽酬唱錄) 349
승군(僧軍) 5, 264, 265, 366
시구문(屍柩門) 291
시단봉(柴丹峰) 177, 374, **386**, 387, 401, 412, 417
시루봉 35
시법(諡法) 196, 197
시자봉(侍者峰) 394, 395, 418
시파(時派) 263
식우집(拭疣集) 9
신거상(愼居常) 250
신경준(申景濬) 5, 14, 26, 57, 207
신기(申耆) 262, 288, 298, 309, 369
신도면(神道面) 352
신라6부(新羅六部) 203
조조구역도(肇造區域圖) 24, 25
신립(申砬) 208, 214, 219, 221, 232
신채호(申采浩) 28, 32, 55, 79, 115, 117, 220, 221
신종(神宗) 254
신주(新州) 110, 118~121, 198, 199
신주정(新州停) 120, 199
신찬 팔도지리지 4
신혈면(神穴面) 351, 352
신혈사(神穴寺) 129, 132, 326, 329, **350**, 351
심능규(沈能圭) 322

심상규(沈象圭)　263, 289
심유경(沈惟敬)　158
십만양병론(十萬養兵論)　268
십제(十濟)　17
쌍성총관부(雙城摠管府)　138
쌍현성(雙峴城)　98, 102
쓰구시노(筑紫)　105

【ㅇ】
아간(阿干)　209
아단성(阿旦城)　40, 108, 113
아리수(阿利水)　27, 79
아문(衙門)　244, 291
아미산(蛾眉山)　356, 358
아미정(蛾眉亭)　356
아방강역고(我邦疆域考)　26, 58, 69, 90, 100
아사달(阿思達)　135
아신왕(阿莘王)　70, 74, 76, 80, 81, 87, 147
아유가이 후사노신(鮎貝房之進)　40
아자훈(李慈訓)　290, 291
아차성(阿且城)　31, 40, 53, 78, 86, 88, 93, 97, 148, 149
아차산성(阿且山城)　96
아처(Archer)　12, 14, 15
아카데미하우스　175, 293
악대설화(幄對說話)　183, 242, 245
안양사(安養寺)　124
안찰어사(按察御史)　262, 288, 298
안학궁성(安鶴宮城)　93

액막이(度厄)　239
앵무봉　165
양부(梁部)　224
양진성(楊津城)　54
양화진(楊花津)　27
어근당(御近當)　326
어영청(御營廳)　255, 264, 281, 297, 301, 305, 375
여단(厲壇)　279
여유당전서(與猶堂全書)　26, 28, 53, 176, 402, 405
여지고(輿地考)　5, 51, 56, 67, 84
여지도서(輿地圖書)　9
여진(女眞)　8, 129, 217
여철(如哲)　352
역질(疫疾)　344
연개소문전(淵蓋蘇文傳)　113
연계원(淵溪院)　344
연나라　55
연사(燕史)　55
연산군(燕山君)　4, 239, 247, 260, 344
연서구관터(延曙舊館基)　358
연서역(延曙驛)　344, 357
연융대(鍊戎臺)　259~261
연창위 농소(延昌尉農所)　344
연타발(延拖勃)　18, 21
연화산(蓮華山)　15
열성어제(列聖御製)　320, 321
열수(洌水)　27
염초봉(廉峭峰/焰硝峰)　360, 365, 366,

378, **395**, 396
영국산악회 12
영봉(靈峰) 319
영서역정(迎署驛亭) 344
영선사(領選使) 264
영양왕 108, 122
영일냉수리비 203
영조(英祖) 5, 9, 57, 64, 156, 237, **259**~264, **282**, 289, 292, 297~299, 305, 310, 337, 349, 398
영천청제비 203
영취봉(靈鷲峰) 166, 366, 394~396, **410**, 418
영현(領賢) 352
예당금석과안록(禮堂金石過眼錄) 214
예성강(禮成江) 77, 78
예씨녀(禮氏女) 17
예종(睿宗-고려) 219, 324, 325, 352, 415
예종(睿宗-조선) 253
옛터굴 145
오간수문(五間水門) 291
오군영(五軍營) 264
오관산성등암중창기(五冠山聖燈庵重創記) 334
오다세이고(小田省吾) 10, 322
오두산성(烏頭山城) 230
오두성(烏頭城) 76, 77
오리골(오리골) 33
오산설림(五山說林) 208, 219, 220
오삼계(吳三桂) 245, 246

오얏나무 145
오우징(應神) 37
오하라 도시다게(大原利武) 40
옥궤명(玉几銘) 245
온달(溫達) 108, 113, 116
온달산성(溫達山城) 40, 108, 113
온달전(溫達傳) 40, 108, 113
온조(溫祚) 51~79, 89~103, 147~149, 324, 325, 445
온조백제(溫祚百濟) 19, 78, 79
온조왕묘(溫祚王墓) 23
옹암(瓮岩) 354, 355
옹암동(瓮岩洞) 354, 355
와다나베이찌로(渡邊定一郎) 322
와다이찌로(和田一郎) 322
와산성(蛙山城) 42
왕건(王建) 129, 327
왕봉하(王逢河) 27
왕욱전(王郁傳) 129, 326
외성(外城) 160~172, 177~179, 182~185, 278
요동정벌(遼東征伐) 137~141
요사(遼史) 8, 132, 201
요해처(要害處) 76, 80, 163, 285, 297
용산강(龍山江) 27
용암(龍巖) 375, 380, 381
용암문(龍巖門) 80, 173, 283, 290, 296, 313, 375, 381, 417
용암봉(龍巖峰) 172, 177, 185, 280, 289, 301, **380**, 417

용암봉암문(龍巖峰暗門)　283, 290, 295, 296, 302
용암사(龍巖寺)　375, 381, 407, 408
용암암문(龍巖巖門)　280, 290, 294, 301, 313, 375, 380, 417
용진(龍津)　183
용진산성(龍津山城)　241
용출봉(龍出峰)　289, 359~373, 418
용혈봉(龍穴峰)　289, 359~373, 418
우백호(右白虎)　238
우복(優福)　63, 69, 88, 147
우이동구곡기(牛耳洞九曲記)　319
우이동장기(牛耳洞庄記)　16
우이암(牛耳岩)　16, 319
우초(虞初)　29
우태(優台)　18~21, 32
욱리하(郁里河)　27
운무봉　217, 218
운석유고(雲石遺稿)　192
운시산성　230
운시성　217
운암사　161, 278
울진봉평비　203
웅주성　217
웅진(熊津)　19, 30, 36, 66, 84, 97~105, 111
웅진백제(熊津百濟)　20, 97, 111
웅진성(熊津城)　51, 61, 102
웅천(熊川)　27, 158
원각사(圓覺寺)　284, 307, 371
원각사문(圓覺寺門)　290, 302

원각사암문(圓覺寺暗門)　289, 300, 308~313, 418
원종(元宗)　136
원효(元曉)　378, 397
원효대(元曉臺)　397
원효대사(元曉大師)　397
원효봉(元曉峰)　166, 283, 288, 360, 366, 378, **394**~397, 415, 418
원효암(元曉庵)　394~397
월사집(月沙集)　250
월성(月城)　93
월출봉(月出峰)　177, 374, **384**, 417
위나암성(尉那巖城)　93
위덕왕(威德王)　102, 118, 147
위례고(慰禮考)　30, 54, 58, 59, 91
위례성(慰禮城)　**34**, **36**, **95**
위례홀(慰禮忽)　33
위리(圍哩)　30, 60, 61
위문(衛門)　165, 166, 283, 284, 290, **291**, 301, 313, 375, 417
위문부(衛門部)　291
위지(魏志)　21, 22, 31, 55
위화도(威化島)　140, 141, 142
유득일(兪得一)　251
유류(孺留)　16
유리(儒利)　16, 53
유리왕유리(儒利王)　53
유북한기(遊北漢記)　63, 169, 270, 271, 296
유삼각산기(遊三角山記)　169, 271
유성룡(柳成龍)　249

유연정(劉燕庭)　195
유인우(柳仁雨)　138
유조계기(遊曹溪記)　293
유찬홍　9
유척기(兪拓基)　210~215
유하집(柳下集)　176
유한돈(兪漢敦)　208, 210, 211
유형원(柳馨遠)　9, 65, 100, 143, 156
윤관(尹瓘)　143, 216, 219, 224~226, 233
윤광호(尹光濩)　214
윤세기(尹世紀)　251
윤이제(尹以濟)　246
윤정현(尹定鉉)　215
윤주광(尹柱廣)　319
윤지선(尹趾善)　248, 251
윤지완(尹趾完)　254
윤취상(尹就商)　251
을사늑약(乙巳勒約)　265
음랑(陰囊)　14
응봉능선　366, 367
응암(鷹岩)　355
의상8봉(義相八峰)　167, 359
의상능선　162, 167, 178, 307, **359**
의상대(義相臺)　361, 397
의상봉(義相峰)　283, 259, 289, 359~366, 369~373, 378, 397, 418
의천(義天)　414, 415
의춘령(宜春嶺)　223
이건명(李健命)　257

이계집(耳溪集)　9, 16, 320
이관명(李觀命)　249
이괄(李适)　184, 357
이궁(離宮)　147, 260
이기하(李基夏)　251, 252, 337, 345~348, 364~366, 370
이께우찌히로시(池內宏)　101, 224
이덕무(李德懋)　14, 191, 288, 364, 406, 407, 409
이덕형(李德馨)　75, 158, 183, 278
이두비(吏讀碑)　203
이마니시류(今西龍)　11, 193, 212, 290, 291, 302, 305, 306, 311, 312, 409
이보치(梨保峙)　123
이보현(梨保峴)　123
이사부(異斯夫)　114, 117, 204
이서(李曙)　357
이서구(李書九)　12
이성계(李成桂)　28, 138, 142, 320, 334
이성고기(利城古記)　217, 218
이성산성(二聖山城)　38, 45
이순신(李瞬臣)　133, 158
이숭녕(李崇寧)　14, 175, 296
이양달(李陽達)　144
이언강(李彦綱)　252
이언위(李彦緯)　253
이여(李畬)　251, 253
이예(李預)　206, 352
이오(李顊)　353

이우(李俁) 211, 214
이우항(李宇恒) 255, 293
이운지(怡雲志) 191
이유(李濡) 51, 131, 245, 247, 251, 253, 255, 258, 328
이이명(李頤命) 52, 65, 139, 168, 174, 179, 250, 255, 281, 294, 298
이익(李翼) 63, 169, 178, 185, 212, 244, 270
이인엽(李寅燁) 249
이자춘(李子春) 138
이잔(利殘) 19
이장용(李藏用) 9
이정구(李廷龜) 169, 250, 293, 298
이중환(李重煥) 190, 323
이창운(李昌運) 262, 288
이천도호부 198
이하(泥河) 27
이현(梨峴) 123
이현진 123
익성(翼城) 238
인경부주(仁經附註) 322
인수봉(仁壽峰) 4, 10, 14, 319, **320**, 354, 374, 380, 417
인수사(仁壽寺) 415
인왕산(仁王山) 10, 238, 257, 354
인조(仁祖) 122, 183, 357
인조별서유기비(仁祖別墅遺基碑) 357
인주(仁州) 19
일본서기(日本書紀) 22, 42, 101, 105~109, 112
일선사 174, 175, 419
일출봉(日出峰) 177, 374, 383, **384**, 417
임나고(任那考) 30
임나국(任那國) 105
임나일본부(任那日本府) 22
임득명(林得明) 342, 343
임언 217
임진강전사연구초 228
임진피병록(壬辰避兵錄) 250

【ㅈ】

자강책(自强策) 139
자도성지삼강도(自都城至三江圖) 336~338
자비령 8
자하문(紫霞門) 176, 238
잠룡봉(潛龍峰) 172, 374, 392, **393**, 416, 417
장군봉(將軍峰) 180, 181, 397, **400**, 416, 419
장단(長湍) 13, 103, 136, 142, 143
장명등(長明燈) 334
장수왕(長壽王) 37, 51, 62, 84, 89, 94~128, 149
장어영(壯禦營) 264
장음정유고(長吟亭遺稿) 325
장의사(藏義寺) 34, 260, 312, 344~346
장지연(張志淵) 30, 34, 69~71, 89,

108, 109, 322
장태홍(張泰興) 296
장한성(長恨城) 53
장형(張炯) 358
장희빈(張喜嬪) 270, 358
재궁(梓宮) 131, 133, 328, 332, 334
재증걸루(再曾桀婁) 85, 86
저고여(著古與) 134
저서리(猪噬里) 355
저서봉(猪噬峰) 355, 358
저서현(猪噬峴) 355, 358
적석령(積石嶺) 412
적석사(積石寺) 412
적성군읍지(積城郡邑誌) 231
적성산성(赤城山城) 113, 203
전지왕(腆支王) 76, 91
정도전(鄭道傳) 144
정범조(鄭範朝) 264
정약용(丁若鏞) 26~38, 44, 53~74, 81, 87~91, 100~112, 116, 125, 209, 217, 405
정조(正祖) 237, 262
정종(定宗) 143, 334
정축약조(丁丑約條) 248, 267
젖꼭지봉 355
제승방략체제(制勝方略體制) 268
제신라진흥왕북순비(題新羅眞興王北巡碑) 208, 223
제원루(濟源樓) 25, 29, 32
제화산기흥후(題華山記興後) 9
조강(祖江) 27

조계(曹溪) 279, 293
조계동(曹溪) 289
조계동문(曹溪) 407
조계사(曹溪) 175, 293, 354
조계폭포(曹溪) 293, 407
조문명(趙文命) 174
조민수(曹敏修) 141
조선고(朝鮮考) 27, 54
조선고적조사보고서 158
조선금석총람 217
조선보물유적조사보고자료 35
조선상고문화사 221
조선상고사 28, 33
조인영(趙寅永) 349
조재호(趙載浩) 407, 408
조제태(趙濟泰) 286
조지서(造紙署) 247, 260
조지서동구(造紙署洞口) 242, 255
조태로(趙泰老) 255
족두리봉 354
졸본부여(卒本夫餘) 16
좌소(左蘇) 135
좌청룡(左靑龍) 239
주룡(主龍) 172
주몽(朱蒙) 4, 16
주양(走壤) 27
주장성(晝長城) 94
죽령(竹嶺) 101, 108, 112, 113, 118
중경지(中京誌) 332
중랑천(中浪川) 34
중령진 215, 230

중봉(中峰)　179, 180, 325, 398
중성(重城)　169, 179, 255, 281
중성문(中城門)　166, 80, 80
중원고구려비　113~115
중흥동고석성(重興洞古石城)　6, 49, 153
중흥동고성(重興洞古城)　49, 62, 67, 147, 156, 179, 405
중흥동중성(重興洞中城)　49, 157, 179, 398
중흥동폐성(重興洞廢城)　75, 76
중흥사(中興寺/重興寺)　49, 50, 156, 160, 278, 390
중흥사중창기(中興寺重創記)　9
중흥산성(中興山城)　49
중흥산성간심서계(重興山城看審書啓) 75, 160, 242
중흥성(重興城)　241
증보동국문헌비고　5, 207
증보문헌비고　5
증봉(甑峰)　289, 364~366, 370
증취봉(甑炊峰)　166~170, 177, 185, 359, 369
증토축성(蒸土築城)　41
지도로갈문왕(至都盧葛文王)　203
지증왕(智證王)　196, 203
직산(稷山)　19, 23, 64, 90
직산설(稷山說)　25, 44
진관사(眞寬寺)　129, 350
진관조사(眞寬祖師)　129, 350
진관체제(鎭管體制)　249, 268

진국사(鎭國寺)　406~412
진무(神武)　37
진무(眞武)　76, 81
진사왕(辰斯王)　70, 74, 76, 82, 147
진서(晉書)　55
진지왕(眞智王)　196
진평왕(眞平王)　120, 122, 124, 125, 127, 147, 196, 199
진한(辰韓)　21, 28
진한전(辰韓傳)　31
진휼청(賑恤廳)　247
진흥리(眞興里)　215
진흥이비고(眞興二碑考)　11, 56, 192, 210, 233

【ㅊ】
차천로(車天輅)　208, 219~225
창경궁(昌慶宮)　34
창녕비(昌寧碑)　120, 189, 199, **203**
창덕궁(昌德宮)　144, 254
창바위(戟巖)　332
창의문(彰義門)　176, 238, 278
책계왕(責稽王)　31, 40
챌봉　250
처인성(處仁城)　134
천관봉(天冠峰)　319
천마산(天磨山)　132, 133, 240, 323, 331, 332
천추태후(千秋太后)　129, 326, 350
천해대(天海臺)　401
철령위(鐵嶺衛)　137, 138

철옹령　189, 230, 234
철종(哲宗)　215, 264
청구도(靑丘圖)　351, 352
청담동(靑潭洞)　330, 407
청담사(靑潭寺)　330
청담샘　330, 419
청목령(靑木嶺)　81~84
청못　203
청수동(淸水洞)　173, 174, 374, 390
청수동암문(淸水洞暗門)　178, 281~
　　284, 297, 299, 305~309, 312,
　　313, 369, 418
청야입보(淸野入堡)　262, 267
청야전술(淸野戰術)　133
청와대　173
청유리　260
청일전쟁　265
청장관전서(靑莊館全書)　14, 288
청천강　8
청태종(靑太宗)　268
초방령(草坊嶺)　210
초방원(草坊院)　209
초방원비(草坊院碑)　212
초황령(草黃嶺)　209, 210
초황원(草黃院)　209
총목(總目)　52
총위사(摠衛使)　263
총위영(摠衛營)　263
총융사(摠戎使)　263
총융청(摠戎廳)　169, 255
최남선(崔南善)　191, 198, 210, 213,

　　217, 226, 233, 328
최석항(崔錫恒)　253, 255
최영(崔瑩)　62, 137, 140, 159, 180
최익한(崔益漢)　198~200
최치원(崔致遠)　206, 329
춘궁리(春宮里)　38, 45
충목단(忠穆壇)　250
충숙왕(忠肅王)　144
취령(鷲嶺)　415, 418
취령사(鷲嶺寺)　414
취봉(鷲峰)　396, 415
취암봉　123
치양(稚壤)　72
칠성대(七星臺)　288, 365
칠성봉(七星峰)　301, 364~366, 370
716m 무명고지　167, 301, 359
칠중성(七重城)　230
칠지도(七枝刀)　73

【ㅋ】

칼바위능선　294
쿠빌라이　136

【ㅌ】

탁부(啄部)　219, 224
탈미성(脫彌城)　77
탈해니사금　42
탕춘대(蕩春臺)　242, 256, 260
탕춘대성(蕩春臺城)　237, 256
탕춘대성도(蕩春臺城圖)　348
태고사(太古寺)　290

태월지총(太月智聰) 410, 413
태자 전(佺) 136
태종(太宗-조선) 132, 143, 238, 329
태종(太宗-원) 136
태종(太宗-청) 268, 269
태종무열왕(太宗武烈王) 59, 124, 127, 147, 197
택리지(擇里志) 190, 323
테뫼형 156
토산(兎山) 230
톱노리고개 356

【ㅍ】

파사(婆娑) 183
파사산성(婆娑山城) 241
팔도도총섭(八道都摠攝) 5, 283
팔도연혁총서(八道沿革總敍) 210
패림(稗林) 221
패하(浿河) 27, 72
평양성(平壤城) 64, 66, 72, 73, 99, 107, 127, 128, 158
평창(平倉) 256
포곡형(抱谷型) 156
포금정사(터) 336, 346, 353
풍납토성(風納土城) 38~45, 87
풍산자(豊山子) 9
풍수지리(風水地理) 146, 173, 257, 299, 323
필원잡기(筆苑雜記) 143

【ㅎ】

하남위례성(河南慰禮城) **36**, **95**
하남위례성고(河南慰禮城考) 5
하도면(下道面) 352
하북위례성(河北慰禮城) **34**, **95**
한가람 27
한국명산기(韓國名山記) 175
한국불교전서(韓國佛敎全書) 329
한국역대소사(韓國歷代小史) 71, 107
한도형(韓道亨) 286, 292
한무제(漢武帝) 28, 29, 32, 54
한백겸(韓百謙) 75, 76, 80, 81, 92, 206~208, 216, 225
한북문(漢北門) 238, 348
한사군(漢四郡) 28, 53~56
한산(漢山) 4, 6, 17, 23, 27, 43, 64~73, 84, 94, 110
한산성(漢山城) 81, 92, 96, 97, 106, 147~149
한산정(漢山停) 120, 199
한산주(漢山州) 106, 120, 199
한성고(漢城考) 53, 54, 59, 62, 65, 70, 104, 107, 109, 126
한성군주(漢城軍主) 120
한성백제(漢城百濟) 51, 95, 111
한성부(漢城府) 30, 52, 64, 65, 100, 105, 157, 198, 289, 344
한성전도(漢城全圖) 337
한성주(漢城州) 120, 121

한성평양(漢城平壤) 106, 107
한세흠(韓世欽) 296
한양고현(漢陽古縣) 34, 58
한양군(漢陽郡) 52, 99
한양도성(漢陽都城) 34, 154, 172, 183, 238, 250, 304
한양동(漢陽洞) 58
한양산성(漢陽山城) 134, 139, 165
한양중흥성(漢陽重興城) 49, 139, 141, 148
한양천도(漢陽遷都) 141, 142
한중희(韓重熙) 251
한진서(韓鎭書) 116, 117
한치윤(韓致奫) 117
함경도남북주군총도 220
함경도주군도 216, 221
함산성(函山城) 110
함주대도독부(咸州大都督府) 225
함흥본궁(咸興本宮) 206, 215, 218
함흥부(咸興府) 56
함흥통판(咸興通判) 208, 211
항해루(沆瀣樓) 405, 409
해구(海寇) 254
해동고기(海東古記) 201
해동금석원(海東金石苑) 195
해동역사(海東繹史) 117
해동지도(海東地圖) 154, 338
해론전(奚論傳) 120, 199
해부루(解扶婁) 18
해상잡록(海上雜錄) 221
행궁(行宮) 264, 271, 365, 402

행주(幸州) 126
행주산성(幸州山城) 27
향로봉(香爐峰) 238, 335~349, 354
향림담(香林潭) 335, 340, 343~346
향림동(香林洞) 340~344
향림봉(香林峰) 340~345
향림사(香林寺) 131, 162, 328
향림사 동구(香林寺洞口) 344
향림사 뒷봉우리(香林寺後峰) 337, 338, 340, 345, 346, 348, 364
허가곡(許荷谷) 219
허극(許極) 253
허목(許穆) 213, 243, 270
허적(許積) 245
헌애왕태후(獻哀王太后) 326
헌제(獻帝) 54
현도군(玄菟郡) 54
현릉(顯陵) 131~133, 328, 333
현종(顯宗-고려) 8, 50, 129~133, 147, 159, 201, 326~334, 350~353, 422
현화사고비(玄化寺古碑) 307
혈망봉(穴望峰) 364~366, 370
형제봉(兄弟峰) 7, 173, 257
혜철(慧哲) 354
호당리 32
호종단(胡宗旦) 221
홍건적(紅巾賊) 142, 332
홍경모(洪敬謨) 30, 34, 53, 66, 89
홍복북한기지간심서계(洪福北漢基址看審書啓) 361

홍복산(洪福山)　249, 252, 253
홍양호(洪良浩)　9, 16, 208, 223, 319
홍언필(洪彦弼)　4, 9
홍제원(弘濟院)　162
홍지문(弘智門)　238, 257, 291, 337
홍타이지(皇太極)　268
홍화문(弘化門)　34
화령(和寧)　28
화룡봉(化龍峰)　172, 374, **393**
화산(華山)　7~11, 14, 15, 144
화산별곡(華山別曲)　9
화성(華城)　263
화악(華岳)　7~10
화왕산　204, 233
화왕산성　230
화주(和州)　137
화주목(和州牧)　138

환희령(懽喜嶺)　368, 369
환희봉(懽喜峰)　360~363, 367~371, 416, 418
황보씨전(皇甫氏傳)　129, 326
황보인(皇甫仁)　4, 241
황산벌　88
황초령비(黃草嶺碑)　101, 189, 197~199, 203~215, 218, 219
회수(懷秀)　410~413
횡악(橫岳)　7, 97, 98, 102
효자리(孝子里)　331
후금(後金)　268
후한서(後漢書)　54
훈국(訓局)　286, 292
훈련도감(訓練都監)　171, 280
훈요십조(訓要十條)　327
훼부(喙部)　209, 224
휴암봉(鵂巖峰)　397, 402, 404, 419

저자: 민경길(閔庚吉)

1950년 서울 종로구 와룡동 출생
서울고등학교·육군사관학교·서울대학교 법과대학 졸업
고려대학교 대학원 석사과정 졸업(법학석사)
명지대학교 대학원 박사과정 졸업(법학박사)
보병사단 소대장 및 중대장
국방부 국방개혁위원회 위원
통일부 국제법 자문위원
미국 하와이 주립대 로스쿨 교환교수
현재 육군사관학교 법학교수 겸 사회과학처장
　　국방부·대한적십자사 국제법 자문위원

□ 주요 논저
전시인도법의 기본원칙(육사, 1979년)
핵무기와 국제법(문원사, 1990년)
한반도의 핵무기와 국제법(화랑대 국제학술심포지엄, 1991년)
군대명령과 복종(법문사, 1994년)
미귀환 국군포로의 송환(인도법논총, 1996년)
한반도 정전체제 종결에 관한 연구(국제법학회논총, 1998년)
노근리 사건의 법적 측면(군사, 2001년) 등

북한산 · 1
— 역사지리잡고(歷史地理雜考) —　　　　　값 25,000원

2004년 1월 5일 1판 1쇄

　　저　자　민　경　길
　　발행인　임　경　환
　　발행처　**집 문 당**

　　　　110-360　서울특별시 종로구 와룡동 95번지
　　　　등　록　1971. 3. 23. 제 2-304호
　　　　영업부　(02)743-3192~3 팩스(02)742-4657
　　　　전자우편　sale@jipmoon.co.kr
　　　　편집부　(02)743-3096　　팩스(02)743-3097
　　　　전자우편　edit@jipmoon.co.kr
　　　　홈페이지　www.jipmoon.co.kr

　　　　　　ISBN 89-303-1003-6
　　　　　　ISBN 89-303-1002-8(전3권)